Der Kosmos Tier- und Pflanzenführer

Gesamtbearbeitung: Frank Hecker

Dr. Volker Dierschke, Andreas Gminder, Frank Hecker, Dr. Wolfgang Hensel, Margot Spohn

KOSMOS

Inhalt

Alle Tiere im Überblick

Alle Pflanzen und Pilze im Überblick

So finden Sie sich im Buch zurecht

Größe
Hier finden sich Angaben zur Höhe (H) einer Pflanze, der Länge (L) und des Gewichts eines Tieres, der Spannweite (SpW) der Flügel bei Vögeln und Fledermäusen.

Wissenwertes
Lesen Sie viele interessante Informationen z. B. zur Lebensweise oder Ernährung.

Foto zeigt das typische Aussehen und die wichtigsten Bestimmungsmerkmale.

Lebensweise
Angaben zur Hauptblütezeit der Blumen und Bäume, zur Wuchsform (einjährig, zweijährig, ausdauernd), zum Zugverhalten der Vögel, zum Vorkommen der ausgewachsenen Tiere und zum Lebensraum der Fische, Muscheln und Schnecken.

Verbreitungskarten

Vögel

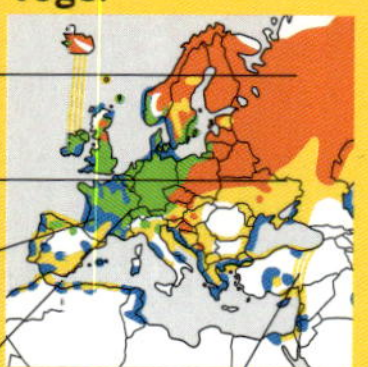

(rot)
Brutgebiet

(gelb)
Durchzugsgebiet

(blau)
Überwinterungsgebiet

(grün)
ganzjähriges Vorkommen

(gelbe Striche)
Hauptzugroute

Säugetiere, Reptilien, Amphibien, Fische, Libellen, Heuschrecken, Schmetterlinge

(grün)
Vorkommen der Art

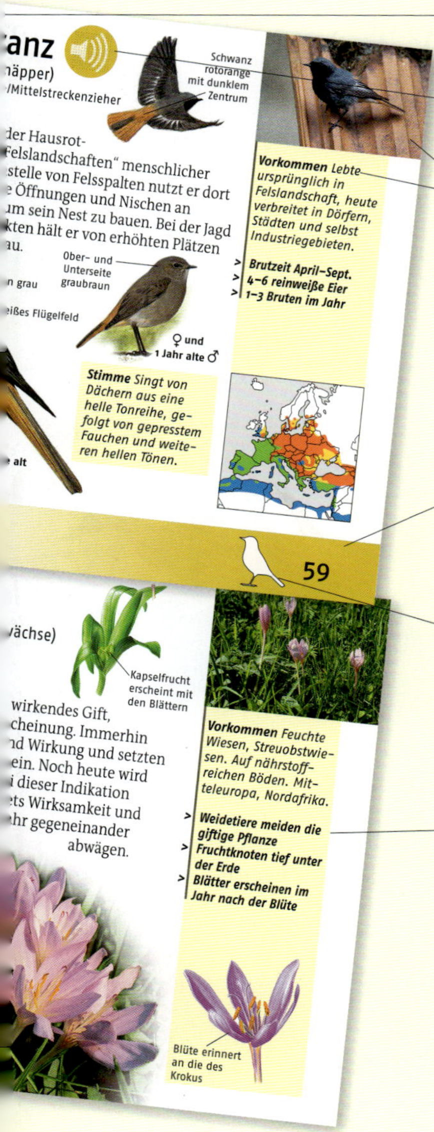

Deutscher Name
Wissenschaftlicher Name
Familie

Wenn Sie mit dem TING-Stift das Symbol berühren, ertönen typische Rufe und Gesänge.

Lebensraum/Vorkommen
Zeigt die Art im natürlichen Lebensraum. Der Text beschreibt die Lebensräume der Art und das Vorkommen in Europa.

Farbcode
Jeder der 8 Artgruppen ist mit einer Farbe gekennzeichnet (Seite 4 und 5).

Symbol
Kennzeichnet die Artengruppen (Seite 4 und 5);
bei den Bäumen zusätzlich die Blattform und bei den Blumen die Blütenform und Blütenfarbe

Wichtige Merkpunkte
Wissenswerte Information, z. B. zur Bestimmung, Verbreitung oder Nutzung

Die Merkmale im Überblick: Tiere

Säugetiere

Kopf-Rumpflänge:
Maß der Längenangabe
bei Säugetieren

Vögel

Fische

Insekten

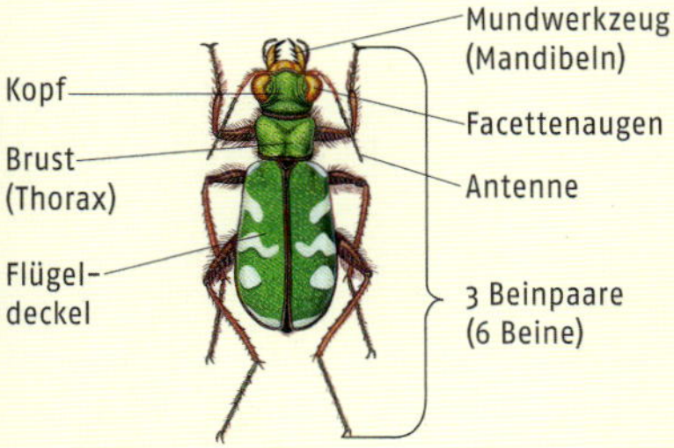

Spinnen

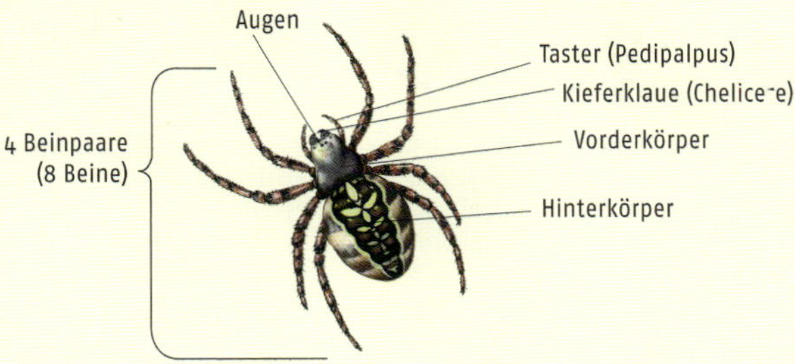

Schnecken

Bäume und Sträucher

Blattbau

Blattformen

nadelförmige Blätter

gelappte Blätter

ungeteilte Blätter mit glattem Rand

ungeteilte Blätter mit gekerbtem, gezähntem oder gesägtem Rand

zusammengesetzte Blätter

Blumen

Blütenformen

Blüten mit höchstens 4 Blütenblättern

Blüten mit 5 Blütenblättern

Blüte mit mehr als 5 Blütenblättern oder Blüten im Körbchen

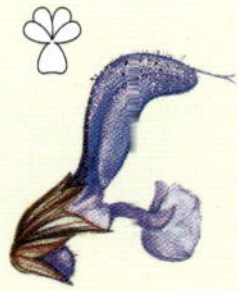

Blüten zweiseitig-symmetrisch

Gräser

Farne

Pilze

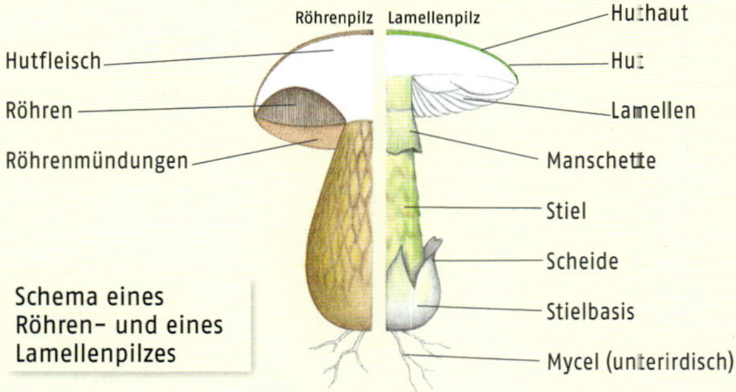

Schema eines Röhren- und eines Lamellenpilzes

Die Arten

Säugetiere aufspüren

Ob in freier Wildbahn, auf dem Land oder in der Stadt: Mit Sicherheit hat vor nicht allzu langer Zeit genau hier ein Säugetier Ihren Weg gestreift. Meist ungesehen und unerkannt huschen Maus, Marder und Waschbär durch menschliches Terrain – längst haben viele Wildtiere gelernt, dass in der Nähe menschlicher Behausungen Essbares nie weit, Jäger dafür umso weiter entfernt sind.

Spuren lesen ...

Nur selten stehen wir Tiere von Angesicht zu Angesicht gegenüber. Doch gänzlich unentdeckt bleiben sie nicht, zahllose Spuren verraten uns ihr meist nächtliches Tun. So zeigen nach einer verschneiten Nacht kreuz und quer den pulverigen Schnee durchziehende Wildtierfährten, wer hier unterwegs war. Spannende Geschichten erzählen uns Eingänge zu geheimnisvollen Erdbauten, gut versteckte Nester aus Moos, Halmen und Reisig, geplünderte Zapfen, aufgenagte Nussschalen, geschälte Bäume, gerupfte Vögel und beknabberte Äste.

Zur rechten Zeit ...

Ungewöhnliche Tageszeiten versprechen außergewöhnliche Begegnungen. Wer seinen Rhythmus kurzzeitig dem der Wildtiere angleicht, der darf auf Überraschungen gefasst sein: Zur Dämmerzeit werden viele Säugetiere erst richtig munter. Mit Einbruch der Dunkelheit schlüpfen Fuchs und Dachs mit ihren Jungen aus Höhlenverstecken, Fledermäuse jagen Nachtfalter im fahlen Abendlicht, Igel durchwühlen raschelndes Laub nach Schnecken und Spinnen und Marder machen sich auf zur Mäusejagd.

Elch

Alces alces (Paarhufer)
L 200–300 cm Gewicht 250–550 kg

Während der Brunftzeit im Herbst kommt es zu heftigen Kämpfen zwischen rivalisierenden Elchbullen. Im Winter werfen sie ihr mächtiges Geweih ab. Im Frühjahr wird dann das neue Geweih gebildet, das bei Jungtieren zunächst stangenförmig ist. Das Schaufelgeweih eines kapitalen Elchbullen kann bis zu 2 m breit und über 20 kg schwer werden.

Vorkommen *Bewohnt große Wälder, Moore, Sümpfe und Seenlandschaften, im Winter auch in der Nähe menschlicher Siedlungen.*

- ***größtes landlebendes Wildtier Europas***
- ***lebt überwiegend einzelgängerisch***
- ***liebt Wasser und badet und schwimmt gern***

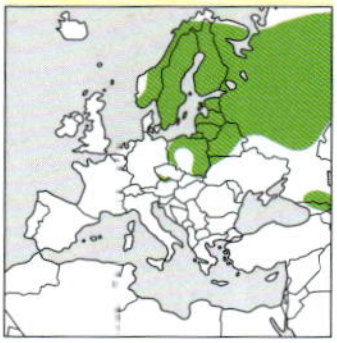

Rentier

Rangifer tarandus (Paarhufer)
L 120–220 cm Gewicht 100–200 kg

Das Rentier ist die einzige Hirschart, die domestiziert wurde. Für den in Lappland (Nordnorwegen und Nordschweden) lebenden Volksstamm der Samen ist die Rentierzucht die herausragende wirtschaftliche Grundlage. Bei fast allen Rentieren Skandinaviens handelt es sich um gezüchtete Tiere. Wildrentiere leben in Europa nur noch in der norwegischen Hardangervidda, auf Spitzbergen und Grönland sowie in Teilen Finnlands.

Vorkommen *Bewohnt die arktische Tundra, die subarktische Taiga, nordische Gebirgsgegenden und offenes Waldland.*

- ***lebt in großen Herden***
- ***Paarungszeit September und Oktober***
- ***einzige Hirschart, bei der auch das Weibchen ein Geweih trägt***

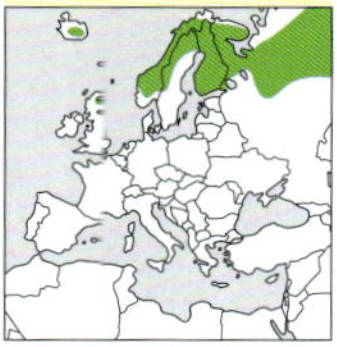

Rothirsch

Cervus elaphus (Paarhufer)
L 160–250 cm Gewicht 50–200 kg

Im Herbst hallen die röhrenden Brunftschreie der Hirsche durch den Wald. Sie werben damit um die Weibchen: Wer am lautesten ruft, hat die besten Chancen. Zieht sich der Unterlegene nicht freiwillig zurück, kommt es zum Kampf, bei dem ein Hirsch versucht, den anderen mithilfe des Geweihs zu Boden zu drücken. Wer zu Boden geht, hat verloren, der Sieger darf sich mit allen Hirschkühen paaren.

Vorkommen *Bei uns gebietsweise in großen Wäldern mit Freiflächen, Heidegebieten und Mooren, mitunter auf Äckern und Wiesen.*

- ***Brunftzeit im September und Oktober***
- ***frisst Kräuter, Blätter und Baumfrüchte***
- ***Hirsch wirft im Winter sein Geweih ab***

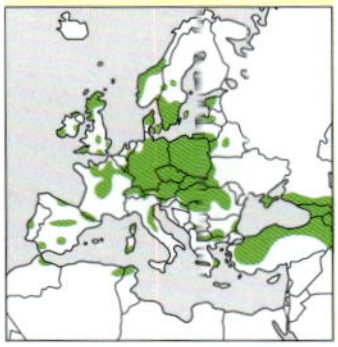

Damhirsch

Dama dama (Paarhufer)
L 120–180 cm Gewicht 50–130 kg

Wie groß und wie schwer ein Geweih ist, hängt davon ab, wie alt und wie gut genährt der Hirsch ist. Im ersten Jahr sind es nur zwei einfache Stangen. Einmal im Jahr wirft der Hirsch sein Geweih ab. Kurz darauf fängt es wieder an zu wachsen und ist während des Wachstums von einer schützenden Basthaut überzogen. Jedes Jahr wächst das Geweih ein bisschen größer nach und ist nach etwa 100 Tagen fertig.

Vorkommen *Bevorzugt lichte Laub- und Mischwälder mit angrenzenden offenen Wiesenflächen und Feldern.*

- ***Brunftzeit im Herbst***
- ***wirft sein Geweih im April und Mai ab***
- ***wird häufig in Parks und Gattern gehalten***

Reh

Capreolus capreolus (Paarhufer)
L 100–130 cm Gewicht 12–25 kg

Vorkommen *Bevorzugt deckungsreiche, klein strukturierte Landschaften und lichte Wälder, zur Nahrungssuche häufig auf Feldern und Wiesen.*

> ***Brunftzeit („Blattzeit") im Juli und August***
> ***überwiegend dämmerungs- und nachtaktiv***

Nachdem das Reh bei uns Ende des 18. Jahrhunderts schon fast ausgerottet war, gibt es gegenwärtig in Deutschland mit über 1 Million Tiere mehr Rehe als je zuvor. Grund dafür ist die Anpassungsfähigkeit des Rehs: Es ist imstande, in verschiedensten Lebensräumen dichte Bestände aufzubauen. So leben heute viele Rehe in Wäldern, aber auch in vielen sogenannten Offenlandlebensräumen; selbst in größeren Parks sind sie zu Hause und zählen damit zu den sogenannten Kulturfolgern.

Gämse

Rupicapra rupicapra (Paarhufer)
L 110–140 cm Gewicht 15–45 kg

Vorkommen *In Hochgebirgen, eingebürgert in Mittelgebirgen wie Schwarzwald und Sächsischer Schweiz. Im Sommer oberhalb der Baumgrenze, im Winter meist darunter.*

> ***erinnert an Ziegen***
> ***Fell im Sommer hellbraun, im Winter dunkelbraun***
> ***geschickter Kletterer***

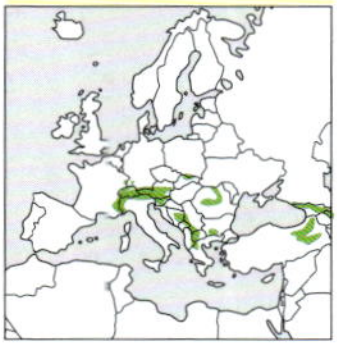

Die Gämse klettert in offenem und felsigem Gelände, wo sie Kräuter, Gräser, Knospen und Beeren frisst. Weibliche Gämsen leben mit ihren Jungen in großen Rudeln, der Bock lebt in kleinen Gruppen oder allein. Im Winter gesellen sich die Böcke zu den Weibchen und kämpfen mit kräftezehrenden Hetzjagden um deren Gunst.

Alpen-Steinbock

Capra ibex (Paarhufer)

L 100–160 cm   Gewicht 40–120 kg

Durch Überjagung wurde der Alpen-Steinbock Mitte des 19. Jahrhunderts fast ausgerottet. Nur im Gran-Paradiso-Nationalpark an der italienisch-österreichischen Grenze überlebten einige Herden. Von diesen aus wurde der Alpen-Steinbock in vielen Gebirgsregionen der Alpen wieder ausgesetzt und konnte sich erneut etablieren.

ausgewachsenes Männchen (Bock)

Weibchen mit Kitz

Vorkommen *In den Alpen oberhalb der Baumgrenze in 2500–3500 m Höhe. Im Winter an steilen, schneefreien Südhängen.*

- ***klettert und springt an steilen Felsen***
- ***Paarungszeit von November bis Januar***
- ***frisst Gräser, Kräuter und Flechten***

Wildschwein

Sus scrofa (Paarhufer)

L 110–180 cm   Gewicht 50–250 kg

Das Wildschwein ist ein Allesfresser und hat sich in den letzten Jahrzehnten enorm vermehrt. So werden in Deutschland jedes Jahr einige Hunderttausend Wildschweine erlegt, ohne dass eine langfristige Abnahme zu beobachten wäre. Schneearme Winter und reichlich sprudelnde Nahrungsquellen in Form riesiger Maisäcker machen dem Dickhäuter das Leben leicht und sein reichhaltiger Nachwuchs gleicht Verluste rasch aus.

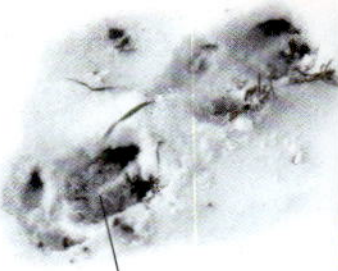

Vorkommen *Bevorzugt in feuchten Mischwäldern, zunehmend auch in Siedlungsnähe. Zur Nahrungssuche häufig auf Feldern.*

- ***Stammform des Hausschweins***
- ***Paarungszeit von November bis Januar***
- ***Weibchen und Jungtiere leben im Familienverband („Rotte“)***

Braunbär

Ursus arctos (Raubtiere)
L 170–250 cm Gewicht 80–250 kg

Junge Bären sind sehr verspielt.

Vorkommen *Ursprünglich in großen, unterwuchsreichen Wäldern, vielerorts durch Verfolgung in unzugängliche Gebirgsregionen zurückgedrängt.*

- ***verschläft den Winter in Höhlen***
- ***unser größtes Landraubtier***
- ***lebt als Einzelgänger***

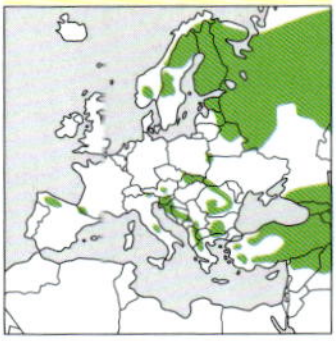

Der Braunbär wurde bis Ende des 19. Jahrhunderts in den Alpen ausgerottet. Die heute in den Alpen beheimateten Bären sind Einwanderer aus Nachbarländern oder Abkömmlinge von Auswilderungsprojekten. Der Braunbär frisst überwiegend Wurzeln und Früchte, außerdem Kleinsäuger, Insekten, Würmer, Schnecken und Aas, nur gelegentlich vergreift er sich an unbewachtem Weidevieh.

Bären sind gute Kletterer

Wolf

Canis lupus (Raubtiere)
L 100–150 cm Gewicht 25–60 kg

Vorkommen *In größeren, lockeren Wäldern, in einsamen Steppen-, Tundra- und Moorgebieten und in unzugänglichen Gebirgsregionen.*

- ***lebt in Familienrudeln von bis zu 10 Tieren***
- ***Paarungszeit von Dezember bis März***
- ***Stammform des Haushundes***

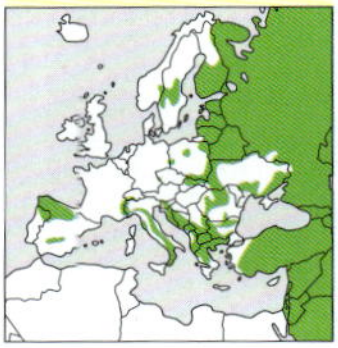

Verhasst, gnadenlos verfolgt und gejagt, war der Wolf in weiten Teilen Europas und speziell in Deutschland ausgerottet worden. Aber es gibt sie wieder: frei lebende Wölfe in Deutschland. Ausgehend von den Grenzregionen zu Polen, Tschechien und in den Alpen kehren die Wölfe wieder in ihre einstigen Lebensräume in Deutschland zurück.

Das langgezogene, weit hörbare Heulen dient der Kommunikation.

Luchs

Lynx lynx (Raubtiere)

L 80–130 cm Gewicht 15–30 kg

Wie Braunbär und Wolf wurde auch der Luchs in der Vergangenheit stark verfolgt und in Westeuropa fast ausgerottet. Heute wandern Luchse aus angrenzenden Siedlungsgebieten wieder ein oder wurden durch gezielte Wiederansiedlungsprojekte gefördert. Aktuell sind unter anderem die Alpen, der Jura, die Vogesen, der Harz, das Fichtelgebirge und der Bayerische Wald von Luchsen besiedelt.

Vorkommen *Ungestörte, ausgedehnte Wälder mit dichtem Unterholz und deckungsreiche, felsige Regionen, im Gebirge bis auf 2500 m Höhe.*

- ***größte europäische Katze***
- ***lebt einzelgängerisch, versteckt und heimlich***
- ***Paarungszeit im Frühjahr***

In der Zeit von April bis Juni werden 1–4 Junge geboren.

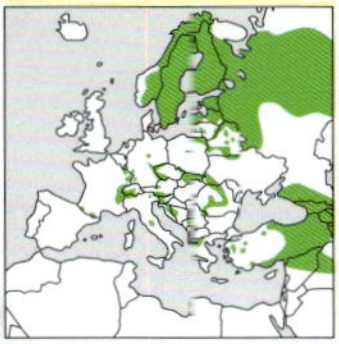

Wildkatze

Felis silvestris (Raubtiere)

L 45–80 cm Gewicht 4–10 kg

Die Nahrung – hauptsächlich Wühlmäuse – wird entweder pirschend oder im geduldigen Ansitzen erbeutet. Wildkatzen wurden im 19. und zu Beginn des 20. Jahrhunderts durch intensive Bejagung nahezu ausgerottet. Die Bestände erholen sich davon nur langsam, da es mittlerweile vielerorts an ungestörten Rückzugsgebieten fehlt, sodass die Wildkatze als stark gefährdete Art eingestuft werden muss.

Vorkommen *Bewohnt urwüchsige Wälder sowie deckungsreiche Gebüsch- und Felslandschaften.*

- ***sehr ähnlich wildfarbenen, getigerten Hauskatzen***
- ***überwiegend nachtaktiv***
- ***Paarungszeit im Februar und März***

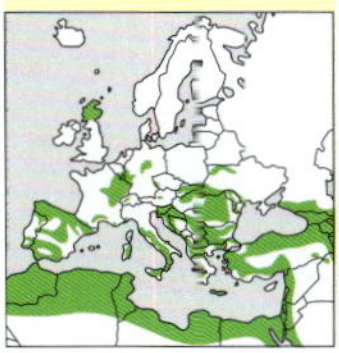

Waschbär

Procyon lotor (Raubtiere)
L 40–70 cm   Gewicht 5–10 kg

Der Marderhund oder Enok (*Nyctereutes procyonoides*) war ursprünglich nur in Asien verbreitet. Aus Pelztierfarmen entkommen hat er sich mittlerweile in ganz Mitteleuropa ausgebreitet.

***Vorkommen** Bewohnt Laub- und Mischwälder mit Baumhöhlen, möglichst in der Nähe von Gewässern. Auch im Siedlungsbereich.*

- ***nacht- und dämmerungsaktiv***
- ***tagsüber meist in Baumhöhlen versteckt***
- ***Paarungszeit Januar bis März***

Der Waschbär ist ursprünglich in Nordamerika beheimatet. Seit Mitte des letzten Jahrhunderts hat er seinen Siegeszug durch Mitteleuropa angetreten, nachdem Tiere ausgesetzt wurden oder aus Wildgehegen und Pelztierfarmen entkommen konnten. Er ist ein sogenannter Allesfresser und ernährt sich von Mäusen, Vogeleiern, Insekten, Fischen, Getreide, Beeren und Obst.

Rotfuchs

Vulpes vulpes (Raubtiere)
L 50–90 cm   Gewicht 4–9 kg

Fuchswelpe

***Vorkommen** Ursprünglich ein Waldbewohner, heute in fast allen Lebensräumen der Küste bis zum Hochgebirge, sogar in Großstädten.*

- ***überwiegend dämmerungs- und nachtaktiv***
- ***Paarungszeit im Januar und Februar***
- ***frisst Mäuse, Kaninchen, Vögel, Insekten, Würmer, Beeren***

Der Fuchs verfügt über hervorragende Sinnesorgane: Er kann auch während der Dämmerung sehr gut sehen. Mit seinen Tasthaaren an der Schnauze spürt er selbst kleinste Bewegungen im Gras. Er ist in der Lage, Mäuse durch eine 30 cm dicke Schneedecke oder auch auf dem Boden kriechende Regenwürmer zu hören. Und wie bei allen Hundeartigen ist der Geruchssinn besonders gut ausgebildet.

Füchsin bringt ihre Jungen meist in Erdbauen zur Welt.

Dachs

Meles meles (Raubtiere)
L 60–80 cm   Gewicht 10–20 kg

Die langen Krallen drücken sich im Trittsiegel der Pfoten deutlich ab.

Ein mittelgroßer Dachsbau erstreckt sich unterirdisch über mehrere Etagen und hat mehr als 10 Ein- und Ausgänge. Von Fuchsbauen ist er leicht zu unterscheiden, denn beim Dachs führt stets eine Rutsche in den Bau hinab. Zwischen den Eingängen sind richtige Dachsstraßen und auch Toilettengruben der reinlichen Tiere zu finden. Dachsburgen werden über mehrere Generationen weitervererbt und oft von mehreren Tieren bewohnt.

Dachsbau mit typischer „Rutschbahn"

schwarz-weiß gestreifte Gesichtsmaske

kurze Beine

***Vorkommen** Weit verbreitet und meist häufig in Wäldern, deckungsreichen Feldgehölzen und breiten Hecken.*

> **dämmerungs- und nachtaktiv**

> **Allesfresser: Kleinsäuger, Frösche, Insekten, Eier, Pilze, Beeren, Eicheln, Wurzeln und Aas**

Fischotter

Lutra lutra (Raubtiere)
L 60–90 cm   Gewicht 6–12 kg

Die Hauptbeute sind Fische.

Der Fischotter ist bei uns selten, nachtaktiv und scheu. Ihn jemals in freier Wildbahn zu Gesicht zu bekommen, ist schon ein außerordentlicher Glücksfall, eher wird man seine Spuren finden: Die Pfotenabdrücke mit den Schwimmhäuten zwischen den Zehen sind unverwechselbar. Er gräbt Erdhöhlen in Uferböschungen, deren Eingänge meist Unterwasser liegen. Er ist ein hervorragender Schwimmer und kann bis zu 8 Minuten tauchen.

etwa fuchsgroß

fleischiger, spitz zulaufender Schwanz

kurze „Dackelbeine"

***Vorkommen** An naturnahen Flüssen und Bächen, Seen und Sümpfen mit reichhaltigem Fischangebot.*

> **Revier 2,5 bis 20 km Uferlänge**

> **frisst Fische, Krebse, Muscheln, Schnecken und Mäuse**

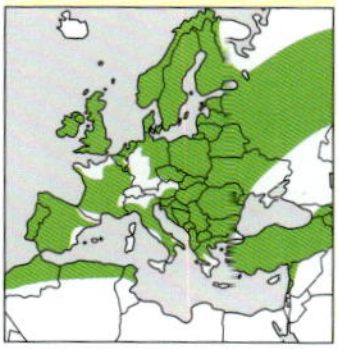

Steinmarder

Martes foina (Raubtiere)
L 40–50 cm Gewicht 1–2 kg

Vorkommen *Als anpassungsfähiger Kulturfolger in unterschiedlichsten Lebensräumen verbreitet: in Wäldern, Ackerlandschaften, Dörfern und Städten.*

- > ***nachtaktiver Einzelgänger***
- > ***Fortpflanzungszeit Juli und August***

Der Steinmarder bewohnt gern Dachböden, wo er nachts herumpoltert und Isoliermaterial annagt. Gefürchtet ist er als „Automarder", der Bremsschläuche und Kabel im Motorraum parkender Autos zerbeißt. Der Steinmarder erbeutet Mäuse, Vögel und deren Eier, Insekten und Regenwürmer, frisst aber im Sommer und Herbst auch gern Früchte.

als „Automarder" berüchtigt

Baummarder

Martes martes (Raubtiere)
L 40–50 cm Gewicht 1–2 kg

Vorkommen *Besiedelt bevorzugt größere Waldgebiete mit einem reichen Angebot an Baumhöhlen; darüber hinaus auch in kleineren Wäldern und Feldgehölzen.*

- > ***dämmerungs- und nachtaktiver Einzelgänger***
- > ***Fortpflanzungszeit Juli und August***

im Herbst findet sich häufig Baummarderlosung mit unverdauten Kirschkernen

Der Baummarder ist ein so flinker und wendiger Kletterer, dass gebietsweise Eichhörnchen seine Hauptbeute sind. Nachts kommen ihm sein vorzügliches Gehör und sein feiner Geruchssinn zugute, dann überrascht er Vögel im Schlaf auf dem Nest oder stöbert raschelnde Mäuse am Waldboden auf. Auf seinem Speisezettel stehen je nach Verfügbarkeit auch Eier, Obst und größere Insekten.

die Jungen werden meist in Baumhöhlen zur Welt gebracht

Hermelin

Mustela erminea (Raubtiere)

L 20–30 cm Gewicht 100–350 g

Das Hermelin kann auch tagsüber beobachtet werden. Es ernährt sich fast ausschließlich von Wühlmäusen, im Frühling auch gelegentlich von jungen Wildkaninchen oder Vögeln. Die Umfärbung ins weiße Winterfell ist temperaturgesteuert; in den wärmeren Regionen seines Verbreitungsgebiets färbt sich das Hermelin im Winter deshalb gar nicht oder nur teilweise um.

Vorkommen *In offenen Wäldern und felsigen Gebieten bis in Höhen von über 3000 m, auch in der Nähe von Ortschaften, in Gärten und Parks.*

> ***etwa so groß wie eine Ratte***
> ***immer schwarze Schwanzspitze***
> ***Fortpflanzungszeit März bis August***

Mauswiesel

Mustela nivalis (Raubtiere)

L 11–22 cm Gewicht 50–150 g

Das Mauswiesel ist so klein, dass es Wühlmäuse mühelos auch in deren Gänge verfolgen kann. Erbeutet werden außerdem Eidechsen und Frösche, Vögel und deren Eier sowie Insekten und anderes Kleingetier. Auf einigen Mittelmeerinseln wurden Mauswiesel erfolgreich eingesetzt, um Mäuseplagen zu bekämpfen.

Vorkommen *Weit verbreitet und in nahezu allen offenen Landschaften, die genügend Deckung und ein reichhaltiges Angebot an Wühlmäusen bieten.*

> ***kleinstes Raubtier der Welt***
> ***Fortpflanzungszeit Frühjahr bis Herbst***

Feldhase

Lepus europaeus (Hasentiere)
L 50–70 cm Gewicht 3–6 kg

Die Jungen werden mit Fell geboren, können gleich sehen und bereits nach wenigen Stunden laufen.

Vorkommen *Hat sich unserer Kulturlandschaft angepasst und besiedelt Acker- und Wiesenlandschaften.*

- ***schlägt bei der Flucht Haken***
- ***läuft bis zu 70 km/h***
- ***zur Fortpflanzungszeit mehrere Hasen auf „Rammelplätzen"***

Seine Ruhephasen verbringt der Hase in sogenannten Sassen: Dabei handelt es sich um körpergroße, 10–12 cm tiefe Mulden im Boden oder Schnee. Oft ist der Boden sauber gescharrt und die blanke Erde sichtbar. Die Sasse liegt meist windgeschützt in einer Ackerfurche, hinter einem Grashügel oder in einer Böschung. Bei nahender Gefahr duckt der Hase sich in die Sasse und springt erst im letzten Augenblick heraus.

Ohren sehr lang, Ohrenspitzen schwarz

lange Hinterbeine

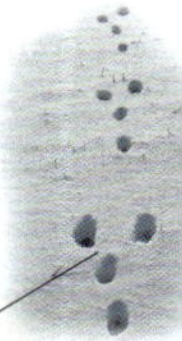

typische Spur aus 4 getrennten Fußabdrücken: Die Hinterfüße werden direkt nebeneinander vor die Vorderfüße aufgesetzt, die ihrerseits hintereinanderstehen

Schneehase

Lepus timidus (Hasentiere)
L 45–65 cm Gewicht 2–5 kg

Sommerfell

Vorkommen *In den Alpen von ungefähr 1300–3000 m Höhe, in Nordeuropa in Tundragebieten von der Küste bis ins Landesinnere.*

- ***in manchen Gebieten im Winter nur teilweise Weißfärbung***
- ***im Aussehen zwischen Feldhasen und Kaninchen***

Der Schneehase lebt häufig gesellig in kleineren Gruppen. Seine Nahrung setzt sich aus Gräsern, Kräutern, Zweigen und Rinde zusammen. 2–3-mal im Jahr bringt das Weibchen 2–5 Junge zur Welt. Sie können bereits bei der Geburt sehen, sind behaart, wachsen relativ schnell und werden schon nach etwa 4 Wochen entwöhnt.

Ohren kürzer als beim Feldhasen, Ohrenspitzen schwarz

im Winter bis auf die schwarzen Ohrenspitzen komplett weiß und so gut im Schnee getarnt

Wildkaninchen

Oryctolagus cuniculus (Hasentiere)
L 35–45 cm Gewicht 1,5–2,5 kg

Die Jungen werden blind und nackt geboren und erst nach 4 Wochen selbstständig (vgl. Feldhase).

Kaninchen leben als Großfamilie in weitverzweigten, unterirdischen Bauen. Die Wohnkessel liegen etwa 50 cm unter der Erde und werden mit Heu, Haaren und Moos ausgepolstert. Sie vermehren sich „wie die Karnickel", können in der Zeit von März bis September bis zu 7 Würfe bekommen und so pro Saison bis zu 40 Junge gebären.

Wohnanlage mit zahlreichen Ein- und Ausgängen von etwa 10–15 cm Durchmesser.

Vorkommen *Häufig in Dünen und Heiden, an Waldrändern, in lichten Wäldern und parkähnlichen Landschaften mit trockenen, sandigen Böden.*

- ***Wildform aller Hauskaninchen-Zuchtformen und Stall-„Hasen"***
- ***in Großstädten in Parks und auf Friedhöfen***

Alpen-Murmeltier

Marmota marmota (Nagetiere)
L 45–60 cm Gewicht 4–8 kg

Das Murmeltier lebt gesellig in unterirdischen, weitverzweigten Bauen. Diese enthalten Wohn-, Schlaf- und Fluchtkammern und können bis zu 3 m tief sein. Als Nahrung dienen Gräser, Knospen, Kräuter und Wurzeln. Im Oktober ziehen sich die Familien in ihre Bauen zurück, kuscheln sich in Schlafkesseln eng aneinander und halten knapp 7 Monate Winterschlaf.

Vorkommen *Im Gebirge auf offenen Almen und in Felsregionen zwischen 1000–3000 m Höhe, sofern der Boden das Graben von Bauen zulässt.*

- ***etwa hasengroß***
- ***stößt bei Gefahr schrille Pfiffe aus***
- ***gebietsweise recht zutraulich***

Eichhörnchen

Sciurus vulgaris (Nagetiere)

L 20–25 cm Gewicht 200–450 g

Vorkommen *Von der Ebene bis zur Baumgrenze im Gebirge in Wäldern, Gärten und Parks mit altem Baumbestand.*

- > ***Fell im Sommer rostrot, im Winter dunkler***
- > ***tagaktiv***
- > ***Paarungszeit Dezember bis Juni***

Auf dem Speiseplan des Eichhörnchens stehen Fichten- und Kiefernsamen, daneben Bucheckern, Eicheln, Nüsse und verschiedene Knospen. Darüber hinaus lebt es aber auch räuberisch von Raupen, Insekten, Schnecken sowie Vogeleiern und Küken. Es hält keinen Winterschlaf. Der Schwanz wird bei Sprüngen als Steuer eingesetzt.

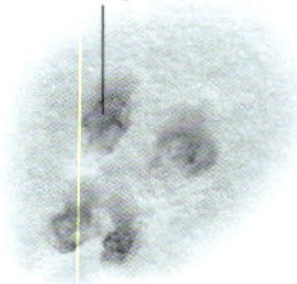

Bisamratte

Ondatra zibethicus (Nagetiere)

L 25–35 cm Gewicht 0,6–2 kg

Vorkommen *Weit verbreitet und häufig an wasserpflanzenreichen Teichen und Seen, Kanälen und langsam fließenden Flüssen.*

- > ***Weibchen bekommt im Frühjahr und Sommer 2–3-mal jeweils 5–8 Junge***

Als wertvolles Pelztier und Jagdwild wurde die ursprünglich in Nordamerika beheimatete Bisamratte Anfang des 20. Jahrhunderts in Mitteleuropa eingebürgert und konnte sich schnell ausbreiten. Sie frisst Wasserpflanzen, Weidenzweige, Gras, Obst und gelegentlich Schnecken und Muscheln. Durch ausgedehnte Gangsysteme unterhöhlt sie Dämme und Deiche. Ist keine Ratte, sondern eine Wühlmaus.

Biber

Castor fiber (Nagetiere)

L 80–100 cm Gewicht 20–35 kg

Biber baut große, stabile Burgen inmitten seiner Wohngewässer

Der Biber ernährt sich von allerlei pflanzlicher Kost, insbesondere von Rinde, Zweigen und Blättern. Dazu fällt er ganze Bäume, vornehmlich Weiden, Pappeln, Birken und Eschen. Der Baumstamm wird etwa 0,5 m über dem Boden rundum benagt, sodass er sanduhrförmig immer dünner wird und schließlich umfällt. Von den gefällten Bäumen werden die Äste abgebissen, in transportable Längen genagt und als Baumaterial für die Wohnburg und den Damm genutzt. Der Biber war bei uns fast ausgestorben, mittlerweile breitet er sich wieder aus.

Vorkommen *In naturnahen Flussauen mit stehenden und fließenden Gewässern.*

- > ***überwiegend dämmerungs- und nachtaktiv***
- > ***baut Dämme, um Flüsse und Bäche anzustauen***
- > ***Paarungszeit Dezember–April***

Diese Birke wird von einem Biber gefällt.

etwa fuchsgroß

breiter, platter, unbehaarter Schwanz

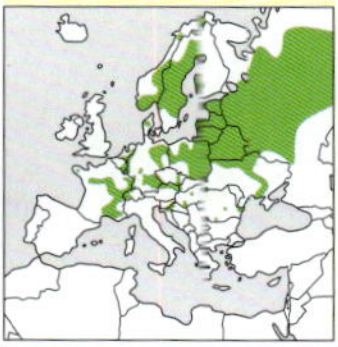

Berg-Lemming

Lemmus lemmus (Nagetiere)

L 8–15 cm Gewicht 40–130 g

Die bis 4 mm langen Kotpillen liegen dicht gedrängt insbesondere an den Baueingängen.

Der Berg-Lemming ist für seine Massenwanderungen bekannt, die alle paar Jahre im Herbst durch Überbevölkerung und damit einhergehendem Nahrungsmangel ausgelöst werden. Auf diesen legendären Massenzügen verunglücken regelmäßig zahlreiche Tiere, die in Flüssen, Seen oder an der Küste ertrinken. Mit einem „Massenselbstmord", wie vielfach unterstellt, hat dieses Verhalten aber nichts zu tun.

Vorkommen *Besiedelt die Tundra, alpine Wiesen, Sümpfe, felsiges und steiniges Hochland, Grasland sowie offene Wälder und Buschland.*

- > ***lebt in unterirdischen Bauen***
- > ***kräftige Krallen zum Graben***
- > ***reiner Pflanzenfresser***

Verteilung von Schwarz, Braun, Gelb und Weiß individuell unterschiedlich

kleine Ohren

kurzer Stummelschwanz

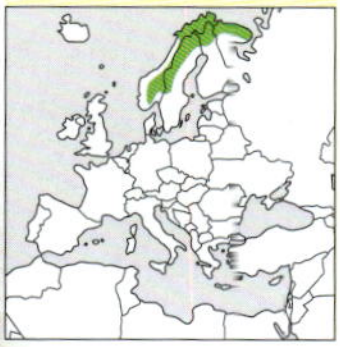

Siebenschläfer

Glis glis (Nagetiere)

L 13–20 cm Gewicht 70–150 g

Vorkommen *In unterholzreichen Mischwäldern, Obst- und Weingärten, naturnahen Gärten und Parks, auch in Wochenendhäusern, Ställen und auf Dachböden.*

- ***dämmerungs- und nachtaktiv***
- ***frisst Früchte, Blätter, Insekten und Vogeleier***

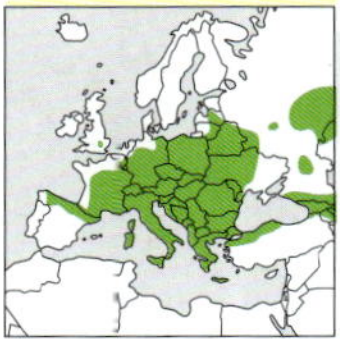

Der Siebenschläfer hält den Winterschlafrekord und bringt es tatsächlich auf mehr als 7 Monate Schlaf. Zwischen September/Oktober verkriecht er sich in frostsichere Erdhöhlen, um erst im Mai/Juni wieder aufzuwachen. Da er zudem im Sommer tagsüber schläft und bei besonderer Hitze auch noch in eine Art Sommerlethargie verfallen kann, darf man zu Recht behaupten, dass er den Großteil seines Lebens „verschläft".

baut seine Nester gern in Baumhöhlen

große Augen

langer buschiger Schwanz

Haselmaus

Muscardinus avellanarius (Nagetiere)

L 7–9 cm Gewicht 15–35 g

Vorkommen *Besiedelt lichte, unterholzreiche Laub- und Mischwälder, Parkanlagen, Obstgärten sowie gebüschreiche landwirtschaftliche Flächen.*

- ***dämmerungs- und nachtaktiv***
- ***Winterschlaf Oktober–April***

Die Haselmaus lebt meist auf Bäumen und Sträuchern, wo sie auch ihre Schlaf- und Brutnester baut. Sie ernährt sich überwiegend vegetarisch und je nach Jahreszeit von Knospen, Keimen, Blättern, Früchten, Obst und besonders gern von Haselnüssen. Gelegentlich werden auch Insekten und deren Larven gefressen.

Flicht aus Gräsern, Laub und anderen Materialien ein etwa faustgroßes, kugelförmiges Nest in Büschen und Bäumen, die Vogelnestern zum Verwechseln ähnlich sehen.

kurze Ohren

dicht behaarter, langer Schwanz

große Augen

Wanderratte

Rattus norvegicus (Nagetiere)
L 20–28 cm Gewicht 200–500 g

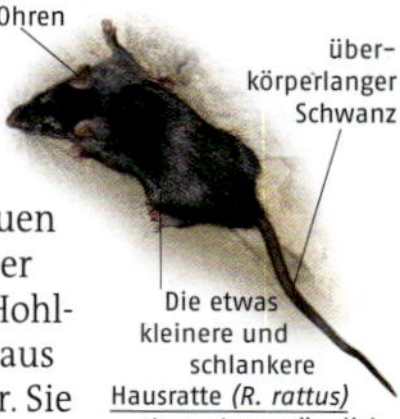

Die etwas kleinere und schlankere Hausratte *(R. rattus)* stammt ursprünglich aus den Tropen.

Als ursprünglicher Bewohner von Erdbauen besiedelt die Wanderratte in menschlicher Nähe besonders unterirdische, feuchte Hohlräume wie Abwasserkanäle. Darüber hinaus kommt sie z. B. in Kellern und Ställen vor. Sie lebt als Großfamilie in kopfstarken Rudeln, die ein bestimmtes Territorium für sich beanspruchen. Die Rudelmitglieder erkennen sich am charakteristischen Familiengeruch, fremde Wanderratten werden sofort erkannt und angegriffen.

Vorkommen *Ursprünglich in Asien beheimatet, heute fast weltweit verbreitet, hauptsächlich in menschlicher Nähe und an Gewässern.*

- ***Stammform der Farb- und Laborratten***
- ***überwiegend dämmerungs- und nachtaktiv***
- ***kann gut schwimmen, tauchen und klettern***

Hausmaus

Mus musculus (Nagetiere)
L 7–10 cm Gewicht 10–30 g

Die Jungen kommen als Nesthocker nackt und blind zur Welt und wiegen bei ihrer Geburt nur etwa 1 g.

Innerhalb menschlicher Gebäude pflanzt sich die Hausmaus das ganze Jahr über fort und vermehrt sich mit 4–8 Würfen während eines Jahres sehr rasch. Bei zu starker Vermehrung kommt es zu einer biologischen Geburtenregelung: Die jungen Weibchen bleiben unfruchtbar, ausgelöst wird diese Entwicklungshemmung vermutlich hormonell durch den ansteigenden Stress bei zu hoher Populationsdichte.

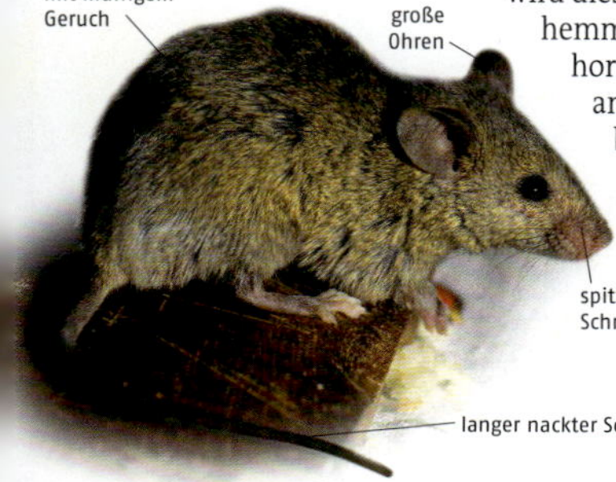

Vorkommen *Ursprünglich aus Asien, durch Menschen weltweit verbreitet. Meist in Scheunen, Vorratslagern, Getreidesilos, Müllhalden und Häusern.*

- ***Stammform der gezüchteten (weißen) Labormäuse***
- ***kann sehr gut klettern und springen***

Waldmaus

Apodemus sylvaticus (Nagetiere)
L 8–11 cm   Gewicht 20–30 g

Vorkommen *Besiedelt Wälder, Hecken, Felder, Wiesen, Parks und Gärten, im Gebirge bis auf etwa 1000 m Höhe, im Winter auch in Gebäuden.*

> ***häufigste Langschwanzmaus in Europa***
> ***Paarungszeit März–Oktober***

Die Waldmaus lebt als Einzelgänger und ist hauptsächlich in der Dämmerung und nachts unterwegs. Sie springt sehr gut und klettert gern auf Bäume; außerdem gräbt sie tiefe Gänge mit Nest- und Vorratskammern. Hier hortet sie Haselnüsse, Eicheln und Bucheckern für den Winter. Im Sommer frisst sie Grassamen, Getreide, Knospen, Früchte, Insekten, Würmer und Schnecken.

Gelbhalsmaus (*A. flavicollis*), etwas größer als die Waldmaus

Ihr Schwanz ist länger als der Körper, am Hals besitzt sie einen auffälligen gelben Kehlfleck

etwa körperlanger Schwanz

große Augen und Ohren

Unterseite weißlich

Feldmaus

Microtus arvalis (Nagetiere)
L 8–12 cm   Gewicht 15–40 g

Vorkommen *Besiedelt offene Landschaften wie Äcker, Wiesen, Weiden, Brachland, Heide- und Steppengebiete sowie Gärten.*

> ***unsere häufigste Wühlmaus***
> ***überwiegend dämmerungs- und nachtaktiv***
> ***kann sich ganzjährig fortpflanzen***

Die Feldmaus ist ein typischer Vertreter der Wühlmäuse, gräbt weitverzweigte, unterirdische Baue und nagt sich oberirdische Gänge („Laufstraßen“) in die Vegetation. Sie frisst Gräser, Kräuter, Wurzeln, Feldfrüchte, Samen und Insekten. Alle 2–4 Jahre kommt es zu Massenvermehrungen der Feldmaus. In solchen „guten Mäusjahren“ haben ihre Fressfeinde wie Mäusebussard, Schleiereule und Steinkauz besonders viele Nachkommen.

Feldmäuse bauen ein unterirdisches, ausgepolstertes Nest, in dem die Jungen geboren werden.

Relativ kleine Ohren ragen nur wenig aus dem Fell hervor.

kurzer Schwanz

Rötelmaus

Clethrionomys glareolus (Nagetiere)
L 7–14 cm Gewicht 15–35 g

Die gesellige Wühlmaus ist überwiegend dämmerungs- und nachtaktiv, häufig aber auch am Tage tätig und dann leicht zu beobachten, da sie kaum scheu ist. Ihre Nestkammern baut sie in Reisighaufen oder morschen Baumstümpfen. Hier bringt das Weibchen bis zu 4-mal im Jahr 3–7 Junge zur Welt. Diese können sich bereits im Alter von 10 Wochen selbst fortpflanzen.

***Vorkommen** Häufig und verbreitet in unterholzreichen Wäldern, auf Wiesen, in Parks, Gärten, Hecken und Gebüschen, im Winter gelegentlich in Gebäuden.*

- ***auch als Waldwühlmaus bezeichnet***
- ***bei gutem Nahrungsangebot ganzjährige Fortpflanzung***

Waldspitzmaus

Sorex araneus (Insektenfresser)
L 5–8 cm Gewicht 5–13 g

Die Spitzmaus ist nicht mit den vegetarisch lebenden Nagetieren wie den Mäusen, sondern mit Igel und Maulwurf verwandt. Als emsiger Vertilger von Würmern, Spinnen, Schnecken, Käfern und Aas ist sie für den Menschen ein ausgesprochener Nützling. Die Spitzmaus wird zwar vielfach von Eulen oder Katzen gefangen (auch sie halten die kleinen Tiere zunächst für Mäuse), dann aber wegen ihres penetranten Moschusgeruches meistens liegengelassen.

***Vorkommen** Häufig und verbreitet in Wäldern, auf Wiesen, in Mooren, Gärten und Parks, im Gebirge bis über die Baumgrenze, im Winter auch in Gebäuden.*

- ***Einzelgänger***
- ***baut ein Kugelnest unter Baumwurzeln***
- ***Fortpflanzungszeit April bis September***

Igel

Erinaceus europaeus (Insektenfresser)

L 22–30 cm   Gewicht 0,5–1,2 kg

Vorkommen *Besiedelt unterholzreiche, trockene Wälder, gebüschreiche Waldränder, Feldhecken, Parkanlagen und Gärten, im Gebirge bis in 2000 m Höhe.*

> ***kann 10 Jahre alt werden***
> ***Fortpflanzungszeit April–August***

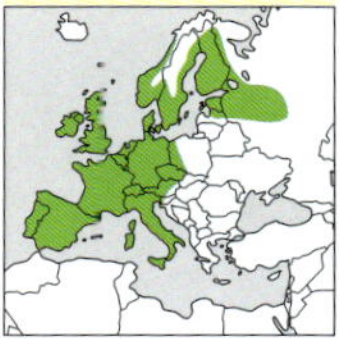

Der Igel lebt als Einzelgänger, der vorzugsweise nachts schnüffelnd und schmatzend durch Wälder und Gärten streift. Hier stöbert er nach Regenwürmern, Schnecken, Insekten und Asseln, schätzt aber auch süßes Obst, Frösche, Eier und Jungvögel. Von Oktober bis April hält der Igel seinen Winterschlaf, gern in Laub-, Kompost- oder Reisighaufen.

Maulwurf

Talpa europaea (Insektenfresser)

L 11–15 cm   Gewicht 60–110 g

Vorkommen *Verbreitet und häufig auf Wiesen mit lockerer Erde, in Gärten, Parks und lichten Laubwäldern, meidet steinige und staunasse Böden.*

> ***lebt einzelgängerisch***
> ***frisst Würmer, Insekten, Tausendfüßler und Schnecken***
> ***Fortpflanzungszeit April–Juli***

Der Maulwurf lebt ausschließlich unter Tage in weitverzweigten, selbst geschaufelten Gang- und Kammersystemen. Das Aushubmaterial wirft er mit seinen schaufelförmigen Vorderbeinen in Form der bekannten Maulwurfshügel auf, die im Schnitt einen Durchmesser von 10–20 cm haben. Größere Haufen entstehen, wenn unterirdische Nest- oder Vorratskammern angelegt und entsprechend mehr Boden ausgegraben wird.

Abendsegler

Nyctalus noctula (Fledertiere)

L 7–8 cm SpW 35–40 cm Gewicht 20–40 g

Der Abendsegler beginnt häufig bereits vor Sonnenuntergang mit seinen Jagdflügen. Dann sieht man die große Fledermaus nicht selten gemeinsam mit Schwalben und Mauerseglern jagen. Wie alle Fledermäuse ortet sie Fluginsekten mit Ultraschall: Schnell aufeinander ausgestoßene Peillaute werden von den Beuteinsekten reflektiert und mit den großen Ohren empfangen.

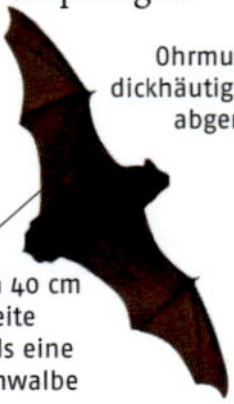

Vorkommen Besiedelt Laub- und Mischwälder, Feldgehölze und Parks, auch in Dörfern und Städten.

- **auffallend große Fledermaus**
- **fliegt relativ hoch**
- **tagsüber versteckt in Baumhöhlen**

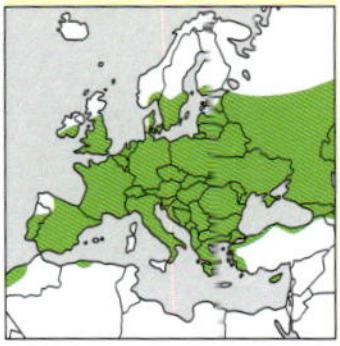

Zwergfledermaus

Pipistrellus pipistrellus (Fledertiere)

L 3,5–5 cm SpW 18–22 cm Gewicht 4–8 g

Die Zwergfledermaus bevorzugt als Quartier engste Spalten und Ritzen, in denen sie Berührungskontakt mit Rücken und Bauch hat, z. B. unter Dachziegeln, hinter Holzverkleidungen, in Mauerspalten und unter loser Baumrinde. Durch die Renovierung alter Gebäude werden solche Schlafmöglichkeiten häufig zerstört, spezielle Fledermaus-Nistkästen können hier Ersatzquartiere bieten.

Vorkommen Besiedelt sehr unterschiedliche Lebensräume: Wälder, Moore, Kulturland, Parks, Alleen, Gärten, Dörfer und Städte.

- **kleinste Fledermaus Europas**
- **vertilgt große Mengen an Mücken**
- **Winterschlaf häufig zu Hunderten und Tausenden in Höhlen**

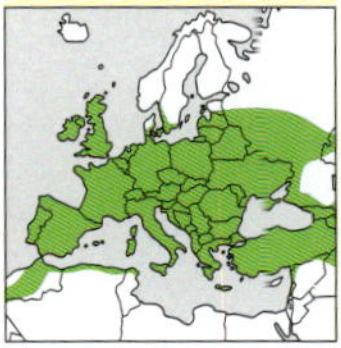

Seehund

Phoca vitulina (Raubtiere)

L 140–200 cm Gewicht 50–150 kg

Vorkommen *In ruhigen Küstengewässern mit Sandbänken, im Wattenmeer sowie im Bereich von Flussmündungen.*

- ***kann bis zu 100 m tief und 30 Minuten lang tauchen***
- ***erbeutet Fische, Muscheln und Krebse***
- ***kann 30–35 Jahre alt werden***

Das Seehundweibchen bringt seine Jungen zwischen April und Juli auf einsamen Sandbänken zur Welt und säugt sie dort etwa 6 Wochen lang. Das Junge hat in den ersten Wochen nach der Geburt einen empfindlichen Bauchnabel. Wird es durch Schaulustige oder Wassersportler auf den Sandbänken gestört, führt das fluchtartige Robben über den Sand häufig zu Entzündungen und nicht selten zum Tod des Tiers.

Kegelrobbe

Halichoerus grypus (Raubtiere)

L 150–300 cm Gewicht 120–300 kg

Vorkommen *Besiedelt Küstengewässer, gern Fels-, Geröll und Klippenküsten.*

- ***deutlich größer als Seehunde***
- ***frisst Fische, Krebse und Muscheln***
- ***Paarungszeit November–März***

Die der Nordseeinsel Helgoland vorgelagerte Badedüne bietet beste Bedingungen zur Tierbeobachtung: Im Sommer trifft man hier sowohl Kegelrobbe als auch Seehund an, denen man sich bis auf wenige Meter nähern kann und die sich Schwimmern oft neugierig im Wasser nähern. Und im Winter kann hier die Kegelrobbe bei der Aufzucht ihrer Jungen hautnah beobachtet werden. Sie ist unser größtes Raubtier (bis zu 300 kg!).

Schweinswal

Phocoena phocoena (Waltiere)
L 120–180 cm   Gewicht 40–60 kg

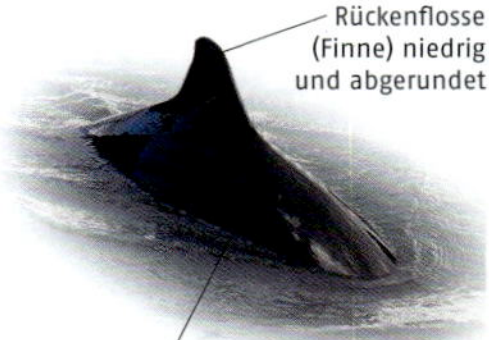

Der Schweinswal ist der einzige regelmäßig in der Nord- und Ostsee vorkommende Wal. Seine Bestände sind gefährdet durch Lebensraumzerstörung und Umweltgifte. Außerdem sterben regelmäßig Schweinswale bei der Stellnetzfischerei: Sie verfangen sich als Beifang in den unter Wasser treibenden Netzen und ertrinken jämmerlich.

Vorkommen *In Küstengewässern, dringen auch in Flussmündungen vor.*

- ***auch als Braunfisch oder Kleiner Tümmler bezeichnet***
- ***frisst bevorzugt Heringe und Makrelen***
- ***Paarungszeit im Sommer***

Großer Tümmler

Tursiops truncatus (Waltiere)
L 200–380 cm   Gewicht 150–400 kg

Der spielfreudige Delfin lebt gesellig, gelegentlich in Gruppen – den sogenannten Schulen – von mehreren 100 Tieren, häufiger jedoch in Ansammlungen von 2 – 20 Individuen. Sie verhalten sich sehr sozial und solidarisch und helfen einander bei Geburt, Jagd und der Verteidigung gegen Räuber.

Vorkommen *Weltweit mit Ausnahme der arktischen und antarktischen Gewässer verbreitet, meist in Küstennähe.*

- ***bekannt aus Delfinarien und durch die Serie „Flipper"***
- ***frisst hauptsächlich Fisch***
- ***kann bis zu 40 Jahre alt werden***

Vögel beobachten

Zum Vogelexperten wird man praktisch im Vorbeigehen, denn wo auch immer wir Muße finden zum Schlendern und Wahrnehmen, da können wir auch Vögeln begegnen: Ob beim Einkaufsbummel in der Stadt, beim Spaziergang mit dem Hund oder beim Unkrautjäten im Garten.

Innehalten ...

Haben wir die ersten Arten kennen gelernt, dann fallen Unterschiede sofort ins Auge und ins Gehör: Das ist doch kein Meisenträllern und auch keine flötende Amsel? – Beim näheren Hinsehen entpuppt sich der merkwürdig grüne Buchfink als Grünfink.
Je weiter wir uns aus dem Siedlungsbereich entfernen, umso größer wird die Beobachtungsdistanz. Denn „in freier Wildbahn" sind Vögel nicht so an den Menschen gewöhnt und oft entsprechend scheuer. Hier hilft neben einem guten Fernglas vor allem eine gute Tugend weiter und die heißt Innehalten und Abwarten.

Zur Tat schreiten ...

Wer Vögeln ein sicheres Quartier in Form eines Nistkastens bietet, dem ist es vergönnt, aktiv und hautnah an ihrem Leben teilzunehmen. Übrigens bestimmen Sie mit der Größe der Einflugöffnung, welche Vogelart hier einziehen kann.
Im Winter bietet die Vogelfütterung am Haus die vielleicht einfachste und effektivste Gelegenheit, in kurzer Zeit eine faszinierende Artenvielfalt anzulocken und zu beobachten.

Uferschwalbe

Riparia riparia (Schwalben)

L 12 cm SpW 27–29 cm Langstreckenzieher

Vorkommen *Brütet in steilen Sandwänden, meist an Ufern oder Küsten. Nahrungssuche in umgebender offener Landschaft.*

- ***Brutzeit April–Sept.***
- ***4–6 reinweiße Eier***
- ***1–2 Bruten im Jahr***

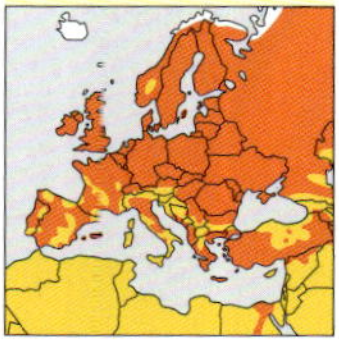

Die Uferschwalbe brütet meist in Kolonien. Ihre Brutröhren legt sie in den wenigen in der Landschaft vorhandenen Steilwänden an. Mehrere Tausend Paare umfassen die größten Kolonien an Steilufern der Ostsee. Die Brutweise hat den Vorteil, dass räuberische Säugetiere wie Dachs oder Fuchs die Nester nicht erreichen können.

Stimme *Im Flug harte, schnurrende Rufe („tschrrrt"). Schwatzender, unauffälliger Gesang.*

Rauchschwalbe

Hirundo rustica (Schwalben)

L 17–19 cm SpW 32–34 cm Langstreckenzieher

Vorkommen *Brütet vor allem in Dörfern; Nahrungsflüge bevorzugt über Grünland oder Gewässern.*

- ***Brutzeit April–Sept.***
- ***3–6 weiße Eier mit bräunlichen Tupfen***
- ***1–3 Bruten im Jahr***

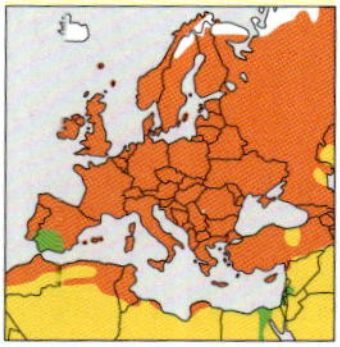

Nest mit fast flüggen Jungen

Die Rauchschwalbe brütet eigentlich in Felshöhlen, befestigt aber ihr aus Lehm und Halmen zusammengeklebtes Nest heute meist in offen stehenden Gebäuden (z. B. Ställe) oder unter niedrigen Brücken. Alte Nester werden gern wiederverwendet.

Stimme *Ruft im Flug oft „wit", auch wiederholt; zwitschernder Gesang, der mit Triller enden kann.*

Rötelschwalbe

Cecropis daurica (Schwalben)

L 16–17 cm SpW 32–34 cm Langstreckenzieher

Von Aussehen, Lebensweise und Nistplatzwahl erinnert die Rötelschwalbe sehr an die Rauchschwalbe. Häufiger als diese nistet die Rötelschwalbe an natürlichen Felswänden, aber auch an Gebäuden. Das in ein- bis zweiwöchiger Arbeit aus Lehmklümpchen und Stroh zusammengeklebte Nest hat eine enge Eingangsröhre.

Nest mit Eingangstunnel

Vorkommen *Brütet entweder in felsigen Schluchten oder in Siedlungen; Nahrungssuche in offenerer Landschaft.*

- ***Brutzeit April–Sept.***
- ***3–5 reinweiße Eier***
- ***1–3 Bruten im Jahr***

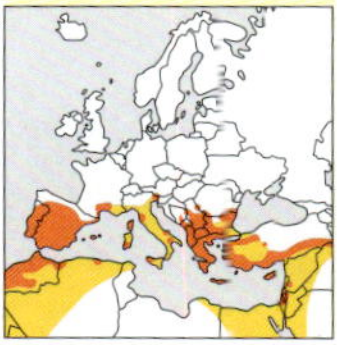

Stimme *Ähnlich Rauchschwalbe, aber Rufe weicher. Schwatzender Gesang tiefer und kürzer.*

Mehlschwalbe

Delichon urbicum (Schwalben)

L 13 cm SpW 26–29 cm Langstreckenzieher

Die Mehlschwalbe jagt nach kleinen Insekten meist hoch über dem Erdboden. Die erbeuteten Insekten vermengt sie mit Speichel und verfüttert sie als Ballen an die Jungvögel.

Nest

Vorkommen *Ursprünglich Bewohner von Felswänden, aber heute überwiegend Brutvogel in Städten und Dörfern.*

- ***Brutzeit Mai–Sept.***
- ***3–5 weiße Eier***
- ***1–2 Bruten im Jahr***

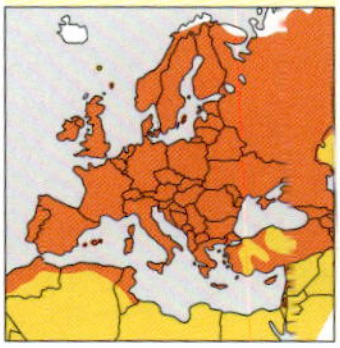

Stimme *Ruft im Flug rau „tschrrip". Gesang leise und zwitschernd.*

Haubenlerche

Galerida cristata (Lerchen)

L 17 cm SpW 29–38 cm Standvogel

Vorkommen *Lebt in trockenen, offenen Bereichen; auch an Straßen, auf Parkplätzen und Brachflächen.*

> **Brutzeit April–Sept.**
> **3–5 weißliche Eier mit grauen Flecken**
> **2–3 Bruten im Jahr**

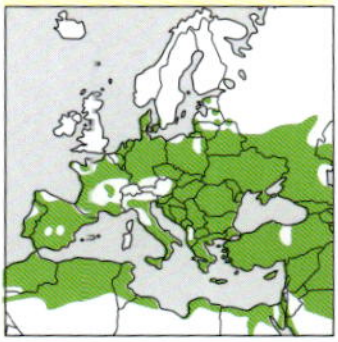

Die Haubenlerche liebt dürre und karge Lebensräume. In den vergangenen 100 Jahren entstanden mit der Bebauung großer Flächen zusätzliche Lebensräume, die inzwischen aber zu stark bewachsen sind. Mit der aktuellen Klimaerwärmung erhöhte Temperaturen wirken sich positiv, damit verbundene zunehmende Niederschläge in einigen Regionen Europas eher negativ auf die Verbreitung aus.

Stimme *Lauter, flötender Gesang, der im Flug oder am Boden vorgetragen wird. Rufe wehmütig pfeifend.*

Feldlerche

Aluda arvensis (Lerchen)

L 18–19 cm SpW 30–36 cm Kurzstreckenzieher

Vorkommen *Brütet auf Äckern und Wiesen und hält dabei Abstand von Bäumen und Siedlungen. Im Winter auch auf Brachflächen.*

> **Brutzeit April–August**
> **2–5 weißliche Eier mit brauner Fleckung**
> **2–3 Bruten im Jahr**

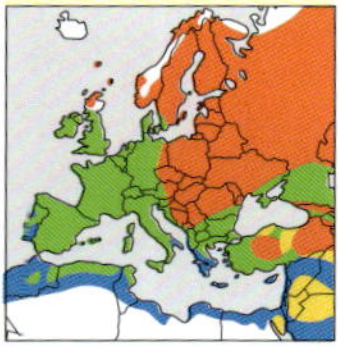

Die Feldlerche ist eigentlich ein Steppenvogel. Durch die Rodung von Wäldern und der nachfolgenden Bewirtschaftung von Wiesen und Feldern ist sie in weite Teile Europas eingewandert. Starke Düngung, Gifteinsatz und das Verschwinden von Ackerrandstreifen haben dazu geführt, dass die Feldlerchen deutlich seltener geworden sind. Den Singflug kann man ab März überall auf Feldern und Wiesen beobachten. Die Lerche steigt vom Boden fast senkrecht auf und singt in der Luft „stehend“ mehrere Minuten lang.

Stimme *Trillernder Gesang im Singflug, mit Imitationen anderer Vogelstimmen. Raue Rufe.*

Heidelerche

Lullula arborea (Lerchen)

L 15 cm SpW 27–30 cm Kurzstreckenzieher

Die Heidelerche steigt beim Singflug in Spiralen auf und startet dabei auch von Baumspitzen aus. Davon abgesehen ist sie aber ein Bodenvogel, der in kargen Bereichen nach Insekten sucht. Auch das Nest befindet sich am Boden. Es ist gut zwischen Grasbüscheln versteckt und wird von den Jungen noch vor dem Flüggewerden verlassen.

Vorkommen *Bevorzugt sandige, halb offene Landschaften: Heide, lichte Wälder oder Waldränder; zur Nahrungssuche auch auf Äckern.*

- ***Brutzeit März–Juli***
- ***3–6 weißliche Eier mit brauner Punktierung***
- ***1–2 Bruten im Jahr***

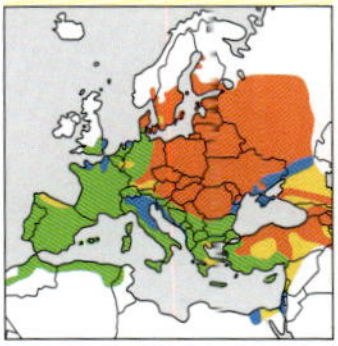

Stimme *Singflug mit Strophen aus wohlklingenden, abfallenden Flötentönen. Ruft jodelnd „didlüi".*

Bachstelze

Motacilla alba (Stelzen und Pieper)

L 18 cm SpW 25–30 cm Kurz-/Mittelstreckenzieher

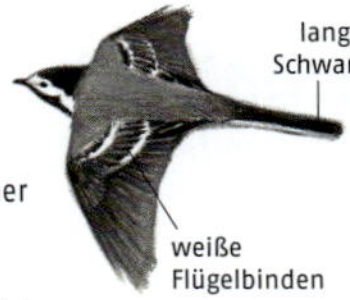

Allein schon durch ihre Bewegungsweise ist die Bachstelze unverkennbar. Sie zeigt einen ausgeprägt wellenförmigen Flug, wippt fast ständig mit ihrem langen Schwanz, und bei der Jagd nach Insekten rennt sie häufig ruckartig mit Trippelschritten ihrer Beute hinterher.

Vorkommen *Lebt in Dörfern und Vorstädten sowie in offener und halb offener Landschaft, dabei gern in Gewässernähe.*

- ***Brutzeit April–August***
- ***5–6 hellgraue Eier mit feinen Punkten***
- ***2 Bruten im Jahr***

Stimme *Ruft „zlipp" oder „zilipp"; unauffälliger Zwitschergesang mit eingebetteten Rufen.*

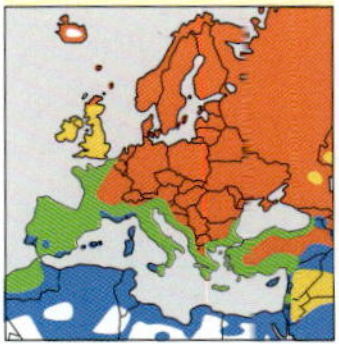

Gebirgsstelze

Motacilla cinerea (Stelzen und Pieper)

L 18–19 cm SpW 25–27 cm Standvogel/Langstreckenzieher

Vorkommen *Lebt an schnell fließenden Gewässern, nur gelegentlich auch in trockenem Gelände.*

> ***Brutzeit März–August***
> ***4–6 schwach gezeichnete graue Eier***
> ***2 Bruten im Jahr***

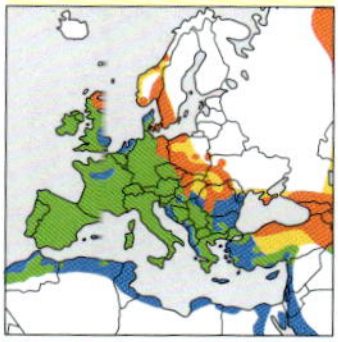

Ihr Nest baut die Gebirgsstelze nah am Wasser, meist unter Baumwurzeln oder zwischen Steinen, aber auch unter Brücken. Da sie ihre Nahrung nah am Wasser sucht, treten unter überwinternden Vögeln bei längeren Frostperioden Verluste auf.

Stimme *Ruft höher und schärfer als Bachstelze (S. 43). Der Gesang ist eine unmelodische Reihung rufähnlicher Töne.*

Schafstelze

Motacilla flava (Stelzen und Pieper)

L 17 cm SpW 23–27 cm Langstreckenzieher

Vorkommen *Lebt in verschiedenartigen offenen Landschaften, besonders auf Wiesen, Weiden und Äckern.*

> ***Brutzeit Mai–August***
> ***5–6 bräunlich weiße Eier mit Punkten***
> ***1–2 Bruten im Jahr***

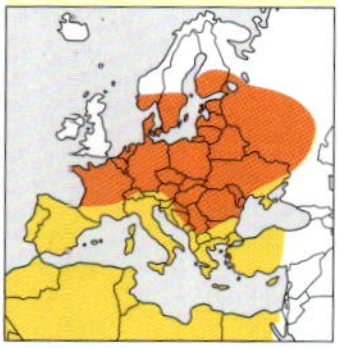

Der Name „Schafstelze" passt, da sie zur Nahrungssuche kurzgrasige, beweidete Grünlandflächen oder freien Boden benötigt. Auf dem Zug und im Winterquartier trifft man die Schafstelze fast immer in Trupps an. Gegen Abend finden sich diese wiederum zu großen Schlafplatzgemeinschaften im Schilf zusammen, die mehrere Tausend Vögel umfassen können.

Stimme *Ruft weich und leicht abfallend „psieh". Der stockende Gesang besteht aus etwa 3–4 rauen Tönen.*

Baumpieper

Anthus trivialis (Stelzen und Pieper)

L 15 cm SpW 25–27 cm Langstreckenzieher

Singflug

So auffällig der Singflug des Baumpiepers ist, so versteckt hält er sich bei der Nahrungssuche. Er liest im Schutz von dichtem Pflanzenbewuchs kleine Insekten vom Boden auf. Die Strecke zwischen Brutgebiet und afrikanischem Winterquartier bewältigt er mit morgendlichen Flügen; den Rest des Tages sucht er Nahrung zum Auffüllen seiner Energiereserven.

***Vorkommen** Brütet an Waldlichtungen und -rändern sowie in halb offener Landschaft mit einzelnen Bäumen.*

> ***Brutzeit** April–August*
> *3–6 gefleckte Eier, Grundfarbe variabel*
> *1–2 Bruten im Jahr*

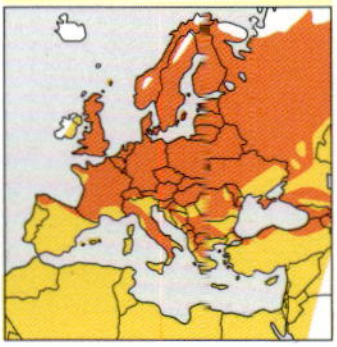

***Stimme** Schmetternder Gesang, der nach dem Start von Baumspitzen aus im Flug vorgetragen wird; Flugruf rau „tsriie".*

Wiesenpieper

Anthus pratensis (Stelzen und Pieper)

L 14 cm SpW 22–25 cm, Kurz-/Mittelstreckenzieher

Abgesehen vom auffälligen Singflug bemerkt man vom Wiesenpieper im Brutgebiet nicht viel. Zwar bewohnt er die offene Landschaft, versteckt sein Nest aber in dichtem Gras und bleibt auch bei der Nahrungssuche verborgen. Aufgrund großer skandinavischer Brutbestände tritt er aber als Durchzügler viel stärker in Erscheinung, zumal er tagsüber und ständig rufend zieht.

***Vorkommen** Lebt in offener Landschaft von Moor, Heide und Tundra bis hin zu Wiese und Ackerland.*

> ***Brutzeit** März–August*
> *4–6 blasse Eier mit dunkler Fleckung*
> *1–2 Bruten im Jahr*

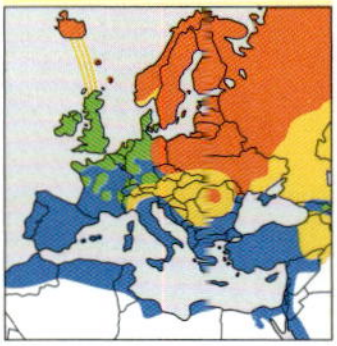

***Stimme** Ruft „ist", oft mehrfach. Gesang aus verschiedenen Elementen im herabgleitenden Flug.*

Seidenschwanz

Bombycilla garrulus (Seidenschwänze)

L 18 cm SpW 32–35 cm Standvogel/Kurzstreckenzieher

Flugprofil ähnlich Star

Vorkommen *Brütet in Fichten- und Birkenwäldern der Taiga; im Winter in offenen Wäldern, Parks und Gärten.*

- **Brutzeit Mai–August**
- **4–6 blaugraue Eier mit schwarzen Punkten**
- **1 Brut im Jahr**

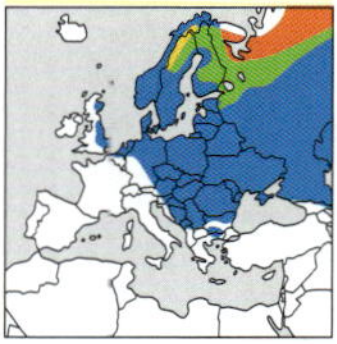

Zur Brutzeit ist der Seidenschwanz Insektenfresser. Jedoch hängt sein Zugverhalten vom Angebot an Früchten der Eberesche in Skandinavien ab. Gibt es viele Früchte, bleiben die meisten Vögel nahe dem Brutgebiet; fehlen sie, fällt der Seidenschwanz in Scharen in Mitteleuropa ein. Dort frisst er neben verschiedenen Beeren auch hängen gebliebene Äpfel.

Stimme *Ruft hoch und schwirrend „sirr"; Gesang aus langen Folgen von Rufen und ähnlichen Lauten.*

Wasseramsel

Cinclus cinclus (Wasseramseln)

L 18 cm SpW 26–30 cm Standvogel/Kurzstreckenzieher

Vorkommen *Lebt ausschließlich an schnell fließenden Bächen und Flüssen.*

- **Brutzeit Februar–Juli**
- **4–6 weißliche oder hell rahmfarbene Eier**
- **1–2 Bruten im Jahr**

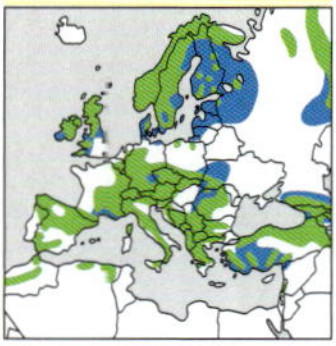

Als einziger Singvogel ist die Wasseramsel in der Lage, in Fließgewässern zu tauchen. Dies tut sie ausgiebig, um Insektenlarven, Flohkrebse und andere kleine Wassertiere vom Grund aufzusammeln. Auch bei der Balz spielt das Schwimmen eine Rolle. Ihr kugelförmiges Nest baut die Wasseramsel unmittelbar am Wasser und gut geschützt in Höhlungen aller Art.

Stimme *Hell klingender Gesang aus pfeifenden bis klirrenden Tönen, oft kaum im Wasserrauschen auszumachen.*

Zaunkönig

Troglodytes troglodytes (Zaunkönige)

L 9–10 cm   SpW 13–17 cm   Standvogel/Kurzstreckenzieher

Trotz der geringen Größe des Zaunkönig-Männchens gehört sein Gesang zu den lautesten und auffälligsten der europäischen Vogelwelt. Zu hören ist seine Stimme nahezu ganzjährig. Er grenzt mit ihr nicht nur das Brutterritorium, sondern im Winter auch ein Nahrungsrevier ab. Auf der Suche nach Insekten und Spinnen schlüpft der Zaunkönig durch dichtes Unterholz.

***Vorkommen** Lebt in unterholzreichen Wäldern, Parks, Gärten und größeren Gebüschen.*

- ***Brutzeit April–August***
- ***5–7 weiße Eier mit braunen Flecken***
- ***2 Bruten im Jahr***

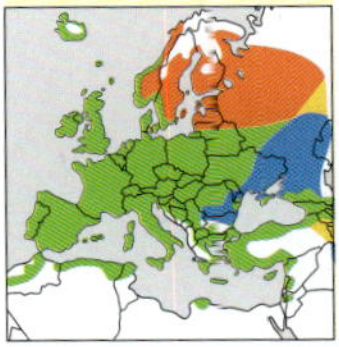

***Stimme** Weit hörbarer, schmetternder Gesang mit leiernden und trillernden Passagen; ruft hart „zrrrrt".*

Heckenbraunelle

Prunella modularis (Braunellen)

L 14 cm   SpW 19–21 cm   Standvogel/Kurzstreckenzieher

Die Heckenbraunelle fällt vor allem durch lauten Gesang auf; ansonsten huscht sie recht versteckt im Unterholz umher. Männchen und Weibchen haben zur Brutzeit jeweils ihre eigenen Reviere. Je nachdem, wie stark sich diese überlappen, kann ein Männchen mehrere Weibchen oder ein Weibchen bis zu zwei Männchen als Brutpartner haben.

***Vorkommen** Bewohnt buschige Wälder, Feldgehölze, Hecken, Parks und Gärten.*

- ***Brutzeit April–August***
- ***4–6 türkisblaue Eier***
- ***2–3 Bruten im Jahr***

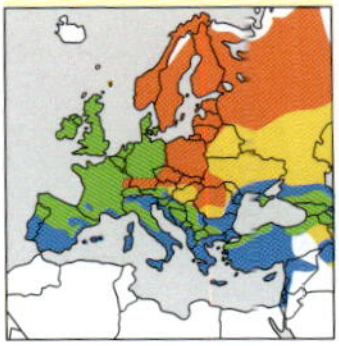

***Stimme** Klirrender, von Buschspitzen aus vorgetragener Gesang; auf dem Zug hohe, trillernde Rufe.*

Amsel

Turdus merula (Drosseln)

L 24–25 cm SpW 34–39 cm Standvogel/Kurzstreckenzieher

Vorkommen *Bewohnt sowohl dichte Wälder als auch kleinere Gehölze, sehr häufig in Siedlungen bis hin zur Großstadt.*

- ***Brutzeit Feb.–August***
- ***4–5 bläuliche, oft braun gezeichnete Eier***
- ***2–4 Bruten im Jahr***

Vor 150 Jahren wanderte die Amsel allmählich von Wäldern aus in Gärten und andere städtische Lebensräume ein. In Büschen und Bäumen findet sie dort nicht nur geeignete Standorte für ihr Nest, kurzgrasige Rasenflächen bieten auch günstige Bedingungen zur Nahrungssuche. Mit schätzungsweise 40–80 Millionen Paaren gehört die Amsel heute zu den häufigsten europäischen Brutvogelarten.

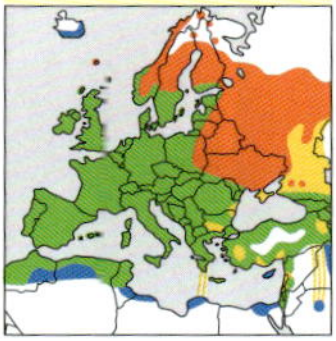

Stimme *Melodischer, flötender Gesang, der von erhöhter Warte aus vorgetragen wird; bei Gefahr laut schimpfend.*

Wacholderdrossel

Turdus pilaris (Drosseln)

L 26 cm SpW 39–42 cm Kurzstreckenzieher

Vorkommen *Brütet in Feldgehölzen, Parks und größeren Gärten; Nahrungssuche bevorzugt auf Grünland und Äckern.*

- ***Brutzeit April–Juli***
- ***5–6 blassblaue, rötlich gefleckte Eier***
- ***1–2 Bruten im Jahr***

Die Wacholderdrossel brütet gern in kleinen Kolonien. Zu mehreren attackieren sie eindringende Krähen oder Greifvögel und versuchen diese mit Kotspritzern zu vertreiben. Auch außerhalb der Brutzeit ist die Wacholderdrossel sehr gesellig; sowohl auf dem Zug als auch bei der Nahrungssuche sieht man sie in größeren Gruppen oder Schwärmen.

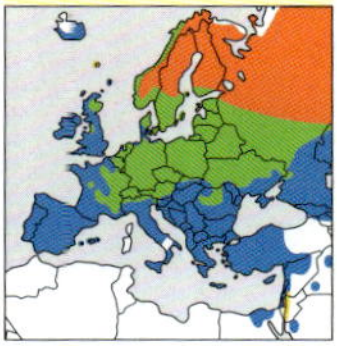

Stimme *Raue, schackernde Rufe; Gesang krächzend und quietschend, oft im Flug vorgetragen.*

Singdrossel

Turdus philomelos (Drosseln)

L 23 cm SpW 33–36 cm Standvogel/Mittelstreckenzieher

Wenn auch ihr lauter Gesang kaum zu überhören ist, so ist die Singdrossel doch die heimlichste Drossel. Beim Brüten bleibt sie unauffällig, denn ihr Nest baut sie am liebsten gut versteckt in Nadelbäumen. Auch bei der Nahrungssuche hält sie sich bevorzugt im Schutz des Unterholzes auf, wo man sie oft nur durch das Rascheln des Laubs entdeckt.

Stimme *Lauter Gesang aus kurzen, meist 2–3-mal wiederholten Strophen; ruft scharf „zipp".*

***Vorkommen** Brütet in Wäldern, Parks und Gärten mit Bäumen; auf dem Zug und im Winter auch in offener Landschaft.*

- **Brutzeit März–August**
- **4–6 grünlich blaue Eier mit dunklen Flecken**
- **2 Bruten im Jahr**

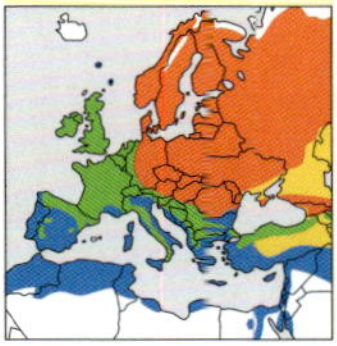

Rotdrossel

Turdus iliacus (Drosseln)

L 21 cm SpW 33–35 cm Kurz-/Mittelstreckenzieher

Eigentlich baut die Rotdrossel ihr Nest gut versteckt in Nadelbäumen. Da sie aber als Brutvogel weit in die baumlosen Gebiete des Nordens und der Gebirge vordringt, nimmt sie auch mit Brutplätzen am Boden vorlieb. Auf dem Zug und im Winterquartier tritt sie meist in Trupps auf und ist häufig mit der Wacholderdrossel vergesellschaftet.

Stimme *Gesang abgehackt und wenig melodisch. Flugruf scharf und langgezogen „zieeeh".*

***Vorkommen** Brütet in Laub-, Misch- und Nadelwäldern; außerhalb der Brutzeit häufig auf Wiesen und Weiden.*

- **Brutzeit April–August**
- **4–6 grünliche, braun gefleckte Eier**
- **1–2 Bruten im Jahr**

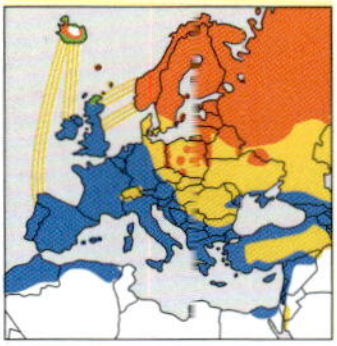

Feldschwirl

Locustella naevia (Grassänger)

L 13 cm SpW 15–19 cm Langstreckenzieher

Vorkommen *Bewohnt feuchte, hochgewachsene Wiesen und Brachflächen, die meist mit Büschen durchsetzt sind.*

- ***Brutzeit April–August***
- ***5–6 weißliche, rotbraun gepunktete Eier***
- ***1–2 Bruten im Jahr***

Der schwirrende Gesang besteht aus zwei sich abwechselnden Tönen, die der Feldschwirl etwa 25-mal pro Sekunde erzeugt. Dabei zeigt er große Ausdauer, denn eine einzige Gesangseinheit kann er über eine Stunde lang durchhalten. Zur Paarungszeit singt er fast durchgehend Tag und Nacht. Wie alle Schwirle lebt er sehr versteckt.

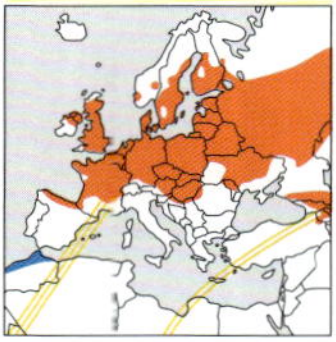

Stimme *Der Gesang ist ein heuschreckenartiges, oft minutenlang vorgetragenes Schwirren.*

Sumpfrohrsänger

Acrocephalus palustris (Zweigsänger)

L 13 cm SpW 18–21 cm Langstreckenzieher

Vorkommen *Brütet auf offenen, mit hohen Stauden und Büschen bewachsenen Flächen; auch in Getreidefeldern.*

- ***Brutzeit Mai–Juli***
- ***3–6 weißliche, braun gefleckte Eier***
- ***1 Brut im Jahr***

Der Sumpfrohrsänger hält sich kaum im Schilf auf. Er ahmt Hunderte anderer Vogelstimmen nach, darunter auch viele afrikanische, deren Gesang er aus dem Winterquartier nach Europa exportiert. In Nordosteuropa brütet der sehr ähnliche Buschrohrsänger *(A. dumetorum)*, der ebenfalls kaum im Schilf vorkommt.

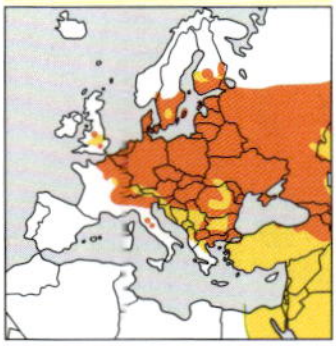

Buschrohrsänger

Stimme *Die langen Gesangsabschnitte bestehen fast ausschließlich aus Imitationen anderer Vogelstimmen.*

Teichrohrsänger

Acrocephalus scirpaceus (Zweigsänger)

L 13 cm   SpW 17–21 cm   Langstreckenzieher

Altvogel am Nest

Gut einen halben Meter über der Wasseroberfläche hängt das Weibchen ein Nest an mehrere Schilfhalme. Der Drosselrohrsänger *(A. arundinaceus)* ist der mit Abstand größte Rohrsänger. Singt rhythmisch „karre-karre-kiet-kiet", deutlich lauter und langsamer als der Teichrohrsänger.

Vorkommen *Brütet in Schilfbeständen, auf dem Zug auch in Gebüschen.*

> ***Brutzeit Mai–Sept.***
> ***3–5 weißliche, braun gefleckte Eier***
> ***1–2 Bruten im Jahr***

Drosselrohrsänger

Stimme *Gesang aus rhythmisch gereihten Kratztönen, unterbrochen von einzelnen pfeifenden Lauten.*

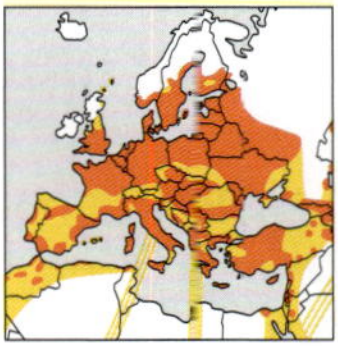

Gartengrasmücke

Sylvia borin (Grasmücken)

L 14 cm   SpW 20–24 cm   Langstreckenzieher

Auch manche Gartengrasmücke zieht unfreiwillig Kuckucksjunge auf.

Wäre da nicht ihr lauter Gesang, die Gartengrasmücke bliebe fast unbemerkt. Im Herbst ist sie eigentlich noch unauffälliger, dabei frisst sie sich mithilfe verschiedener Beeren unaufhörlich Fettreserven an. Auf dem Weg von Nordeuropa nach Süden nimmt sie stetig an Gewicht zu, nach dem letzten „Auftanken" in Nordafrika überquert sie in einem Flug die Sahara und gelangt schließlich bis in den Südteil Afrikas.

Vorkommen *Bewohnt Feldgehölze und Gebüsche, in Wäldern nur in Lichtungen und an Waldrändern.*

> ***Brutzeit April–August***
> ***4–5 weißliche, grau gefleckte Eier***
> ***1–2 Bruten im Jahr***

Stimme *Eintönig anmutender, schwatzender Gesang mit längeren Strophen als bei der Mönchsgrasmücke (S. 47) und ohne Flötentöne.*

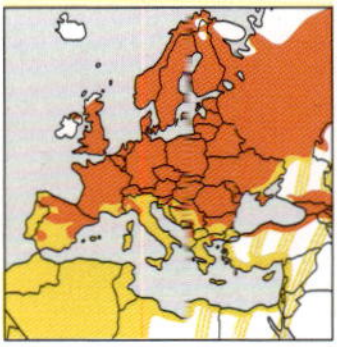

Mönchsgrasmücke

Sylvia atricapilla (Grasmücken)

L 13 cm SpW 20–23 cm Kurz-/Langstreckenzieher

Vorkommen *Lebt in Baumbeständen verschiedenster Art, von dichten Wäldern bis hin zu Gärten und Parks.*

- **Brutzeit April–August**
- **3–6 bräunliche, dunkel gefleckte Eier**
- **1 Brut im Jahr**

Das Zugverhalten der Mönchsgrasmücke zeigt große regionale Unterschiede. Während südeuropäische Brutvögel gar nicht oder nur über kurze Strecken ziehen, überwintern mitteleuropäische Mönchsgrasmücken am Mittelmeer. Überholt werden sie von ihren nordeuropäischen Artgenossen, deren Winterquartier südlich der Sahara in Afrika liegt.

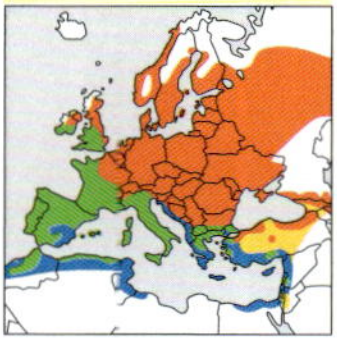

Stimme *Gesang beginnt schwatzend, wird allmählich lauter und endet mit klaren Flötentönen; ruft hart „tack".*

Dorngrasmücke

Sylvia communis (Grasmücken)

L 14 cm SpW 19–23 cm Langstreckenzieher

Vorkommen *Brütet in offener Landschaft mit Büschen oder Hecken; seltener als andere Grasmücken in Gärten.*

- **Brutzeit April–August**
- **3–6 grünliche oder bräunliche, dunkel gefleckte Eier**
- **1–2 Bruten im Jahr**

Selbst für die wärmeliebende Dorngrasmücke wurde es in der Sahelzone am Südrand der Sahara zu trocken. Die dort zeitweise schlechten Bedingungen bei der Überwinterung führten zu starker Bestandsabnahme. Auch das Abholzen von Hecken und Büschen in der modernen Agrarlandschaft hat sich ungünstig auf den Bestand ausgewirkt.

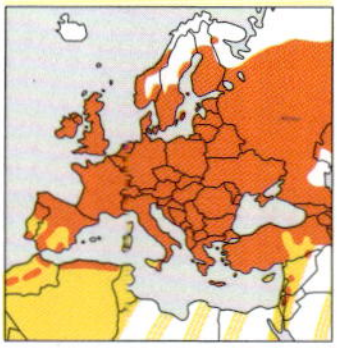

Stimme *Singt lautes, raues „drida-drida-drida", oft umgeben von leisem, schwatzendem Gesang. Viele Rufe (u. a. „teck").*

Klappergrasmücke

Sylvia curruca (Grasmücken)

L 13 cm SpW 17–20 cm Langstreckenzieher

Von den Grasmücken kommt die Klappergrasmücke am häufigsten in Siedlungen vor. Dort bemerkt man sie aber fast nur durch ihren lauten Gesang, denn bei der Nahrungssuche bleibt sie im dichten Gebüsch verborgen. Im Herbst schlägt sie eine südöstliche Zugrichtung ein, die sie in ihr Winterquartier führt, das zwischen Sudan und Nigeria liegt.

Stimme *Beim Gesang folgt leisem, kaum hörbarem Gezwitscher ein lautes, leicht abfallendes „Klappern".*

Vorkommen *Bewohnt Waldränder, Hecken in offener Landschaft, Parks und Gärten.*

> **Brutzeit April–August**
> **3–7 weißliche, grau gefleckte Eier**
> **1 Brut im Jahr**

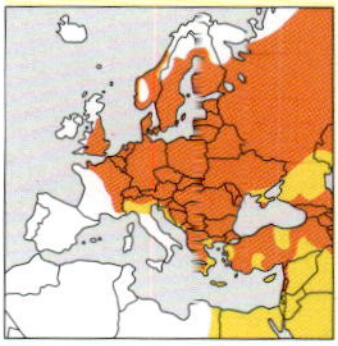

Samtkopf-Grasmücke

Sylvia melanocephala (Grasmücken)

L 14 cm SpW 15–18 cm Standvogel/Kurzstreckenzieher

In vielen Bereichen des Mittelmeerraums ist die Samtkopf-Grasmücke sehr häufig. Fast überall kann man sie aus Gebüschen rufen hören. Verborgen inmitten des Gebüsches bauen Männchen und Weibchen gemeinsam nur knapp über dem Boden ein Nest.

Stimme *Schneller, kratzender Gesang mit längeren Strophen als die Weißbart-Grasmücke; gereihte, ratternde Rufe.*

Vorkommen *Bewohnt dichtes Gebüsch und lichte Eichenwälder; auch in Olivenhainen.*

> **Brutzeit März–August**
> **3–5 weißliche, dunkel gefleckte Eier**
> **2–3 Bruten im Jahr**

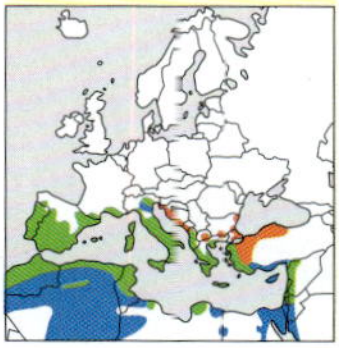

Fitis

Phylloscopus trochilus (Laubsänger)

L 11 cm   SpW 17–22 cm   Langstreckenzieher

Vorkommen *Lebt in lichten Wäldern und in offener Landschaft mit Baumgruppen.*

- ***Brutzeit Mai–August***
- ***4–8 weißliche, rotbraun gepunktete Eier***
- ***1 Brut im Jahr***

Fitis-Männchen singen schon auf dem Durchzug. Sie verbreiten im Frühjahr vielerorts das Flair skandinavischer Birkenwälder, in denen diese Art der stimmgewaltigste Vogel ist. Der Vogel wandert erstaunlich weit; nordskandinavische und osteuropäische Brutvögel ziehen bis nach Südafrika, mittel- und westeuropäische immerhin bis West- und Zentralafrika.

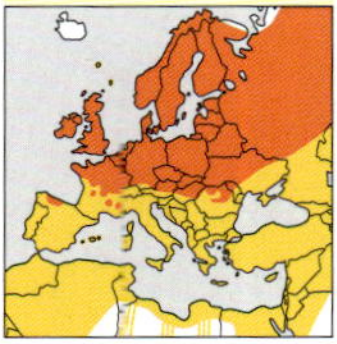

Stimme *Melancholischer, in Tonhöhe fallender Gesang mit Überschlag am Ende („Buchfink in Moll"); ruft zweisilbig aufsteigend „hü-iht".*

Zilpzalp

Phylloscopus collybita (Laubsänger)

L 10–11 cm   SpW 15–21 cm   Kurz-/Mittelstreckenzieher

Vorkommen *Brütet in Wäldern, Parks und Gärten, bevorzugt in aufgelichteten Bereichen.*

- ***Brutzeit April–August***
- ***4–6 weiße, dunkelbraun gefleckte Eier***
- ***2 Bruten im Jahr***

Anders als der ähnliche Fitis überwintert der Zilpzalp im Mittelmeerraum. Ebenso wie dieser baut er sein Nest am Boden, auch wenn man ihn bei der Nahrungssuche eher in höheren Bereichen von Büschen und Bäumen sieht. In Spanien brütet der Iberienzilpzalp *(P. ibericus)*, der nur am Gesang aus drei wiederholten Elementen zu erkennen ist.

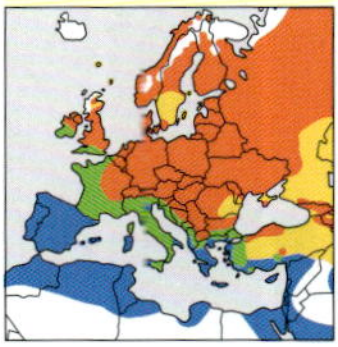

Stimme *Singt unverkennbar monoton „zilp-zalp-zilp-zalp-…"; ruft leicht aufsteigend, aber eher einsilbig „huit".*

Waldlaubsänger

Phylloscopus sibilatrix (Laubsänger)
L 12 cm SpW 20–24 cm Langstreckenzieher

Altvogel am Nest

Nur wenige Wochen lang erklingt von Ende April an der charakteristische Gesang in Wäldern. Während der Jungenaufzucht verschwinden die Altvögel zur Nahrungssuche im Kronendach des Waldes und sind nur noch zu sehen, wenn sie ihren Nachwuchs am Waldboden füttern. Zum Überwintern sucht der Waldlaubsänger Regenwälder und Feuchtsavannen in Zentralafrika auf.

***Stimme** Zwei Gesänge: schwirrend „sip-sip-sip-sip-sirrrrr“ oder weich flötend und abfallend „dü-dü-dü-dü-dü“.*

***Vorkommen** Brütet in hochstämmigen Laub- und Mischwäldern.*

> **Brutzeit April–Juli**
> **5–8 weiße, dunkelbraun gepunktete Eier**
> **1 Brut im Jahr**

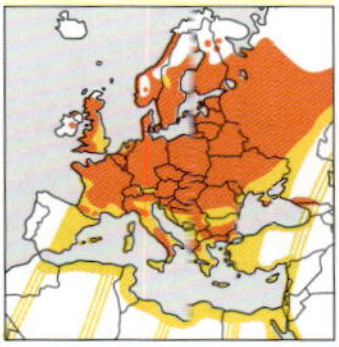

Wintergoldhähnchen

Regulus regulus (Goldhähnchen)
L 9 cm SpW 13–15 cm Kurzstreckenzieher

Jungvogel

Mit einem Gewicht von nur etwa 5 g ist das Wintergoldhähnchen der leichteste Vogel Europas. Dennoch scheut es sich nicht, auf dem Zug windige Meeresgebiete zu überqueren. Eigentlich hält es sich aber lieber im Geäst von Nadelbäumen auf, wo es unermüdlich zwischen den Zweigen umherschlüpft und pausenlos kleine Insekten und Spinnen aufpickt.

♂

♀

***Stimme** Rhythmischer, wispernder Gesang in sehr hoher Tonlage, zum Ende hin ansteigend; ruft scharf „srrie“.*

***Vorkommen** Lebt in Nadelwäldern, aber auch in Parks und Gärten mit Nadelbäumen; auf dem Zug auch in Laubbäumen und Büschen.*

> **Brutzeit März–August**
> **7–11 weißliche, hellbraun gefleckte Eier**
> **2 Bruten im Jahr**

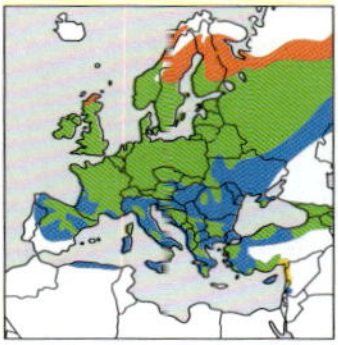

Rotkehlchen

Erithacus rubecula (Schnäpper)

L 14 cm   SpW 20–22 cm   Standvogel/Kurzstreckenzieher

***Vorkommen** Bewohnt Busch- und Baumbestände aller Art, von dichten Wäldern bis zu Parks und Gärten.*

- ***Brutzeit April–August***
- ***4–6 gelbliche, braun gepunktete Eier***
- ***2 Bruten im Jahr***

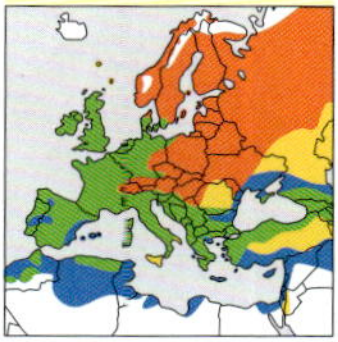

Zum Singen setzt sich das Rotkehlchen leicht erhöht auf einen Ast, sonst bewohnt es fast ausschließlich den Boden. Dort sucht es nach Kleintieren, von der Blattlaus bis zum Regenwurm. Auch das Nest baut das Weibchen am Boden, bevorzugt unter Baumwurzeln oder Grasbüscheln.

Altvogel am Nest

***Stimme** In der Tonhöhe abfallender, perlender Gesang; ruft scharf „tick" (oft in schneller Reihe).*

Blaukehlchen

Luscinia svecica (Schnäpper)

L 13–15 cm   SpW 20–22 cm   Mittel-/Langstreckenzieher

♂ Nordeuropa, Alpen, Karpaten

***Vorkommen** Lebt in nassen, buschigen Bereichen mit Schilf; in Skandinavien in Tundra, Moor und Heide.*

- ***Brutzeit April–August***
- ***5–7 olivgrüne Eier***
- ***1–2 Bruten im Jahr***

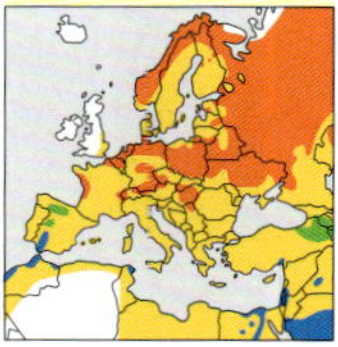

Die verschiedenen Unterarten des Blaukehlchens unterscheiden sich in der Farbe ihres „Sterns". Rotsternige Vögel, die von Skandinavien über Sibirien bis Alaska brüten, überwintern vor allem in Indien und Südostasien, die weißsternigen Artgenossen aus Mittel- und Südeuropa verbringen den Winter dagegen in der afrikanischen Savanne.

♂ Mittel- und Südeuropa

***Stimme** Schneller werdender Gesang aus flötenden Tönen, durchsetzt mit Imitationen anderer Vogelstimmen.*

Braunkehlchen

Saxicola rubetra (Schnäpper)

L 12–14 cm SpW 21–24 cm Langstreckenzieher

Das Braunkehlchen ist in geeigneten Lebensräumen leicht zu entdecken. Es sitzt meist auf einem Zaunpfahl oder einer hohen Staude. Von dort hält es Ausschau nach Insekten oder singt. Fehlen solche Sitzwarten in der ausgeräumten Agrarlandschaft oder werden Wiesen sehr früh gemäht, bleibt das Braunkehlchen fern.

Vorkommen Brütet in feuchten Wiesen, Weiden und Brachflächen; auf dem Zug auch in anderen offenen Lebensräumen.

> **Brutzeit Mai–August**
> **5–7 grünlich blaue Eier**
> **1 Brut im Jahr**

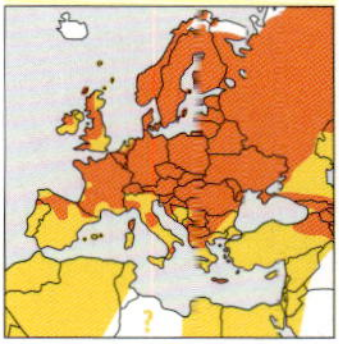

Stimme *Kurze Gesangsstrophen aus flötenden und kratzig klingenden Tönen; schnalzende Warnrufe.*

Schwarzkehlchen

Saxicola rubicola (Schnäpper)

L 13 cm SpW 18–21 cm Standvogel/Kurzstreckenzieher

Das Schwarzkehlchen ist dem Braunkehlchen in der Jagdweise recht ähnlich, zeigt aber ein anderes Zugverhalten. Es zieht nicht nach Afrika, sondern in den Mittelmeerraum; die Aufenthalte im Brutgebiet sind deutlich länger (März–Oktober). Von Russland bis Ostasien wird die Art vom sehr ähnlichen Pallasschwarzkehlchen *(S. maurus)* vertreten.

Vorkommen Bewohnt offene, vorzugsweise trockene Lebensräume mit Büschen, aber auch Moore.

> **Brutzeit März–August**
> **4–6 grünlich blaue, schwach gezeichnete Eier**
> **2–3 Bruten im Jahr**

Pallasschwarzkehlchen

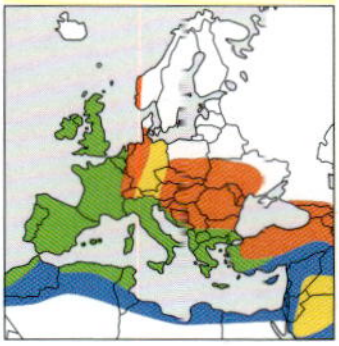

Stimme *Der kurze Gesang besteht aus pfeifenden und gequetschten Tönen.*

Grauschnäpper

Muscicapa striata (Schnäpper)

L 15 cm SpW 23–25 cm Langstreckenzieher

***Vorkommen** Lebt in Randbereichen und Lichtungen von Wäldern, in Baumgruppen und in baumbestandenen Siedlungen.*

- ***Brutzeit Mai–August***
- ***3–5 bräunliche, rotbraun gefleckte Eier***
- ***1–2 Bruten im Jahr***

Als Halbhöhlenbrüter stehen dem Grauschnäpper allerlei Nistmöglichkeiten zur Verfügung. Er brütet nicht nur in Baumhöhlen, sondern auch in Mauernischen oder gar in Schwalbennestern. Als typischer Ansitzjäger hält der Grauschnäpper oft von frei stehenden Ästen Ausschau nach fliegenden Insekten.

***Stimme** Ruft unauffällig „ziet“ und warnend „zie-tek-tek“; Gesang aus kurzer Folge unauffälliger Laute.*

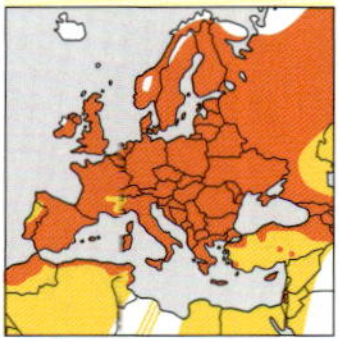

Trauerschnäpper

Ficedula hypoleuca (Schnäpper)

L 13 cm SpW 22–24 cm Langstreckenzieher

***Vorkommen** Brütet in Wäldern, Parks und Gärten mit ausreichendem Angebot an Baumhöhlen (oder Nistkästen).*

- ***Brutzeit Mai–Juli***
- ***4–8 blassblaue Eier***
- ***1 Brut im Jahr***

Das Männchen des Trauerschnäppers besetzt oft zwei Brutreviere mit jeweils einem Weibchen. Es muss sich dann um beide Bruten kümmern und zwei Reviere gegen Artgenossen und andere Singvögel verteidigen. Bei der Rückkehr aus Afrika im April sind viele geeignete Höhlen bereits von Kohlmeisen besetzt.

***Stimme** Gesang beginnt mit lautem Auf und Ab („wuti-wuti“), dem ein leiseres und variables Zwitschern folgt.*

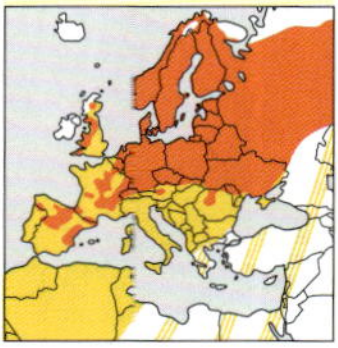

Hausrotschwanz

Phoenicurus ochruros (Schnäpper)

L 14–15 cm   SpW 23–27 cm   Kurz-/Mittelstreckenzieher

Seit dem 19. Jahrhundert ist der Hausrotschwanz in die künstlichen „Felslandschaften" menschlicher Siedlungen eingewandert. Anstelle von Felsspalten nutzt er dort verschiedenste Öffnungen und Nischen an Gebäuden, um sein Nest zu bauen. Bei der Jagd nach Insekten hält er von erhöhten Plätzen Ausschau.

Vorkommen *Lebte ursprünglich in Felslandschaft, heute verbreitet in Dörfern, Städten und selbst Industriegebieten.*

> ***Brutzeit April–Sept.***
> ***4–6 reinweiße Eier***
> ***1–3 Bruten im Jahr***

Stimme *Singt von Dächern aus eine helle Tonreihe, gefolgt von gepresstem Fauchen und weiteren hellen Tönen.*

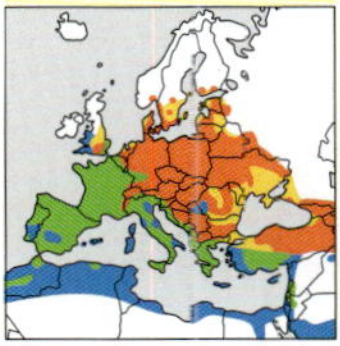

Gartenrotschwanz

Phoenicurus phoenicurus (Schnäpper)

L 14 cm   SpW 21–25 cm   Langstreckenzieher

Der Gartenrotschwanz brütet bevorzugt in Baumhöhlen. Die Brutbestände sind in ganz Europa sehr stark zurückgegangen. Verluste von Altholzbeständen mit reichem Höhlenangebot konnten nur teilweise durch aufgehängte Nistkästen ausgeglichen werden.

Vorkommen *Bewohnt lichte Wälder, Parks, Gärten und andere halb offene Landschaften, die Bäume mit Nisthöhlen bieten.*

> ***Brutzeit April–August***
> ***5–7 grünlich blaue Eier***
> ***1–2 Bruten im Jahr***

Stimme *Gesang beginnt mit einem hohen und zwei tiefen Tönen („di-dada"), gefolgt von schwatzenden Lauten.*

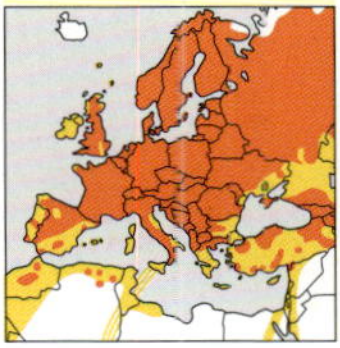

Nachtigall

Luscinia megarhynchos (Schnäpper)
L 16–17 cm SpW 23–26 cm Langstreckenzieher

Vorkommen *Bewohnt dichtes Gebüsch, bevorzugt an feuchten Standorten und in der Nähe von Gewässern.*

- ***Brutzeit Mai–Juli***
- ***4–6 gelbliche bis braune Eier***
- ***1–2 Bruten im Jahr***

Neben dem lauten Gesang ist Heimlichkeit ein typisches Merkmal der Art. Selbst wenn man unmittelbar vor einem Busch mit singender Nachtigall steht, bekommt man den Vogel kaum zu Gesicht. Bei der Nahrungssuche bleibt die Nachtigall innerhalb des Gebüschs meist am Boden. Den Winter verbringt sie in einem breiten Gürtel von West- bis Ostafrika.

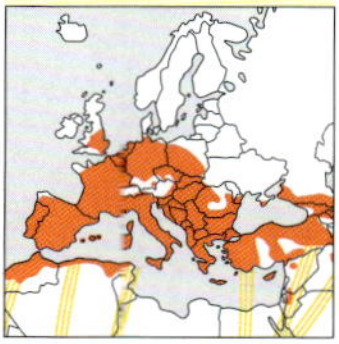

Stimme *Lauter, überwiegend nächtlicher Gesang mit kräftigem „Schlagen" und pfeifendem „Schluchzen".*

Steinschmätzer

Oenanthe oenanthe (Schnäpper)
L 15–17 cm SpW 26–32 cm Langstreckenzieher

Vorkommen *Brütet in offenem, kargem Gelände (auch Gebirge und Tundra). Auf dem Zug auf Äckern, Wiesen und Stränden.*

- ***Brutzeit April–August***
- ***4–6 hellblaue Eier***
- ***1–2 Bruten im Jahr***

Mit seinem im Flug aufblitzenden weißen Schwanz ist der Steinschmätzer eine auffällige Erscheinung in der offenen Landschaft. Er hüpft viel am Boden umher, hält immer wieder inne, um nach Insekten Ausschau zu halten. Er brütet bevorzugt in Höhlungen unter Steinen, aber auch in Kaninchenbauen.

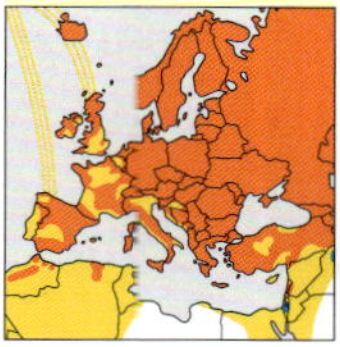

Stimme *Von Felsbrocken aus wird der leise Zwitschergesang mit knirschenden Tönen vorgetragen; ruft „tack".*

Blaumerle

Monticola solitarius (Schnäpper)
L 20–23 cm SpW 33–37 cm Standvogel

Von Weitem erscheint das Gefieder der Blaumerle fast einfarbig dunkel. Zusammen mit dem ähnlichen Gesang wirkt sie daher wie eine „Amselausgabe“ für felsiges Gelände. Dort brütet der scheue Vogel in Höhlungen verschiedenster Art. Abgesehen vom Brutgeschäft ist die Blaumerle ein Einzelgänger, der gut versteckt den Boden nach Kleintieren und Beeren absucht.

Vorkommen *Bewohnt sonnige, felsige Hänge, Schluchten und Felsküsten; brütet auch in Ruinen.*

> ***Brutzeit April–Juli***
> ***4–5 hellblaue Eier, manchmal gefleckt***
> ***2 Bruten im Jahr***

Stimme *Melodisch flötender Gesang, der sehr an eine Amsel erinnert.*

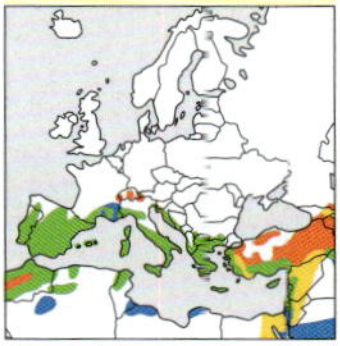

Kleiber

Sitta europaea (Kleiber)
L 14 cm SpW 23–27 cm Standvogel

Der Kleiber brütet in Baumhöhlen, die er im Gegensatz zu Spechten nicht selbst zimmert. Ist das Einflugloch zu groß, wird es mit Lehm teilweise zugeklebt; daher der Name „Kleiber“. Der Kleiber ist der einzige Vogel, der mit dem Kopf nach unten an Baumstämmen hinunterklettern kann.

Vorkommen *Lebt in Laub- und Mischwäldern, Parks und Gärten mit alten oder großen Bäumen.*

> ***Brutzeit März–Juni***
> ***5–9 weißliche, braun gefleckte Eier***
> ***1 Brut im Jahr***

Stimme *Ruft viel und laut, oft gereiht „tjüktjük-tjüktjük“; Gesang aus Rufen und eingestreuten pfeifenden Elementen.*

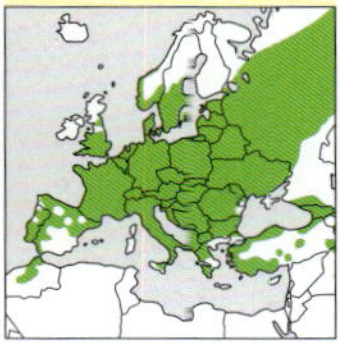

Bartmeise

Panurus biarmicus (Bartmeisen)
L 13 cm SpW 16–18 cm Standvogel/Kurzstreckenzieher

Vorkommen *Lebt in Schilfbeständen an Gewässern verschiedener Art.*

- > **Brutzeit März–August**
- > **4–6 bräunliche, dunkel gefleckte Eier**
- > **2–3 Bruten im Jahr**

Die Bartmeise mag es gern gesellig: Im Herbst und Winter lebt sie in Trupps, selbst beim Brüten bildet sie oft lockere Kolonien. Im Sommer besteht die Nahrung aus Insekten, im Winter zumeist aus Schilfsamen. Mithilfe von verschluckten Steinchen werden diese im Magen zerkleinert.

Stimme *Ruft auffällig nasal „pjing"; Gesang aus drei rufähnlichen Lauten, aber leise und unauffällig.*

Beutelmeise

Remiz pendulinus (Beutelmeisen)
L 11 cm SpW 16–17 cm Standvogel/Mittelstreckenzieher

Vorkommen *Brütet in lockeren Baumbeständen, meist an Gewässerufern. Außerhalb der Brutzeit meist im Schilf.*

- > **Brutzeit April–August**
- > **6–8 weiße Eier**
- > **1–2 Bruten im Jahr**

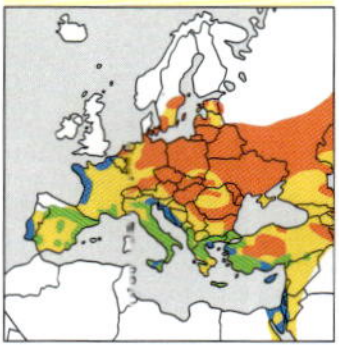

An herabhängenden Ästen baut das Männchen ein beutelförmiges Nest aus wolligen Pflanzenteilen, Haaren und Fasern. Bei der Fertigstellung beteiligt sich oft auch das Weibchen. Die Jungenaufzucht übernimmt meist nur ein Elternteil, während das andere oft mit einem dritten Altvogel eine zweite Brut beginnt.

Stimme *Sehr hoher, abfallender Ruf („psiieeh"), etwas dünner und lang gezogener als bei der Rohrammer (S. 79).*

Schwanzmeise

Aegithalos caudatus (Schwanzmeisen)

L 14 cm SpW 16–19 cm Standvogel/Kurzstreckenzieher

Die Schwanzmeise turnt meist in Trupps durch das Geäst von Büschen und Bäumen. Im Winter finden sich in der Regel 10–20 Vögel zusammen, die ein gemeinsames Nahrungsrevier gegen benachbarte Trupps verteidigen. Gebrütet wird zwar paarweise, doch helfen Altvögel mit erfolglosen Bruten anderen Paaren bei der Aufzucht der Jungvögel.

Stimme *Häufig wiederholte hohe „zie"-Rufe sowie ein scharfes „zerrr"; Gesang leise.*

Vorkommen *Lebt in Laub- und Mischwäldern, Parks und Gärten.*

- ***Brutzeit März–Juni***
- ***8–12 weißliche, rötlich gepunktete Eier***
- ***1 Brut im Jahr***
- ***baut kugelförmige Nester***

Weidenmeise

Parus montanus (Meisen)

L 12 cm SpW 17–20 cm Standvogel

Im zeitigen Frühjahr sucht die Weidenmeise nach einem morschen Baum. Mit dem kleinen, aber kräftigen Schnabel hackt sie dann in ein- bis zweiwöchiger Arbeit eine Bruthöhle in das faulende Holz. Sehr ähnlich ist die in Wäldern und Gärten verbreitete Sumpfmeise *(P. palustris)*.

Stimme *Rufe ähnlich wie Sumpfmeise, aber behäbiger (breit „dää-dää-dää"); Gesang aus einer Reihe abfallender Pfeiftöne.*

Vorkommen *Lebt in Wäldern, bevorzugt in Nadel- und Mischwäldern im Gebirge sowie in Auwäldern.*

- ***Brutzeit April–Juli***
- ***5–10 weißliche, rotbraun gefleckte Eier***
- ***1 Brut im Jahr***

Haubenmeise

Parus cristatus (Meisen)

L 12 cm SpW 17–20 cm Standvogel

***Vorkommen** Lebt in Nadelwäldern sowie in Parks und großen Gärten mit Nadelbäumen.*

- **Brutzeit März–Juli**
- ***4–8 weiße, rostrot gefleckte Eier***
- ***1–2 Bruten im Jahr***

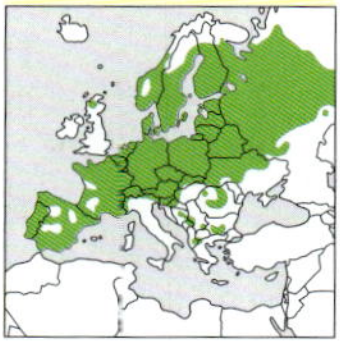

Brutpaare der Haubenmeise bleiben ihr Leben lang zusammen. Sie bewohnen ihr Revier auch im Winter, mitunter in gemischten Trupps mit anderen Meisenarten. Junge Vögel verpaaren sich bevorzugt mit bereits verwitweten Altvögeln. Zum Brüten benutzen sie meist selbst in morsches Holz gezimmerte Höhlen, aber auch Spechthöhlen oder Nistkästen.

***Stimme** Gesang aus hohen Lauten und tieferen Trillern („si-si-dürrr-dürrr-…), die jeweils auch als Rufe vorkommen.*

Tannenmeise

Parus ater (Meisen)

L 11 cm SpW 17–21 cm Standvogel/Kurzstreckenzieher

***Vorkommen** Lebt in Nadelwäldern, aber auch in Gärten und Parks mit Nadelbäumen.*

- ***Brutzeit März–August***
- ***5–12 weißliche, rostbraun gefleckte Eier***
- ***1–2 Bruten im Jahr***

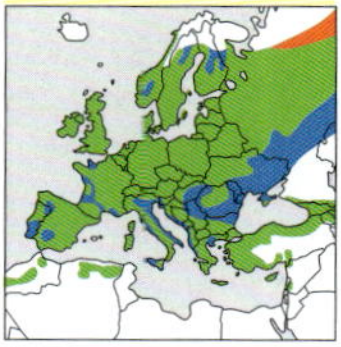

Meist brütet die Tannenmeise in Baumhöhlen. Sind diese knapp, nimmt sie auch mit Erdlöchern in Böschungen oder sogar Mauernischen vorlieb. Außerhalb der Brutzeit lebt sie in Trupps, oft zusammen mit anderen Meisen, Kleibern und Baumläufern. Sind in Sibirien Fichtensamen rar, dann wandern die dortigen Tannenmeisen im Herbst scharenweise nach Europa.

***Stimme** Singt monoton „wize-wize-wize-…“; ruft nasal und gedehnt „tsui“.*

Blaumeise

Parus caeruleus (Meisen)

L 12 cm SpW 18–20 cm Standvogel/Kurzstreckenzieher

Die Blaumeise füttert zur Brutzeit ihren Nachwuchs mit Insekten. Als Nahrung treten im Winter Pflanzensamen in den Vordergrund, die sie mit kräftigen Schnabelhieben öffnet. Auf Insektennahrung muss sie aber auch im Winter nicht verzichten, denn mit dem Schnabel kann sie in Schilfhalmen verborgene Insekten heraushacken.

Vorkommen *Brütet in verschiedenartigen Wäldern, Parks und Gärten; im Winter gern im Schilf.*

- **Brutzeit März–August**
- **6–14 weiße Eier mit rotbrauner Fleckung**
- **1–2 Bruten im Jahr**

Stimme *Gesang aus langem, mit 2–3 hohen Tönen eingeleitetem Triller; zeternde Rufe („zerrrrrr").*

Kohlmeise

Parus major (Meisen)

L 14 cm SpW 23–25 cm Standvogel/Kurzstreckenzieher

Die Kohlmeise ist ein äußerst vielseitiger und zudem konkurrenzfähiger Vogel. Ihre Überlegenheit zeigt sie zum einen beim Wettbewerb um Nisthöhlen, wo sie anderen Meisen und sonstigen Höhlenbrütern überlegen ist. Zum anderen nimmt sie auch im Verband mit Meisen, Baumläufern und Goldhähnchen, mit denen sie im Winter gern gemeinsam umherstreift, eine Spitzenposition in der „Hackordnung" ein.

Vorkommen *Bewohnt alle Lebensräume mit Bäumen von dichten Wäldern bis hin zu Innenstädten.*

- **Brutzeit März–August**
- **6–12 weißliche, rotbraun gepunktete Eier**
- **1–2 Bruten im Jahr**

Stimme *Viele verschiedene, teils laute, teils schnurrende Rufe; Gesang variabel, oft „zi-zi-bäh-zi-zi-bäh".*

Gartenbaumläufer

Certhia brachydactyla (Baumläufer)

L 13 cm   SpW 17–20 cm   Standvogel

enge Schlafgemeinschaft

Vorkommen *Lebt in Laub- und Mischwäldern, Feldgehölzen, Parks und Gärten und besiedelt dabei auch Grünzonen der Städte.*

> ***Brutzeit März–Juli***
> ***5–6 weiße, rotbraun gefleckte Eier***
> ***1–2 Bruten im Jahr***

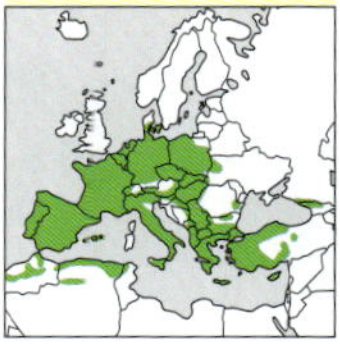

Die beiden Baumläuferarten haben ein sehr ähnliches Gefieder und sind am besten an der Stimme zu erkennen. Mit seiner eher kurzen Hinterkralle klettert der Gartenbaumläufer bevorzugt an Baumstämmen mit gefurchter Rinde. Nachts kuscheln sich Baumläufer gern in Gruppen eng aneinander, um beim Schlafen keine Wärme zu verlieren.

Stimme *Ruft scharf „tüt"; singt laut und durchdringend „tü-ti-tilüit".*

Neuntöter

Lanius collurio (Würger)

L 17 cm   SpW 24–27 cm   Langstreckenzieher

Vorkommen *Brütet in Hecken und Gebüschen der offenen Kulturlandschaft.*

> ***Brutzeit Mai–August***
> ***4–7 grünliche oder rötliche, dunkel gefleckte Eier***
> ***1 Brut im Jahr***

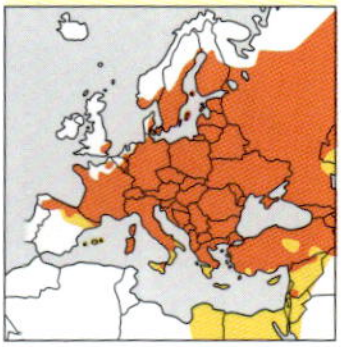

Das Nest des Neuntöters besteht aus Zweigen, Halmen und Moos. Er baut es gut geschützt mitten in einen dornigen Busch. Diesen nutzt er zugleich als Vorratslager, denn im Überschuss erbeutete Insekten wie Käfer und Heuschrecken, aber auch Mäuse spießt er zum späteren Verzehr auf die Dornen. Nach seiner Beute hält er von Buschspitzen oder anderen erhöhten Warten Ausschau.

Stimme *Ruft heiser „dschääh" oder „teck" (auch gereiht); leise schwatzender Gesang.*

Raubwürger

Lanius excubitor (Würger)

L 24–25 cm SpW 30–34 cm Standvogel/Mittelstreckenzieher

In Nordeuropa ist der Raubwürger ein Zugvogel; die Paare finden sich zu jeder Brutperiode neu. Unter den mitteleuropäischen Standvögeln herrscht dagegen meist lebenslange Partnertreue, auch wenn Männchen und Weibchen im Winter getrennte Nahrungsreviere besetzen.

Vorkommen *Bewohnt verschiedenartige offene Landschaft mit Hecken, Büschen und einzelnen Bäumen.*

> ***Brutzeit April–Juli***
> ***4–7 weißliche, braun gefleckte Eier***
> ***1 Brut im Jahr***

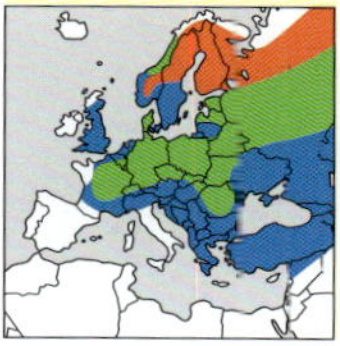

Stimme *Verschiedene nasale oder harte Rufe, auch ähnlich Trillerpfeife; kurzer, metallisch klingender Gesang.*

Rotkopfwürger

Lanius senator (Würger)

L 18 cm SpW 26–28 cm Langstreckenzieher

Beim Rotkopfwürger singen Männchen und Weibchen im Duett. Dies festigt den Paarzusammenhalt und dient zugleich der Revierabgrenzung gegenüber benachbarten Paaren. Er jagt Insekten, legt aber keine Vorräte an. In offenen Wäldern Südosteuropas brütet der Maskenwürger *(L. nubicus)*.

Vorkommen *Bewohnt trockene, sonnige Lebensräume mit Büschen oder einzelnen Bäumen; auch in Obstgärten.*

> ***Brutzeit April–August***
> ***5–6 grünliche Eier mit braunen Flecken***
> ***1–2 Bruten im Jahr***

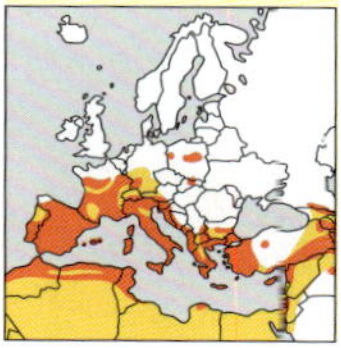

Stimme *Schwatzender Gesang mit Imitationen anderer Vogelstimmen; verschiedene gereihte Rufe.*

Elster

Pica pica (Krähen)

L 44–46 cm SpW 52–60 cm Standvogel

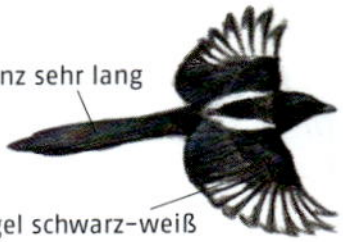

Vorkommen *Bewohnt halb offene Landschaft mit Büschen und Bäumen, Siedlungen und Parkanlagen.*

- **Brutzeit März–August**
- **5–7 grünliche, dunkelbraun gefleckte Eier**
- **1 Brut im Jahr**

Der eigentliche Lebensraum der Elster, eine abwechslungsreiche, halb offene Landschaft, verschwand vielerorts. So wanderte die Elster als Brutvogel in Dörfer und Städte ein. Dort ist sie bei der Suche nach Insekten, Regenwürmern und Aas gut zu beobachten. Gelegentlich raubt sie auch Eier und Jungvögel. Ganz zu Unrecht wurde ihr deshalb ein negatives Image zuteil, denn die Bestände anderer Arten schädigt sie nicht.

Stimme *Häufig laute, schackernde Rufe, aber auch verschiedene andere Laute.*

Eichelhäher

Garrulus glandarius (Krähen)

L 34–35 cm SpW 52–58 cm Standvogel/Kurzstreckenzieher

Vorkommen *Lebt in Wäldern, Parks und Gärten.*

- **Brutzeit März–August**
- **4–6 grünliche, dunkelbraun gefleckte Eier**
- **1 Brut im Jahr**

Der Eichelhäher frisst auch Insekten und andere kleine Tiere, doch spielen Samen und Früchte eine weitaus größere Rolle bei der Ernährung. Im Herbst sammelt er Tausende von Eicheln und vergräbt sie als Vorrat für Winter und Frühjahr im Boden. Besonders in Nordeuropa verlassen Eichelhäher bei Nahrungsmangel ihre Heimat und kommen in Scharen nach Mitteleuropa.

Stimme *Warnt mit rätschenden Rufen; neben vielen anderen Lauten auch Nachahmung des Mäusebussards.*

Tannenhäher

Nucifraga caryocatactes (Krähen)

L 32–33 cm SpW 52–58 cm Standvogel

Der Tannenhäher ernährt sich von Nadelbaumsamen und Nüssen. Zu deren Reifezeit legt er bis zu 6000 Verstecke mit bis zu 100 000 Samen an, von denen er den Rest des Jahres zehrt. Nicht wiedergefundene Samen tragen zur Ausbreitung der entsprechenden Baumarten bei. Der kleinere Unglückshäher *(Perisoreus infaustus)* bewohnt Nadelwälder in Nordeuropa.

Vorkommen *Brütet in Nadel- und Mischwäldern; bei der Nahrungssuche auch in Gärten.*

Brutzeit März–August
3–4 grünliche, olivbraun gefleckte Eier
1 Brut im Jahr

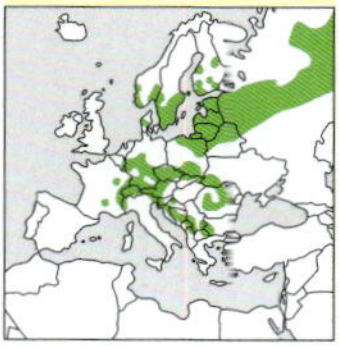

Stimme *Schnarrende Rufe, rauer und schriller als beim Eichelhäher.*

Alpendohle

Pyrrhocorax graculus (Krähen)

L 38 cm SpW 75–85 cm Standvogel

lebt meist im Schwarm

Die Alpendohle ist ein Flugkünstler. Sie nutzt die Aufwinde im Gebirge geschickt zum Segeln und Gleiten. Mit angelegten Flügeln erreicht sie bei Sturzflügen an Felswänden entlang Geschwindigkeiten bis zu 200 km/h. Sie bevölkert Seilbahnstationen und Hütten, um Abfälle zu ergattern, frisst aber eigentlich Kleintiere und Beeren. Sie brütet in unzugänglichen Felswänden, aber auch an Gebäuden.

Vorkommen *Bewohnt felsige Bereiche im Hochgebirge; sehr selten im Flachland.*

Brutzeit April–August
2–5 weißliche, braun gefleckte Eier
1 Brut im Jahr

Stimme *Rufe scharf „srrrü" oder metallisch pfeifend.*

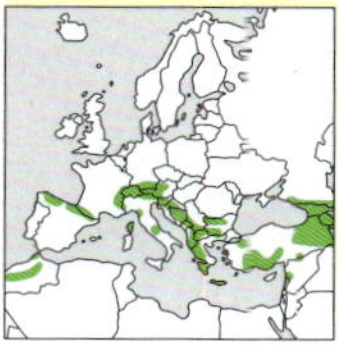

Dohle

Corvus monedula (Krähen)

L 33–34 cm SpW 67–74 cm Standvogel/Mittelstreckenzieher

***Vorkommen** Brütet in Städten und Wäldern; Nahrungssuche auf Freiflächen wie Äckern, Wiesen und Rasenflächen.*

- ***Brutzeit April–Juli***
- ***2–7 bläuliche, braun gefleckte Eier***
- ***1 Brut im Jahr***

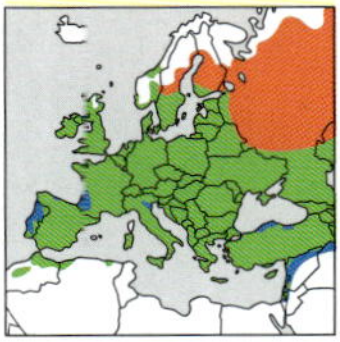

In vielen Städten brütet die Dohle in Mauernischen von Gebäuden und erfüllt die Luft mit ihren typischen Rufen. Vielerorts ist sie jedoch auch ein Waldvogel. Als Brutplatz bevorzugt sie dort alte Schwarzspechthöhlen, doch auch große Nistkästen nimmt sie gern an. Im Winter sind Dohlen oft gemeinsam mit Saatkrähen unterwegs.

Nisthöhle im Baum

***Stimme** Ruft charakteristisch hell „kjack“; Gesang leises Zwitschern, nur am Nest.*

Saatkrähe

Corvus frugilegus (Krähen)

L 44–46 cm SpW 81–99 cm Standvogel/Mittelstreckenzieher

***Vorkommen** Brütet in Baumgruppen; Nahrungssuche in der offenen Landschaft.*

- ***Brutzeit Feb.–Juli***
- ***3–6 blaugrüne Eier mit braunen Flecken***
- ***1 Brut im Jahr***

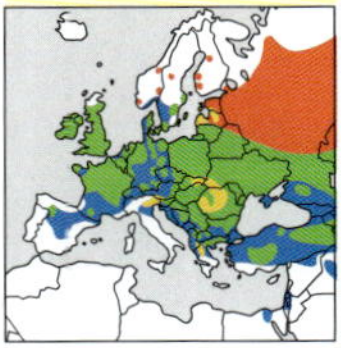

Zum Brüten bildet die Saatkrähe dichte Kolonien in Baumgruppen, oft mitten in Siedlungen. Bei der Suche nach Regenwürmern, Insekten und Getreidekörnern tritt sie meist in Trupps auf. Viel größere Ansammlungen gibt es im Winter an Schlafplätzen, die in der Abenddämmerung von bis zu 150 000 Vögeln angeflogen werden.

Jungvogel

Brutkolonie

***Stimme** Ruft rau „krraah“, lang gezogener und heiserer als Rabenkrähe.*

Rabenkrähe

Corvus corone (Krähen)

L 45–49 cm SpW 93–104 cm Standvogel

Die Rabenkrähe ist ein recht anspruchsloser Allesfresser. So ist sie in der modernen Kulturlandschaft sehr erfolgreich, zumal mit Müll und im Straßenverkehr verunglückten Tieren zusätzliche Nahrung zur Verfügung steht. Nicht brütende Vögel sind gesellig und sammeln sich abends an Schlafplätzen. Die Nebelkrähe *(Corvus cornix)* vertritt die Rabenkrähe in Nord- und Osteuropa.

Nebelkrähe

Stimme *Ruft laut und rau „krrah", auch gereiht.*

Vorkommen *Lebt in fast allen offenen oder halboffenen Landschaftstypen, meidet aber geschlossene Wälder.*

> ***Brutzeit März–Juli***
> ***3–6 grünliche, dunkel gefleckte Eier***
> ***1 Brut im Jahr***

Kolkrabe

Corvus corax (Krähen)

L 64 cm SpW 120–150 cm Standvogel

Der Kolkrabe brütet in Bäumen und auf Felsabsätzen und kommt dadurch sowohl im Flachland als auch im Gebirge vor. Nicht nur seinem Revier, in dem er sich von Aas und Kleintieren ernährt, sondern auch seinem Partner bleibt der Kolkrabe zeit seines Lebens treu. Dies kann sehr lange dauern, denn bei Wildvögeln wurden als Höchstalter 20 Jahre, bei Vögeln in Gefangenschaft sogar 69 Jahre nachgewiesen.

Stimme *Ruft meist tief gurgelnd „grrog", aber auch viele andere Laute.*

Vorkommen *Brütet in Wäldern und an Felswänden; Nahrungssuche meist in offener Landschaft.*

> ***Brutzeit Feb.–August***
> ***36 blaue bis grüne, dunkel gefleckte Eier***
> ***1 Brut im Jahr***

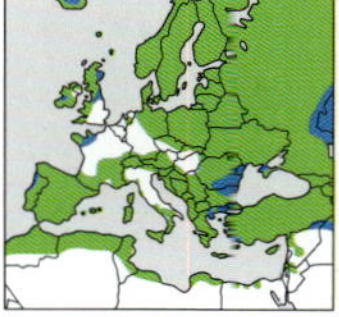

Star

Sturnus vulgaris (Stare)

L 22 cm SpW 37–42 cm Standvogel/Mittelstreckenzieher

***Vorkommen** Brütet in Wäldern, Feldgehölzen, Obstgärten und Dörfern; Nahrungssuche auch in offener Landschaft.*

- ***Brutzeit März–Juli***
- ***4–6 grünlich blaue Eier***
- ***1–2 Bruten im Jahr***

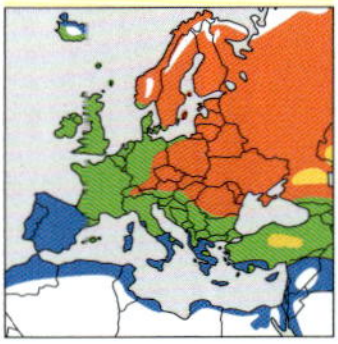

Der Star zieht seine Jungen in Baumhöhlen und Nistkästen, aber auch in verschiedenen Öffnungen an Gebäuden auf. Auch seine Ernährung ist vielseitig, denn neben Käfern und Insektenlarven frisst er auch gern Kirschen und Beeren. Unmittelbar nach dem Ausfliegen der Jungvögel schließen sich Stare zu Schwärmen zusammen, die ruffreudig auf Feldern und Wiesen Nahrung suchen.

***Stimme** Gesang kratziges Quietschen und Pfeifen mit eingebetteten Imitationen anderer Vogelstimmen. Ruft heiser „ärr".*

Haussperling

Passer domesticus (Sperlinge)

L 14–15 cm SpW 21–25 cm Standvogel

***Vorkommen** Bewohnt Städte und Dörfer; zur Nahrungssuche auch in offener Landschaft.*

- ***Brutzeit März–Sept.***
- ***4–6 bläulich weiße, braun gefleckte Eier***
- ***2–4 Bruten im Jahr***

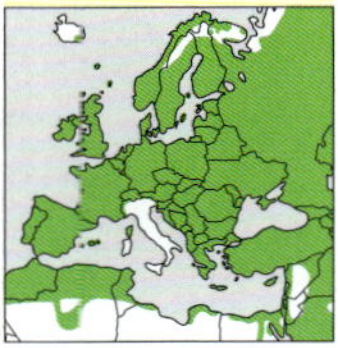

Der Haussperling nistet fast immer in Hohlräumen von Gebäuden. Oft finden sich mehrere Paare zu kleinen Kolonien zusammen, die mitunter sogar ein großes Gemeinschaftsnest mit mehreren Eingängen bauen. Er ernährt sich überwiegend von Getreide und anderen Pflanzensamen, seine Jungen füttert er jedoch fast ausschließlich mit Insekten.

***Stimme** Verschiedene schilpende und ratternde Rufe; „Gesang" aus Reihe langsam wiederholter „schilp"-Rufe.*

Feldsperling

Passer montanus (Sperlinge)

L 14 cm   SpW 20–22 cm   Standvogel/Kurzstreckenzieher

fütternder Altvogel am Nistkasten

Im Vergleich zum Haussperling (S. 72) zeigt der Feldsperling größere Scheu vor Menschen. Doch auch er brütet in Siedlungen und besetzt dort Nistkästen. Bruthöhlen sichert er sich schon ab Herbst, nutzt sie aber zunächst nur zum Schlafen. Auf der Suche nach Sämereien ist er oft gemeinsam mit Goldammern und Finken anzutreffen.

Jungvogel

Vorkommen *Lebt in Dörfern und Gärten; häufiger als der Haussperling in offener Landschaft.*

- **Brutzeit April–August**
- **3–7 weiße bis grünliche, braun gefleckte Eier**
- **2–3 Bruten im Jahr**

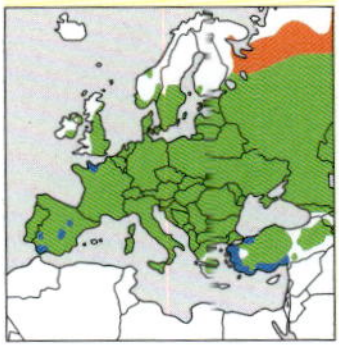

***Stimme** Ähnlich dem Haussperling, häufig aber härtere und rauere Rufe.*

Buchfink

Fringilla coelebs (Finken)

L 14 cm   SpW 25–28 cm   Standvogel/Mittelstreckenzieher

Der Buchfink ist mit grob geschätzt etwa 200 Millionen Brutpaaren die mit Abstand häufigste Vogelart in Europa. Zum Singen setzt sich das Männchen gern auf einen frei stehenden Ast und präsentiert seine rosa Brust. Der laute Gesang ist unverwechselbar. Als Merksatz ist die Umschreibung „ich-ich-ich bin dein Bräutigam" hilfreich.

Vorkommen *Lebt in Wäldern, Parks, Gärten und anderen Baumbeständen.*

- **Brutzeit April–August**
- **3–6 rötliche bis bläuliche, gefleckte Eier**
- **1–2 Bruten im Jahr**

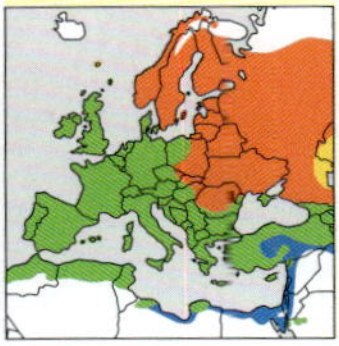

***Stimme** Laut schmetternder, abfallender Gesang mit Überschlag am Ende; ruft „pink", rau „rrrüp" und im Flug „tjüp".*

Bergfink

Fringilla montifringilla (Finken)

L 14 cm SpW 25–26 cm Kurz-/Mittelstreckenzieher

Vorkommen *Brütet in lichten Nadel- und Birkenwäldern; im Winter in Buchenwäldern und Gärten.*

- ***Brutzeit Mai–August***
- ***5–7 rötliche bis bläuliche, dunkel gezeichnete Eier***
- ***1 Brut im Jahr***

Die Winterverbreitung des Bergfinken unterliegt von Jahr zu Jahr starken Schwankungen. Sie ist abhängig von seiner Hauptnahrung, den Bucheckern. In manchen Jahren kann er gebietsweise fast völlig fehlen, in „Mastjahren" der Buche kann er dagegen in gewaltigen Schwärmen von mehreren Hunderttausend Vögeln auftreten.

Stimme *Gesang monoton, abfallend und rau „rrrrüh" (ähnlich dem Schlusston der Grünfinkenstrophe); Ruf quäkend.*

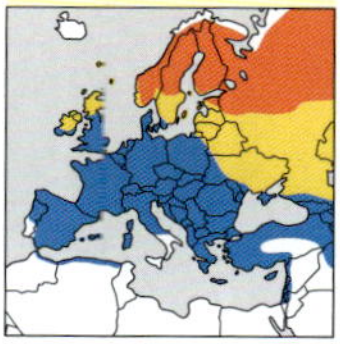

Grünfink

Carduelis chloris (Finken)

L 15 cm SpW 25–27 cm Standvogel/Kurzstreckenzieher

Vorkommen *Bewohnt Feldgehölze, Parks und Gärten; auch in Siedlungen und an Waldrändern.*

- ***Brutzeit März–August***
- ***3–7 bläulich weiße, braun gefleckte Eier***
- ***1–2 Bruten im Jahr***

Im Frühjahr sucht das Weibchen einen geeigneten Nistplatz in Büschen, Bäumen oder auch in Kletterpflanzen an Gebäuden und baut das Nest. Die Jungvögel werden von beiden Elternteilen gefüttert, zunächst mit Blattläusen, bald aber mit zuvor im Kropf aufgeweichten Samen.

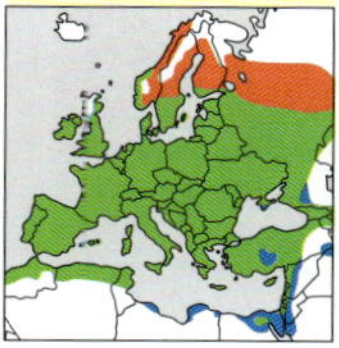

Stimme *Abgehackt wirkender Gesang aus trillernden und zwitschernden Elementen mit langem, rauem Schlusston.*

Girlitz

Serinus serinus (Finken)

L 12 cm SpW 20–23 cm Standvogel/Kurzstreckenzieher

Der aus dem Mittelmeerraum stammende Girlitz ist erst in den letzten 80–200 Jahren nach Mitteleuropa eingewandert. Während er bei der Nahrungssuche am Boden eher unauffällig ist, kann man seinen Gesang weit hören. Er postiert sich dabei auf Baumspitzen und Antennen oder vollführt einen fledermausartigen Singflug.

***Vorkommen** Bewohnt Parks, Gärten und Siedlungen, in Südeuropa auch lichte Nadelwälder.*

> ***Brutzeit April–August***
> ***3–6 bläuliche braun gefleckte Eier***
> ***2 Bruten im Jahr***

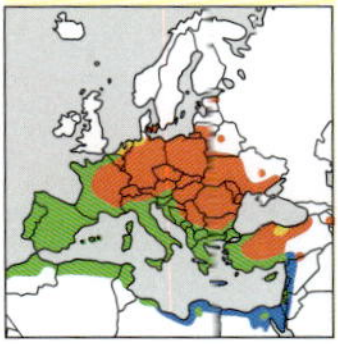

***Stimme** Schneller, quietschend klirrender Gesang; trillernde Rufe.*

Erlenzeisig

Carduelis spinus (Finken)

L 12 cm SpW 20–23 cm Mittelstreckenzieher

Kopfüber an Erlenzapfen hängend – so sieht man den Erlenzeisig typischerweise im Winter. Denn mit seinem spitzen Schnabel ist er darauf spezialisiert, die Samen aus den Zapfen herauszuarbeiten. Gerne frisst er aber auch Samen von Fichte und Birke. Fliegende Trupps wirken sehr gedrängt, da die Vögel nur geringen Abstand voneinander halten.

***Vorkommen** Brütet in Nadel- und Mischwäldern; außerhalb der Brutzeit auch in Gehölzen mit Laubbäumen.*

> ***Brutzeit Feb.–August***
> ***4–5 bläuliche, braun gefleckte Eier***
> ***1–2 Bruten im Jahr***

***Stimme** Unauffälliger Gesang aus feinem Zwitschern mit abschließendem Summen; feine, traurig klingende Rufe.*

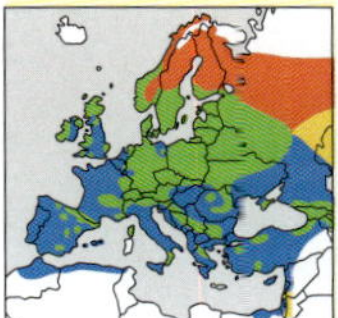

Stieglitz

Carduelis carduelis (Finken)

L 12 cm   SpW 21–25 cm   Standvogel/Kurzstreckenzieher

Vorkommen *Brütet in lichten Wäldern und lockeren Baumbeständen; Nahrungssuche an Wegrändern und auf Brachflächen.*

- ***Brutzeit April–Sept.***
- ***4–6 bläuliche Eier mit rotbraunen Flecken***
- ***2–3 Bruten im Jahr***

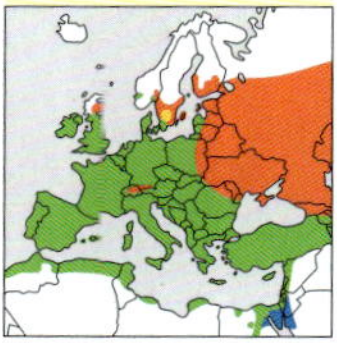

Der Stieglitz brütet gern in lockeren Gruppen von bis zu zehn Paaren. Diese gehen oft zusammen im kleinen Trupp auf Nahrungssuche. Nicht umsonst heißt der Stieglitz im Volksmund auch Distelfink: Sehr oft kann man ihn an Distelblüten beobachten. Mit seinem für Finkenvögel recht langen und spitzen Schnabel zieht er dort geschickt die Samen aus dem Blütenboden.

Stimme *Namensgebender dreisilbiger Ruf („sti-ge-litt"); leise zwitschernder Gesang mit eingeflochtenen Rufen.*

Bluthänfling

Carduelis cannabina (Finken)

L 13 cm   SpW 21–25 cm   Kurz-/Mittelstreckenzieher

Vorkommen *Bewohnt offene Landschaft mit dichtem Gebüsch; auch im Bereich von Siedlungen.*

- ***Brutzeit April–August***
- ***4–6 bläuliche, dunkel gefleckte Eier***
- ***1–3 Bruten im Jahr***

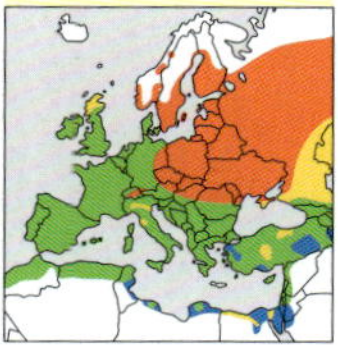

Dem Bluthänfling wurden durch Rodungen von Hecken zahlreiche Brutplätze genommen. Er ist jedoch flexibel genug, um auch in menschlichen Siedlungen erfolgreich zu brüten. Sein Nest baut er dort in Ziersträuchern; seine aus Sämereien bestehende Nahrung sucht er aber außerhalb von Orten an Wegrändern und auf Brachflächen.

Stimme *Zwei- oder dreisilbige Rufe, weicher als Grünfink (S. 74) („tü-gitt"); Gesang aus solchen Rufen, Quäken und Trillern.*

Kernbeißer

Coccothraustes coccothraustes (Finken)

L 18 cm SpW 29–33 cm Standvogel/Kurzstreckenzieher

Seinen überaus kräftigen Schnabel benutzt der Kernbeißer, um stabile Pflanzensamen, bis hin zum Kirschkern, zu knacken. Da er sich meist im Kronenbereich von Bäumen aufhält, verschwindet er mit beginnender Belaubung im Frühjahr aus unserem Blickfeld, ist aber gelegentlich beim Trinken an Pfützen zu sehen.

Vorkommen *Brütet in Laub- und Mischwäldern; besucht auch Parks und Gärten.*

> **Brutzeit April–August**
> **4–6 graue, dunkelbraun gepunktete Eier**
> **1 Brut im Jahr**

Stimme *Ruft scharf „zick“; leiser Gesang, Mischung der scharfen Rufe mit lang gezogenen, gepressten Tönen.*

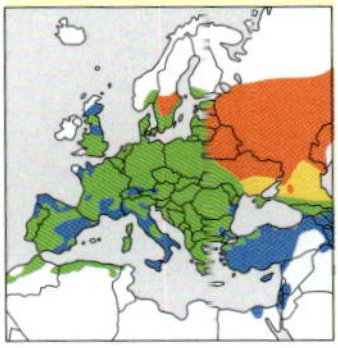

Gimpel

Pyrrhula pyrrhula (Finken)

L 15–17 cm SpW 22–29 cm Standvogel/Mittelstreckenzieher

Gimpelpaare finden oft schon im Herbst zusammen. Sie streifen im Winter gemeinsam umher und suchen ab März einen Nistplatz. Sie ernähren sich vegetarisch und bevorzugen die Knospen von Pflaume und Ahorn sowie Samen von Brennnessel und Ahorn. Ihre Jungvögel ziehen sie jedoch mit Insekten groß.

Vorkommen *Brütet in Mischwäldern und Parks; im Winter gern auch in Gärten.*

> **Brutzeit April–Juli**
> **4–6 hellblaue, schwarz gepunktete Eier**
> **2 Bruten im Jahr**

Stimme *Weiche, leicht abfallende, traurig klingende Rufe („düü“); Gesang aus leisem Pfeifen und Trillern.*

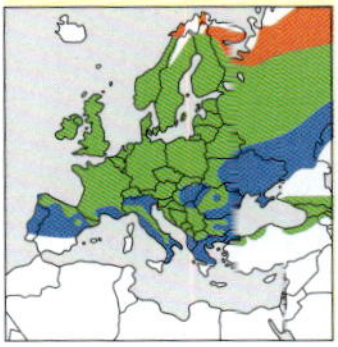

Grauammer

Emberiza calandra (Ammern)

L 18 cm SpW 26–32 cm Standvogel/Kurzstreckenzieher

Vorkommen *Lebt auf Feldern und in wenig genutzter offener Landschaft.*

- ***Brutzeit Mai–August***
- ***4–5 rötliche, schwarz gezeichnete Eier***
- ***1–2 Bruten im Jahr***

Das Männchen der Grauammer markiert mit seinem durchdringenden Gesang seine Reviergrenzen, an die sich die Weibchen aber nicht halten. Dadurch haben manche Männchen mehrere Weibchen, während andere leer ausgehen. Infolge der Intensivierung der Landwirtschaft ist die Grauammer in Mitteleuropa vielerorts als Brutvogel verschwunden.

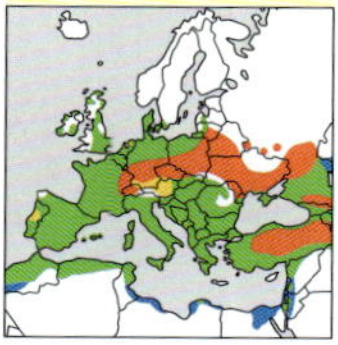

Stimme *Metallisch klirrender Gesang; ruft leise und fast tonlos „tck".*

Zaunammer

Emberiza cirlus (Ammern)

L 16 cm SpW 22–25 cm Standvogel/Kurzstreckenzieher

Vorkommen *Lebt an locker mit Büschen und Bäumen bestandenen Hängen und Weinbergen.*

- ***Brutzeit April–August***
- ***2–5 gräuliche, dunkelbraun gepunktete Eier***
- ***2–3 Bruten im Jahr***

Das Männchen der Zaunammer markiert mit seinem Gesang das Brutrevier, das es oft selbst im Winter nicht verlässt. Weibchen und Jungvögel streifen zwar nach der Brutzeit auch noch mehrere Wochen lang im Brutgebiet umher, verteilen sich im Winter aber weiträumiger. Intensivierter Weinbau und feuchteres Klima haben in einigen Gebieten zum Rückgang der hübschen Art geführt.

Stimme *Gesang schneller und tiefer als bei der Goldammer und ohne deren Schlusston; ruft hoch „zip".*

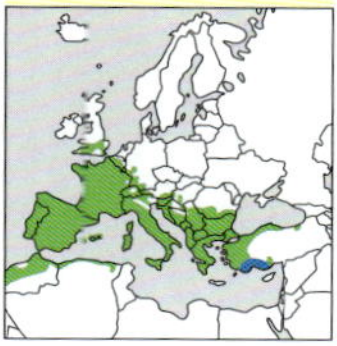

Goldammer

Emberiza citrinella (Ammern)

L 16–17 cm SpW 23–29 cm Standvogel/Kurzstreckenzieher

Das Nest wird im Schutz der Vegetation gebaut, bei frühen Bruten meist am Fuß eines Busches am Boden. Als Nestlingsnahrung sammeln die Altvögel Insekten, im Herbst verlegen sie sich auf Körner. Zur Stimmung von Sommerabenden gehört in buschiger Landschaft der lieblich klingende Gesang, der sich mit dem Merksatz „ich-ich-ich-hab-dich-lieb" umschreiben lässt.

Stimme *Gesang aus mehreren kurzen Tönen und einem lang gezogenen Schlusston; ruft rau „trütt".*

Vorkommen *lebt in offener Landschaft mit Gebüschen und Hecken, an Waldrändern und in Waldlichtungen.*

- **Brutzeit April–Sept.**
- **3–5 weißliche, dunkel gezeichnete Eier**
- **1–3 Bruten im Jahr**

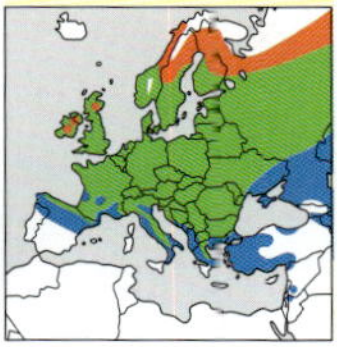

Rohrammer

Emberiza schoeniclus (Ammern)

L 15–16 cm SpW 21–28 cm Standvogel/Mittelstreckenzieher

In altem Schilf oder in hohen Grasbüscheln baut das Weibchen das Nest so, dass es durch überhängende Blätter gut versteckt ist. Besonders erfolgreich sind Nester, die sich über dem Wasser befinden, da diese von Räubern schwer erreicht werden können.

Stimme *Gesang aus langsam vorgetragenen Einzeltönen; ruft lang gezogen, leicht abfallend „psüüü".*

Vorkommen *Brütet in Schilfgebieten sowie an Gräben und in feuchten Brachflächen.*

- **Brutzeit April–August**
- **4–5 bräunliche, schwarz gefleckte Eier**
- **2 Bruten im Jahr**

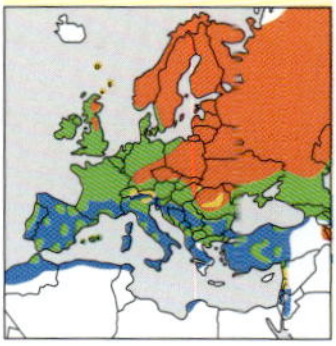

Schneeammer

Calcarius nivalis (Ammern)

L 16–17 cm   SpW 32–38 cm   Kurz-/Langstreckenzieher

Vorkommen *Brütet in karger, felsiger Tundra; im Winter an der Küste sowie in Steppengebieten.*

- ***Brutzeit Mai–August***
- ***5–6 grünlich weiße, rotbraun gefleckte Eier***
- ***1–2 Bruten im Jahr***

Ganz ohne Mauser, nur durch die Abnutzung der Federspitzen wird aus dem bräunlichen Wintergefieder das herrlich weiße Prachtkleid. Dieses tarnt im schneereichen Lebensraum gut. Zur Brutzeit nutzt die Schneeammer den Insektenreichtum der Tundra. Im Winter ist sie dagegen auf Sämereien spezialisiert, die sie vor allem an der Hochwasserlinie der Küste findet.

Stimme *Weich trillernde Rufe, oft gefolgt von melancholischem „pjü". Gesang aus hellem, kratzendem Gezwitscher.*

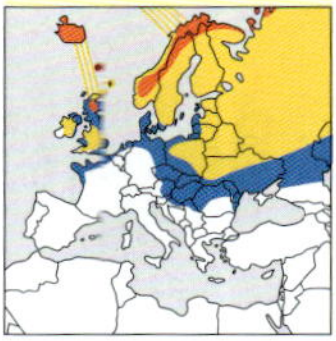

Bienenfresser

Merops apiaster (Spinte)

L 27–29 cm   SpW 44–49 cm   Langstreckenzieher

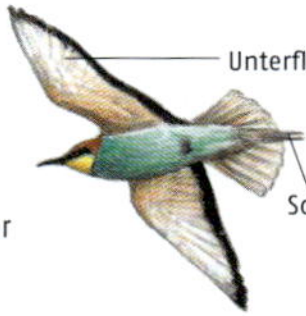

Vorkommen *Lebt in abwechslungsreicher Landschaft mit Steilwänden und Bäumen.*

- ***Brutzeit Mai–August***
- ***5–7 weiße Eier***
- ***1 Brut im Jahr***

Der Bienenfresser ist ein geschickter Jäger, der fliegende Insekten fängt. Vor dem Verzehr tötet er die Beute mit Schlägen gegen seine Sitzwarte. Er brütet meist in Kolonien, wobei jedes Paar in über zweiwöchiger Arbeit eine bis zu 2 m tiefe Röhre in eine Lehmwand gräbt. Bei der Jagd und auf dem Zug lebt der Bienenfresser gern in Schwärmen.

Altvogel an Niströhre

Stimme *Charakteristischer rauer Ruf („prrütt"), der von fliegenden Vögeln fast ständig zu hören ist.*

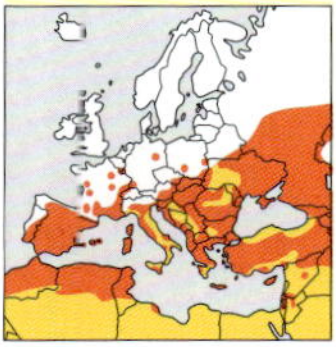

Wiedehopf

Upupa epops (Wiedehopfe)
L 26–28 cm SpW 42–46 cm Kurz-/Langstreckenzieher

Der Speisezettel des Wiedehopfs ist recht anspruchsvoll, denn er bevorzugt große Insekten wie Grillen und größere Käfer. Um sie zu finden, braucht er Lebensräume mit geringem Bodenbewuchs. Zugleich braucht er auch geeignete Bruthöhlen, die er in alten Bäumen, in Felsspalten und Gebäudenischen oder in Steinhaufen findet.

Brütet meist in Baumhöhlen

Stimme *Ruft hohl und meist dreisilbig „uh-uh-uh".*

Vorkommen *Bewohnt lichte Wälder, Obstgärten, Weinberge und baumbestandene Ackerlandschaft in trockenen Gebieten.*

> ***Brutzeit April–August***
> ***5–8 bläulich graue Eier***
> ***1–2 Bruten im Jahr***

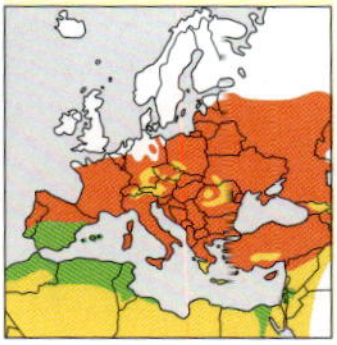

Blauracke

Coracias garrulus (Racken)
L 29–34 cm SpW 66–73 cm Langstreckenzieher

Die bunte Blauracke sitzt ganz offen auf Pfählen oder Leitungsdrähten. Von dort aus startet sie, um Käfer, Würmer oder Eidechsen zu fangen. Sie brütet in Baumhöhlen, stellenweise aber auch in Felsspalten oder Erdlöchern. Das Männchen markiert das Brutrevier mit einer spektakulären Flugdarbietung: Nach einem steilen Aufstieg folgt ein Sturzflug.

Jungvogel

Stimme *Dünne, krächzende Rufe, die beim Balzflug in schneller Abfolge dargeboten werden.*

Vorkommen *Bewohnt altholzreiche Wälder, Feldgehölze und andere Baumgruppen; brütet auch in Steilwänden und Ruinen.*

> ***Brutzeit Mai–August***
> ***3–5 weiße Eier***
> ***1 Brut im Jahr***

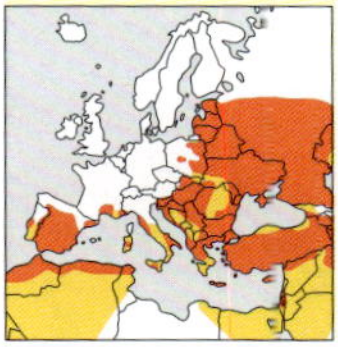

Mauersegler

Apus apus (Segler)

L 16–17 cm SpW 42–48 cm Langstreckenzieher

Vorkommen *Brütet in Städten und Dörfern, selten auch in Wäldern; Nahrungssuche in allen Landschaftstypen.*

- ***Brutzeit Mai–Sept.***
- ***2–3 weiße Eier***
- ***1 Brut im Jahr***

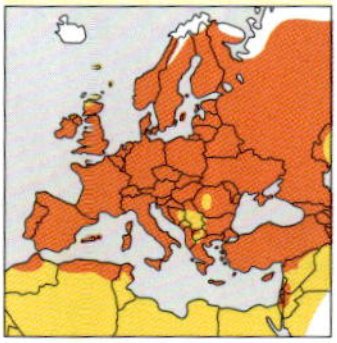

Außer zum Bebrüten des Geleges hält sich der Mauersegler immer in der Luft auf. Dort befindet er sich selbst beim Schlafen, bei der Paarung und beim Trinken von der Oberfläche eines Gewässers. In Bergen lebt der ähnliche Alpensegler *(A. melba)*.

Stimme *Die charakteristischen, lang gezogenen Flugrufe klingen schrill und rau („srrrieh“).*

Eisvogel

Alcedo atthis (Eisvögel)

L 16–17 cm SpW 24–26 cm Standvogel/Kurzstreckenzieher

Vorkommen *Lebt an Gewässern und benötigt dort Steilufer, in die Niströhren gegraben werden können.*

- ***Brutzeit März–Sept.***
- ***6–7 weiße Eier***
- ***2–3 Bruten im Jahr***

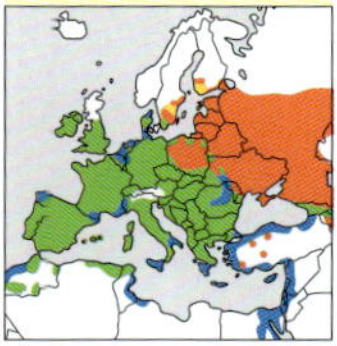

Von überhängenden Ästen aus stürzt sich der „fliegende Edelstein“ ins Wasser, um kleine Fische zu erbeuten. In strengen Wintern mit vereisten Gewässern verhungern viele Eisvögel. Die Überlebenden gleichen Verluste durch eine höhere Anzahl von Bruten aus.

Stimme *Ruft hoch und durchdringend „tiit“.*

Pirol

Oriolus oriolus (Pirole)

L 24 cm SpW 44–47 cm Langstreckenzieher

Abgesehen vom wohltönenden Gesang lebt der Pirol unauffällig in Baumkronen. Dort nimmt er Früchte und Beeren, besonders aber Raupen zu sich. Auch das Brutgeschäft findet verborgen im hohen Geäst statt. Nach fünfwöchiger Jungenaufzucht trennt sich die Familie; Alt- und Jungvögel machen sich nun einzeln auf den Weg in das südafrikanische Winterquartier.

Vorkommen *Brütet in hochstämmigen, oft feuchten Laubwäldern, bevorzugt in Gewässernähe.*

- **Brutzeit Mai–August**
- **2–5 weißliche, schwarz gefleckte Eier**
- **1 Brut im Jahr**

Stimme *Kräftige, melodische Gesangsstrophen aus 3–5 klaren Flötentönen. Heisere, leicht ansteigende Rufe („wäääk").*

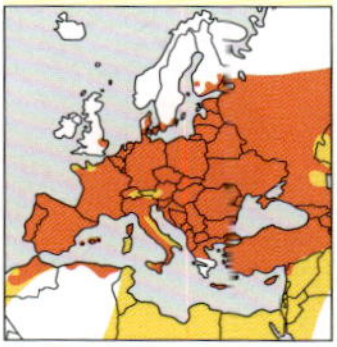

Kuckuck

Cuculus canorus (Kuckucke)

L 32–34 cm SpW 55–60 cm Langstreckenzieher

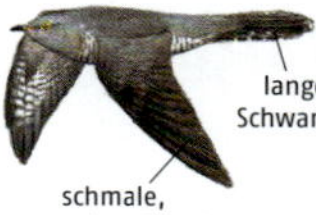

Bekannt ist der Kuckuck durch seinen typischen Ruf und durch sein Fortpflanzungsverhalten. Das Weibchen legt sein Ei in ein fremdes Nest, dessen Besitzer es ausbrüten. Kurz nach dem Schlüpfen schmeißt das Kuckucksjunge die anderen Eier aus dem Nest.

Junge Kuckucke sind viel größer als ihre Wirtsvögel (hier Teichrohrsänger).

Einige Weibchen haben braunes Gefieder.

Vorkommen *Lebt in verschiedensten Landschaften – im Wald, in offener Landschaft und in Schilfbeständen an Gewässern.*

- **Brutzeit April–Sept.**
- **Eier farblich an Wirtsvögel angepasst**
- **9–25 Eier pro Weibchen**

Stimme *Männchen ruft unverwechselbar „kuckuck"; auch kichernde und heisere Laute.*

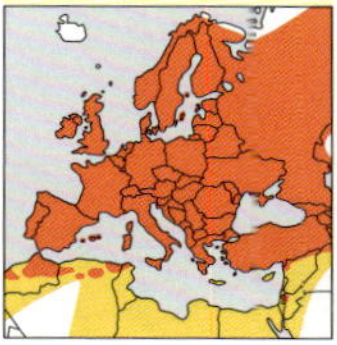

Ringeltaube

Columba palumbus (Tauben)

L 41–45 cm SpW 75–80 cm Standvogel/Kurzstreckenzieher

Vorkommen *Bewohnt Wälder, Parks, Gärten und andere gehölzreiche Gebiete; Nahrungssuche auch auf Feldern.*

> ***Brutzeit April–Oktober***
> ***2 weiße Eier***
> ***1–3 Bruten im Jahr***

Die Ringeltaube gehört zu den erfolgreichsten Vogelarten in unserer Kulturlandschaft. Bäume in Siedlungen bieten ihr auch in der Stadt viele Nistmöglichkeiten. Auf Feldern findet sie reichlich liegen gebliebene Körner, besonders Mais. Im Winter und auf dem Zug kann man die Art in kleinen Trupps, aber auch in Schwärmen von mehreren Tausend Vögeln antreffen.

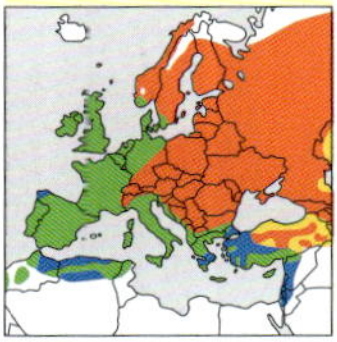

Stimme *Fünfsilbiger, dumpfer Gesang „gru-gruh-gru-gu-gu" (2. Silbe betont).*

Felsentaube, Straßentaube

Columba livia (Tauben)

L 31–34 cm SpW 63–70 cm Standvogel

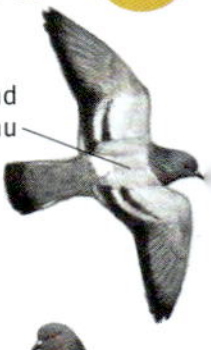

Vorkommen *Bewohnt Felswände, Städte und Dörfer; Nahrungssuche auch auf Feldern.*

> ***Brutzeit März–Sept.***
> ***1–2 weiße Eier***
> ***2–6 Bruten im Jahr***

Wegen ihrer Fähigkeit, über große Distanzen heimzufinden, wurde die Felsentaube schon früh als Brieftaube genutzt. Verwilderte Haustauben und zugewanderte Felsentauben bevölkern als Straßentauben Europas Städte. Echte Wildvögel findet man meist nur noch in Gebirgsregionen.

Trupps von Straßentauben

Straßentauben mit sehr variabler Gefiederfärbung

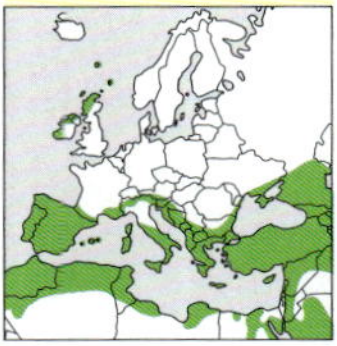

Stimme *Tiefes, mitunter raues Gurren in verschiedenen Variationen.*

Hohltaube

Columba oenas (Tauben)

L 32–34 cm SpW 63–69 cm Kurzstreckenzieher

Ihr Nest baut die Hohltaube in Baumhöhlen, bevorzugt in ausgedienten Nisthöhlen des Schwarzspechts (S. 88). Da an der Küste große Bäume meist fehlen, benutzt sie dort Kaninchenbaue und andere Bodenhöhlen. Am besten zu Gesicht bekommt man sie bei der Nahrungssuche auf Feldern und auf dem Zug.

Vorkommen *Brütet in Wäldern und Feldgehölzen, an der Küste auch in Dünen; Nahrungssuche meist in offener Landschaft.*

> ***Brutzeit März–Oktober***
> ***2 weiße Eier***
> ***3 Bruten im Jahr***

Stimme *Gesang aus gereiht vorgetragenen, kurzen, dumpf klingenden „hu"-Lauten.*

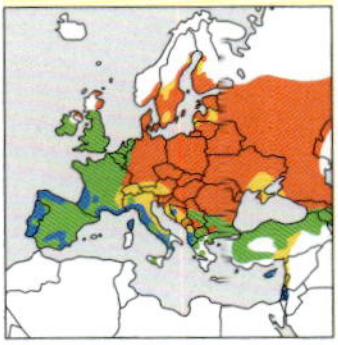

Türkentaube

Streptopelia decaocto (Tauben)

L 30–32 cm SpW 47–55 cm Standvogel

Vom Balkan aus hat sich die Türkentaube seit 1920 rasant über ganz Europa ausgebreitet und als Brutvogel etabliert. Sie ernährt sich von Grassamen und liegen gebliebenen Getreidekörnern, nutzt aber auch das Futter auf Hühnerhöfen. Ihr aus wenigen Zweigen bestehendes Nest baut sie am liebsten in Bäumen, gelegentlich auch an Gebäuden.

Vorkommen *Bewohnt Dörfer und Städte mit Baumgruppen.*

> ***Brutzeit März–Oktober***
> ***2 weiße Eier***
> ***2–6 Bruten im Jahr***

Stimme *Singt kräftig und klar „hu-huu-hu" (2. Silbe betont); ruft beim Starten und Landen heiser „wäääe".*

Ziegenmelker

Caprimulgus europaeus (Nachtschwalben)
L 25–28 cm   SpW 57–64 cm   Langstreckenzieher

Vorkommen *Lebt in lichtem Wald und Heide auf trockenen Böden sowie in Mooren.*

- ***Brutzeit Juni–August***
- ***2 weiße, braun gefleckte Eier***
- ***1–2 Bruten im Jahr***

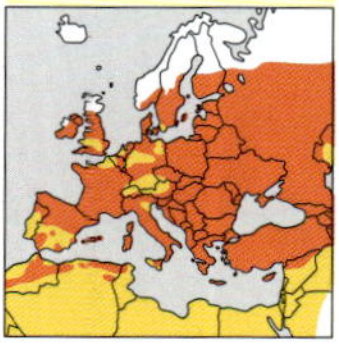

Tagsüber sitzt der Ziegenmelker bewegungslos auf Ästen oder am Boden und vertraut dabei auf sein tarnfarbenes Gefieder. In der Dämmerung wird er aktiv und fliegt mit weit geöffnetem Rachen umher, um Nachtfalter und andere Fluginsekten zu fangen.

Stimme *Der Gesang besteht aus minutenlangem, heiserem Schnurren, das nur nachts zu hören ist.*

Wendehals

Jynx torquilla (Spechte)
L 16–17 cm   SpW 25–27 cm   Langstreckenzieher

Vorkommen *Brütet in kleineren Gehölzen, Parks und Obstgärten; auch am Waldrand.*

- ***Brutzeit Mai–August***
- ***7–10 weiße Eier***
- ***1–2 Bruten im Jahr***

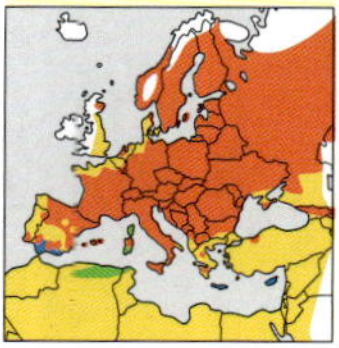

Hervorragend tarnt das Borkenmuster seines Gefieders den Wendehals am Baumstamm. Seine Nahrung sucht er aber vorwiegend am Boden. Mit dem Schnabel hackt er Ameisenbauten auf, schiebt seine klebrige Zunge weit hinein und erbeutet dadurch vor allem Larven und Puppen. Zum Brüten benutzt er Baumhöhlen.

Altvogel an Bruthöhle

Stimme *Rufreihe aus 10–15 dünnen, quäkenden Tönen.*

Buntspecht

Dendrocopos major (Spechte)

L 20–24 cm SpW 34–39 cm Standvogel

Der Buntspecht ist sowohl in der Wahl seines Lebensraums als auch bei seiner Ernährung sehr vielseitig. So bevorzugt er im Sommerhalbjahr meist Insekten, hämmert aber auch Bruthöhlen von Singvögeln auf, um deren Eier und Jungvögel zu fressen. Im Winter sind die Samen von Nadelbäumen die Hauptnahrung, hinzu kommen Nüsse und Bucheckern.

***Vorkommen** Lebt in Wäldern, Feldgehölzen, Parks und Gärten.*

> ***Brutzeit April–August***
> ***4–7 weiße Eier***
> ***1 Brut im Jahr***

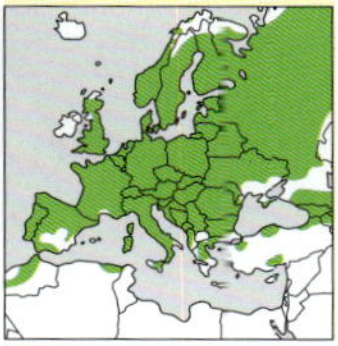

***Stimme** Ruft scharf „kick“ oder gereiht“krrk-krrk-krrk-…“; trommelt schneller und kürzer als Schwarzspecht.*

Mittelspecht

Dendrocopos medius (Spechte)

L 20–22 cm SpW 33–34 cm Standvogel

Der Mittelspecht hält sich ganzjährig in seinem Brutrevier auf, lebt aber selbst zur Balzzeit recht versteckt. Die von ihm ins Holz gehämmerte Bruthöhle benutzt er mehrere Jahre lang. Bei der Suche nach Insekten stochert er am liebsten in morschem Holz. Im Herbst und Winter besteht die Nahrung aber vor allem aus Nüssen und anderen Baumfrüchten.

***Vorkommen** Bewohnt Laub- und Mischwälder, bevorzugt mit Eichenbeständen; auch in Parks und Gärten.*

> ***Brutzeit April–August***
> ***5–6 weiße Eier***
> ***1 Brut im Jahr***

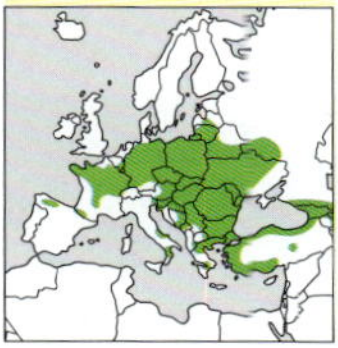

***Stimme** Ruft heiser quäkend „gwäh“, daneben kürzere, z. T. gereihte Rufe; trommelt selten.*

Schwarzspecht

Dryocopus martius (Spechte)

L 45–57 cm SpW 64–68 cm Standvogel

Vorkommen *Lebt in Nadel-, Misch- und Laubwäldern und brütet dort in Altholzbeständen.*

> **Brutzeit März–August**
> **3–5 weiße Eier**
> **1 Brut im Jahr**

Der Schwarzspecht beginnt sein Brutgeschäft meist mit dem Zimmern einer bis zu 50 cm tiefen Nisthöhle. Gelegentlich benutzt er auch Höhlen aus dem Vorjahr. Da neue große Höhlen in vielen Wäldern sonst fehlen würden, ermöglicht der Schwarzspecht anderen Höhlenbrütern, besonders Hohltaube und Dohle, ein Dasein.

Stimme *Ruft gereiht „kwi-kwi-kwi-...“, rau „krrü-krrü-krrü...“ oder klagend „kliööh“; lange Trommelwirbel aus Schnabelhieben.*

Grünspecht

Picus viridis (Spechte)

L 31–33 cm SpW 40–42 cm Standvogel

Vorkommen *Bewohnt Feldgehölze und Wälder mit Lichtungen sowie Parks und baumreiche Gärten (auch in Siedlungen).*

> **Brutzeit April–August**
> **5–8 weiße Eier**
> **1 Brut im Jahr**

Der Grünspecht hackt seine Bruthöhle in morsches Holz. Bei der Nahrungssuche hämmert er seltener als andere Spechte im Holz, denn meist hält er sich am Boden auf. Um Ameisen zu erbeuten, setzt er dort seinen Schnabel vielseitig ein: Er gräbt Löcher in die Erde, schafft Schnee beiseite und entfernt Moos aus Pflasterritzen.

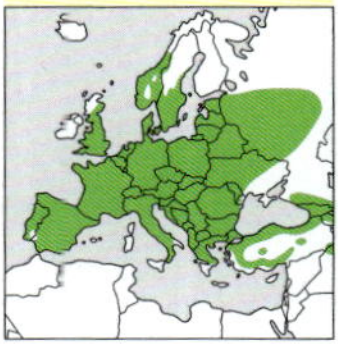

Stimme *Lachende, glucksende, nicht in der Tonhöhe abfallende Rufreihe („kjü-kjü-kjü-kjü-...“).*

Dreizehenspecht

Picoides tridactylus (Spechte)
L 20–24 cm SpW 32–35 cm Standvogel

Dieser Specht hat sich darauf spezialisiert, Larven und Puppen von Käfern unter der Rinde abgestorbener Bäume herauszuarbeiten. Er ist deshalb darauf angewiesen, dass tote Bäume in seinem Brutgebiet stehen gelassen werden. Er fehlt in intensiv bewirtschafteten Wäldern. Besonders günstige Lebensbedingungen findet er in Wäldern mit Sturmschäden vor.

Vorkommen *Lebt in Nadelwäldern mit vielen toten und morschen Bäumen.*

- **Brutzeit Mai–Sept.**
- **3–4 weiße Eier**
- **1 Brut im Jahr**

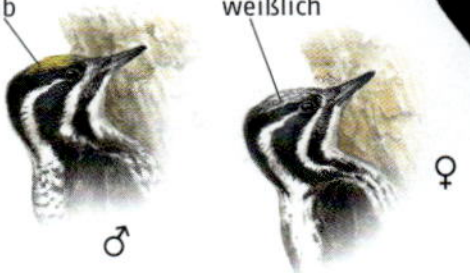

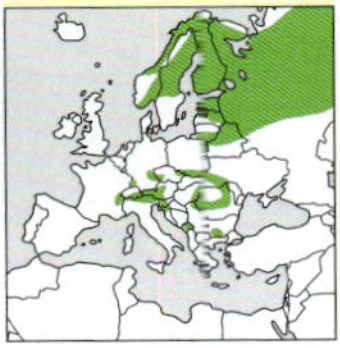

***Stimme** Ruft kurz „kück", auch gereiht; Trommelwirbel länger und langsamer als beim Buntspecht.*

Schleiereule

Tyto alba (Schleiereulen)
L 33–35 cm SpW 85–93 cm Standvogel

Die Bestände der Schleiereule können innerhalb weniger Jahre sehr stark schwanken. Sie sind abhängig vom Angebot an Mäusen und von der Härte des Winters. Gibt es viele Mäuse, brütet sie bis zu dreimal im Jahr, in schlechten Mäusejahren sind die Gelege kleiner oder die Brut fällt ganz aus. Die Schleiereule brütet in Hohlräumen von Dachböden, Scheunen und Kirchtürmen, wenn eine Einflugöffnung vorhanden ist. Spezielle Nistkästen erleichtern ihr die Suche nach einem geeigneten Brutplatz.

Vorkommen *Brütet meist in Dörfern, die an geeignete Jagdgebiete, offene Landschaften mit Hecken und Gräben, grenzen.*

- **Brutzeit März–Dez.**
- **4–12 weiße Eier**
- **1–2 Bruten im Jahr**

Familie im Nistkasten

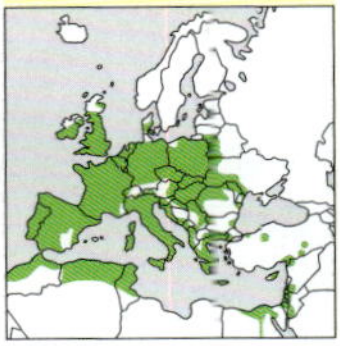

***Stimme** Nachts sind im Brutgebiet kreischende und fauchende Laute zu hören.*

Waldkauz

Strix aluco (Ohreulen und Käuze)
L 37–42 cm SpW 90–104 cm Standvogel

Vorkommen *Brütet in alten Bäumen in Wäldern, Parks und anderen Gehölzen; nächtliche Jagd auch in offenem Gelände.*

- ***Brutzeit Feb.–August***
- ***3–5 weiße Eier***
- ***1 Brut im Jahr***

Der aus Gruselfilmen bekannte heulende Gesang des Männchens ist im Herbst und im zeitigen Frühjahr zu hören. Der Waldkauz brütet in großen Baumhöhlen. Die Jungvögel sitzen im Alter von vier Wochen als „Ästlinge“ frei in Bäumen oder am Boden. In Nordeuropa und den Bergwäldern Südosteuropas lebt der größere Habichtskauz *(S. uralensis)*.

Stimme *Männchen nachts mit langen, heulenden Rufreihen; Weibchen ruft kurz und scharf „kuitt“.*

Habichtskauz

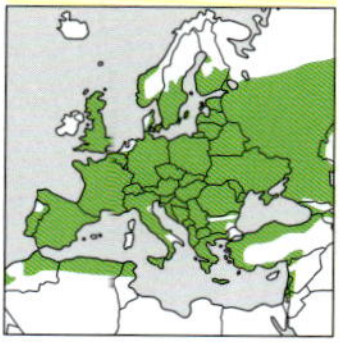

Steinkauz

Athene noctua (Ohreulen und Käuze)
L 21–23 cm SpW 54–58 cm Standvogel

Vorkommen *Lebt in offener Landschaft mit Baumreihen, gebietsweise auch in Ortschaften.*

- ***Brutzeit März–August***
- ***3–5 weiße Eier***
- ***1 Brut im Jahr***

Seinem Brutrevier bleibt der Steinkauz in der Regel ein Leben lang treu. Auch der Nachwuchs siedelt sich, wenn er im Alter von zwei bis drei Monaten das elterliche Revier verlässt, meist nur wenige Kilometer vom Geburtsort an. Der Steinkauz bevorzugt in Mitteleuropa Baumhöhlen als Nistplatz, am liebsten in alten Kopfweiden und Obstbäumen. In Südeuropa brütet er häufig in Felshöhlen oder an Gebäuden.

Stimme *Ruft kräftig „uuuh“, meist in lockerer Reihe.*

Raufußkauz

Aegolius funereus (Ohreulen und Käuze)

L 24–26 cm SpW 53–62 cm Standvogel

Bei seiner nächtlichen Jagd lauscht der Raufußkauz von einem Ansitz aus. Raschelt in der Nähe eine Maus oder ein kleiner Vogel, ergreift er seine Beute in lautlosem Sturzflug. Zum Brüten bezieht er fast immer eine Schwarzspechthöhle. Im Sommer wie im Winter deponiert er in solchen Höhlen überschüssige Beute als Vorrat.

Altvogel in der Bruthöhle

Jungvogel

Stimme *Männchen singen leicht ansteigende Tonreihe („hu-hu-hu-hu-hu-hu“); Weibchen mit kurzen, scharfen Rufen.*

Vorkommen *Lebt in Nadelwäldern, meist im Bergland.*

> ***Brutzeit März–Sept.***
> ***3–6 weiße Eier***
> ***1–2 Bruten im Jahr***

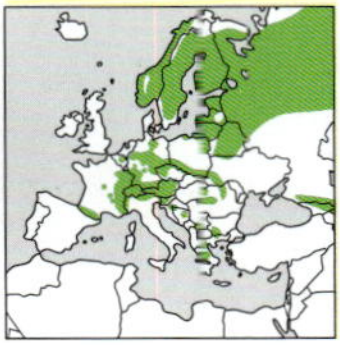

Sperlingskauz

Glaucidium passerinum (Ohreulen und Käuze)

L 16–19 cm SpW 34–38 cm Standvogel

Die kleinste europäische Eule ist oft schon zu Beginn der Abenddämmerung aktiv. Sie jagt bevorzugt Singvögel, besonders zur Brutzeit aber auch Mäuse. Ab Februar führt das Männchen dem Weibchen mehrere Höhlen von Bunt- oder Dreizehenspecht vor, von denen das Weibchen eine als Bruthöhle auswählt.

Vorkommen *Lebt in Nadel- und Mischwäldern, meist im Bergland.*

> ***Brutzeit April–August***
> ***4–7 weiße Eier***
> ***1 Brut im Jahr***

Jungvogel

Stimme *Gesang aus starkem Anfangslaut, gefolgt von leiseren Tönen („tüh-düdü-düdü“); auch lang gezogene Rufe.*

Blick aus der Bruthöhle

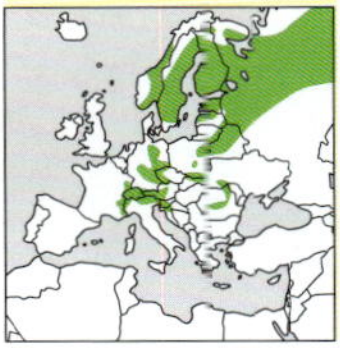

Zwergohreule

Otus scops (Ohreulen und Käuze)

L 18–20 cm SpW 49–54 cm Kurz-/Mittelstreckenzieher

Vorkommen *Bewohnt in trockener Landschaft Baumbestände verschiedener Art, fehlt aber in geschlossenen Wäldern.*

- ***Brutzeit April–August***
- ***3–5 weiße Eier***
- ***1 Brut im Jahr***

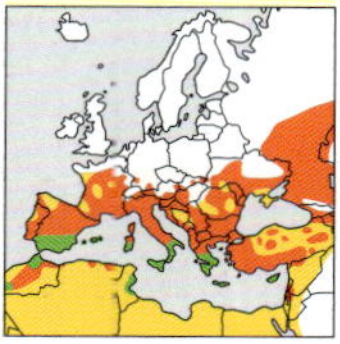

Durch ihr borkenfarbenes Gefieder bestens im Geäst von Bäumen getarnt, bekommt man die Zwergohreule fast nie zu Gesicht. Erst bei völliger Dunkelheit wird sie aktiv, lässt ihren eintönigen Gesang erklingen und macht Jagd auf Mäuse und große Insekten. Sie brütet in Hohlräumen von Bäumen oder Mauern. Überwintert wird südlich der Sahara in Afrika.

Stimme *Gesang aus monotoner Folge traurig klingender Laute („düh.... düh....düh....").*

Waldohreule

Asio otus (Ohreulen und Käuze)

L 35–40 cm SpW 90–100 cm Standvogel/Kurzstreckenzieher

Vorkommen *Brütet an Waldrändern, in Feldgehölzen und Baumgruppen; nächtliche Nahrungssuche in offenem Gelände.*

- ***Brutzeit März–August***
- ***3–8 weiße Eier***
- ***1 Brut im Jahr***

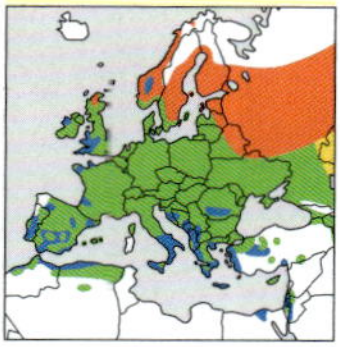

Die Waldohreule benutzt das Nest von Krähen und Greifvögeln. Das Brutrevier wird mit Rufen und einem Balzflug gekennzeichnet, bei dem die Flügel unter dem Körper zusammenklatschen. Im Winter sammeln sich oft mehrere Eulen an Tagesschlafplätzen in Nadelbäumen, unter denen man die ausgewürgten Reste verzehrter Mäuse als „Gewölle" finden kann.

Ästling

Stimme *Männchen singt gereiht dumpfe „huh"-Laute; von Jungvögeln sind fiepende Rufe zu hören.*

Sumpfohreule

Asio flammeus (Ohreulen und Käuze)

L 34–42 cm SpW 95–110 cm Standvogel/Kurzstreckenzieher

Die Sumpfohreule ist nicht nur in der Dämmerung, sondern auch am Tag aktiv. Ähnlich einer Weihe (S. 98) patrouilliert sie in gaukelndem Suchflug flach über dem Boden und stürzt sich mit rascher Wendung auf erblickte Mäuse. Gut versteckt zwischen Grasbüscheln scharrt das Weibchen eine Nestmulde.

Jungvogel, 3 Wochen alt

Stimme *Gesang des Männchens besteht aus leicht ansteigender Reihe dumpfer Laute („bu-bu-bu-bu-bu“).*

Vorkommen *Lebt in feuchter, offener Landschaft (Moore, Dünen, nasse Wiesen).*

> ***Brutzeit März–August***
> ***7–10 weiße Eier***
> ***1 Brut im Jahr***

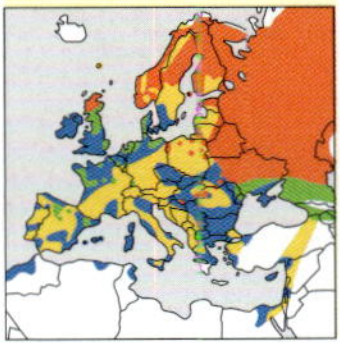

Uhu

Bubo bubo (Ohreulen und Käuze)

L 60–75 cm SpW 160–188 cm Standvogel

Als größte Eule kann der Uhu Beutetiere bis zur Größe von Hasen und Reihern schlagen. In Europa war der Uhu vielerorts schon fast oder ganz ausgerottet. Schutzmaßnahmen, wie die Horstbewachung, ließen die Bestände wieder anwachsen. Als Brutplatz dient oft eine geschützte Nische in Felswänden, wobei die Altvögel den Nachwuchs bis zu fünf Monate lang versorgen.

Jungvogel, 2 Monate alt

Stimme *Männchen ruft tief und dumpf „u-oh“ (Betonung auf der 1. Silbe).*

Vorkommen *Lebt in abwechslungsreicher Landschaft mit Felswänden oder großen Bäumen als Nistplatz.*

> ***Brutzeit Februar–Juli***
> ***2–4 weiße Eier***
> ***1 Brut im Jahr***

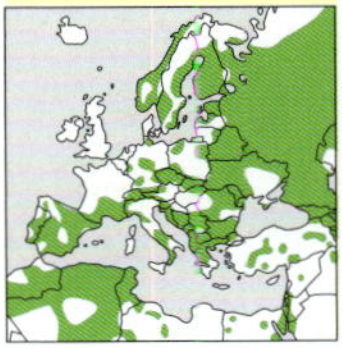

Schneeeule

Bubo scandiacus (Ohreulen und Käuze)

L 53–66 cm SpW 142–166 cm Kurzstreckenzieher

Vorkommen *Lebt in der Tundra, gern nahe der Küste.*

> ***Brutzeit Mai–Sept.***
> ***4–9 weiße Eier***
> ***1 Brut im Jahr***

Die Schneeeule brütet offen auf dem Boden. Ihr Nest verteidigt sie so heftig gegen Polarfüchse, dass sich Ringelgänse gern in ihrer Nähe ansiedeln, um von diesem Schutz zu profitieren. Zur Brutzeit ernährt sie sich überwiegend von Lemmingen. Wenn diese fehlen, fällt die Brut aus.

Stimme *Der Gesang des Männchens ist eine eintönige Reihe rauer Laute, die an Hundegebell erinnern.*

Gänsegeier

Gyps fulvus (Habichtverwandte)

L 95–105 cm SpW 240–280 cm Standvogel

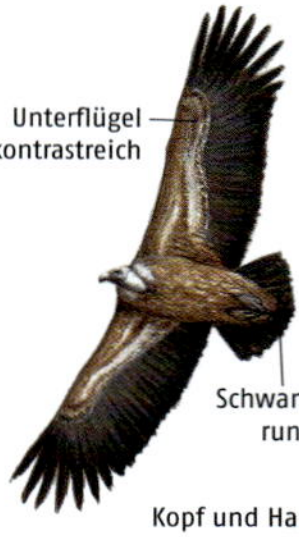

Vorkommen *Lebt in Bergland und Gebirgen mit felsigen Bereichen.*

> ***Brutzeit Jan.–August***
> ***1 weißes Ei, manchmal leicht gefleckt***
> ***1 Brut im Jahr***

Der Gänsegeier fliegt fast ohne Flügelschlag und startet erst nach Sonnenaufgang. Dabei nutzt er zum Aufsteigen thermische Aufwinde aus. Aus bis zu 3000 m Höhe sucht er riesige Gebiete nach Tierkadavern ab und achtet dabei auf Artgenossen, die bereits im Sinkflug sind. Brutkolonien befinden sich in Felswänden.

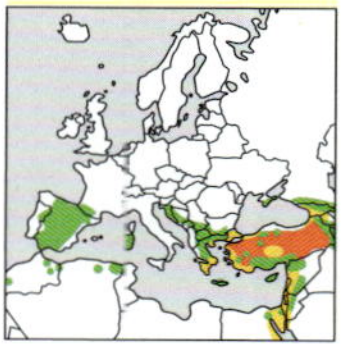

Stimme *Kreischende und gackernde Rufe, besonders bei Streit an Kadavern.*

Bartgeier

Gypaetus barbatus (Habichtverwandte)

L 100–115 cm SpW 250–282 cm Standvogel

Sowohl im hohen Gleitflug als auch im niedrigen Suchflug spürt der Bartgeier seine Nahrung auf. Von Kadavern verzehrt er nicht nur das Fleisch, sondern auch die Knochen. Große Knochenstücke und Schildkrötenpanzer zerkleinert er, indem er sie aus großer Höhe fallen lässt. Das lebenslang treue Bartgeierpaar baut mehrere Nester in Felswände.

Vorkommen *Lebt in felsigen Gebieten, vor allem im Hochgebirge.*

> ***Brutzeit Dez.–August***
> ***1–2 bräunliche Eier***
> ***1 Brut im Jahr***

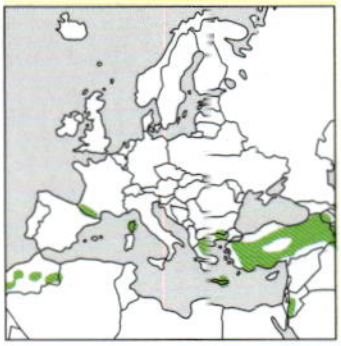

Stimme *Wenige pfeifende und trillernde Laute, selten zu hören.*

Schmutzgeier

Neophron percnopterus (Habichtverwandte)

L 58–70 cm SpW 155–180 cm Langstreckenzieher

Der Schmutzgeier verzehrt Aas und Abfälle aller Art. Bei größeren Tierkadavern ist er darauf angewiesen, dass der Körper zuvor von größeren Geiern aufgerissen wurde. Erst wenn diese satt sind, kommt auch er zum Zuge. Im afrikanischen Winterquartier öffnet er Straußeneier mit Steinwürfen.

Vorkommen *Bewohnt offene Landschaften mit Felswänden als Nistplatz.*

> ***Brutzeit März–Juli***
> ***2 helle, braun gefleckte Eier***
> ***1 Brut im Jahr***

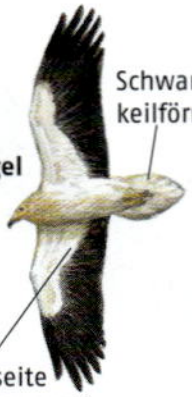

Stimme *Wenig ruffreudig, bei Erregung zischende, grunzende oder trillernde Laute.*

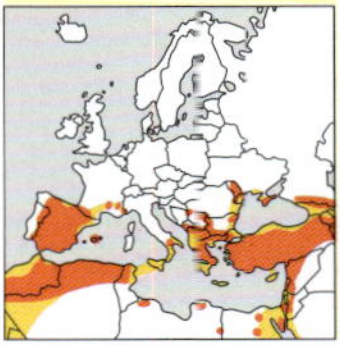

Fischadler

Pandion haliaetus (Fischadler)

L 55–58 cm SpW 145–170 cm Langstreckenzieher

Vorkommen *Lebt an fischreichen Gewässern mit hohen Bäumen zum Nestbau; auch an Meeresküsten.*

- **Brutzeit März–August**
- **3 weiße, braun gefleckte Eier**
- **1 Brut im Jahr**

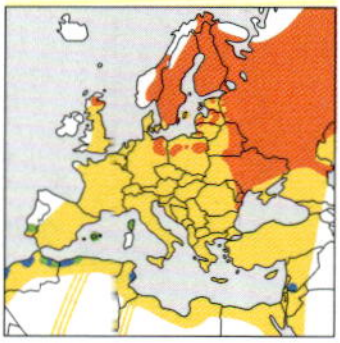

Es ist ein spektakulärer Anblick, wenn sich ein Fischadler mit vorgestreckten Füßen ins Wasser stürzt. Kurz darauf erhebt er sich wieder mit einem großen Fisch. Nur zwei Fische benötigt er für seinen Tagesbedarf, doch steigt der Aufwand, wenn der Nachwuchs drei Monate lang gefüttert werden muss. Im August beginnt der Zug nach Afrika.

Stimme *Verschiedene kurze, hohe Rufe, meist gereiht.*

Seeadler

Haliaeetus albicilla (Habichtverwandte)

L 69–92 cm SpW 200–245 cm Standvogel

Altvogel

Vorkommen *Bewohnt große Binnengewässer und Meeresküsten mit Baumbeständen.*

- **Brutzeit Feb.–August**
- **2 weiße Eier**
- **1 Brut im Jahr**

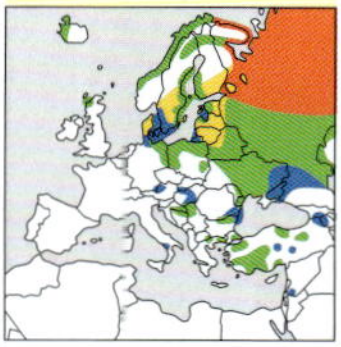

Erst im Alter von vier Jahren beginnt der Seeadler zu brüten. Paare bleiben ein Leben lang zusammen und halten sich meist ganzjährig im Brutrevier auf. Hoch auf einem Baum errichtet der Seeadler aus Ästen ein Nest von 1 m Durchmesser, das er viele Jahre benutzen kann. Als vielseitiger Jäger greift er große Fische aus dem Wasser, Wasservögel schlägt er auf der Wasseroberfläche oder verfolgt sie im Flug.

Jungvogel

Stimme *Zur Balzzeit Reihen heller Rufe (auch im Duett), bei Weibchen tiefer als bei Männchen.*

Steinadler

Aquila chrysaetos (Habichtverwandte)

L 77–90 cm SpW 190–210 cm Standvogel

Der Steinadler – typischer Greifvogel europäischer Gebirge – erbeutet vor allem Murmeltiere, Hasen und junge Gämsen, aber auch Schneehühner und andere Vögel. Erst ab dem fünften Lebensjahr kann er brüten und baut dazu ein Nest auf einem Felsvorsprung oder einem Baum.

Vorkommen *Brütet im Gebirge; im Winter auch in tieferen Lagen.*

- ***Brutzeit März–August***
- ***2 weißliche Eier mit braunen Flecken***
- ***1 Brut im Jahr***

Stimme *Selten zu hörende, keckernde und miauende Rufe.*

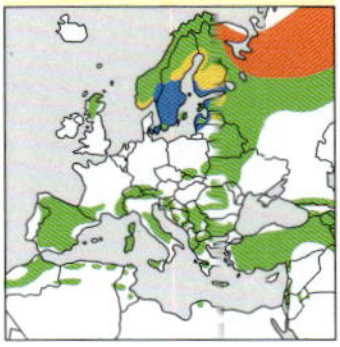

Mäusebussard

Buteo buteo (Habichtverwandte)

L 50–57 cm SpW 113–128 cm Standvogel/Kurzstreckenzieher

Kaum eine Vogelart ist in der Gefiederfärbung so variabel wie der Mäusebussard. Von einfarbig schwarzbraun bis fast weiß kommen die verschiedensten Muster vor. Er ernährt sich von Mäusen und anderen Kleintieren. In Bäumen baut er sein Nest. Mit etwa einer Million Brutpaaren ist die Art der häufigste Greifvogel Europas.

Vorkommen *Brütet in Wäldern und Gehölzen; Nahrungssuche in der offenen Landschaft.*

- ***Brutzeit März–August***
- ***2–3 weiße Eier mit bräunlicher Fleckung***
- ***1 Brut im Jahr***

Stimme *Weit hörbarer Ruf („kiääh").*

Wiesenweihe

Circus pygargus (Habichtverwandte)

L 43–47 cm SpW 105–120 cm Langstreckenzieher

Vorkommen *Brütet und jagt in Mooren, Wiesen und Getreidefeldern.*

> ***Brutzeit Mai–August***
> ***3–5 bläulich weiße, rostrot gefleckte Eier***
> ***1 Brut im Jahr***

Die Wiesenweihe brütet am Boden, manchmal auch in lockeren Kolonien. Sie überwintert in Afrika. Neben Mäusen frisst sie große Insekten, Eidechsen und kleine Vögel. Die ebenfalls schlank gebaute und sehr ähnlich gefärbte Steppenweihe *(C. macrourus)* brütet vom Schwarzen Meer ostwärts.

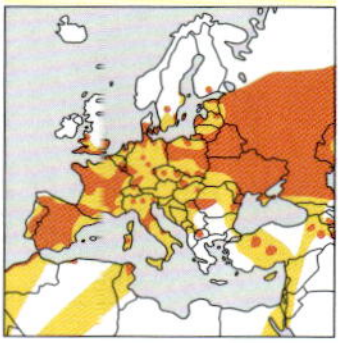

Stimme *Keckernde Rufreihen beim Balzflug des Männchens.*

Rohrweihe

Circus aeruginosus (Habichtverwandte)

L 48–56 cm SpW 110–130 cm Mittel-/Langstreckenzieher

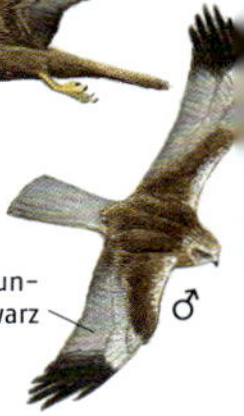

Vorkommen *Brütet in Schilfbeständen und Getreidefeldern; jagt in offener Landschaft, bevorzugt an Gewässern.*

> ***Brutzeit April–August***
> ***4–5 bläulich weiße Eier, manchmal gefleckt***
> ***1 Brut im Jahr***

Das Nest wird vor allem vom Weibchen gebaut, während das Männchen das Nistmaterial bringt. Die Rohrweihe frisst Mäuse und Kleinvögel, zur Brutzeit auch Eier und Jungvögel anderer Vogelarten. Typisch für alle Weihenarten ist ein gaukelnder Suchflug. Dabei fliegt der Vogel mit v-förmig hochgestellten Flügeln nah über dem Boden und „schaukelt“ um seine eigene Achse.

Küken im Nest

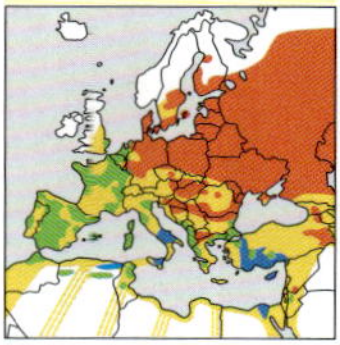

Stimme *Beim Balzflug des Männchens nasal quakende Rufe; bei Gefahr keckernde Rufe.*

Sperber

Accipiter nisus (Habichtverwandte)

L 28–38 cm SpW 55–70 cm Standvogel/Kurzstreckenzieher

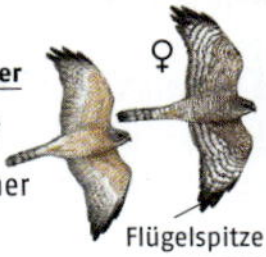

Wie beim Habicht unterscheiden sich beim Sperber die Geschlechter deutlich in der Körpergröße. Da er seine Beute, Kleinvögel, nur kurz verfolgen kann, muss er Überraschungsangriffe starten und dabei die Deckung von Büschen und Bäumen ausnutzen. Vom Balkan ostwärts brütet der ähnliche, aber dunkeläugige Kurzfangsperber *(A. brevipes)*.

Vorkommen *Brütet in Nadelwäldern und Feldgehölzen; jagt gern in deckungsreicher, aber auch in offener Landschaft.*

> ***Brutzeit April–August***
> ***4–6 bläulich weiße, dunkel gefleckte Eier***
> ***1 Brut im Jahr***

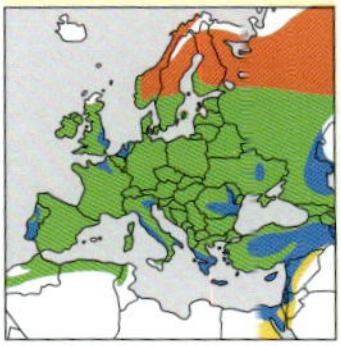

Stimme *Lange Rufreihen, auch im Duett („gi-gi-gi-gi-…"), bei Gefahr schneller.*

Habicht

Accipiter gentilis (Habichtverwandte)

L 48–62 cm SpW 135–165 cm Standvogel

Das Männchen ist deutlich kleiner als das Weibchen. Ebenso unterschiedlich ist die Größe der Beute, die sie nach kurzem Verfolgungsflug überwältigen können. Während das Männchen meist taubengroße Vögel erbeutet, kann das Weibchen sogar große Hühnervögel schlagen. Im Winter frisst der Habicht auch Mäuse und Kaninchen.

Vorkommen *Brütet in Wäldern; Jagd bevorzugt im Waldrandbereich, auch in halb offener Landschaft.*

> ***Brutzeit März–Juli***
> ***2–5 weißliche Eier***
> ***1 Brut im Jahr***

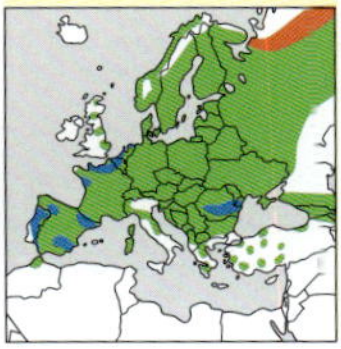

Stimme *Am Nest bussardähnliche Rufe; bei Gefahr lange Reihen kurzer Laute („gik-gik-gik-…").*

Rotmilan

Milvus milvus (Habichtverwandte)

L 60–66 cm SpW 175–195 cm Kurzstreckenzieher

Vorkommen *Brütet in Wäldern und Feldgehölzen; Nahrungssuche in offener Landschaft.*

- ***Brutzeit April–August***
- ***2–3 weiße, braun gefleckte Eier***
- ***1 Brut im Jahr***

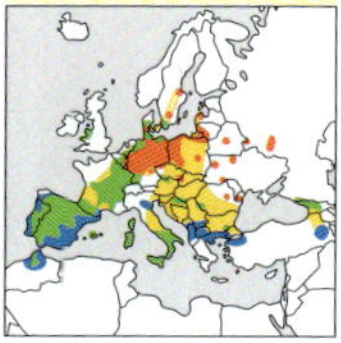

Als Aasfresser schnappt sich der Rotmilan gern im Straßenverkehr getötete Tiere. In relativ niedrigem Flug sucht er den Boden ab. Zur Brutzeit hat jedes Paar sein eigenes Revier. Ansonsten ist der Rotmilan recht gesellig. Größere Gruppen kann man an Mülldeponien beobachten; abends sammeln sich viele zum Übernachten in einer Baumgruppe.

Stimme *Auf und ab steigendes Pfeifen („wiuuu-wiu-wiu-wiu").*

Turmfalke

Falco tinnunculus (Falken)

L 32–39 cm SpW 65–82 cm Standvogel/Langstreckenzieher

Vorkommen *Brütet in felsiger Landschaft, Städten und Feldgehölzen sowie an Waldrändern; jagt in offener Landschaft.*

- ***Brutzeit März–Juli***
- ***4–6 gelbliche Eier mit braunen Flecken***
- ***1 Brut im Jahr***

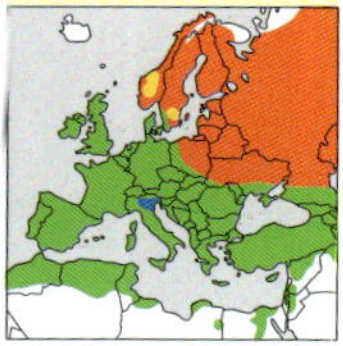

In der Wahl seines Brutplatzes ist der Turmfalke sehr vielseitig. Er benutzt alte Nester von Krähen und Elstern auf Bäumen oder Hochspannungsmasten, brütet aber auch in Fels- und Gebäudenischen. In Städten besiedelt er Kirchtürme und andere Bauwerke. Typisch für den Turmfalken ist der „Rüttelflug". Dabei „steht" er mit gefächertem Schwanz in der Luft, schlägt schnell mit den Flügeln und lässt seinen Blick über den Erdboden schweifen. Eine entdeckte Maus versucht er sofort im Sturzflug zu erbeuten.

Stimme *Ruft durchdringend „ki-ki-ki-ki-ki-...".*

Wanderfalke

Falco peregrinus (Falken)
36–48 cm   SpW 80–120 cm   Standvogel/Kurzstreckenzieher

Die Nahrung des Wanderfalken besteht aus Vögeln, in der Größe zwischen Drosseln und Möwen. Der Wanderfalke gehört zu den schnellsten Vogelarten. Wenn er aus kreisendem Suchflug ein Beutetier entdeckt hat, winkelt er die Flügel an und erreicht im Sturzflug Geschwindigkeiten von mehr als 300 km/h.

Vorkommen Brütet an Felswänden und hohen Gebäuden sowie in Wäldern; jagt in offener Landschaft und an Gewässern.

- **Brutzeit März–Juni**
- **3–4 gelbliche, braun gefleckte Eier**
- **1 Brut im Jahr**

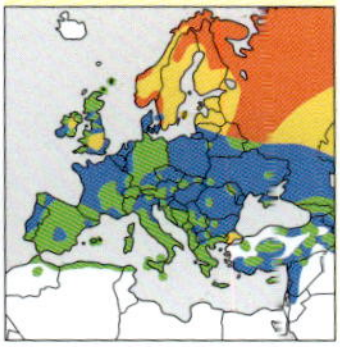

Stimme *Rufreihen („grä-grä-grä-grä-…") rauer als beim Turmfalken (S. 100).*

Fasan

Phasianus colchicus (Glatt- und Raufußhühner)
53–89 cm   SpW 70–90 cm   Standvogel

Seine Nahrung, die aus Pflanzensamen, Schösslingen, Würmern und Insekten besteht, sucht der Fasan am Boden. Schon seit Langem ist der Fasan ein gern bejagter Vogel. Wahrscheinlich wurde er schon zur Römerzeit in Europa eingebürgert. Noch heute wird er jährlich zu Zigtausenden ausgesetzt, denn allein kann er seinen Bestand nicht halten.

Vorkommen Bewohnt Ackerland und Wiesen mit Deckung bietenden Büschen, Schilf oder Feldgehölzen.

- **Brutzeit April–Sept.**
- **8–12 graubraune Eier**
- **1 Brut im Jahr**

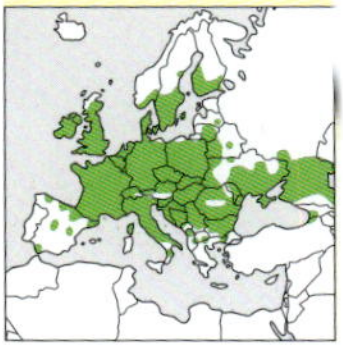

Stimme *Männchen ruft laut „gröö-göck", gefolgt von lautstarkem Flügelschütteln.*

Birkhuhn

Tetrao tetrix (Glatt- und Raufußhühner)

L 32–39 cm SpW 65–80 cm Standvogel

Im Frühjahr finden sich frühmorgens und abends mehrere Männchen in einer „Balzarena" ein. Dort werben sie mit verschiedenen Posen und Sprüngen um die Gunst der ebenfalls anwesenden Weibchen. Die erfolgreichsten Männchen dürfen mehrere Weibchen begatten; an Brut und Jungenaufzucht beteiligen sie sich nicht.

Stimme *Balzende Männchen erzeugen kullernde und zischende Laute; beim Weibchen gackernde Rufe.*

Vorkommen *Bewohnt Heide- und Moorgebiete in Waldnähe.*

- ***Brutzeit April–Sept.***
- ***6–10 gelbbraune, gefleckte Eier***
- ***1 Brut im Jahr***

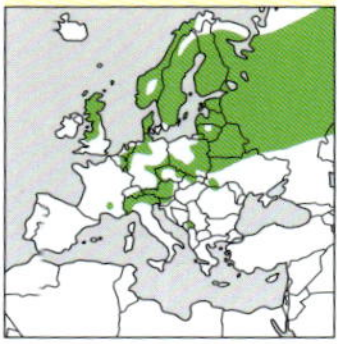

Auerhuhn

Tetrao urogallus (Glatt- und Raufußhühner)

L 54–95 cm SpW 87–125 cm Standvogel

Neben Knospen und Beeren frisst das Auerhuhn auch Nadeln von Nadelbäumen, die es mit dem scharfen Schnabel abschneidet und mithilfe von verschluckten Steinchen im Magen zerkleinert. Mit Glück kann man im Frühjahr das berühmte Balzverhalten des Auerhahns beobachten. In einer „Balzarena" posieren mitunter mehrere Männchen mit aufgerichtetem Hals und breit gefächertem Schwanz.

Stimme *Der Balzgesang des Männchens enthält glucksende, knallende und trillernde Laute; Weibchen gackern.*

Vorkommen *Lebt in ungestörten Nadel- und Mischwäldern mit offenen Bereichen.*

- ***Brutzeit April–August***
- ***5–11 gelbliche, dunkel gefleckte Eier***
- ***1 Brut im Jahr***

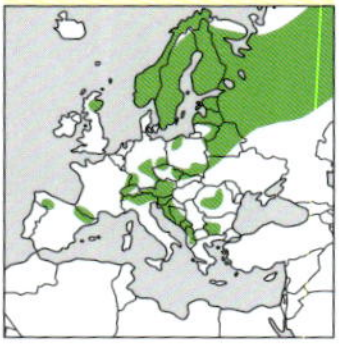

Rebhuhn

Perdix perdix (Glatt- und Raufußhühner)

L 29–31 cm SpW 45–48 cm Standvogel

Junge Rebhühner werden schnell selbstständig, bleiben aber bis zum Ende des Winters gern im Familienverband. Intensive Landwirtschaft macht dem Rebhuhn das Überleben schwer: Es fehlen vielerorts Hecken als Brutplatz und Unterschlupf; Pestizide und frühzeitiges Umpflügen von Stoppelfeldern reduzieren das Angebot an Insekten und Pflanzensamen.

***Vorkommen** Lebt in Steppen, Ackerland, Brachflächen und Heide, möglichst mit einzelnen Büschen oder Hecken.*

> ***Brutzeit April–Oktober***
> ***10–20 bräunliche Eier***
> ***1 Brut im Jahr***

Küken suchen früh selbst Nahrung

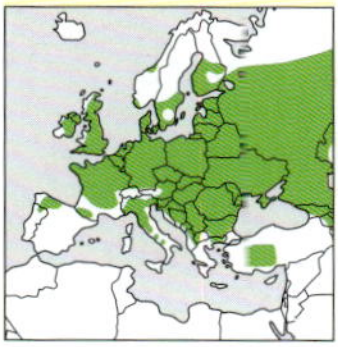

***Stimme** Der Revierruf des Männchens ist ein raues „kirrräck“ (auf der 2. Silbe betont).*

Wachtel

Coturnix coturnix (Glatt- und Raufußhühner)

L 16–18 cm SpW 32–35 cm Langstreckenzieher

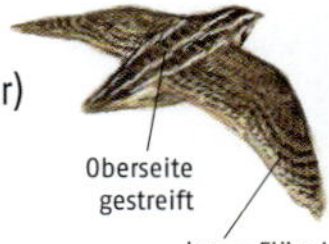

Wenn der kleinste europäische Hühnervogel durch Wiesen und Felder schleicht, ist er fast nie zu sehen. Seine Rufe sind dagegen sehr weit zu hören. Jungvögel entwickeln sich extrem schnell und brüten schon im Alter von vier Monaten. Es wird vermutet, dass Jungvögel aus dem Mittelmeerraum dazu im Sommer nach Mitteleuropa einfliegen.

***Vorkommen** Bewohnt Getreidefelder, Wiesen und Brachflächen mit nicht zu trockenen Böden.*

> ***Brutzeit März–Oktober***
> ***7–13 gelbliche, dunkel gefleckte Eier***
> ***1–2 Bruten im Jahr***

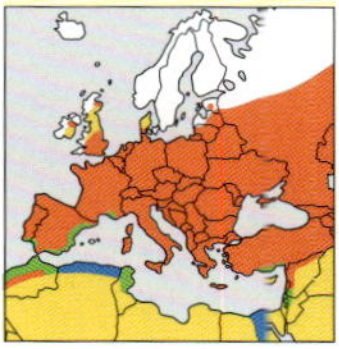

***Stimme** Männchen singt rhythmisch „pick-we-rick“, meist mehrfach und auch nachts auf dem Zug.*

Alpenschneehuhn

Lagopus muta (Glatt- und Raufußhühner)
L 33–38 cm SpW 54–60 cm Standvogel

***Vorkommen** Lebt in der Tundra und im Gebirge oberhalb der Baumgrenze.*

- ***Brutzeit Mai–Sept.***
- ***5–8 bräunliche Eier mit Flecken***
- ***1 Brut im Jahr***

Das Gefieder des Alpenschneehuhns passt sich dem vorherrschenden Untergrund an. Im Sommer ist es graubraun wie der felsige Lebensraum, im Winter ist es rein weiß wie der Schnee. Um auch im Winter an Blätter und Knospen zu gelangen, gräbt es Gänge im Schnee. Die Nacht verbringt es gut geschützt vor eisigen Polar- und Gebirgsnächten in Schneehöhlen.

***Stimme** Beim Männchen knarrende und bellende Gesangsstrophen; daneben verschiedene raue und scharfe Rufe.*

Rosaflamingo

Phoenicopterus roseus (Flamingos)
L 120–145 cm SpW 140–165 cm Standvogel/Kurzstreckenzieher

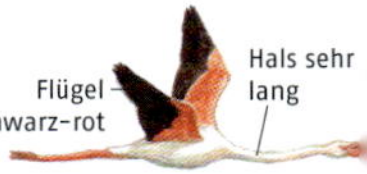

***Vorkommen** Lebt an flachen, meist salzigen Seen und Küstenlagunen.*

- ***Brutzeit April–Sept.***
- ***1 weißes Ei***
- ***1 Brut im Jahr***

Das Vorkommen des Rosaflamingos beschränkt sich auf wenige Kolonien. Dicht an dicht werden dort nah am Wasser Nester aus Schlamm gebaut. Der Schnabel enthält seitliche Lamellen, mit denen er Krebstierchen und Insekten aus dem Wasser sieben kann. Stellenweise leben in Europa auch entflogene Chileflamingos *(Ph. chilensis)*.

Chileflamingo

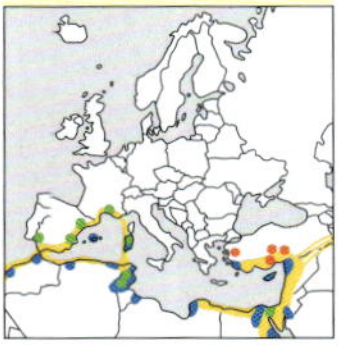

***Stimme** Tiefe, raue, an Gänse erinnernde Rufe.*

Weißstorch

Ciconia ciconia (Störche)

L 100–102 cm SpW 155–165 cm Langstreckenzieher

Mit seinen Nestern mitten in Dörfern ist der Weißstorch ein bekannter und symbolträchtiger Kulturfolger. Besonders im westlichen Europa hat aber intensive Landwirtschaft zu jahrzehntelangen Bestandsrückgängen geführt. Auch der Nahrungsmangel im afrikanischen Wintergebiet und tödliche Unfälle an Stromleitungen setzten der beliebten Art zu.

Vorkommen *Nahrungssuche auf feuchten Wiesen und Feldern; brütet sowohl in Baumgruppen als auch auf Hausdächern.*

> **Brutzeit März–Sept.**
> **3–5 weiße Eier**
> **1 Brut im Jahr**

Nest auf Schornstein

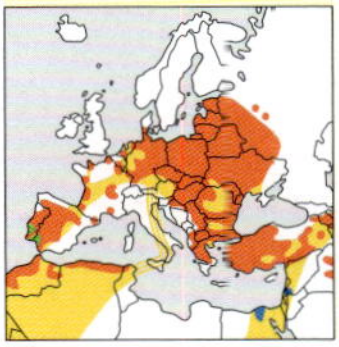

Stimme *Auf dem Nest lautes Schnabelklappern; sonst nur leise zischende Laute.*

Schwarzstorch

Ciconia nigra (Störche)

L 95–100 cm SpW 144–155 cm Langstreckenzieher

Der Schwarzstorch ist ein scheuer Waldvogel und meist nur bei Flügen zwischen Nest und Nahrungsgebieten zu sehen. Anders als sein etwas größerer Verwandter hält er sich auch bei der Suche nach Fischen und Fröschen lieber im Verborgenen auf. Ungestörte Waldgebiete sind für seinen Schutz besonders wichtig.

Vorkommen *Brütet in Laub- und Mischwäldern; Nahrungssuche an Tümpeln, Bächen und Sümpfen.*

> **Brutzeit April–Sept.**
> **3–5 weiße Eier**
> **1 Brut im Jahr**

Jungvogel

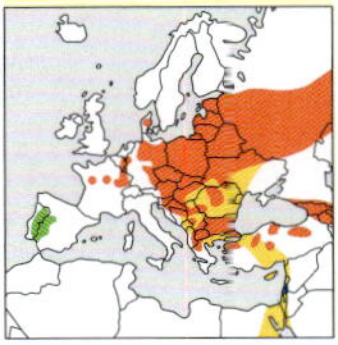

Stimme *Ruft im Flug bussardähnlich „fio“, am Nest verschiedene leise Laute.*

Graureiher

Ardea cinerea (Reiher)
L 90–98 cm SpW 175–195 cm Kurzstreckenzieher

Vorkommen *Brütet meist in gewässernahen Gehölzgruppen; Nahrungssuche auf Äckern und Wiesen sowie in flachen Gewässern.*

- > ***Brutzeit Feb.–August***
- > ***3–5 hellblaue Eier***
- > ***1 Brut im Jahr***

Der Graureiher brütet in Kolonien, von denen aus er bis zu 40 km entfernte Nahrungsgebiete anfliegt. An Land ernährt er sich vorwiegend von Mäusen, im Wasser zumeist von Fisch. Dabei ähnelt sich die Jagdmethode: Nahezu bewegungslos pirscht er sich an Beute an oder lauert ihr auf, dann stößt er blitzschnell mit seinem dolchartigen Schnabel zu.

Jungvogel

Teil einer Brutkolonie

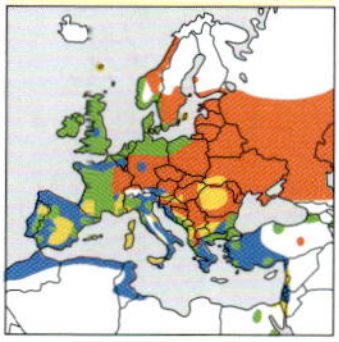

Stimme *Heisere, lang gezogene Rufe („rrrräck").*

Nachtreiher

Nycticorax nycticorax (Reiher)
L 56–65 cm SpW 105–112 cm Langstreckenzieher

Vorkommen *Brütet in buschigen Baumbeständen an den Ufern von Seen und großen Flüssen, manchmal auch im Schilf.*

- > ***Brutzeit April–Sept.***
- > ***3–5 bläulich grüne Eier***
- > ***1–2 Bruten im Jahr***

Ihrem Namen entsprechend ist die kleine Reiherart fast nur in der Nacht und in der Dämmerung aktiv. Tagsüber verharrt der Nachtreiher regungslos im Schutz von Büschen und Bäumen. Zu sehen bekommt man ihn meist nur im Flug, wenn er von der Brutkolonie aus seine bis zu 20 km entfernten Nahrungsgebiete aufsucht.

Jungvogel

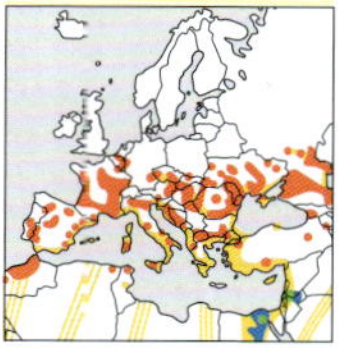

Stimme *Charakteristisch sind nasale „quack"-Rufe am Brutplatz und im Flug.*

Silberreiher

Casmerodius albus (Reiher)

L 80–104 cm SpW 140–170 cm Standvogel/Kurzstreckenzieher

Nur zur Brutzeit trägt der Silberreiher lange weiße Schmuckfedern an Hals und Rücken. Bei der Balz werden sie radförmig gespreizt. Für die Balzzeremonie errichtet das Männchen aus Zweigen und Schilfhalmen eine Plattform, die später zum Nest ausgebaut wird. Obwohl fast weltweit verbreitet, dringt die Art in Europa erst seit Kurzem nach Norden vor.

Balz

***Stimme** Tiefe, heisere Rufe.*

***Vorkommen** Brütet im Schilf oder auf Bäumen am Wasser; Nahrungssuche auf Wiesen und Feldern sowie in flachem Wasser.*

- ***Brutzeit April–August***
- ***3–5 blassblaue Eier***
- ***1 Brut im Jahr***

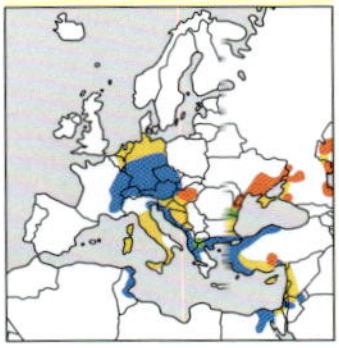

Seidenreiher

Egretta garzetta (Reiher)

L 55–65 cm SpW 86–95 cm Standvogel/Kurzstreckenzieher

Der Seidenreiher wirkt wie eine kleine Ausgabe des Silberreihers. Auch bei ihm spielen die Schmuckfedern eine große Rolle bei der Balz. Früher wurden ihm diese Federn zum Verhängnis, denn ihretwegen wurde er stark bejagt. Der europäische Brutbestand breitet sich nun wieder aus und hat auf etwa 100 000 Paare zugenommen.

Altvogel mit Schmuckfedern am Nest

***Stimme** Verschiedene raue Rufe.*

***Vorkommen** Nahrungssuche in offenem, nassem Gelände oder in Flachgewässern; brütet an Gewässern mit Büschen und Bäumen.*

- ***Brutzeit April–Sept.***
- ***3–5 grünlich blaue Eier***
- ***1 Brut im Jahr***

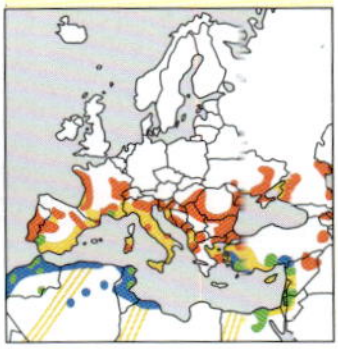

Rohrdommel

Botaurs stellaris (Reiher)

L 64–80 cm SpW 125–135 cm Standvogel/Kurzstreckenzieher

***Vorkommen** Bewohnt ausgedehnte Schilfbestände; im Winter gelegentlich recht offen an Gräben.*

- ***Brutzeit März–Sept.***
- ***5–6 olivbraune Eier***
- ***1 Brut im Jahr***

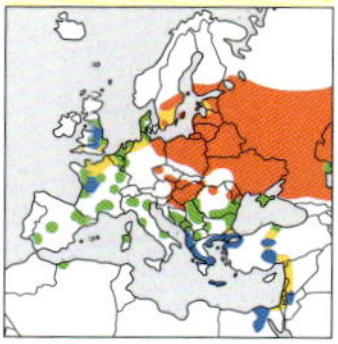

Bei Gefahr nimmt die Rohrdommel augenblicklich ihre bekannte Pfahlstellung ein. Mit nach oben gerichtetem Hals unterscheidet sich das Gefieder kaum noch von den umgebenden Schilfhalmen. Auch sonst ist die Rohrdommel selten zu sehen, denn das Nest ist gut im Röhricht versteckt. Im Schutz der Dämmerung und nachts sucht sie nach Fischen und Fröschen.

Pfahlstellung

***Stimme** Zur Brutzeit weit hörbare, tiefe, dumpf klingende Rufe („ummmp").*

Löffler

Platalea leucorodia (Ibisse)

L 70–95 cm SpW 115–135 cm Mittel-/Langstreckenzieher

***Vorkommen** Lebt an Gewässern verschiedener Art, auch im Wattenmeer.*

- ***Brutzeit April–Sept.***
- ***3–5 weiße, braun gefleckte Eier***
- ***1 Brut im Jahr***

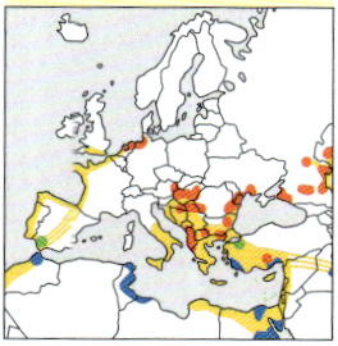

Der Schnabel des Löfflers ist unverwechselbar. Er bewegt ihn im flachen Wasser seitlich hin und her, um kleine Fische und andere Wassertiere zu erhaschen. Zum Brüten lässt er sich gern in Kolonien anderer Vögel nieder, meist bei Reihern (S. 106–107). Von Südfrankreich bis zum Kaspischen Meer lebt der verwandte Sichler (*Plegadis falcinellus*).

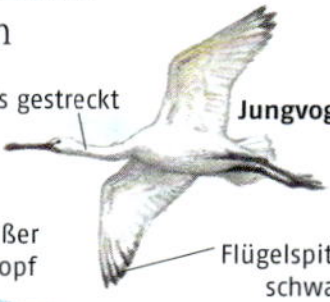

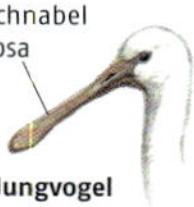

***Stimme** Relativ stumm, nur am Brutplatz grunzende oder heulende Laute.*

Kranich

Grus grus (Kraniche)

L 110–120 cm SpW 200–220 cm Mittelstreckenzieher

Zur Brutzeit verrät der Kranich seine Anwesenheit oft nur mit Balzrufen. Auf dem Zug und im Winterquartier ist er jedoch ein auffälliger Schwarmvogel, abends kommt es zu gewaltigen Ansammlungen an den Schlafplätzen. Die Art galt lange Zeit als gefährdet, mittlerweile haben Schutzmaßnahmen aber zu einer Bestandszunahme auf über 200 000 Vögel in Europa geführt.

Vorkommen *Brütet in Mooren und Feuchtwiesen; Nahrungssuche auf Feldern und Wiesen.*

- **Brutzeit März–Sept.**
- **2 oliv- bis rotbraune Eier mit braunen Flecken**
- **1 Brut im Jahr**

Balzgruppe

***Stimme** Am Brutplatz lautes Trompeten; im Flug weit hörbar „krrrü".*

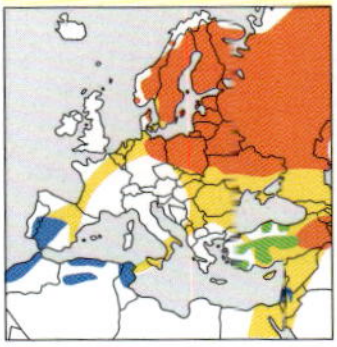

Austernfischer

Haematopus ostralegus (Austernfischer)

L 40–47 cm SpW 80–86 cm Standvogel/Kurzstreckenzieher

An den europäischen Küsten gehört der Austernfischer wegen seiner durchdringenden Rufe zu den auffälligsten Vogelarten. Im Winter kann die Art große Schwärme bilden. Der Austernfischer kann seinen kräftigen Schnabel bei der Nahrungssuche vielfältig einsetzen. In weichen Wattböden stochert er nach Würmern; Muschelschalen öffnet er durch Hämmern oder Hebeln.

Vorkommen *Brütet auf Stränden, Salzwiesen und kurzgrasigem Grünland; Nahrungssuche auf Watt- und Schlammflächen*

- **Brutzeit April–August**
- **3 bräunliche, dunkel gefleckte Eier**
- **1 Brut im Jahr**

Schlichtkleid

***Stimme** Sehr ruffreudig; Balzrufe „kiwick-kiwick-kiwick" (in Triller endend); im Flug „kiwiep".*

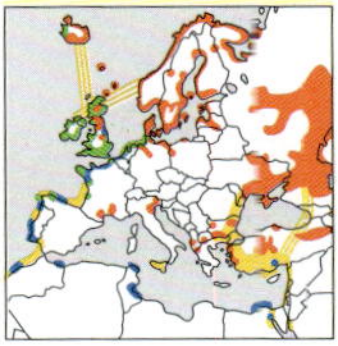

Säbelschnäbler

Recurvirostra avosetta (Säbelschnäbler)

L 42–45 cm   SpW 77–80 cm   Standvogel/Mittelstreckenzieher

***Vorkommen** Bewohnt Flachwasserbereiche an Meeresküsten und an Binnengewässern, oft in Lagunen und Wattgebieten.*

> ***Brutzeit April–August***
> ***4 bräunliche, dunkel gefleckte Eier***
> ***1 Brut im Jahr***

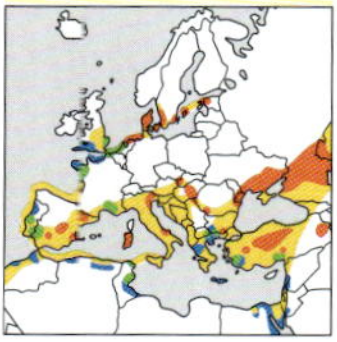

Seinen markanten Schnabel zieht der Säbelschnäbler bei der Nahrungssuche seitlich im flachen Wasser hin und her. Mit seinem besonders geformten Schnabel gelangt er an Würmer, Krebse und andere kleine Wassertiere. Seine Nestmulde legt er oft sehr nah am Gewässerufer an, sodass Hochwasser schnell zu Verlusten führen kann.

***Stimme** Ruft laut und meist gereiht „klütt“.*

Stelzenläufer

Himantopus himantopus (Säbelschnäbler)

L 35–40 cm   SpW 67–83 cm   Mittelstreckenzieher

***Vorkommen** Lebt an flachen, oft salzhaltigen Gewässern in der offenen Landschaft.*

> ***Brutzeit April–August***
> ***4 hellbraune, schwarz gefleckte Eier***
> ***1 Brut im Jahr***

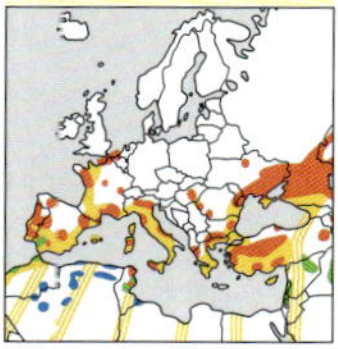

Der Stelzenläufer hat im Verhältnis zur Körpergröße ungewöhnlich lange Beine. So kann er bei der Suche nach Wasserinsekten und anderen kleinen Wassertieren in tieferem Wasser waten als verwandte Arten. Er brütet in lockeren Kolonien, meist geschützt auf kleinen Inselchen. Beim Brüten ragen die zusammengelegten Beine weit über den Nestrand hinaus.

***Stimme** Ruft rau und gereiht „kwät“ oder „kwüt“.*

Kiebitz

Vanellus vanellus (Regenpfeifer)
L 28–31 cm SpW 82–87 cm Kurzstreckenzieher

Im größten Teil seines Brutgebiets ist der Kiebitz Kulturfolger, da er vor allem auf landwirtschaftlichen Nutzflächen brütet. Als Bodenbrüter werden ihm aber heute intensiver Maschineneinsatz und das frühe Mähen von Wiesen zum Verhängnis.

Vorkommen *Lebt auf Grün- und Ackerland, in Mooren und ähnlicher Offenlandschaft; auch in Flachwasserbereichen.*

> ***Brutzeit März–August***
> ***4 bräunliche Eier mit schwarzen Flecken***
> ***1 Brut im Jahr***

Stimme *Bei der Balz explosives „tjuuu-witt-witt"; andere Rufe heiser „kwiiieh" oder nasal „gwä-riih".*

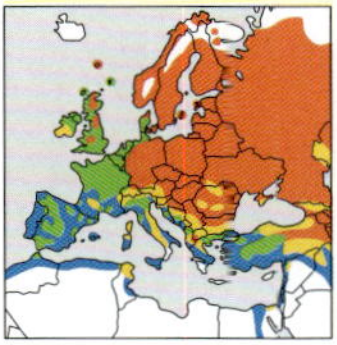

Goldregenpfeifer

Pluvialis apricaria (Regenpfeifer)
L 26–29 cm SpW 67–76 cm Kurzstreckenzieher

Durch Abtorfung und Entwässerung von Mooren ist die Art in Mitteleuropa fast ausgestorben. Die traurig anmutenden Rufe gehören in Skandinavien noch zur charakteristischen Klangkulisse. Außerhalb der Brutzeit tritt der Goldregenpfeifer oft in Schwärmen von mehreren Tausend Vögeln auf, die tagsüber rasten und nachts auf Nahrungssuche gehen.

Vorkommen *Brütet in Moor, Heide und Tundra; außerhalb der Brutzeit meist auf Äckern, Wiesen und Wattflächen.*

> ***Brutzeit April–August***
> ***4 hellbraune, schwarz gefleckte Eier***
> ***1 Brut im Jahr***

Stimme *Ruft melancholisch „düü"; Gesang klingt ähnlich und besteht aus mehreren Silben.*

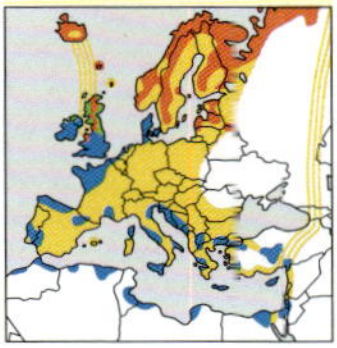

Flussregenpfeifer

Charadrius dubius (Regenpfeifer)

L 14–17 cm SpW 42–48 cm Langstreckenzieher

Vorkommen *Lebt auf Sand- und Schotterflächen an Binnengewässern, z. B. an Flussufern, Baggerseen und Klärteichen.*

- **Brutzeit April–Sept.**
- **4 bräunliche, schwarz gepunktete Eier**
- **1–2 Bruten im Jahr**

Der Flussregenpfeifer legt seine Eier gut getarnt in eine Mulde zwischen Kieselsteinen. Bei Gefahr stellen sich die Altvögel krank und locken mögliche Feinde mit hängenden Flügeln von Nest oder Jungvögeln weg. Durch Warnrufe alarmiert ducken sich die Küken auf den Boden und sind dank ihrer Tarnfärbung kaum zu entdecken.

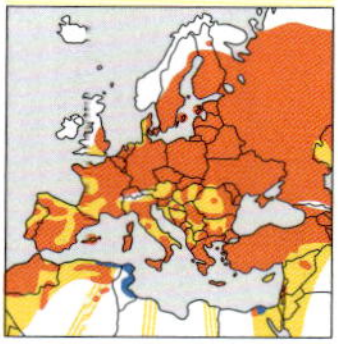

Stimme *Ruf abfallend „piu“; oft Rufreihen wie „ti-ti-ti-ti-ti“ oder beim Balzflug heiser „griä-griä-griä“.*

Sandregenpfeifer

Charadrius hiaticula (Regenpfeifer)

L 18–20 cm SpW 48–57 cm Kurz-/Langstreckenzieher

Vorkommen *Brütet auf Sand- und Schotterflächen, meist an der Küste; Überwinterung an Stränden und in Wattgebieten.*

- **Brutzeit März–August**
- **4 sandfarbene, schwarz gepunktete Eier**
- **1–2 Bruten im Jahr**

Der Sandregenpfeifer erbeutet mit wenigen Trippelschritten klein im Schlamm lebende Tiere. Ist er mit der Ausbeute nicht zufrieden, hilft er nach: Durch Trampeln auf der Stelle scheucht er ruhende Wattorganismen auf. Obwohl er den Winter viele Tausend Kilometer entfernt verbringen kann, kehrt er jedes Jahr an denselben Brutplatz zurück.

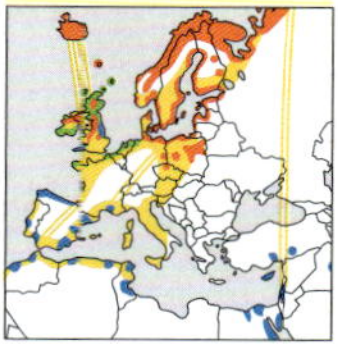

Stimme *Ruft „tü-ih“ (2. Silbe betont); beim Balzflug gereiht „düje-düje-düje-…“ (jeweils 1. Silbe betont).*

Seeregenpfeifer

Charadrius alexandrinus (Regenpfeifer)

L 15–17 cm   SpW 42–45 cm   Standvogel–Mittelstreckenzieher

Der Seeregenpfeifer bevorzugt als Brutplatz eher kahle Gebiete. Die Nestmulde aber dreht er gern im Schutz eines kleinen Grasbüschels. Männchen und Weibchen teilen sich das Bebrüten der Eier und führen die Küken schon wenige Stunden nach dem Schlüpfen zu Nahrungsflächen.

Vorkommen *Bewohnt Sand- und Schotterflächen an Küstengewässern (Lagunen, Watt) und an salzigen Binnenseen.*

> ***Brutzeit April–Sept.***
> ***3 bräunliche, dunkel gefleckte Eier***
> ***1 Brut im Jahr***

Stimme *Ruft kurz „tit"; beim Balzflug schnurrende Laute.*

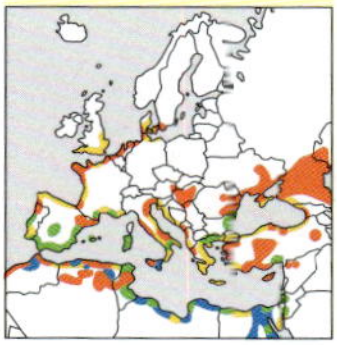

Uferschnepfe

Limosa limosa (Schnepfen)

L 36–44 cm   SpW 70–82 cm   Mittel-/Langstreckenzieher

Mit ihrem langen Schnabel stochert die Uferschnepfe auf Wiesen nach Regenwürmern. Aus Wattböden zieht sie Borstenwürmer. Nicht alle Uferschnepfen überwintern an der Küste, viele bevölkern außerhalb der Brutzeit Feuchtgebiete im Inneren Westafrikas und fressen dort Pflanzensamen.

Vorkommen *Brütet in feuchten Wiesen; Überwinterung in flachen Gewässern und auf Wattflächen.*

> ***Brutzeit April–Juli***
> ***4 grünliche, dunkel gefleckte Eier***
> ***1 Brut im Jahr***

Stimme *Beim Balzflug laut und klar „gritta-gritta-gritta"; im Brutgebiet auch nasal „witte-witte-witte".*

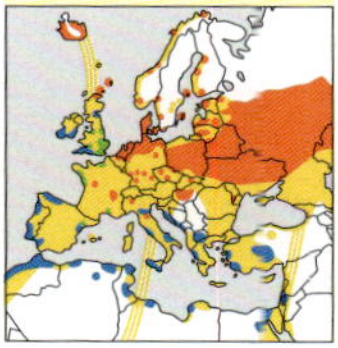

Großer Brachvogel

Numenius arquata (Schnepfen)

L 50–60 cm SpW 80–100 cm Kurzstreckenzieher

Vorkommen *Brütet in Mooren und Feuchtwiesen; im Winter auf Wattflächen, Wiesen und Äckern.*

> **Brutzeit März–August**
> **4 grünliche oder bräunliche, gefleckte Eier**
> **1 Brut im Jahr**

In Mooren und Feuchtwiesen gehört der Balzflug mit Trillergesang zu den stimmungsvollsten Naturerlebnissen. Außerhalb der Brutzeit leben die meisten Brachvögel in Wattgebieten, wo sie den schlammigen Boden nach Muscheln und Würmern absuchen und sich bei Hochwasser zu Hunderten an Rastplätzen sammeln.

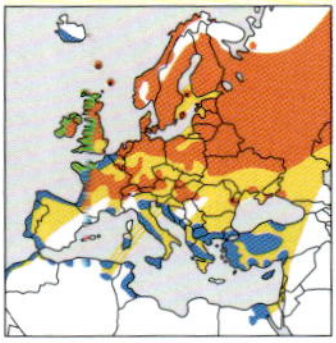

Stimme *Melancholischer, flötender Gesang, der in Trillern endet; ansteigender Flugruf „tlü-ih".*

Bekassine

Gallinago gallinago (Schnepfen)

L 25–27 cm SpW 44–47 cm Kurzstreckenzieher

Doppelschnepfe

Vorkommen *Brütet in Mooren und Feuchtwiesen; sonst auch an schlammigen Ufern und anderen nassen Stellen.*

> **Brutzeit März–Juli**
> **4 grünliche, dunkel gefleckte Eier**
> **1 Brut im Jahr**

Im Volksmund heißt die Bekassine auch „Himmelsziege". Beim Balzflug erzeugt sie durch Vibration der Schwanzfedern ein „meckerndes" Summgeräusch. Auf der Suche nach Würmern durchstochert die Bekassine mit ihrem langen Schnabel schlammige Böden. In Feuchtwiesen und Mooren Nord- und Osteuropas brütet die sehr ähnliche Doppelschnepfe (*G. media*).

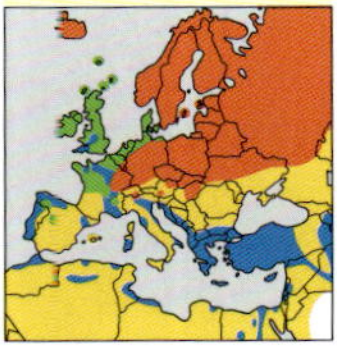

Stimme *Flugruf nasal „gwät", oft mehrfach hintereinander; Gesang lang gereiht, scharf „tücke-tücke-tücke-…".*

Flussuferläufer

Actitis hypoleucos (Schnepfen)

L 19–21 cm SpW 38–41 cm Mittel-/Langstreckenzieher

Wenn der Flussuferläufer nach Insekten sucht, wippt er fast ununterbrochen mit dem Schwanz. Auch seine Flugweise ist unverwechselbar, kurze schwirrende Flügelschläge wechseln mit Gleitphasen. Meist fliegt er flach über dem Wasser. Ähnlich, aber auf kleine Krebse spezialisiert, ist der in Nordosteuropa brütende Terekwasserläufer *(Xenus cinereus)*.

Vorkommen Brütet auf Kiesflächen an Flüssen und Baggerseen; auf dem Zug und im Winter auch an anderen Gewässerufern.

> **Brutzeit April–Juli**
> **4 hellbraune, dunkelbraun gepunktete Eier**
> **1 Brut im Jahr**

Terekwasserläufer

***Stimme** Ruft hoch und scharf „hi-di-di", oft in langen Reihen; bei Gefahr lang gezogen „iiiht".*

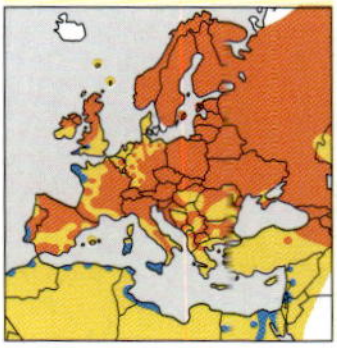

Grünschenkel

Tringa nebularia (Schnepfen)

L 30–35 cm SpW 68–70 cm Mittel-/Langstreckenzieher

Den Grünschenkel sieht man oft durch flaches Wasser waten und immer wieder mit dem Schnabel ins Wasser stoßen. Auf diese Weise erbeutet er Würmer, Krebse und Insekten , aber auch Kaulquappen und kleine Fische. Der etwas kleinere Teichwasserläufer *(T. stagnatilis)* mit ähnlicher Gefiederfärbung vertritt den Grünschenkel in Steppengebieten Osteuropas.

Vorkommen Brütet an Gewässern in Mooren, Tundra und lockeren Baumbeständen, sonst in Flachgewässern und Wattgebieten.

> **Brutzeit April–August**
> **4 hellbraune Eier mit dunkelbrauner Fleckung**
> **1 Brut im Jahr**

Teichwasserläufer

***Stimme** Flugruf härter als Rotschenkel dreisilbig „tjü-tü-tü" (alle Silben gleich kräftig), manchmal rauer.*

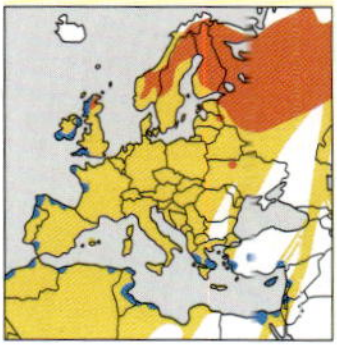

Rotschenkel

Tringa totanus (Schnepfen)

L 27–29 cm SpW 59–66 cm Kurz-/Langstreckenzieher

__Vorkommen__ Brütet an Salzwiesen der Küste sowie in Feuchtwiesen und Mooren; sonst in Flachgewässern und Wattgebieten.

> ***Brutzeit März–August***
> ***4 hellbraune, dunkel gefleckte Eier***
> ***1 Brut im Jahr***

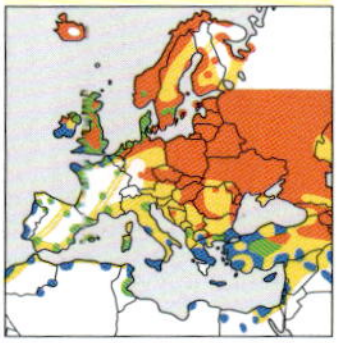

Am Brutplatz sitzt der Rotschenkel oft auf Zaunpfählen. Von dort hält er Ausschau nach Feinden, deren Annäherung er lauthals verkündet. Sofort verstecken sich dann die Küken unter Grasbüscheln. Viele Rotschenkel ziehen im Herbst bis Westafrika, einige verbringen den Winter an der Nordsee, wo sie sich von kleinen Krebstieren und Würmern ernähren.

__Stimme__ Ruft melancholisch dreisilbig „tjü-dü-dü" (1. Silbe betont), auch lang „tjüht"; jodelnder Gesang.

Kampfläufer

Philomachus pugnax (Schnepfen)

L 20–32 cm SpW 48–58 cm Langstreckenzieher

__Vorkommen__ Brütet in Tundra, Mooren und Feuchtwiesen; auf dem Zug und im Winter in flachen Gewässern und auf Äckern.

> ***Brutzeit Mai–August***
> ***4 graugrüne, braun gefleckte Eier***
> ***1 Brut im Jahr***

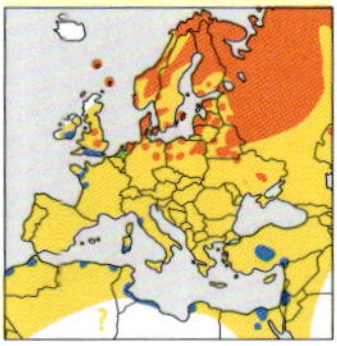

Mit aufgestellter Federhaube und aufgerichtetem Kragen tanzen Kampfläufermännchen in Balzarenen. Nach der Begattung ist das Weibchen alleinerziehend, denn während es brütet und die Jungen führt, befindet sich das Männchen bereits im Mausergebiet und entledigt sich seiner prächtigen Federn. Außerhalb der Brutzeit ist der Kampfläufer fast immer im Trupp anzutreffen.

__Stimme__ Selten zu hörende, leise Rufe.

Steinwälzer

Arenaria interpres (Schnepfen)

L 21–26 cm SpW 50–57 cm Langstreckenzieher

Seinen Namen trägt der Vogel, weil er mit dem Schnabel Steine oder Tang wendet, um an darunter versteckte Kleintiere zu kommen. Er hämmert Seepocken auf oder meißelt fest sitzende Schnecken von Steinen. Brutvögel Nordeuropas überwintern in Afrika, gleichzeitig verbringen kanadische und grönländische Vögel den Winter in Europa.

Vorkommen *Brütet in steiniger Tundra und an Meeresküsten; im Winter an Felsküsten und Stränden sowie in Wattgebieten.*

> **Brutzeit Mai–August**
> **4 grünliche, braun gefleckte Eier**
> **1 Brut im Jahr**

Prachtkleid

Schlichtkleid

Stimme *Ruft hart „trük", meist gereiht, auch gedehnt „tliuu"; rhythmischer Gesang aus ähnlichen Elementen.*

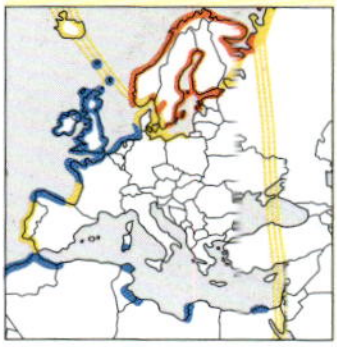

Alpenstrandläufer

Calidris alpina (Schnepfen)

L 16–20 cm SpW 38–43 cm Mittel-/Langstreckenzieher

Mit dem Schnabel durchstochert der Alpenstrandläufer schlammige Böden und ertastet Würmer, kleine Muscheln und Schnecken. Wie mit einer Pinzette ergreift er die Beute mit seiner biegsamen Schnabelspitze, die er auch tief im Schlamm öffnen kann. Im Wattenmeer und an vielen anderen Küsten ist der Alpenstrandläufer die häufigste Vogelart.

Vorkommen *Brütet in Tundra, Mooren und Salzwiesen; sonst in Wattgebieten, an Stränden und flachen Binnengewässern.*

> **Brutzeit April–August**
> **4 bräunliche oder grünliche, gefleckte Eier**
> **1 Brut im Jahr**

Schlichtkleid

Prachtkleid

Stimme *Ruft scharf und rau „trrrie"; Gesang aus heiseren, schnurrenden Trillern, auch im Flug vorgetragen.*

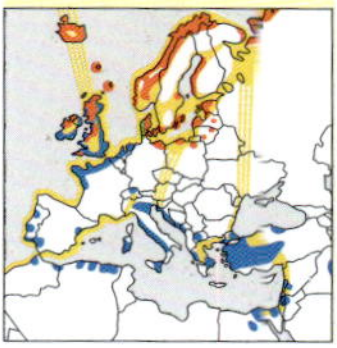

Skua

Stercorarius skua (Raubmöwen)

L 51–56 cm SpW 145–155 cm Kurz-/Langstreckenzieher

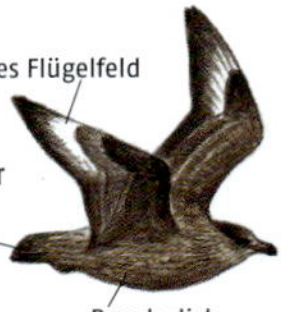

Vorkommen *Brütet an Meeresküsten nahe Seevogelkolonien; außerhalb der Brutzeit stets auf offener See.*

- ***Brutzeit April–August***
- ***2 braune, dunkel gefleckte Eier***
- ***1 Brut im Jahr***

Die Skua beschränkt sich bei Angriffen auf andere Seevögel nicht nur auf die im Schnabel getragene Nahrung, sondern tötet mitunter Papageitaucher (S. 124) oder andere Vögel. Ihr Nest verteidigt sie mit wilden Sturzflügen, wobei sie auch Menschen blutige Wunden zufügen kann. Im Winter bleibt sie im Nordatlantik und kann die amerikanische Küste erreichen.

Stimme *Am Brutplatz jauchzende Rufreihen; bei Attacken gegen Feinde schrille Rufe.*

Silbermöwe

Larus argentatus (Möwen)

L 55–67 cm SpW 138–150 cm Standvogel/Kurzstreckenzieher

Vorkommen *Lebt an Meeresküsten und Binnengewässern; Nahrungssuche auch auf Feldern, Wiesen und Mülldeponien.*

- ***Brutzeit April–August***
- ***2–3 olivgrüne bis graue Eier mit Flecken***
- ***1 Brut im Jahr***

Die Silbermöwe brütet in großen Kolonien meist in Dünen an der Küste. Da sie zunächst Fischereiabfälle und später auch Hausmüll auf Deponien effizient zu nutzen wusste, hat sie im Bestand stark zugenommen und auch das küstennahe Binnenland besiedelt.

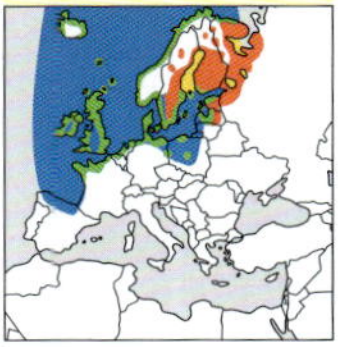

Stimme *Vielseitiges Repertoire bellender, miauender, wiehernder und jauchzender Rufe, auch gereiht.*

Mittelmeermöwe

Larus michahellis (Möwen)

L 58–68 cm SpW 140–158 cm Standvogel

Haushalts- und Fischereiabfälle bieten der Mittelmeermöwe vielerorts einen reich gedeckten Tisch. So kam es im 20. Jahrhundert zu einem starken Bestandsanstieg, die Art breitete sich nach Norden aus und siedelt nun vereinzelt auch an Binnengewässern Mitteleuropas.

Stimme *Ähnliches Rufrepertoire wie Silbermöwe, tendenziell in etwas tieferer Tonlage.*

Vorkommen *Lebt an Meeresküsten und Binnengewässern; Nahrungssuche auch auf Feldern und Mülldeponien.*

- ***Brutzeit März–August***
- ***1–3 olivbraune, dunkel gefleckte Eier***
- ***1 Brut im Jahr***

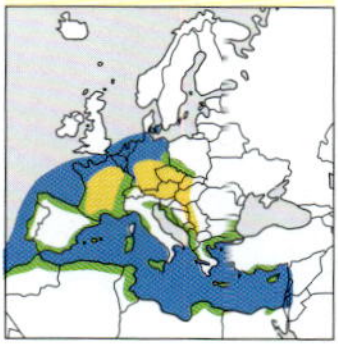

Heringsmöwe

Larus fuscus (Möwen)

L 51–64 cm SpW 135–150 cm Standvogel/Langstreckenzieher

Als am weitesten ziehende Großmöwe überwintert die Heringsmöwe von Spanien bis Westafrika; finnische Vögel ziehen nach Ostafrika. Von den Brutkolonien aus fliegt die Heringsmöwe bis zu 100 km weit auf das Meer hinaus, um dort Fische und Schwimmkrabben zu fangen oder Fischereiabfälle zu ergattern.

Stimme *Ähnlich Silbermöwe, aber oft tiefer und nasaler.*

Vorkommen *Brütet an Meeresküsten und großen Seen; Nahrungssuche zumeist auf hoher See, aber auch auf Feldern.*

- ***Brutzeit April–August***
- ***2–3 olivgrüne Eier mit schwarzen Flecken***
- ***1 Brut im Jahr***

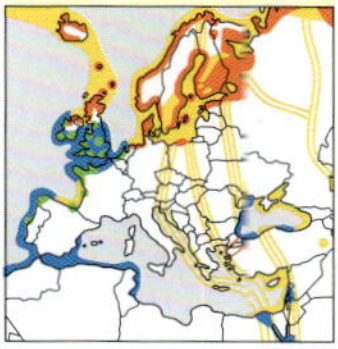

Lachmöwe

Larus ridibundus (Möwen)

L 34–43 cm SpW 94–110 cm Standvogel/Kurzstreckenzieher

Vorkommen *Lebt an Meeresküsten und Binnengewässern; bei der Nahrungssuche auch auf angrenzenden Wiesen und Feldern.*

- > ***Brutzeit April–Juli***
- > ***3 braune bis grüne Eier mit dunklen Flecken***
- > ***1 Brut im Jahr***

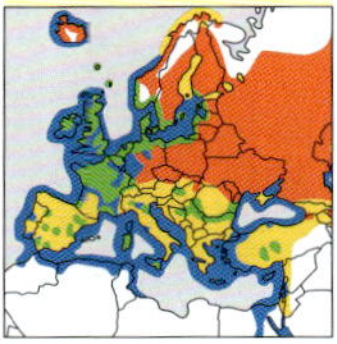

Im Binnenland ist die Lachmöwe die mit Abstand häufigste Möwenart. Ihre Brutkolonie befindet sich oft in Gewässernähe. Am Meer frisst die Lachmöwe verschiedene Kleintiere und Fisch, im Binnenland vor allem Regenwürmer und Insektenlarven. Oft folgt sie dem Pflug, der diese Beute leicht zugänglich macht.

Stimme *Ruft rau krähend lang gezogen „krrrääöh", auch kurz „kek-kek".*

Mantelmöwe

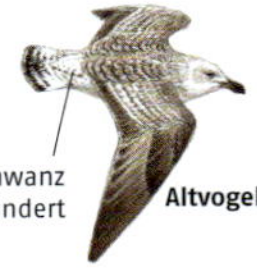

Larus marinus (Möwen)

L 64–79 cm SpW 150–167 cm Kurzstreckenzieher

Vorkommen *Brütet bevorzugt an felsigen Küsten; Nahrungssuche und Überwinterung an Küsten und auf hoher See.*

- > ***Brutzeit April–August***
- > ***2–3 grünliche, dunkel gefleckte Eier***
- > ***1 Brut im Jahr***

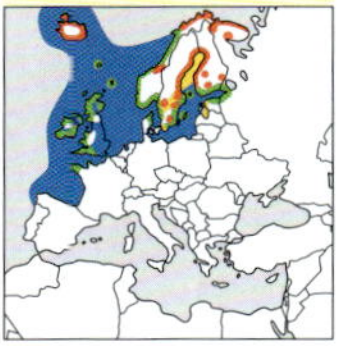

Die größte europäische Möwe beginnt erst im Alter von 4–5 Jahren zu brüten und findet sich dazu in Kolonien zusammen. Sie ernährt sich vielseitig und nutzt häufig Abfälle auf Mülldeponien. Die Hauptnahrung sind aber Fische. Zwar kann die Mantelmöwe auch selbst Fische fangen, von großer Bedeutung sind aber über Bord geworfene Fischereiabfälle.

Stimme *Ruft deutlich tiefer als Silbermöwe, am häufigsten ist ein kehliges „kao" zu hören.*

Sturmmöwe

Larus canus (Möwen)

L 40–46 cm SpW 110–130 cm Standvogel/Kurzstreckenzieher

Die Sturmmöwe brütet oft in großen Kolonien. Von dort schwärmt sie aus, um Futter für die Jungvögel heranzuschaffen. Auf Wiesen und Feldern findet sie vor allem Regenwürmer, vom Meer bringt sie Fisch mit, und als Feinschmecker pflückt sie Kirschen. Im Winter trifft man die Art meist im Trupp an, an Schlafplätzen in Schwärmen auch zu mehreren Tausend.

Vorkommen *Brütet an Küsten und Binnengewässern; Nahrungssuche auf dem Meer und auf Wiesen und Feldern.*

- > **Brutzeit April–Juli**
- > **2–3 olivgrüne, schwarz gefleckte Eier**
- > **1 Brut im Jahr**

Stimme *Ruft kräftig, leicht nasal und manchmal heiser endend „kiää".*

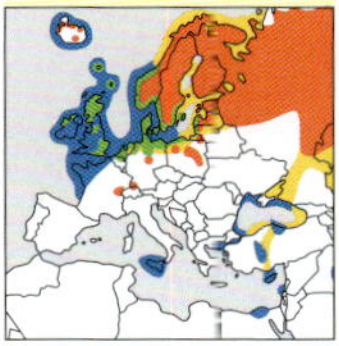

Dreizehenmöwe

Rissa tridactyla (Möwen)

L 38–40 cm SpW 91–120 cm Standvogel

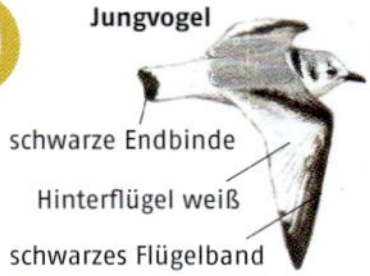

Um auf schmalen Vorsprüngen sitzen zu können, ist die hintere Zehe ihres Fußes stark zurückgebildet. Die Möwe hält sich von der Küste fern, von Stürmen kann sie ins Binnenland geweht werden. Sie ernährt sich von kleinen Fischen, die sie selbst fängt, Seeschwalben (S. 122–123) oder Lummen (S. 124) abjagt oder hinter Fischkuttern aufsammelt.

Vorkommen *Brütet an steilen Felsküsten und lebt ansonsten ausschließlich auf dem offenen Meer.*

- > **Brutzeit Mai–August**
- > **1–3 graue oder braune Eier mit dunklen Flecken**
- > **1 Brut im Jahr**

Stimme *Ruft nasal quäkend „kitti-wääh".*

Zwergseeschwalbe

Sternula albifrons (Seeschwalben)

L 22–28 cm SpW 47–55 cm Langstreckenzieher

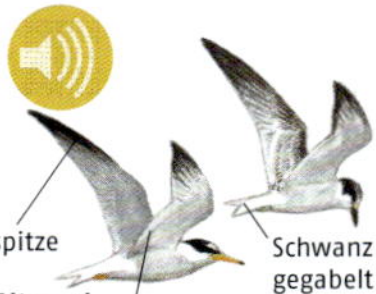

Auf Sand- und Kiesflächen ohne Pflanzen sind die in Mulden gelegten Eier der Zwergseeschwalbe bestens getarnt. Dennoch gelingt es immer wieder Füchsen und anderen Tieren, Gelege aufzuspüren, sodass vielerorts nur von Naturschützern eingezäunte Vögel erfolgreich brüten können. Zusätzlich gibt es Brutverluste durch Hochwasser.

Vorkommen *Brütet auf Sandstränden und Kiesbänken an Küsten und Binnengewässern; Nahrungssuche im flachen Wasser.*

- ***Brutzeit Mai–August***
- ***2–3 weißliche, dunkel gefleckte Eier***
- ***1 Brut im Jahr***

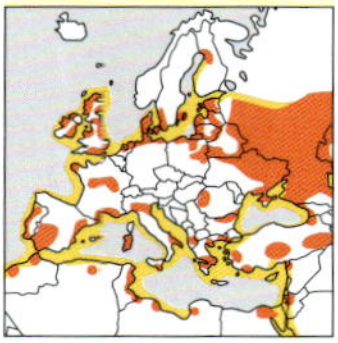

Stimme *Gedehnte, heisere Rufe („wäät"), die auch in Reihen ratternder Laute eingestreut werden.*

Flussseeschwalbe

Sterna hirundo (Seeschwalben)

L 31–39 cm SpW 72–98 cm Langstreckenzieher

Die Flussseeschwalben kehren im Frühjahr aus dem Winterquartier zurück. Dabei besetzen in der Brutkolonie zunächst die ältesten Vögel die besten Nistplätze – jüngere Vögel müssen oft mit ungünstigeren Plätzen vorlieb nehmen. Nach dem Schlüpfen wärmt und bewacht das Weibchen die Küken, während anfangs nur das Männchen kleine Fische und Würmer herbeischafft.

Vorkommen *Brütet an Küsten und Binnengewässern mit Kiesbänken; überwintert überwiegend im küstennahen Meeresgebieten.*

- ***Brutzeit April–August***
- ***2–3 braune bis grüne Eier mit dunklen Flecken***
- ***1 Brut im Jahr***

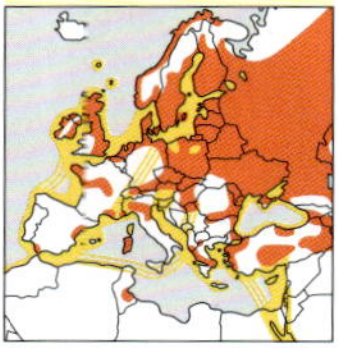

Stimme *Ruft schrill klirrend „kriierrr", oft zusammen mit keckernden Lauten.*

Küstenseeschwalbe

Sterna paradisaea (Seeschwalben)

L 33–36 cm SpW 75–85 cm Langstreckenzieher

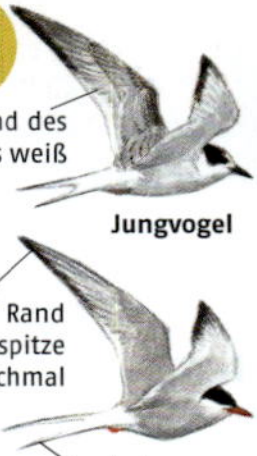

Die Küstenseeschwalbe gilt als Weltrekordler im Vogelzug! Von arktischen Brutgebieten nahe dem Nordpol zieht sie zum Überwintern bis zur Antarktis und erreicht damit fast den Südpol. Im Sturzflug fischt die Seeschwalbe nach Nahrung – mit derselben Technik wehrt sie Feinde von der Brutkolonie ab. Eindringlinge müssen mit scharfen Hieben rechnen.

Vorkommen *Brütet an Küsten sowie an Binnengewässern der Tundra; überwintert küstennah am Meer.*

> ***Brutzeit Mai–August***
> ***1–3 grüne, braune oder blaue Eier mit Flecken***
> ***1 Brut im Jahr***

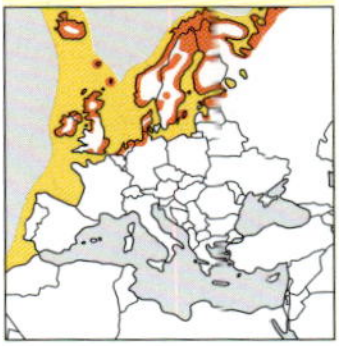

Stimme *Ähnlich Flussseeschwalbe, aber etwas höher und klarer klingend.*

Basstölpel

Sula bassana (Tölpel)

L 87–100 cm SpW 165–180 cm Kurz-/Langstreckenzieher

Eindrucksvoll ist die Jagd des Basstölpels nach Fischen. Aus einem 30–40 m hohen Suchflug stürzt er sich fast senkrecht hinab, nimmt durch Anlegen der Flügel eine pfeilförmige Gestalt an und taucht so bis zu 3 m tief ins Meer hinein. Mithilfe von Flügelschlägen kann er sogar Wassertiefen von 20 m erreichen und dabei Fische verfolgen. Am Brutplatz sind Basstölpel wenig scheu. Sie lassen sich aus geringer Distanz bei Nestbau, Balz und Aufzucht der Jungen beobachten.

Vorkommen *Brütet an Steilküsten und auf felsigen Meeresinseln; Nahrungssuche meist auf offenem Meer.*

> ***Brutzeit April–Sept.***
> ***1 bläuliches Ei***
> ***1 Brut im Jahr***

Stimme *Ruft am Brutplatz laut und tief „arrrrr" oder wiederholt „krrok-krrok-krrok".*

Papageitaucher

Fratercula arctica (Alken)
L 26–29 cm SpW 47–63 cm Kurzstreckenzieher

Vorkommen *Brütet an grasbewachsenen Klippen der Meeresküste; sonst stets auf dem offenen Meer.*

- ***Brutzeit April–August***
- ***1 weißliches Ei mit schwacher Zeichnung***
- ***1 Brut im Jahr***

Der wissenschaftliche Name des Papageitauchers bedeutet so viel wie „arktische Brüderchen". Der Vogel brütet in großen Kolonien an steilen Meeresküsten. Dort gräbt er bis zu 1 m tiefe Höhlen in den Boden oder benutzt vorhandene Hohlräume zum Brüten. Er ernährt sich von kleinen Fischen, die er auf bis zu 60 m tief führenden Tauchgängen fängt.

Stimme *Am Brutplatz tiefe knurrende oder knarrende Laute.*

Trottellumme

Uria aalge (Alken)
L 38–43 cm SpW 64–71 cm Kurzstreckenzieher

Vorkommen *Brütet an steilen Felsküsten; lebt ansonsten auf dem offenen Meer.*

- ***Brutzeit April–Juli***
- ***1 weiß bis türkis gefärbtes Ei***
- ***1 Brut im Jahr***

Dicht an dicht drängeln sich Trottellummen auf schmalen Felsabsätzen der Steilküsten. Das auf den blanken Fels gelegte Ei ist kreiselförmig, damit es nicht hinunterrollen kann. Flossenartige Flügel und am Hinterende sitzende Beine machen die Trottellumme zu einem hervorragenden Taucher. Bis in 100 m Tiefe fängt sie Fische. An Land wirkt sie dagegen unbeholfen, was ihr den deutschen Namen verschafft hat.

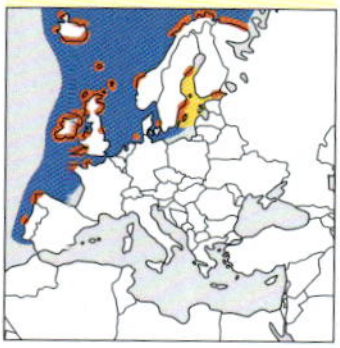

Stimme *Am Brutplatz lang gezogenes, dumpfes bis gurrendes Heulen („hooorrrrr"); Küken rufen dünn „pili-pili".*

Tordalk

Alca torda (Alken)

L 37–39 cm SpW 63–68 cm Kurzstreckenzieher

Der Tordalk bildet oft gemeinsame Brutkolonien mit der Trottellumme, bevorzugt jedoch etwas geschütztere Felsbereiche in Nischen oder kleinen Höhlen. Er vollführt eigenartige Balzflüge mit zeitlupenartigem Flügelschlag. Das Küken springt, noch flugunfähig, ins Meer und wird von den Eltern zu den Nahrungsgründen geführt.

Vorkommen *Brütet an steilen Felsküsten; sonst nur auf dem offenen Meer.*

> ***Brutzeit April–August***
> ***1 weißliches, leicht geflecktes Ei***
> ***1 Brut im Jahr***

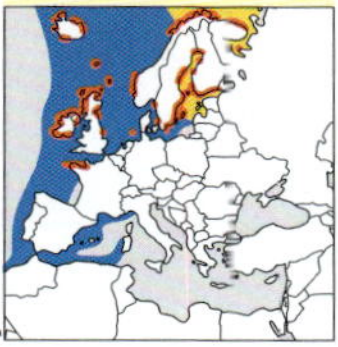

Stimme *Ruft rau knarrend „arrr".*

Gryllteiste

Cepphus grylle (Alken)

L 30–32 cm SpW 52–58 cm Standvogel/Kurzstreckenzieher

Die Gryllteiste bleibt zur Nahrungssuche in Küstennähe und fängt dort kleine Fische und Krebse. Auch im Brutverhalten unterscheidet sie sich von den anderen Alkenarten, denn sie bildet allenfalls lockere Kolonien und brütet oft auch einzeln. Die Eier werden entweder in Felshöhlen oder in Hohlräumen sandiger Steilwände ausgebrütet.

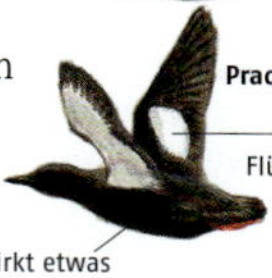

Vorkommen *Lebt im küstennahen Meer und brütet dort an steilen Fels- oder Sandufern.*

> ***Brutzeit Mai–August***
> ***1–2 weiße bis bräunliche, gefleckte Eier***
> ***1 Brut im Jahr***

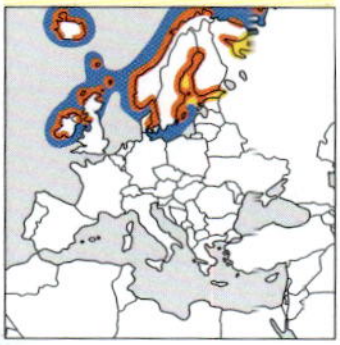

Stimme *Pfeifende und zwitschernde Rufe.*

Sterntaucher

Gavia stellata (Seetaucher)

L 53–69 cm   SpW 106–116 cm   Kurz-/Mittelstreckenzieher

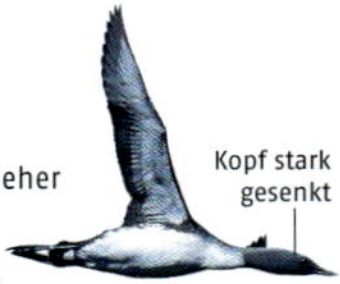

Vorkommen *Brütet an Tümpeln und Seen in der Tundra; im Winter vor allem auf dem küstennahen Meer, auch an größeren Seen.*

- ***Brutzeit Mai–August***
- ***1–3 bräunliche, dunkelbraun gefleckte Eier***
- ***1 Brut im Jahr***

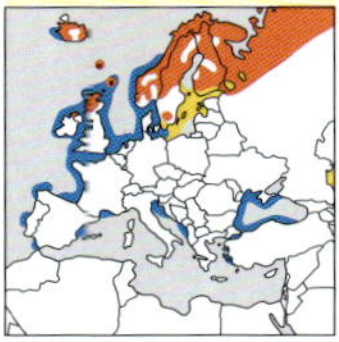

Ein schlanker Körperbau und die weit hinten sitzenden Beine kennzeichnen den Sterntaucher als gewandten Tauchvogel. An Land ist er dagegen unbeholfen. Das Wasser verlässt er deshalb nur zum Brüten auf dem unmittelbar am Gewässerufer platzierten Nest. Von kleineren Brutgewässern aus unternimmt er Flüge zum nahe gelegenen Meer, um dort Fische zu fangen.

Stimme *Im Flug gänseähnlich „gak gak"; bei der Balz miauende Rufe beider Partner im Duett.*

Haubentaucher

Podiceps cristatus (Lappentaucher)

L 46–61 cm   SpW 85–90 cm   Standvogel/Kurzstreckenzieher

Vorkommen *Brütet an stehenden, meist mit Schilf bestandenen Gewässern; überwintert auf größeren Seen und an Küsten.*

- ***Brutzeit März–Oktober***
- ***2–6 weißliche, ungefleckte Eier***
- ***1–2 Bruten im Jahr***

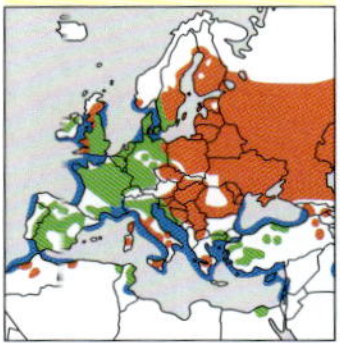

Der Haubentaucher baut schwimmende Nistplattformen und verankert sie an Wasserpflanzen. Jungvögel halten sich bis zu drei Wochen lang auf dem Rücken der Eltern auf. Vom Ufer aus kann man von März bis Juni das zeremonienreiche Balzverhalten beobachten, z. B. Kopfschütteln, Präsentieren von Nistmaterial, planschendes Aufrichten.

Stimme *Die nur zur Brutzeit geäußerten Rufe klingen rau: kurz „grrök grrök" oder lang gezogen „örrrr".*

Zwergtaucher

Tachybaptus ruficollis (Lappentaucher)
L 25–29 cm SpW 40–45 cm Standvogel/Kurzstreckenzieher

Fühlt sich ein Zwergtaucher gestört, taucht er blitzschnell ab. Er lugt erst im Schutz dichter Ufervegetation wieder vorsichtig aus dem Wasser. Im Brutgebiet fällt er deshalb oft nur durch seine Balztriller auf. Küken können zwar schon am ersten Tag tauchen, lassen sich aber gern eine Woche lang auf dem Rücken der Eltern chauffieren.

Schlichtkleid

Altvogel mit Küken

Prachtkleid

***Stimme** Balztriller aus schnell aufeinanderfolgenden Einzeltönen, oft im Duett beider Partner vorgetragen.*

***Vorkommen** Stehende, oft sehr kleine Binnengewässer mit klarem Wasser, außerhalb der Brutzeit auch auf Flüssen.*

- > **April–Oktober**
- > **5–6 weißliche, ungefleckte Eier**
- > **2 Bruten im Jahr**

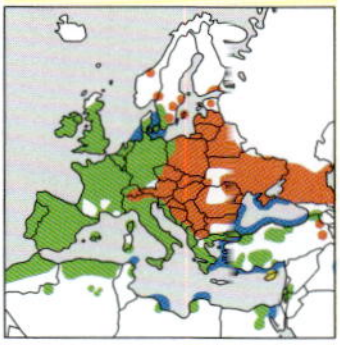

Rothalstaucher

Podiceps grisegena (Lappentaucher)
L 40–50 cm SpW 77–85 cm Kurzzstreckenzieher

Jungvogel

Im Sommer ist der Rothalstaucher unverwechselbar. Im Schlichtkleid ähnelt er dem größeren Haubentaucher. Zum Brüten bevorzugt der Rothalstaucher kleinere Gewässer, im Winter dagegen die Weite des Meeres. Dort taucht er vor allem nach kleinen Fischen, im Sommer aber auch nach Wasserinsekten, Krebstierchen und Fröschen.

Schlichtkleid

Prachtkleid

***Stimme** Zu Beginn der Brutzeit Reihen scharfer „keck"-Rufe; auch wiehernde Rufe einzeln oder im Duett.*

***Vorkommen** Brütet an kleinen, flachen Seen und Teichen; im Winter auf größeren Seen und an Meeresküsten.*

- > **Brutzeit April–Sept.**
- > **2–6 weißliche, ungefleckte Eier**
- > **1–2 Bruten im Jahr**

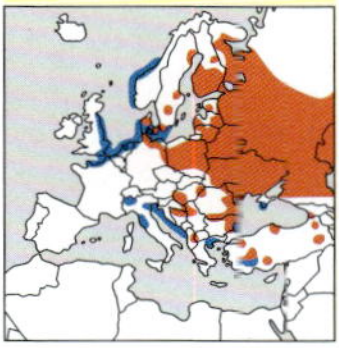

Singschwan

Cygnus cygnus (Entenverwandte)

L 140–165 cm SpW 205–235 cm Kurz-/Mittelstreckenzieher

Vorkommen *Brütet an Seen; im Winter sowohl auf Seen und flachen Küstengewässern wie auch auf Äckern und Wiesen.*

> ***Brutzeit April–Oktober***
> ***4–6 gelblich weiße Eier***
> ***1 Brut im Jahr***

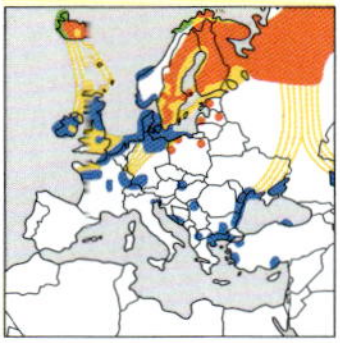

Der Singschwan braucht sehr viel Zeit für seine Brut. Nach dem Nestbau vergehen etwa 10 Tage, bis das Weibchen alle Eier gelegt hat. Diese müssen dann 5–6 Wochen bebrütet werden, doch erst nach 3 Monaten ist der Nachwuchs flügge. Eltern und Jungvögel ziehen anschließend gemeinsam ins Winterquartier und bleiben bis zum Frühjahr zusammen.

Stimme *Laute, heulende Rufe („uuug"), auch mehrsilbig („ug-uuug").*

Höckerschwan

Cygnus olor (Entenverwandte)

L 125–160 cm SpW 208–240 cm Standvogel

Vorkommen *Bewohnt Seen, langsam fließende Flüsse und Gräben, auch Küstenlagunen; Nahrungssuche auch auf Äckern.*

> ***Brutzeit April–Oktober***
> ***5–8 grünlich graue Eier***
> ***1 Brut im Jahr***

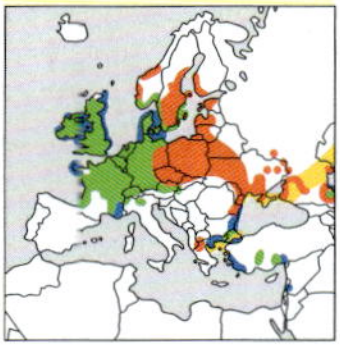

Der Höckerschwan wurde früher viel bejagt. Vor 100 Jahren war er aus großen Teilen Europas verschwunden. Verwilderte Parkvögel haben aber zu Zunahme und Wiederbesiedlung verloren gegangener Brutgebiete geführt. Am Brutplatz verteidigt das Männchen Nest und Nahrungsgründe gegen Eindringlinge.

Stimme *Nasales „uink", gegenüber Feinden auch fauchendes „kchrr"; pfeifendes Fluggeräusch.*

Graugans

Anser anser (Entenverwandte)

L 76–89 cm SpW 147–180 cm Standvogel/Kurzstreckenzieher

Die Zahl der Graugänse nahm in den letzten Jahren zu. Gründe dafür sind ergriffene Schutzmaßnahmen und Auswilderungsprojekte. An Gewässern ist die Graugans der früheste Brutvogel: Schon am Ende des Winters kann man sie auf dem Nest sehen, und bereits im April tauchen die ersten Küken auf, die von beiden Eltern betreut werden.

Vorkommen *Brütet an verschiedensten deckungsreichen Gewässern, auch in Parks; im Winter auf Wiesen und Feldern.*

> ***Brutzeit März–Juli***
> ***4–6 weiße Eier***
> ***1 Brut im Jahr***

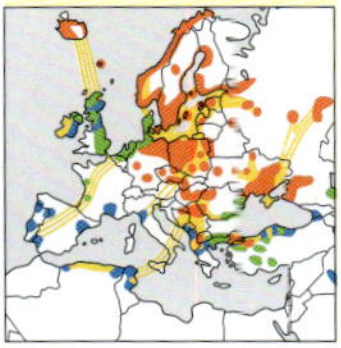

Stimme *Ruft meist dreisilbig „ang-ang-ang", etwas tiefer und rauer als andere graue Gänse.*

Kanadagans

Branta canadensis (Entenverwandte)

L 90–100 cm SpW 160–183 cm Standvogel/Kurzstreckenzieher

Die aus Nordamerika stammende Art wurde schon vor über 300 Jahren in England eingebürgert. Im 20. Jahrhundert erfolgten Aussetzungen zunächst in Schweden, später auch in Deutschland und anderen Ländern. Wie viele Gänsearten ernährt sich die Kanadagans meist von Pflanzen an Land, mit fast schwanenartig langem Hals erreicht sie auch Wasserpflanzen.

Vorkommen *Brütet an Seen und Teichen; Nahrungssuche auf Feldern und Wiesen, im Winter auch in flachen Küstengewässern.*

> ***Brutzeit März–August***
> ***5–6 gelbliche Eier***
> ***1 Brut im Jahr***

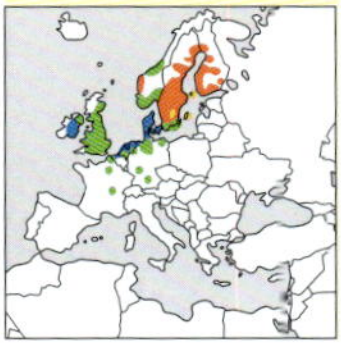

Stimme *Ruft laut trompetend „a-honk".*

Weißwangengans

Branta leucopsis (Entenverwandte)

L 58–71 cm SpW 132–145 cm Kurz-/Langstreckenzieher

Vorkommen *Brütet an Felsen in der Tundra und an felsigen Küsten; im Winter auf Salzwiesen und anderem Grasland.*

- **Brutzeit Mai–Sept.**
- **4–5 weißliche Eier**
- **1 Brut im Jahr**

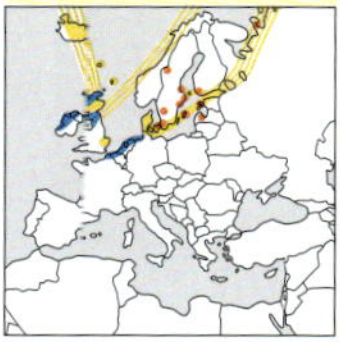

Im Winter kann man Weißwangengänse auf Salzwiesen beim Grasen beobachten. Zum Brüten suchen sie jedoch Felswände in Klippen auf. Die frisch geschlüpften Küken springen aus großer Höhe herab. Rasch führt das Elternpaar sie zum nächsten Gewässer; erst dort sind sie sicher vor Polarfüchsen, die bei der Kolonie auf Beute warten.

grasender Schwarm

Stimme *Ruft heller als die Ringelgans „grrak".*

Brandgans

Tadorna tadorna (Entenverwandte)

L 58–67 cm SpW 110–133 cm Kurzstreckenzieher

Vorkommen *Lebt an Meeresküsten sowie an küstennahen Binnengewässern.*

- **Brutzeit April–August**
- **8–10 gelbliche Eier**
- **1 Brut im Jahr**

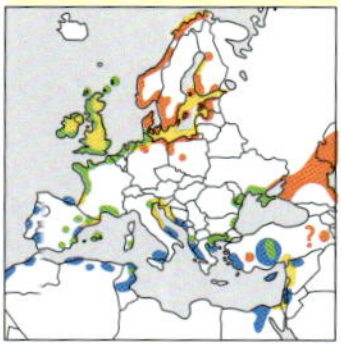

Die Brandgans ist ein Höhlenbrüter und nistet bevorzugt in Kaninchenbauen. Unmittelbar nach dem Schlüpfen führen beide Eltern ihre Küken zum Wasser, wo diese sofort nach Schnecken und Krebstierchen tauchen. Bald darauf wandern viele Altvögel zum Mausern ins Wattenmeer, die Jungen mehrerer Paare finden sich daraufhin zu „Kindergärten" zusammen.

Jungvogel

Stimme *Im Brutgebiet kann man ein schnelles, tiefes Gackern sowie ein helles Pfeifen („pjiu") hören.*

Eiderente

Somateria mollissima (Entenverwandte)
L 50–71 cm SpW 80–108 cm Kurzstreckenzieher

Bei Tauchgängen erbeutet die Eiderente verschiedene Meerestiere. Vielerorts sind Miesmuscheln die Hauptnahrung, die sie ganz verschluckt und erst im kräftigen Muskelmagen knackt. Die weichen Daunenfedern, mit denen das Weibchen das Nest auspolstert, werden in skandinavischen Ländern als Füllmaterial für Kissen benutzt.

***Stimme** Bei der Balz äußern Männchen ein nasales Jaulen („a-huui"); bei Weibchen tiefes Gackern.*

***Vorkommen** Brütet an Meeresküsten; Überwinterung in flachen Küstengewässern, selten im Binnenland*

- **Brutzeit April–August**
- **4–6 grünliche bis bräunliche Eier**
- **1 Brut im Jahr**

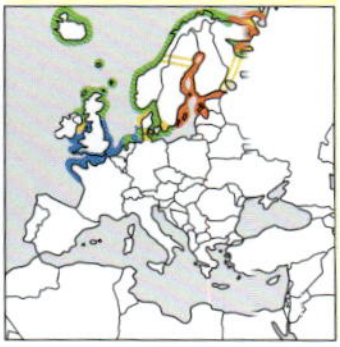

Mandarinente

Aix galericulata (Entenverwandte)
L 41–51 cm SpW 65–75 cm Standvogel

Durch Bejagung ist die Mandarinente in ihrer ostasiatischen Heimat sehr selten geworden. In Großbritannien und Mitteleuropa bilden Gefangenschaftsflüchtlinge und ausgewilderte Vögel einen fast ebenso großen Bestand. Auch die nordamerikanische Brautente *(A. sponsa)* kommt in Europa frei fliegend vor, brütet aber seltener als die Mandarinente.

***Stimme** Verschiedene Rufe bei der Balz, sonst meist stumm.*

***Vorkommen** Lebt an baumbestandenen Binnengewässern, häufig in Parks.*

- **Brutzeit April–August**
- **9–12 cremefarbene Eier**
- **1 Brut im Jahr**

Löffelente

Anas clypeata (Entenverwandte)

L 44–52 cm SpW 70–85 cm Mittel-/Langstreckenzieher

Vorkommen *Brütet an Seen und in Sümpfen; im Winter an Binnengewässern, nur selten an der Meeresküste.*

> **Brutzeit April–August**
> ***8–12 grünliche bis gelbliche Eier***
> ***1 Brut im Jahr***

Die besondere Schnabelform erlaubt es der Löffelente, Pflanzenteile und Wassertiere von der Wasseroberfläche abzufiltern. Dabei sieht man sie mit vorgestrecktem Kopf auf dem Wasser „liegen". Bereits im Winter findet sich das Brutpaar zusammen, die Jungenaufzucht überlässt das Männchen allein dem Weibchen.

***Stimme** Abgesehen von rauen Rufen bei der Balz wenig ruffreudig.*

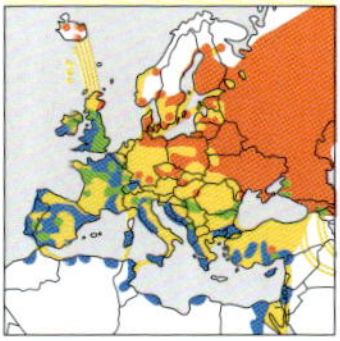

Stockente

Anas platyrhynchos (Entenverwandte)

L 50–65 cm SpW 81–99 cm Standvogel/Mittelstreckenzieher

Vorkommen *Lebt in Gewässern aller Art, von großen Seen bis zu kleinen Tümpeln; am Meer meist nur in flachen Bereichen.*

> ***Brutzeit Feb.–Sept.***
> ***7–13 grünliche bis bräunliche Eier***
> ***1 Brut im Jahr***

Ab Herbst imponiert das Männchen mit seinem Prachtkleid, das später eine Rolle bei der Balz spielt. Wie bei allen Enten beschränkt sich der Beitrag des Männchens bei der Fortpflanzung auf die Begattung; danach wird das prächtige Gefieder abgelegt und durch ein schlichteres Sommergefieder ersetzt.

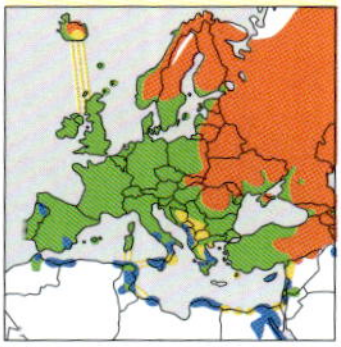

***Stimme** Verschiedene quakende und pfeifende Laute.*

Tafelente

Aythya ferina (Entenverwandte)

L 42–58 cm SpW 72–82 cm Kurz-/Mittelstreckenzieher

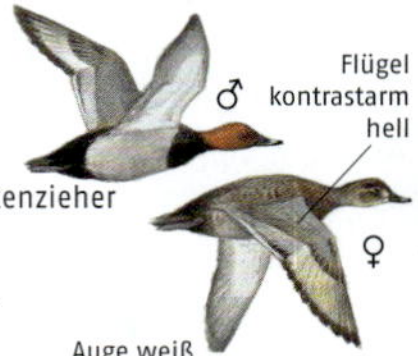

Obwohl ihr abgerundeter Hinterkörper im Wasser wenig Widerstand verursacht, taucht die Tafelente möglichst nur bis zu 2 m tief. Ihre Beute ist dabei vielfältig, von Pflanzenteilchen und Insektenlarven bis hin zu Muscheln. In Osteuropa lebt die kleinere, fast ganz braune Moorente *(A. nyroca)*.

Vorkommen *Brütet an Seen und Teichen mit dicht bewachsenem Ufer; im Winter auch auf langsam fließenden Flüssen.*

> **Brutzeit April–Sept.**
> **7–11 grünliche bis bräunliche Eier**
> **1 Brut im Jahr**

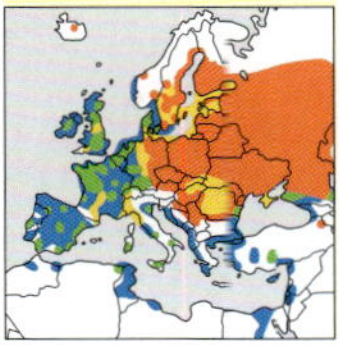

Stimme *Wenig ruffreudig, nur bei der Balz verschiedene kurze Laute.*

Reiherente

Aythya fuligula (Entenverwandte)

L 40–47 cm SpW 67–73 cm Kurz-/Mittelstreckenzieher

Die Reiherente kann sehr gut tauchen. Am Gewässergrund ertastet sie mit dem Schnabel ihre Nahrung, hauptsächlich Muscheln. Dies geschieht überwiegend im Dunkel der Nacht, der Tag wird meist zum Verdauen und Ausruhen genutzt. Besonders im Winter kommt es dabei zu großen Ansammlungen in geschützten Buchten.

Vorkommen *Lebt an Seen, Teichen und Küstenlagunen.*

> **Brutzeit Mai–Sept.**
> **6–11 graugrüne Eier**
> **1 Brut im Jahr**

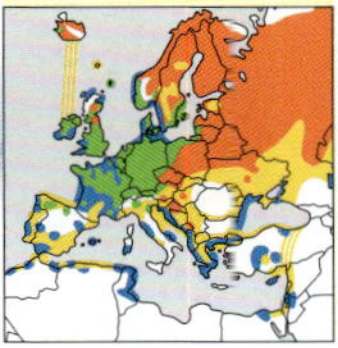

Stimme *Wenig ruffreudig, nur bei der Balz verschiedene kurze Laute.*

Krickente

Anas crecca (Entenverwandte)

L 34–43 cm SpW 53–59 cm Kurz-/Langstreckenzieher

Vorkommen *Brütet an Seen und Gräben; außerhalb der Brutzeit an flachen Binnen- und Küstengewässern.*

- ***Brutzeit April–August***
- ***8–11 gelblich graue Eier***
- ***1 Brut im Jahr***

Außerhalb der Brutzeit tritt die Krickente gern in Trupps auf. Tagsüber sieht man sie häufig ruhen, denn die Nahrungssuche findet vor allem nachts statt. Pflanzenteilchen und kleine Wassertiere pickt sie aus dem Wasser (auch mit dem Kopf unter Wasser), auf Schlammflächen schlabbert sie mit vorgestrecktem Hals Essbares von der Oberfläche.

Stimme *Ruft hell „krück".*

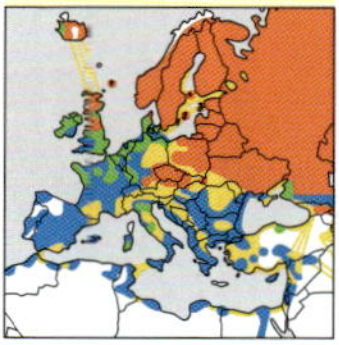

Schellente

Bucephala clangula (Entenverwandte)

L 42–50 cm SpW 65–80 cm Kurzstreckenzieher

Vorkommen *Brütet in Baumbeständen an Seen und Flüssen; im Winter an Seen, Flüssen und flachen Küstengewässern.*

- ***Brutzeit März–August***
- ***8–11 blaugrüne Eier***
- ***1 Brut im Jahr***

Die Schellente trägt ihren Namen wegen des klingelnden Flügelschlaggeräusches. Sie taucht nach Insektenlarven, Krebstierchen und Muscheln, die sie mit ihrem pinzettenartigen Schnabel ergreift. Dazu benötigt sie ausreichend Licht, sodass sie nur tagsüber frisst und sich abends an Schlafplätzen sammelt. Die Eier brütet das Weibchen in einer Baumhöhle aus.

Stimme *Bei der Balz wirft das Männchen den Kopf zurück und ruft rau „gwäää".*

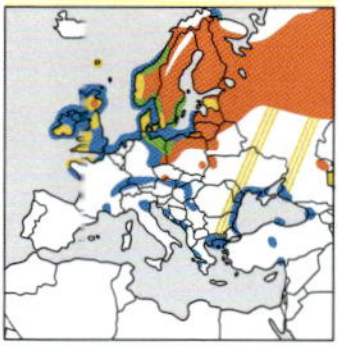

Blässhuhn

Fulica atra (Rallen)

L 36–39 cm SpW 70–80 cm Standvogel/Kurzstreckenzieher

Anstelle von Schwimmhäuten hat das Blässhuhn nur leicht lappig verbreiterte Zehen. Es schimmt ruckartig und holt mit dem Hals Schwung. Das Blässhuhn ernährt sich sowohl von Pflanzenteilen als auch von kleinen Wassertieren. Oft sieht man es tauchen oder Nahrungsteile von der Wasseroberfläche picken, doch weidet es auch an Land.

Vorkommen Lebt an langsam fließenden und stehenden Gewässern aller Art; im Winter auch in Küstengewässern.

> **Brutzeit März–August**
> **5–10 graue, dunkel gepunktete Eier**
> **1–2 Bruten im Jahr**

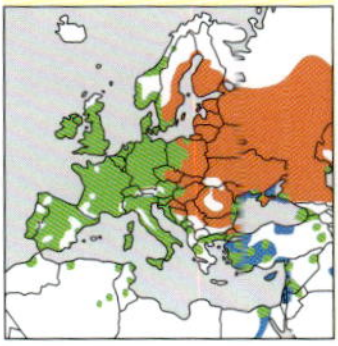

***Stimme** Ruft laut „tück" oder „trück".*

Teichhuhn

Gallinula chloropus (Rallen)

L 32–35 cm SpW 50–55 cm Standvogel/Kurzstreckenzieher

Das Nest des Teichhuhns befindet sich versteckt in dichtem Gebüsch oder Schilf am Gewässerufer. Dort werden die Küken ein paar Tage lang gefüttert, ehe sie von den Eltern im Brutrevier herumgeführt werden. Sie picken dann selbst Beutetiere auf und begeben sich zum Ruhen in eigens vom Männchen errichtete Schlafnester.

Vorkommen Lebt an schilf- oder gebüschbestandenen Gewässerufern; Nahrungssuche auch an Land in offenen Bereichen.

> **Brutzeit April–Sept.**
> **5–11 gelbliche, braun gefleckte Eier**
> **1–3 Bruten im Jahr**

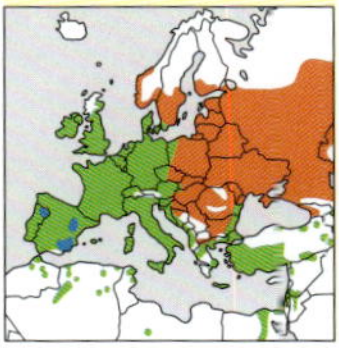

***Stimme** Ruft gurgelnd „gurrrk"; ferner verschiedene kurze scharfe Rufe.*

Gänsesäger

Mergus merganser (Entenverwandte)
L 58–66 cm SpW 82–97 cm Kurzstreckenzieher

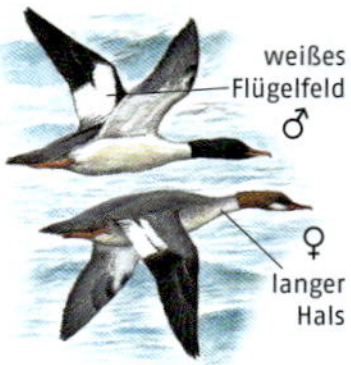

Vorkommen *Brütet an baumbestandenen Gewässern (auch Küste); im Winter an Seen, Flüssen und flachen Küstengewässern.*

> ***Brutzeit März–Sept.***
> ***8–12 rahmfarbene Eier***
> ***1 Brut im Jahr***

Zum Brüten sucht sich das Weibchen eine Baumhöhle, mitunter auch eine Felshöhle. Selbst in Kirchtürmen sind Bruten bekannt. Im Alter von 1–2 Tagen springen die Küken aus großer Höhe zu Boden und werden vom Weibchen zum nächsten Gewässer geführt. Dort beginnen sie gleich, nach Wasserinsekten und kleinen Fischen zu tauchen.

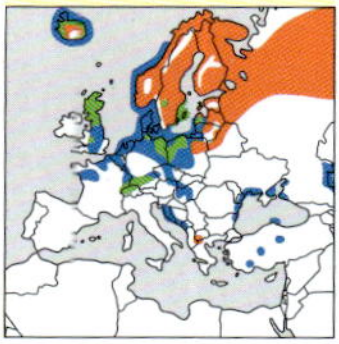

Stimme *Im Flug ist ein hartes „korrr" zu hören, ferner verschiedene Rufe bei der Balz.*

Rosapelikan

Pelecanus onocrotalus (Pelikane)
L 140–175 cm SpW 270–360 cm Mittel-/Langstreckenzieher

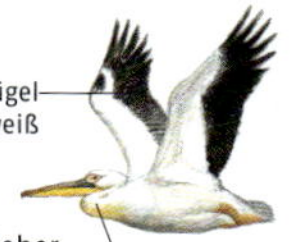

Vorkommen *Brütet an verschiedenartigen Seen, Nahrungssuche auch im küstennahen Meer.*

> ***Brutzeit April–Sept.***
> ***2 weiße Eier***
> ***1 Brut im Jahr***

Der Rosapelikan brütet nicht nur in Kolonien, sondern geht auch bei der Jagd gern gemeinschaftlich vor. Fischschwärme werden umkreist und zusammengetrieben, bis jeder Pelikan seine Beute mit dem sackartig vergrößerten Schnabel aus dem Wasser schöpfen kann. Ebenfalls sehr selten brütet in Südosteuropa der Krauskopfpelikan (*P. crispus*).

Krauskopfpelikan

Stimme *Am Brutplatz verschiedene knurrende Laute, sonst stumm.*

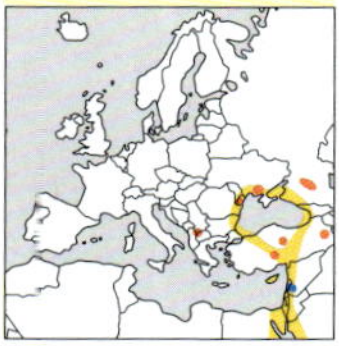

Krähenscharbe

Phalacrocorax aristotelis (Kormorane)

L 65–80 cm SpW 90–115 cm Standvogel/Kurzstreckenzieher

Aus Tang oder anderen Wasserpflanzen baut die Krähenscharbe ihr Nest. Sie befestigt es auf Klippen oder in Spalten von Felswänden. Nur wenn nicht ausreichend Fisch als Nahrung vorhanden ist, verlässt sie den Bereich des Brutgebiets. In der Regel siedelt sich ein Jungvogel im Alter von drei Jahren in seiner Geburtskolonie an.

Vorkommen *Lebt fast ausschließlich an felsigen Meeresküsten; nur sehr selten an Binnengewässern.*

> ***Brutzeit März–August***
> ***1–6 blassblaue Eier***
> ***1 Brut im Jahr***

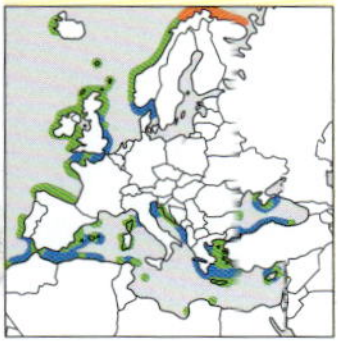

Stimme *Am Brutplatz gurgelnde Rufe sowie klickende Laute.*

Kormoran

Phalacrocorax carbo (Kormorane)

L 80–100 cm SpW 130–160 cm Standvogel/Mittelstreckenzieher

Kormorane brüten in großen Kolonien. Gemeinschaftliches Fischen und abendliche Versammlungen an großen Schlafplätzen kennzeichnen ihn als geselligen Vogel. Häufig kann man den Kormoran mit ausgebreiteten Flügeln am Ufer oder auf Bäumen sehen. Anders als die meisten Wasservögel kann er sein Gefieder nicht einfetten. Dadurch taucht er besser, muss die Federn aber anschließend trocknen.

Vorkommen *Brütet auf Klippen der Meeresküste und in Gehölzen an Seen; Nahrungssuche auf Gewässern aller Art.*

> ***Brutzeit März–August***
> ***3–4 hellblaue Eier***
> ***1 Brut im Jahr***

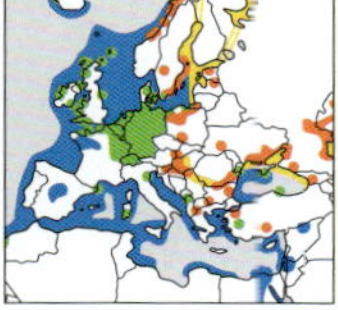

Stimme *An Brut- und Schlafplätzen lautes Gackern in tiefer Tonlage.*

Europäische Sumpfschildkröte

Emys orbicularis (Schildkröten)

L 10–25 cm März–Oktober

***Vorkommen** In stehenden und langsam fließenden, vegetationsreichen Gewässern mit schlammigem Untergrund.*

- ***taucht und schwimmt gut***
- ***kann bis zu 100 Jahre alt werden***
- ***vom Aussterben bedroht und streng geschützt***

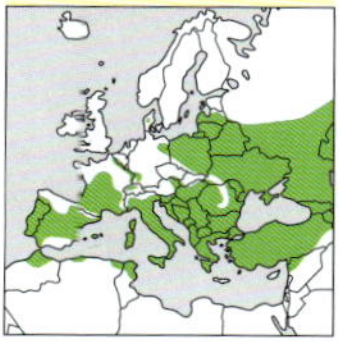

Die Sumpfschildkröte sonnt sich häufig am Gewässerufer oder auf Stämmen und Steinen über der Wasseroberfläche, bei Gefahr taucht sie rasch ab. Ihre Nahrung besteht aus Insekten und Krebsen, Würmern, kleinen Fischen, Fröschen und Aas, gelegentlich auch aus pflanzlicher Kost. In Mitteleuropa überwintert die Schildkröte vergraben im Bodenschlamm der Gewässer.

Kaspische Wasserschildkröte

Mauremys rivulata syn. *Mauremys caspica rivulata* (Schildkröten)

L 10–25 cm Februar–November

***Vorkommen** In stehenden und langsam fließenden, vegetationsreichen Gewässern, auch in brackigen Lagunen.*

- ***Sonne liebende, tagaktive Schildkröte***
- ***frisst Insekten, Schnecken, Amphibien, Aas, auch Wasserpflanzen und Algen***
- ***Paarungszeit im Frühjahr***

Wie alle Reptilien ist auch die Schildkröte ein wechselwarmes Lebewesen und steuert ihre Körpertemperatur durch das Aufsuchen wärmerer oder kühlerer Stellen. Um sich aufzuheizen, nimmt das meist gesellig lebende Tier ausgiebige Sonnenbäder. Beginnen kleinere Tümpel auszutrocknen, vergräbt sich die Schildkröte im Bodenschlamm und verfällt in einen Ruhezustand. In Stresssituationen wird ein nach Moschus riechendes Sekret ausgeschieden.

Die Rotwangen-Schmuckschildkröte *(Trachemys scripta)* stammt ursprünglich aus Nordamerika und wurde in etliche europäische Gewässer eingeschleppt. Hauptkennzeichen sind die leuchtend roten Schläfenflecken.

Griechische Landschildkröte

Testudo hermanni (Schildkröte)

L 15–25 cm März–November

Bei der Paarung versucht das Männchen das Weibchen durch wiederholte Rammstöße und Bisse zum Stillhalten zu bewegen, um aufsteigen zu können, und stößt dabei gut hörbare Laute aus. Das Schildkrötenweibchen gräbt mit den Hinterbeinen eine Grube, in die es vorsichtig 5–10 hartschalige Eier platziert. Danach wird die Grube sorgfältig zugeschaufelt und der Sonne zum Ausbrüten überlassen.

Vorkommen *Lichte Kiefern- und Eichenwälder, Hecken, Strauch- und Heidelandschaften.*

> ***beliebtes Haustier***
> ***frisst überwiegend Kräuter und Gräser, außerdem Früchte, Insekten, Aas und Kot***
> ***verfällt in Winterstarre***

Die in Griechenland und auf Sardinien lebende Breitrandschildkröte (*T. marginata*) wird größer und weist eine Hutkrempen-ähnliche Verbreiterung der hinteren Randschilder auf.

hoch gewölbter Rückenpanzer

Kopf und Vorderbeine mit kleinen Schuppen bedeckt

Mauergecko

Tarentola mauritanica (Geckos)

L 10–15 cm März–November

Der Mauergecko ist in der Lage, mithilfe seiner Haftscheiben an den Füßen selbst an glatten Oberflächen und Scheiben empor- und sogar kopfüber an Decken zu klettern. Das Weibchen legt 2 Eier in Mauerspalten, zwischen Felsen oder in sandige Erde. Nach 3–4 Monaten schlüpfen 5 cm lange Jungtiere, die aussehen wie die erwachsenen Tiere.

Der zierlichere, in Südosteuropa vorkommende Ägäische Nacktfinger (*Cyrtopodion kotschyi*) hat keine Haftscheiben an den Zehen.

Vorkommen *Lebt an Legesteinmauern, Ruinen, an der Rinde von knorrigen alten Bäumen und in Holzstapeln.*

> ***größter europ. Gecko***
> ***weitgehend nachtaktiv, tagsüber oft beim Sonnenbad***
> ***frisst Insekten, Spinnen, Asseln und Hundertfüßer***

senkrechte Pupillen

dunkle Querbinden

auffällige Höcker auf Rumpf und Schwanz

Zehen mit Haftlamellen

Smaragdeidechse

Lacerta bilineata (Eidechsen)

L 20–40 cm März–Oktober

Vorkommen *Besiedelt trockene, sonnenexponierte Lebensräume wie Weinberge, Trockenrasen, Geröllhalden, Legesteinmauern, in Deutschland nur im Süden.*

- ***in Südosteuropa die Östliche Smaragdeidechse (L. viridis)***
- ***erbeutet hauptsächlich Insekten und Spinnen***

Bald nach der Winterruhe in frostfreien Verstecken beginnt die Paarungszeit, in der das Männchen ein Territorium bezieht und dieses gegen andere Männchen in oft heftigen Kämpfen verteidigt. Nach der Paarung werden 10–15 Eier vom Weibchen in selbst gegrabenen Röhren abgelegt. Die Jungen schlüpfen meist im August. Die Smaragdeidechse hält sich meist am Boden auf, kann aber auch sehr gut klettern und springen.

Rücken leuchtend hellgrün

Schwanz etwa doppelt so lang wie der Körper

Männchen mit leuchtend blauer Kehle, Hals und Wange

das Jungtier ist bräunlich gefärbt

Zauneidechse

Lacerta agilis (Eidechsen)

L 18–25 cm März–Oktober

Vorkommen *In halboffenem Gelände auf Brachland, in Heidegebieten, an Straßenböschungen, in Kiesgruben und in Gärten.*

- ***mit variabler Streifen- und Punktzeichnung***
- ***wirkt relativ gedrungen und plump***
- ***Fortpflanzungszeit April–Juni***

Männchen besonders zur Paarungszeit mit leuchtend grünen Flanken und grüner Kehle

Nach der Winterstarre in Erdlöchern und frostfreien Spalten erscheint zunächst das Männchen und erst etwas später das Weibchen an der Oberfläche. Typischerweise badet die Eidechse zweimal am Tag in der Sonne, um den wechselwarmen Organismus auf „Betriebstemperatur“ zu bringen – einmal vormittags und dann am späten Nachmittag, dazwischen geht sie auf Beutefang. Bei großer Mittagshitze sowie nachts verkriechen sich Zauneidechsen in ihren Unterschlüpfen.

kräftiger Kopf mit relativ kurzer, rundlicher Schnauze

Schwanz etwa 1,5-mal so lang wie der Körper

Waldeidechse

Zootoca vivipara (Eidechsen)

L 10–18 cm Februar–Oktober

Die Waldeidechse legt, anders als andere Eidechsen, keine Eier, sondern bringt nach einer Tragzeit von etwa 3 Monaten fertig entwickelte Jungeidechsen zur Welt. Bei dieser als Ovoviviparie bezeichneten Fortpflanzung werden die Eier im Mutterleib ausgebrütet und die Jungtiere schlüpfen noch im Körper des Muttertiers. Dies ermöglicht ihnen das Vordringen auch in kältere Lebensräume.

kleiner, abgeflachter Kopf kaum vom Körper abgesetzt

Um wachsen zu können, muss die alte, starre Haut abgestreift werden („Häutung").

Eidechsen können bei Gefahr ihren Schwanz abwerfen, um den Fressfeind zu irritieren, währendessen kann die „restliche" Eidechse flüchten.

Vorkommen *Häufig und weit verbreitet in Wäldern, Mooren, Heiden, Steinbrüchen, an Wegrändern und in Gärten, im Gebirge in bis zu 3000 m Höhe.*

- > ***auch Moor- oder Bergeidechse genannt***
- > ***frisst Insekten, Spinnen und Tausendfüßer***
- > ***Fortpflanzungszeit März–Juni***

Blindschleiche

Anguis fragilis (Schleichen)

L 30–50 cm März–Oktober

Die Blindschleiche kriecht zur Dämmerung aus feuchten Verstecken unter morschen Baumstümpfen o. Ä. hervor und erbeutet Nacktschnecken, Würmer, Asseln und Spinnen. Die Blindschleiche gehört zu den Echsen und nicht zu den Schlangen. Ebenso wie Eidechsen kann sie ihren Schwanz bei Gefahr abwerfen, um dann den Rest ihres Körpers in Sicherheit zu bringen.

In Südosteuropa lebt der ebenfalls zu den Schleichen zählende, bis 1,3 m lange, kräftig gebaute Scheltopusik *(Pseudopus apodus)*.

Kopf nicht durch einen Hals vom Rumpf abgesetzt

Körper meist mehr oder minder stark glänzend

Vorkommen *Verbreitet auf Wiesen und Heiden, in lichten Wäldern, auf Brachland, an Straßenböschungen, in Parks und in Gärten.*

- > ***keine Schlange – harmlos und ungiftig***
- > ***Blindschleiche ist nicht blind***
- > ***Fortpflanzungszeit April–Juni***

Ringelnatter

Natrix natrix (Schlangen)
L 70–180 cm März–Oktober

Schlangen züngeln regelmäßig und nehmen so ihre Umgebung wahr.

Vorkommen *Lebt im Uferbereich von Teichen, Tümpeln, Bächen und Flüssen, auch auf Wiesen und in naturnahen Gärten.*

> ***kann hervorragend schwimmen und tauchen***
> ***erbeutet Frösche, Molche und Fische***
> ***Fortpflanzungszeit April–Juni***

Für Menschen ist die ungiftige Ringelnatter völlig harmlos und wird zu Unrecht gefürchtet. Ergreift man sie, so beißt sie nicht, sondern scheidet allenfalls eine stinkende Flüssigkeit aus oder zeigt den sogenannten Totstellreflex: Dabei dreht sich das Tier auf den Rücken, wird völlig schlaff und lässt die Zunge aus dem weit geöffneten Maul hängen. Vermutlich schützt sie dieser Trick vor ihren natürlichen Feinden wie Igel, Marder oder Graureiher, deren Jagdinteresse damit sinkt.

runde Pupille

gelbe Halbmonde am Hinterkopf

Häutung einer Ringelnatter: pergamentartige Schlangenhaut wird auch als „Natternhemd" bezeichnet

Würfelnatter

Natrix tessellata (Schlangen)
L 60–130 cm März–Oktober

Vorkommen *Lebt im Uferbereich naturbelassener, warmer, stehender oder langsam fließender Gewässer, auch in brackigen Lagunen am Mittelmeer.*

> ***schwimmt gut***
> ***kann mehrere Stunden unter Wasser bleiben***
> ***in Deutschland gefährdet***

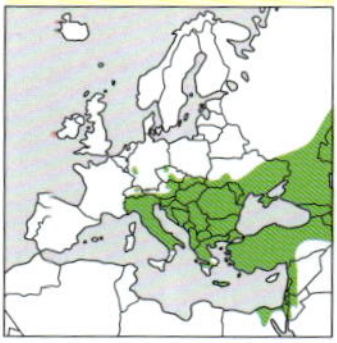

Die Würfelnatter ernährt sich in erster Linie von Fischen. Wie alle Schlangen ist sie in der Lage, Beutetiere zu verschlingen, die deutlich größer sind als ihr eigener Kopf. Ihre Schädelknochen sind an elastischen Bändern aufgehängt, wodurch sie ihre Kiefer sehr weit aufreißen kann. Im Winter verkriecht sich die Schlange in Hohlräumen oder Spalten, um sich vor Frost zu schützen.

namengebende Würfelzeichnung

runde Pupillen

Nasenlöcher nach oben gerichtet (Anpassung an das Leben im Wasser)

Kreuzotter

Vipera berus (Schlangen)
L 50–80 cm   Februar–Oktober

Giftzähne sind spezielle Fangzähne, mit denen Giftschlangen ihrer Beute ähnlich wie mit einer Injektionsnadel Gift einspritzen.

Die scheue Kreuzotter ist bei vielen Menschen gefürchtet, dabei greift sie nur an und beißt, wenn sie in die Enge getrieben wird. Bei Gefahr ist ihre erste Reaktion eine Flucht in die Vegetation oder unter Steine. Der Biss gilt als sehr schmerzhaft, ist aber kaum je tödlich; ein Arzt sollte dennoch auf jeden Fall aufgesucht werden.

Vorkommen *Lebt in Moor- und Heidegebieten, an Waldrändern und auf Waldlichtungen, auf Uferwiesen und Brachflächen, auf Bergwiesen bis in 3000 m Höhe.*

> ***bringt lebende Junge zur Welt***
> ***jagt Mäuse, Eidechsen und Frösche***

Insbesondere im Gebirge finden sich schwarz gefärbte Kreuzottern, die auch als „Höllenotter" bezeichnet werden.

Hornotter

Vipera ammodytes (Schlangen)
L 60–100 cm   Februar–Oktober

Eine ausgewachsene Hornotter jagt hauptsächlich Mäuse und andere Kleinsäuger, daneben auch Vögel, Eidechsen und kleinere Schlangen. Die Beutetiere werden durch einen Giftbiss getötet. Wie alle europäischen Ottern ist auch die Hornotter ovovivipar, das heißt, die Eier entwickeln sich im Mutterleib, dort schlüpfen die Jungschlangen auch und werden im Frühherbst geboren.

Vorkommen *Besiedelt lichte Wälder, Waldränder, Böschungen, trockene, sonnige Felshänge, verwildertes Brachland, Steinhaufen und Legesteinmauern.*

> ***auch Sandotter, Sandviper oder Hornviper genannt***
> ***starkes Gift***
> ***Paarung im Frühjahr***

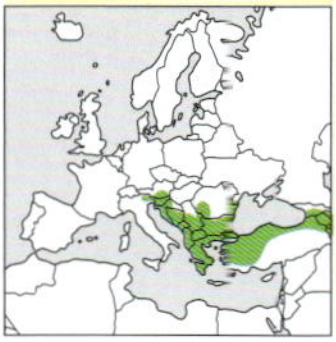

Frösche und Kröten verstehen

Im Frühjahr tauchen sie plötzlich und in Massen auf – Frösche und Kröten auf Wanderschaft kennen keine Straßenschilder, zielsicher und ungeachtet jeglicher Gefahren leitet ihr Instinkt sie zum vertrauten Teich oder Tümpel. Hierhin wollen sie, unbedingt und alle gleichzeitig.

Geheimes Doppelleben

Genauso plötzlich wie sie erschienen, sind sie auch wieder verschwunden. Abgetaucht im Teich feiern Frösche, Kröten und Molche ausgiebig Hochzeit. Ihre zahlreichen Eier – zwischen 1000 und 2000 Stück pro Paar – lassen sie gut verpackt in gallertigen Hüllen im Teich zurück, sie selbst gehen wieder an Land, um hier bei Nacht Schnecken, Insekten und Spinnen nachzustellen. Aus den Eiern schlüpfen derweil fischähnliche Wesen, zunächst nur wenige Millimeter groß, die sich in den nächsten Wochen zu stattlichen Kaulquappen von 4–5 cm Größe entwickeln. Nach und nach schmilzt nun ihr Fischschwanz und zeitgleich beginnen Arme und Beine zu wachsen, bis im Sommer daraus richtige Mini-Frösche und -Kröten geworden sind; bereit, an Land zu gehen wie ihre Eltern.

Feuersalamander

Salamandra salamandra (Salamander)

L 14–20 cm Februar–November

***Vorkommen** Besiedelt naturnahe, feuchte Laub- und Mischwälder mit klaren Bächen.*

- ***tagsüber versteckt***
- ***Haut enthält giftige Neurotoxine als Schutz vor Fressfeinden***
- ***Fortpflanzungszeit März–September***

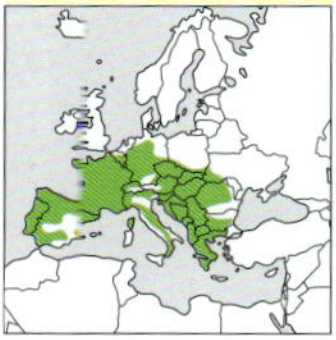

Der Feuersalamander legt im Gegensatz zu den meisten anderen Amphibien keine Eier ab, sondern die Jungtiere entwickeln sich im Mutterleib, bis sie nach einer Tragzeit von etwa 8 Monaten als ca. 3,5 cm lange Larven in kühle, sauerstoffreiche Gewässer geboren werden. Nach 4 Monaten sind sie schließlich ausgewachsen und gehen an Land. Den Winter verbringt der Feuersalamander in frostfreien Verstecken unter Baumwurzeln oder in Felsspalten.

Alpensalamander

Salamandra atra (Salamander)

L 10–15 cm April–Oktober

***Vorkommen** bis in 3000 m Höhe, besiedelt lichte Laub- und Mischwälder und Bergwiesen.*

- ***nachts und in den frühen Morgenstunden aktiv***
- ***tagsüber versteckt in Felsspalten oder unter totem Holz***
- ***frisst Käfer, Spinnen, Nacktschnecken und Würmer***

Biologisch sensationell ist seine Fortpflanzung: Das Weibchen des Alpensalamanders trägt die befruchteten Eier sowie die daraus geschlüpften Larven 2–3 Jahre lang im Bauch, wo sie heranwachsen und in einer bestimmten Nährzone fressen können. Es werden dann „fertige", 4–5 cm kleine Alpensalamander geboren. Damit sind sie vom Wasser komplett unabhängig.

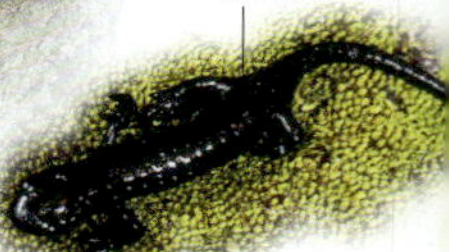

Bergmolch

Triturus alpestris (Molche)
L 8–12 cm Februar–Oktober

Der Bergmolch lebt etwa von März bis August in seinem kühlen Laichgewässer. Seine Nahrung besteht hier aus Wasserinsekten, Kleinkrebsen, Würmern und Kaulquappen. Nach dem Laichgeschäft geht der Molch an Land, führt ein nachtaktives Leben und verbirgt sich tagsüber unter verrottendem Holz, zwischen Baumwurzeln und Steinen. Hier lebt er von Würmern, Asseln, Spinnen und Insekten.

***Vorkommen** Laubwälder und parkähnliche Landschaften mit stehenden oder langsam fließenden Gewässern, im Gebirge bis auf 2500 m Höhe.*

> **auch Alpenmolch genannt**
> **Weibchen faltet bis zu 250 Eier einzeln in Wasserpflanzenblätter ein**

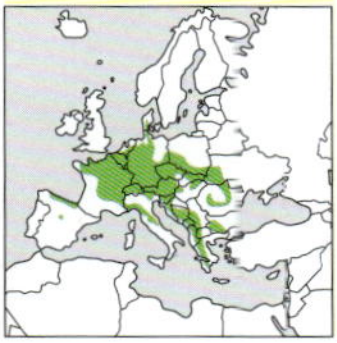

Teichmolch

Triturus vulgaris (Molche)
L 6–11 cm Februar–November

Die Fortpflanzung des Teichmolches findet im Wasser statt. Hier werden die Eier einzeln an Wasserpflanzen abgelegt. Nach 1–3 Wochen schlüpfen die 6–10 mm kleinen Larven. Ihre äußeren Kiemenbüschel sind hinter dem Kopf sichtbar. Sie entwickeln zuerst dünne Vorderbeine und später die Hinterbeine, um nach etwa 2–3 Monaten die Metamorphose zum Landtier zu vollziehen.

***Vorkommen** Zur Fortpflanzungszeit in vegetationsreichen, besonnten Teichen und Tümpeln, auch in Garten- und Parkteichen. An Land unter Steinen, Moos oder Holz.*

> **häufigste Molchart**
> **Wanderung zu den Laichgewässern witterungsabhängig bereits ab Februar**

Kammmolch

Triturus cristatus (Molche)

L 11–18 cm Februar–November

Vorkommen *Bewohnt offene Landschaften und Waldgebiete mit besonnten Gewässern, auch in Altwässern von Auwäldern und der Natur überlassenen Kiesgruben.*

> ***Männchen umwirbt die Weibchen mit „Katzenbuckeln" und Schwanzschlägen***

Der Kammmolch wird bei uns als eine gefährdete oder sogar vom Aussterben bedrohte Art eingestuft. Ursachen dafür sind neben allgemeiner Gewässerverschmutzung und der Zerstörung des Lebensraumes insbesondere der hohe Fischbesatz in den Laichgewässern, wodurch es durch Fraß zu hohen Verlusten bei Eiern und Larven kommt.

Weibchen: Bauchseite gelb-orange mit schwarzen Flecken (vgl. Bergmolch)

wasserlebende Larve mit äußeren Kiemenbüscheln

Männchen zur Paarungszeit mit hohem, gezacktem Rückenkamm, der an der Schwanzbasis durch eine tiefe Einbuchtung vom Schwanzkamm getrennt ist (vgl. Teichmolch)

perlmuttfarbenes Längsband entlang der Schwanzseiten

Gelbbauchunke

Bombina variegata (Unken)

L 3,5–5,5 cm März–Oktober

Vorkommen *Bewohnt warme, sonnenexponierte Tümpel, Teiche und periodisch austrocknende Kleinstgewässer, mitunter auch in Fahrspuren und größeren Pfützen.*

> ***auch Bergunke genannt***
> ***frisst überwiegend Insekten***

Die ähnlich Rotbauch- oder Tieflandunke *(B. bombina)* schließt sich im Norden und Osten an das Verbreitungsgebiet der Gelbbauchunke an.

Die Gelbbauchunke sucht ihre Laichgewässer ab April auf und verbleibt bis Oktober im oder am Wasser. Mit seinen wohltönenden, glockenartigen und leisen „ung...ung...ung"-Rufen lockt das Männchen die Weibchen an. Ist eine Unke in Gefahr, präsentiert sie mit durchgebogenem Rücken und hochgezogenen Beinen die Warnfarben ihrer Unterseite, dies ist die sogenannte Kahnstellung.

Unterseite von Bauch, Kopf, Beinen und Füßen leuchtend gelb gefärbt mit dunklen Flecken

Oberseite bräunlich-grünlich mit Warzen

herzförmige Pupille

Erdkröte

Bufo bufo (Kröten)
L 6–13 cm Februar–November

Kaulquappe ernährt sich hauptsächlich von Algen

Bekannt sind die Krötenwanderungen im zeitigen Frühjahr, wenn die Tiere in großer Zahl von ihren Winterquartieren zu den Laichgewässern unterwegs sind. Die Erdkröte ist sehr ortstreu und kehrt immer wieder an den Ort ihrer Geburt zurück. Führen die traditionellen Wanderrouten über Straßen, endet für viele Tiere dieser Ausflug tödlich. Amphibienschutzzäune stellen an solch gefährdeten Stellen einen wirksamen Schutz dar.

3–5 m lange Laichschnüre werden um untergetauchte Pflanzen oder Ästchen geschlungen und enthalten 3000 bis 8000 gallertige Eier

__Vorkommen__ Lebt auf Wiesen, in Wäldern, im Gebirge und im Siedlungsbereich. Laichgewässer sind Seen, Teiche sowie strömungsberuhigte Flussabschnitte.

- ***unsere häufigste und größte Krötenart***
- ***überwiegend nachtaktiv***

Wechselkröte

Bufo viridis (Kröten)
L 6–10 cm März–Oktober

Männchen besitzt an der Kehle eine Schallblase, mit der es zur Paarungszeit Trillerrufe erzeugt

Die Wechselkröte wird auf der Roten Liste als stark gefährdete Art eingestuft. Hauptursache hierfür ist vor allem der Verlust der Laichgewässer durch Zerstörung, zu starke Eutrophierung mit einhergehender Verkrautung oder Fischbesatz. Wichtige Ersatzbiotope können aufgelassene Kies- und Sandgruben mit Kleingewässern sein, in denen durch extensive Beweidung oder regelmäßiger Entfernung des Aufwuchses eine Verbuschung verhindert wird.

__Vorkommen__ Bewohnt offenes, sonniges Gelände wie steppenartige Wiesen, Heideflächen, Trockenrasen, Dünen oder Kiesgruben. Laichgewässer sind vegetationsarme Teiche mit flachen Uferbereichen.

- ***überwiegend dämmerungs- und nachtaktiv***
- ***stark gefährdete Art***

Laubfrosch

(Laubfrösche)
L 3–6 cm März–Oktober

Kaulquappe

Vorkommen *Während der Laichzeit in sonnigen Teichen und Tümpeln, ansonsten auf Wiesen, in Auwäldern und in buschreichen, naturnahen Kulturlandschaften.*

> ***ruft vor allem abends und nachts laut und rhythmisch „äpp… äpp…äpp"***
> ***stark gefährdete Art***

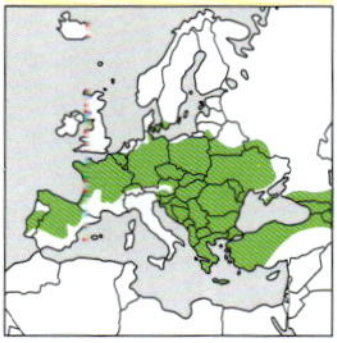

Der Laubfrosch kann im Gegensatz zu allen anderen heimischen Amphibien hervorragend klettern. Dazu hat er an den Zehen kleine Haftscheiben ausgebildet, die ein klebriges Sekret absondern. Meist sitzt der Frosch auf Büschen, Brombeerhecken und Bäumen und jagt hier Insekten und Spinnen. Er sonnt sich gern, im Vergleich zu anderen Amphibien ist seine Haut unempfindlich gegen starke Sonneneinstrahlung.

meist lackartig grasgrün mit dunklem Flankenstreifen, mitunter auch bläulich oder gräulich

rufendes Männchen

Dieser Laubfrosch hat seinen Kaulquappenschwanz noch nicht eingeschmolzen.

Teichfrosch

Rana esculenta (Echte Frösche)
L 6–12 cm März–Oktober

Vorkommen *Lebt in pflanzenreichen Tümpeln, Gräben und größeren Seen, auch in Gartenteichen.*

> ***verbleibt auch nach der Paarungszeit die meiste Zeit im oder nahe am Wasser***
> ***lautes Quaken der Männchen ist den ganzen Sommer über zu hören***

Der Teichfrosch gilt als Kreuzung zwischen den Arten Kleiner Wasserfrosch *(Rana lessonae)* und Seefrosch *(R. ridibunda)* und zeigt Merkmale beider Elterntiere. Die drei Arten sind kaum zweifelsfrei auseinanderzuhalten. Sie werden unter dem Begriff „Wasserfrösche" oder „Grünfrösche" zusammengefasst.

Grünfroschmännchen ruft mit 2 Schallblasen, die aus einem Spalt zu beiden Seiten des Kopfes hinter den Mundwinkeln ausgestülpt werden.

oberseits hell- bis dunkelgrüne Grundfärbung

Grasfrosch

Rana temporaria (Echte Frösche)

L 5–11 cm   Februar–November

etwa 5 Wochen alte Kaulquappe

Der Grasfrosch lebt außerhalb der Paarungszeit an Land, wo er sich tagsüber meist in feuchten Verstecken aufhält. Bereits zwischen Mitte Februar und April wandert er zu seinen Laichgewässern. Ähnlich wie die Erdkröte sucht auch der Grasfrosch zur Fortpflanzung wieder das Gewässer auf, in dem er geboren wurde. Auf welche Weise er alljährlich seinen Weg dorthin findet, ist bisher ungeklärt.

***Vorkommen** Besiedelt fast alle feuchten Biotope, regelmäßig auch in naturnahen Gärten und Gartenteichen.*

> ***häufigster Frosch***
> ***frisst Schnecken, Regenwürmer, Insekten und anderes Kleingetier***
> ***überwintert im Gewässer oder in frostfreien Landverstecken***

relativ stumpfe Schnauze

Oberseite variabel aus Braun-, Grau- oder Gelbtönen, meist mit dunkelbraunem Fleckenmuster

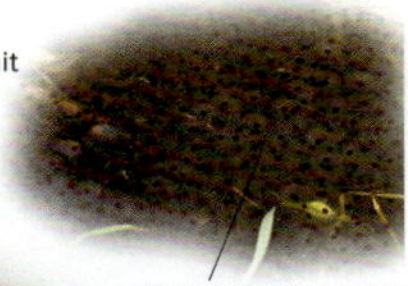

Eier werden in großen Laichballen im flachen Randbereich der Gewässer abgelegt.

Moorfrosch

Rana arvalis (Echte Frösche)

L 4–7 cm   Februar–November

Außerhalb der Paarungszeit ist der Moorfrosch bräunlich gefärbt.

Im März und April treffen sich die Moorfrösche in großer Zahl an ihren Laichgewässern. Die meisten Tiere verpaaren sich innerhalb von nur einer Woche. Wie auch der Grasfrosch zählt der Moorfrosch zu den sogenannten Früh- und Explosivlaichern, die innerhalb weniger Tage bis zu 3000 Eier in großen Laichballen ablaichen.

***Vorkommen** Bewohnt insbesondere Erlenbrüche, Moorgebiete und Sumpfwiesen, Laichgewässer sind meist voll besonnte Tümpel, Torfstiche und Wassergräben.*

> ***Männchen rufen meist im Chor***
> ***stark gefährdete Art***

oft heller Längsstreifen auf der Rückenmitte

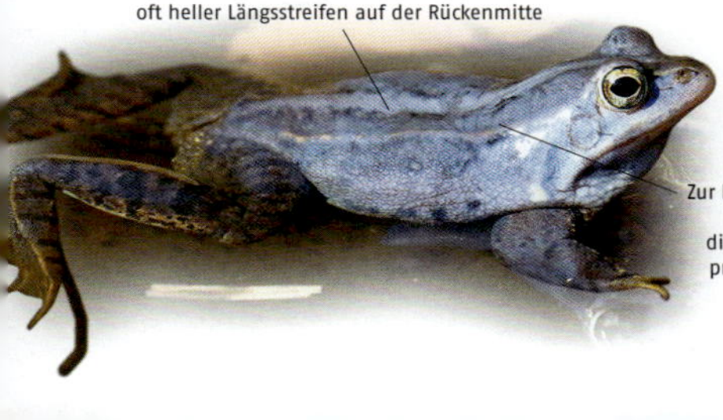

Zur Paarungszeit färben sich die Männchen prächtig blau.

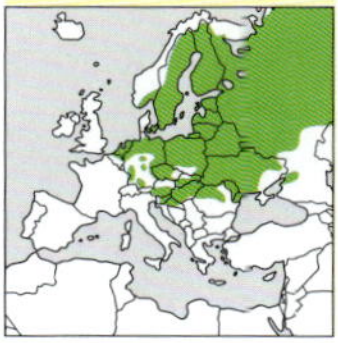

Fluss-Neunauge

Lampetra fluviatilis (Neunaugen)

L 30–50 cm   Süß- und Meerwasser

In Bächen lebt das bleistiftdünne, 10–15 cm lange Bachneunauge *(L. planeri)*.

Das Fluss-Neunauge gehört zu den anadromen Wanderarten: Das geschlechtsreife Tier wandert aus dem Meer in die Flüsse, um sich zu paaren. Aus den Eiern schlüpfen die Larven, die man Querder nennt. Nach 3–5 Jahren zieht das erwachsene Neunauge wieder ins Meer. Es saugt sich mit seinem Maul an Fischen fest und raspelt mit den Zähnen deren Haut- und Muskelgewebe ab.

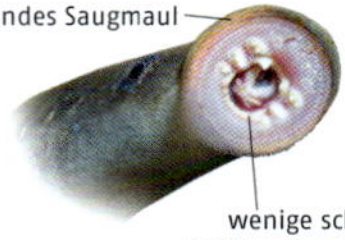

***Vorkommen** In Flüssen und deren Mündungsbereichen sowie in den europäischen Küstengewässern.*

- > ***auch Pricke oder Flusspricke genannt***
- > ***hat keine Schuppen***
- > ***stark gefährdete Art***

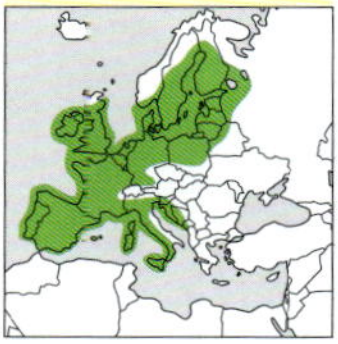

Dornhai

Squalus acanthias (Haie)

L 70–120 cm   Meerwasser

Der Dornhai lebt grundnah und erbeutet überwiegend Dorsche, Heringe und Makrelen, außerdem Tintenfische und Krebse. Er gehört zu den lebend gebärenden Haiarten: Die Eier sowie die daraus geschlüpften Embryonen entwickeln sich im Leib der Mutter (ovovivipar), die Junghaie werden mit einer Länge von etwa 20–30 cm geboren.

***Vorkommen** In Atlantik, Nordsee und Mittelmeer, selten in der Ostsee, meist in 10–200 m Tiefe über weichen Meeresböden.*

- > ***„Schillerlocken“ sind geräucherte Bauchlappen, sollten aber nicht gegessen werden, da die Bestände überfischt sind***
- > ***oft in Schwärmen***

Kleingefleckter Katzenhai

Scyliorhinus canicula (Haie)

L 50–100 cm Meerwasser

Der nacht- und dämmerungsaktive Katzenhai hält sich meist in Bodennähe auf, wo er Muscheln, Schnecken, Krebse und kleinere Fische erbeutet. Das Weibchen laicht 18–20 gelbliche, transparente Eikapseln ab, in denen sich jeweils ein Embryo entwickelt. Seinen deutschen Namen verdankt der Katzenhai den bei Helligkeit senkrecht stehenden Pupillen, die an Katzenaugen erinnern.

Vorkommen *Nordatlantik, Nordsee und Mittelmeer in Küstennähe. Meist in 10–100 m, im Mittelmeer auch bis 400 m Tiefe.*

> ***für Menschen völlig ungefährlich***

> ***angetriebene Eikapseln nennt man „Nixentaschen"***

Nagelrochen

Raja clavata (Echte Rochen)

L 50–120 cm Meerwasser

Der Nagelrochen lebt bodenorientiert, seine Nahrung besteht aus Krabben, Garnelen und kleinen Fischen wie z. B. Sandaalen und Plattfischen. Um seine Beutetiere zu lähmen, kann der ausgewachsene Nagelrochen kräftige elektrische Schläge austeilen. Zur Laichzeit wandert er in Küstennähe, wo in seichten Zonen die Begattung stattfindet.

Vorkommen *Häufigste Rochenart in Atlantik, Mittelmeer, Nord- und seltener auch Ostsee. Lebt in 10–300 m Tiefe.*

> ***auf sandigen und schlammigen Böden***

> ***Männchen mit langen Begattungsorganen am hinteren Rand der Bauchflossen***

Aal

Anguilla anguilla (Flussaale)

L 50–150 cm   Süß- und Meerwasser

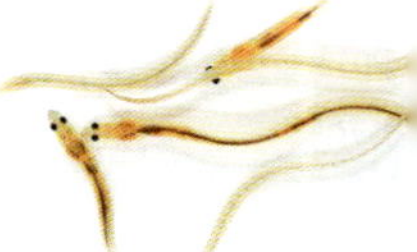

Weil die Jungfische noch durchscheinend sind, werden sie als „Glasaale" bezeichnet. Sie werden in großen Mengen in den Mündungsbereichen von Flüssen gefangen und als Besatz in Binnengewässer eingebracht.

Vorkommen *Nordatlantik, Mittelmeer, Nord- und Ostsee sowie die damit verbundenen Süßgewässer, durch Besatz auch in isolierten Seen und Teichen.*

- ***schlangenförmige Gestalt***
- ***sehr schleimige Haut***
- ***vorwiegend nachtaktiv***

Die Entwicklung des Aales beginnt in der Sargassosee im Atlantischen Ozean. Von dort treiben die Larven mit den Meeresströmungen an die Küsten Europas und beginnen mit dem Aufstieg in die Flüsse, wo sie 5–15 Jahre leben. Der geschlechtsreife Aal wandert nun zurück ins Meer und findet mithilfe magnetischer Felder bis zu 7000 km zurück zu seiner Geburtsstätte, um sich hier mit Abermillionen von Aalen zur Paarung zu treffen.

Hering

Clupea harengus (Heringe)

L 20–40 cm   Meerwasser

Vorkommen *Nordatlantik, Nord- und Ostsee. Lebt in der Freiwasserregion küstennaher Gewässer in Tiefen bis zu 250 m.*

- ***bilden riesige Schwärme***
- ***können 20–25 Jahre alt werden***
- ***Flanken und Bauch silbrig glänzend***

Der Hering ernährt sich überwiegend von im freien Wasser treibenden Zooplankton. Zur Fortpflanzungszeit zieht er zu Abermillionen an die Küsten und lockt hier Angler an. In der kommerziellen Fischerei spielt der Hering eine herausragende Rolle und kommt frisch, geräuchert oder eingelegt auf den Markt. U. a. gehen Matjes, Bücklinge, Bismarckheringe, Rollmöpse und Sild auf Heringe zurück.

Makrele

Scomber scombrus (Makrelen)

L 30–50 cm Meerwasser

Die Makrele ist ein schmackhafter Fisch von hoher Bedeutung für die Fischereiwirtschaft. Sie kommt frisch, geräuchert oder in Konserven auf den Markt. Da ihre Bestände zurzeit als nicht überfischt und stabil gelten und ihr Fang umweltschonend und ohne übermäßigen ungewollten Beifang möglich ist, kann der Verzehr von Makrelen auch aus umwelt- und naturschützerischer Sicht empfohlen werden.

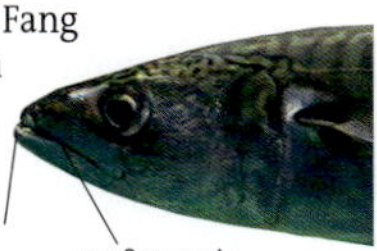

Vorkommen *Im Atlantik, Mittelmeer, Nord- und Ostsee oft nahe der Wasseroberfläche, im Winter in bis zu 250 m Tiefe.*

- > ***lebt in riesigen Schwärmen***
- > ***zur Fortpflanzungszeit an den Küsten***
- > ***frisst u.a. Heringe***

Dorsch, Kabeljau

Gadus morhua (Dorsche)

L 50–150 cm Meerwasser

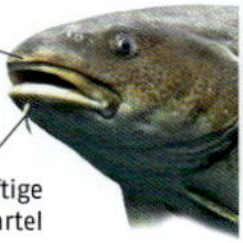

Seit je ist Kabeljau bzw. Dorsch insbesondere in nördlichen Regionen eine der wirtschaftlich bedeutendsten Fischarten und galt bereits in der Wikingerzeit als wichtige Handelsware. Er lässt sich gut lagern und ist dabei recht leicht zu fischen. Als Stockfisch (gesalzen und getrocknet) und Klippfisch (luftgetrocknet) ist er vor allem in Norwegen, Südfrankreich, Spanien und Portugal sehr beliebt.

Trockenfischgestell in Norwegen

Vorkommen *Im Nordatlantik sowie in Nord- und Ostsee meist in Grundnähe in 20–200 m Wassertiefe, mitunter auch bis zu 600 m tief.*

- > ***oft in größeren Schwärmen***
- > ***ernährt sich räuberisch***
- > ***Laichzeit Januar–April***

Atlantischer Lachs

Salmo salar (Lachsfische)

L 60–150 cm Süß- und Meerwasser

***Vorkommen** Nordostatlantik, Nord- und Ostsee. Zur Laichzeit und als Jungfisch in Flüssen und Bächen.*

- > ***kann durch 2–3 m hohe Sprünge Wasserfälle überwinden***
- > ***laicht in kiesigen, gut durchströmten Bereichen ab***

Der Lachs ist ein anadromer Wanderfisch, der nach einer Wachstumsphase im Meer im Alter von etwa 4–8 Jahren zum Laichen bis weit in die Oberläufe und Bäche aufsteigt. Bemerkenswert ist dabei, dass der geschlechtsreife Fisch stets genau den Fluss wiederfindet, in dem er selbst zur Welt kam. Der Junglachs verweilt 1–4 Jahre im Süßwasser, um dann ins Meer zu ziehen.

In Skandinavien werden Lachse zunehmend in Aquakulturanlagen herangezogen.

Jungfisch mit dunklen Querbinden auf den Flanken

Bachforelle

Salmo trutta f. fario (Lachsfische)

L 20–60 cm Süßwasser

***Vorkommen** In klaren, kühlen, sauerstoffreichen Bächen und Flüssen bis zu den Quellregionen, im Gebirge bis auf 2500 m Höhe.*

- > ***in Fließgewässern Leitfischart der „Forellenregion"***
- > ***Angler nennen sie die „Rotgetupfte"***

Die Bachforelle ist ein standorttreuer Fisch, die unter überhängenden Wurzeln, Ästen oder Steinen, in tiefen Gumpen oder hinter Felsblöcken und anderen Strömungshindernissen ihr Revier bildet, das sie gegen Artgenossen verteidigt. Individuenreiche, aus mehreren Jahrgängen bestehende Bachforellenbestände sind Zeiger für saubere und natürliche Gewässerabschnitte.

Regenbogenforelle

Oncorhynchus mykiss (Lachsfische)

L 25–70 cm Süßwasser

Die Regenbogenforelle wurde Ende des 19. Jahrhunderts aus Nordamerika eingeführt und in zahlreichen Gewässern ausgesetzt. Gegenüber der heimischen Forelle gilt sie als weniger anspruchsvoll, erträgt schlechtere Wasserqualität und benötigt weniger Versteckmöglichkeiten. Da sie sich zudem mit Kunstfutter ernähren lässt und äußerst raschwüchsig ist, eignet sie sich bestens für eine lukrative Teichwirtschaft.

Vorkommen *Ursprünglich in Nordamerika, nach Besatzmaßnahmen in allen Gewässern Europas.*

- > ***regelmäßig in Forellenteichen***
- > ***natürliche Fortpflanzung in unseren Gewässern nur ausnahmsweise***

Große Maräne, Renke

Coregonus spec. (Renken)

L 20–80 cm Süßwasser

Die unübersichtliche Gruppe der Maränen bzw. Renken bildet zahllose lokale und ökologische Formen aus, deren Bestimmung schwierig und auch unter Wissenschaftlern unklar ist. Da die Maräne gebraten oder geräuchert eine sehr schmackhafte Delikatesse ist, ist sie örtlich von großer wirtschaftlicher Bedeutung für Berufsfischer. Ihr Bestand wird durch aufwendige Zucht- und Besatzmaßnahmen gefördert.

Vorkommen *Überwiegend in tiefen und kühlen Seen und Fließgewässern Norddeutschlands sowie der Voralpen- und Alpenregion.*

- > ***silberglänzend***
- > ***Plankton- und Kleintierfresser***
- > ***auch als Kilch, Gangfisch, Felchen bezeichnet***

Äsche

Thymallus thymallus (Äschen)

L 25–55 cm   Süßwasser

Vorkommen *In schnell fließenden, klaren und sauerstoffreichen Bächen und Flüssen mit guter Wasserqualität und mit kiesigem Grund.*

- ***Laichzeit zwischen März und Mai***
- ***Leitart der „Äschenregion"***
- ***in Deutschland als gefährdet eingestuft***

Die Äsche frisst ihrem relativ engen Maul entsprechend überwiegend Kleintiere wie Insektenlarven, Krebstiere und Würmer, außerdem nimmt sie sogenannte Anflugnahrung wie z. B. auf die Wasseroberfläche gefallene Insekten auf. Das wohlschmeckende Fleisch der Äsche riecht nach Thymian, woraus sich auch der wissenschaftliche Name herleitet. Jungfische bilden oft kleinere Schwärme.

Rotauge

Rutilus rutilus (Karpfenfische)

L 20–45 cm   Süßwasser

Vorkommen *In stehenden und langsam fließenden, pflanzenreichen Gewässern, auch im Brackwasser der Ostsee und in Flussmündungen.*

- ***auch als Plötze bezeichnet***
- ***eine der häufigsten Fischarten***
- ***Laichzeit im April und Mai***

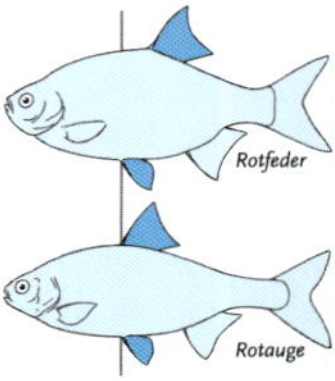

Rotfeder und Rotauge im Vergleich zeigen deutlich die unterschiedliche Stellung der Rücken- und Bauchflosse zueinander

Das Rotauge ist ein Schwarmfisch, die sich bevorzugt in pflanzenbestandenen Uferregionen aufhält. Es ernährt sich von Plankton, Würmern, Muscheln, Schnecken, Kleinkrebsen, Insektenlarven, kleinen Fischen und pflanzlicher Kost. Das Rotauge ist relativ widerstandsfähig gegenüber Wasserverunreinigungen und überlebt noch in Gewässern, in denen andere Arten längst abgewandert oder verendet sind.

Elritze

Phoxinus phoxinus (Karpfenfische)
: 5–15 cm Süßwasser

Die Elritze hält sich meist nahe der Wasseroberfläche auf und frisst Insektenlarven, Kleinkrebse und gelegentlich pflanzliche Kost. Bei Gefahr flüchtet der Schwarm schnell zwischen Steine, Wasserpflanzen oder überhängende Wurzeln. Aufgrund von Gewässerausbau sowie der allgemeinen Wasserverschmutzung und Überdüngung sind die Bestände der Elritze zurückgegangen.

Zur Paarungszeit legt das Männchen sein farbenfrohes Hochzeitskleid an.

Vorkommen *Bevorzugt klare, sauerstoffreiche Fließgewässer, auch stehenden Gewässern, auch im Brackwasser der Ostsee.*

> ***lebhafter Schwarmfisch***
> ***Fortpflanzungszeit April–Juli***
> ***in der Roten Liste als gefährdete Art eingestuft***

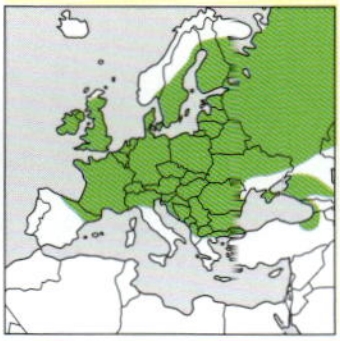

Rotfeder

Scardinius erythrophthalmus (Karpfenfische)
L 20–45 cm Süßwasser

Die Rotfeder lebt in Schwärmen, die sich gern in pflanzenbestandenen Uferbereichen aufhalten. Sie frisst Algen, Laichkraut und andere weichblättrige Wasserpflanzen, außerdem auch wirbellose Kleintiere wie Wasserflöhe und Insektenlarven. Wird im Sommer der Sauerstoff im Wasser knapp, sieht man die Rotfeder oft in Gruppen dicht unter der Wasseroberfläche stehen.

Für den Besatz in Gartenteichen gibt es attraktive goldfarbene Züchtungen.

Vorkommen *Regelmäßig und häufig in vegetationsreichen stehenden oder langsam fließenden Gewässern.*

> ***lebt in Schwärmen***
> ***Laichzeit April–Juni***
> ***ernährt sich überwiegend vegetarisch***

Karpfen

Cyprinus carpio (Karpfenfische)
L 30–120 cm Süßwasser

Vorkommen *Bevorzugt als Lebensraum warme, pflanzenreiche Seen und Teiche sowie relativ langsam fließende, weichgründige Flüsse.*

> ***geselliger, dämmerungsaktiver Friedfisch***
> ***kann 40–50 Jahre alt werden***

Der Karpfen wurde bereits im Mittelalter von Mönchen in flachen, warmen Klosterteichen gezüchtet, weil sein Verzehr während der fleischlosen Fastentage erlaubt war. Auch heutzutage ist er der wichtigste Zuchtfisch der kommerziellen Teichwirtschaft. Hinsichtlich der Beschuppung werden Zuchtformen wie Schuppen-, Spiegel- und Lederkarpfen unterschieden.

Zuchtform: Spiegelkarpfen

Karausche

Carassius carassius (Karpfenfische)
L 15–50 cm Süßwasser

Jungfische sind noch flachrückig

Vorkommen *In fast allen Gewässertypen, auch in Kleinstgewässern wie Gräben und Tümpeln; fehlt in schnell fließenden Gebirgsbächen.*

> ***lebt meist gesellig in Bodennähe***
> ***Laichzeit Mai–Juli***
> ***auch als „Moorkarpfen" bezeichnet***

Die Karausche gilt als unser widerstandsfähigster und zählebigster Fisch: Gewässerverschmutzung und extremen Sauerstoffmangel erträgt sie monatelang, kurzfristiges Austrocknen ihrer Gewässer überdauert sie im Schlamm eingegraben, und auch das Durchfrieren im Winter soll sie noch überleben.

Schleie

Tinca tinca (Karpfenfische)
L 20–70 cm Süßwasser

In Gartenteichen wird gerne die goldgelbe Zuchtform „Goldschleie“ gehalten.

Die Schleie ist eine einzelgängerische, dämmerungs- und nachtaktive Bewohnerin von Gewässern mit schlammigem Untergrund. Diesen durchwühlt sie nach Schnecken, Muscheln, Insektenlarven und anderen Bodentieren, außerdem frisst sie weiche Pflanzenteile. In heißen Sommern und damit einhergehender Sauerstoffarmut vergräbt sie sich im Bodenschlamm und verfällt in eine Art Hitzestarre.

***Vorkommen** In pflanzenreichen Seen, Teichen und Flüssen, auch im Brackwasser der Ostsee.*

- ***versteckt sich tagsüber in dichten Pflanzenbeständen***
- ***Laichzeit Mai und Juli***
- ***verfällt in der kalten Jahreszeit in Winterstarre***

Brachse

Abramis brama (Karpfenfische)
L 25–75 cm Süßwasser

Die Brachse durchwühlt mit ihrem ausstülpbarem Rüssel den weichen Untergrund nach Fressbarem. Zur Laichzeit von Mai bis Juli versammelt sie sich in Schwärmen in flachen, pflanzenbestandenen Uferzonen, um hier ihre klebrigen Eier an Wasserpflanzen abzulegen. Die Brachse hinterlässt bei der Nahrungssuche charakteristische trichterförmige Fraßlöcher im Gewässerboden.

***Vorkommen** In stehenden oder langsam fließenden Gewässern mit schlammigem Untergrund, auch im Brackwasser der Ostsee.*

- ***auch als Brasse oder Blei bekannt***
- ***in Fließgewässern „Leitart“ der „Brachsenregion“***
- ***häufiger, schwarmbildender Bodenfisch***

Bachschmerle

Barbatula barbatula (Plattschmerlen)

L 8–18 cm Süßwasser

Vorkommen *In schnell fließenden klaren Bächen und Flüssen sowie in sandig-kiesigen Uferregionen sauberer Seen.*

- > ***dämmerungs- und nachtaktiv***
- > ***braucht sauberes Wasser***
- > ***Männchen betreibt Brutpflege***

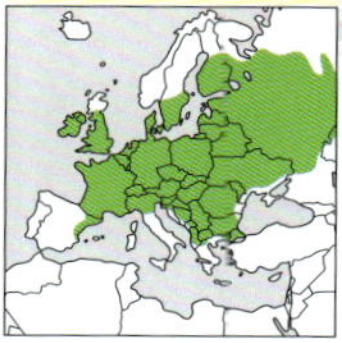

Die Bachschmerle versteckt sich tagsüber zwischen Pflanzen oder unter Steinen. Zur Dämmerung und nachts verlässt sie ihre Schlupfwinkel, um im Boden nach Insektenlarven, Kleinkrebsen und Würmern zu suchen. In der Zeit von März bis Mai werden die klebrigen Eier an Steinen und Pflanzen abgelegt. Das Männchen bewacht den Laich bis zum Schlüpfen der Larven.

Barbe, Flussbarbe

Barbus barbus (Karpfenfische)

L 30–90 cm Süßwasser

Vorkommen *In Fließgewässern, vorwiegend in rasch strömenden, sauerstoffreichen Gewässerabschnitten mit kiesigem und steinigem Grund.*

- > ***in Fließgewässern Leitart der „Barbenregion"***
- > ***Fortpflanzungszeit Mai–Juli***

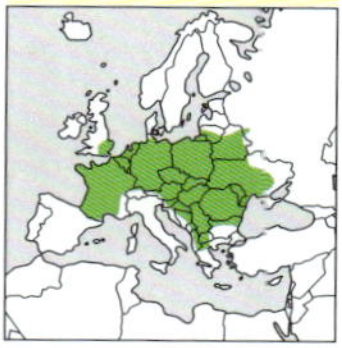

Die Barbe ist ein gesellig lebender Grundfisch. Sie ist vorwiegend nachtaktiv und verbirgt sich tagsüber zwischen Geröll, unter überhängenden Wurzeln oder hinter Brückenpfeilern und Wehren. Mit Einbruch der Dämmerung zieht sie in ruhigere Wasserzonen, wo sie den Bodengrund nach Fressbarem durchsucht.

Gründling

Gobio gobio (Karpfenfische)

L 8–20 cm Süßwasser

Der Gründling durchwühlt zur Nahrungssuche den Boden und frisst wirbellose Kleintiere, mitunter auch Aas. Die beiden Barteln dienen ihm dabei zum Aufspüren von Fressbarem. Während er bei uns aufgrund seiner Kleinwüchsigkeit kaum gefischt wird, ist er beispielsweise in Frankreich als wohlschmeckender Speisefisch geschätzt.

Vorkommen *Regelmäßig und häufig in nahezu allen Gewässertypen, auch im Brackwasserbereich von Flussmündungen.*

- ***bildet oft große Schwärme***
- ***tagaktiver Grundfisch***
- ***Laichzeit im Mai und Juni***

Bitterling

Rhodeus amarus (Karpfenfische)

L 5–9 cm Süßwasser

Zur Fortpflanzung braucht der Bitterling Teich- oder Flussmuscheln: Das Weibchen bildet eine lange Legeröhre, mit der sie ihre Eier in die Muschel abgibt. Das Männchen gibt seinen Samen in der Nähe der Muschel ab, die diese mit dem Atemwasser einsaugt. Im Innern der Muschel kommt es zur Befruchtung der Eier. Auch die frisch geschlüpften Fischchen verbleiben die ersten 4–5 Wochen in der Muschel und finden hier Schutz.

Weibchen legt seine Eier in eine Muschel.

Vorkommen *In der pflanzenreichen Uferzone stehender oder langsam fließender Gewässer.*

- ***geselliger Schwarmfisch***
- ***Laichzeit Mai–Juni***
- ***gilt in Deutschland als stark gefährdet***

Moderlieschen

Leucaspius delineatus (Karpfenfische)

L 6–12 cm Süßwasser

***Vorkommen** Meist oberflächennah im Uferbereich von Seen, in pflanzenreichen Teichen und langsam fließenden Gewässern.*

- **kleiner, geselliger Schwarmfisch**
- **auch Zwerglaube, Mutterloseken oder Moderloseken genannt**
- **gut für Gartenteiche geeignet**

Das Moderlieschen ernährt sich von Plankton sowie von Anflugnahrung, beides schnappt es mit seinem oberständigen Maul von der Wasseroberfläche. Zur Fortpflanzungszeit im April und Mai klebt das Weibchen seine Eier an Pflanzenstängel. Das Männchen betreibt fortan Brutpflege, indem es den Laich bewacht und ihm Frischwasser zufächelt.

Der Ukelei *(Alburnu alburnus)*, ist in Aussehen Größe und Lebensraun ähnlich, weist allerding eine deutlich vollständig Seitenlinie auf

Roter Knurrhahn

Trigla lucerna (Knurrhähne)

L 40–75 cm Meerwasser

***Vorkommen** Lebt auf dem Gewässergrund vom Flachwasser bis in 300 m Tiefe.*

- **ernährt sich überwiegend von Muscheln, Krebsen und kleineren Fischen**
- **Fortpflanzungszeit April–September**
- **ist ein ausgezeichneter Speisefisch**

Der Knurrhahn kann mit seinen an Finger erinnernden freien Brustflossenstrahlen auf dem Meeresgrund umherstelzen. Zugleich befinden sich an diesen „Fingern“ Sinnesorgane, mit denen er tasten und so seine Nahrung aufspüren kann. Seinen Namen verdankt der Knurrhahn seiner Fähigkeit, knurrende oder quietschende Geräusche zu erzeugen. Dazu wird die Schwimmblase durch Muskeln in rasche Schwingungen versetzt.

Hecht

Esox lucius (Hechte)

. 40–150 cm Süßwasser

ns Beutespektrum des Hechts gehören alle Arten von Fischen, außerdem Frösche und auch Küken von Wasservögeln. Der Hecht verschmilzt aufgrund seiner Körperfärbung optisch mit dem Hintergrund. Seine Beutetiere können den Raubfisch aufgrund dieser Tarnung und des ruhigen Verhaltens nicht wahrnehmen und nähern sich ahnungslos der drohenden Gefahr. Durch blitzschnelles Vorschießen aus der Deckung ergreift der torpedoförmige Hecht seine Beute.

Vorkommen *Zwischen Pflanzen, Baumwurzeln oder überhängenden Zweigen in Seen und Flüssen, auch im Brackwasser der Ostsee.*

- ***standorttreuer Ansitzjäger***
- ***Fortpflanzungszeit Februar–Mai***
- ***in Deutschland Angelfisch Nr. 1***

Wels, Waller

Silurus glanis (Welse)

L 80–300 cm Süßwasser

Während kleinere Welse Insektenlarven, Muscheln, Krebse und andere Kleintiere fressen, besteht die Hauptnahrung des erwachsenen Tiers aus Fischen aller Art. Dabei ist er mit seinem riesigen Maul in der Lage, auch relativ große Beute zu verschlingen. Mit Beginn der kalten Jahreszeit stellt der Wels seine Nahrungsaufnahme ein und überwintert in tiefen Gewässerstellen.

Vorkommen *Bewohnt langsam fließende und stehende Gewässer, auch im Brackwasser der Flussmündungen und der Ostsee.*

- ***vorwiegend dämmerungs- und nachtaktiv***
- ***Fortpflanzungszeit Mai–Juli***
- ***in Deutschland stark gefährdete Art***

Flussbarsch

Perca fluviatilis (Echte Barsche)
L 15–50 cm   Süßwasser

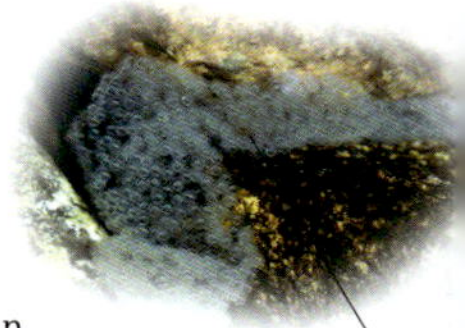

Vorkommen *Einer der am weitverbreitetsten Fische in allen Gewässertypen, auch im Brackwasser der Ostsee.*

- > ***erbeutet überwiegend kleine Fische***
- > ***Fortpflanzungszeit März–Juni***
- > ***beliebter, schmackhafter Angelfisch***

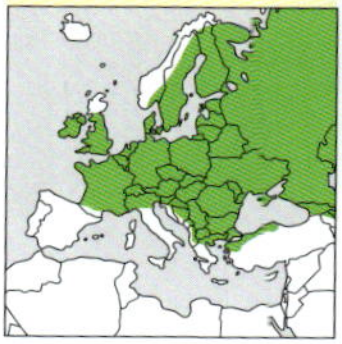

Das Weibchen legt bis zu 1 m lange und etwa 2–4 cm breite, netzartige, gallertige Laichschnüre an Wasserpflanzen, versunkenem Astwerk, Wurzeln und anderen Substraten ab. Die Eier werden anschließend von einem oder auch mehreren Männchen befruchtet und schließlich sich selbst überlassen, eine Brutpflege erfolgt nicht.

Zander

Sander lucioperca (Echte Barsche)
L 40–130 cm   Süßwasser

Vorkommen *Bevorzugt langsam fließende Gewässer und größere Seen mit festem Grund; auch im Brackwasser.*

- > ***relativ lichtscheu, meidet die Ufer- und Oberflächenbereiche***
- > ***Fortpflanzungszeit April–Juni***
- > ***beliebter Speise- und Angelfisch***

Zur Fortpflanzung finden sich die laichreifen Zander paarweise zusammen. Als Eiablageplatz werden versunkenes Astwerk, Wurzeln und ähnliche Strukturen ausgewählt. Bis zum Schlüpfen der Larven bleibt das Männchen bei den Eiern, verteidigt sie entschlossen gegen Laichräuber und fächelt ihnen regelmäßig frisches Wasser zu.

Kuckucks-Lippfisch

Labrus bimaculatus (Lippfische)
L 25–35 cm Meerwasser

Weibchen und Jungtiere sehen gleich aus

Während der Laichzeit bildet das Männchen Reviere, baut aus Pflanzenmaterial ein Nest zwischen Algen oder Steinen und bewacht die Eier bis zum Schlupf. Das als Geschlechtsdimorphismus bezeichnete unterschiedliche Aussehen von Männchen und Weibchen ist bei Kuckucks-Lippfischen so stark ausgeprägt, dass man sie lange Zeit für 2 Arten hielt.

__Vorkommen__ Küstennah in 2–200 m Tiefe zwischen algenbestandenen Felsgründen und Seegraswiesen, in Nischen und Höhlen.

- > ***Nahrung besteht aus Krebsen, Würmern und kleinen Fischen***
- > ***Laichzeit März–Juli***
- > ***wird auch als Speisefisch genutzt***

farbenprächtiges Männchen

Goldbrasse

Sparus aurata (Meerbrassen)
L 30–70 cm Meerwasser

Ihre Nahrung besteht zum großen Teil aus Muscheln und Krebsen, die sie mit ihren kräftigen Mahlzähnen zerknacken kann. Die Goldbrasse ist in der mediterranen Küche besonders beliebt und eignet sich zum Braten, Dünsten und Grillen ebenso wie als eine der zentralen Grundlagen der klassischen Bouillabaisse. In vielen Mittelmeerländern wird sie in Netzgehegen oder abgesperrten Lagunen gezüchtet.

__Vorkommen__ Küstennah über Hart- und Sandböden in Tiefen von 5–30 m, max. bis 150 m; auch im Brackwasser.

- > ***lebt die ersten 1–2 Jahre als Männchen, wandelt sich dann zum Weibchen um***
- > ***auch als „Echte Dorade" benannt***

Dreistachliger Stichling

Gasterosteus aculeatus (Stichlinge)

L 5–10 cm Süß- und Meerwasser

Das Männchen baut ein tunnelförmiges Nest aus Pflanzenteilen und betreibt Brutpflege.

Vorkommen *In stehenden oder langsam fließenden Gewässern, auch in den Küstengewässern der Meere.*

- ***Männchen mit farbenfrohem Hochzeitskleid***
- ***Fortpflanzungszeit zwischen März und Juni***
- ***frisst verschiedene Kleintiere***

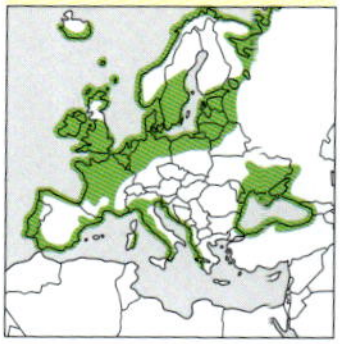

Beim Dreistachligen Stichling gibt es 2 Varianten, die unterschiedliche ökologische Nischen besetzen: Zum einen gibt es die im Meer lebende Wanderform, die zur Paarungszeit in Laichschwärmen in die Süßwasserflüsse zieht. Zum anderen existiert eine Binnenform, die ihren ganzen Lebenszyklus im Süßwasser verbringt und hier flache, strömungsarme, pflanzenreiche Gewässer besiedelt.

Langschnauziges Seepferdchen

Hippocampus ramulosus (Seenadeln)

L 15–16 cm Meerwasser

Vorkommen *Küstennah im Flachwasser der Algen- und Seegrasregion bis in 20 m Tiefe.*

- ***Kopf erinnert an den eines Pferdes***
- ***schwimmt aufrecht im Wasser***
- ***perfekt zwischen Unterwasserpflanzen getarnt***

Das Seepferdchen ernährt sich von Kleinkrebsen, die es mit seiner pipettenartigen Schnauze einsaugt. Außergewöhnlich ist das Balz- und Fortpflanzungsverhalten: Das Weibchen spritzt seine Eier in die am Bauch des Männchens gelegene Bruttasche. Im Innern dieser Tasche werden die Eier von einem Gewebe umwachsen, das die Atmung und Ernährung der Embryonen regelt. Deren Entwicklung dauert 10–12 Tage, dann gebärt das trächtige Männchen die Jungfische.

Das Kurzschnauzige Seepferdchen *(H. hippocampus)* hat eine kürzere Schnauze, außerdem fehlen ihm die lang ausgezogenen Hautanhänge an Kopf und Rücken.

Steinbutt

Psetta maxima (Butte)

L 50–100 cm Meerwasser

Die Larven aller Plattfische sehen zunächst wie normale Fischchen aus. Ab einer Länge von etwa 1–3 cm wandert ein Auge auf die andere Körperseite, die Tiere werden extrem hochrückig und beginnen auf einer Körperseite liegend ihr Bodenleben. Die nun entstandene „Augenseite" wird zur künftigen Oberseite, die augenlose zur Unterseite, und die Rücken- und Afterflossen bilden einen an den Seiten liegenden Flossensaum.

Vorkommen *Küstennah auf sandigen und kiesigen Böden in 10–80 m Tiefe.*

> ***Augen auf der linken Seite***
> ***ernährt sich räuberisch***
> ***geschätzter, sehr wertvoller Speisefisch***

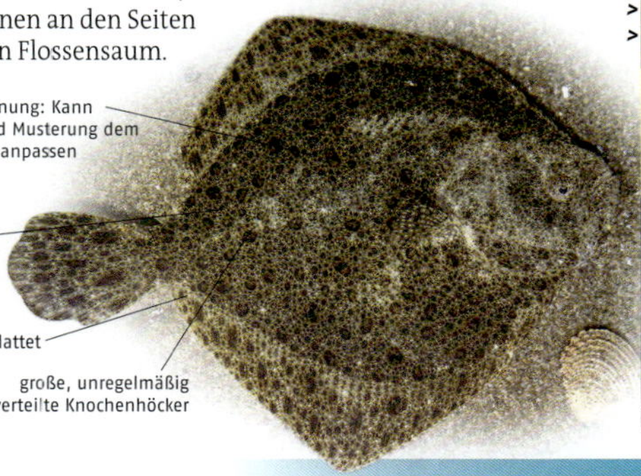

Scholle

Pleuronectes platessa (Schollen)

L 25–90 cm Meerwasser

Schollen gehören mit zu den wirtschaftlich bedeutendsten Speisefischen und werden in riesigen Mengen mit Grundschleppnetzen angelandet, die den Meeresboden auf zum Teil katastrophale Weise durchwühlen und zerstören. Zudem gelten die Bestände mittlerweile als überfischt. Der WWF und Greenpeace raten Verbrauchern deshalb vom Verzehr der Schollen ab.

Vorkommen *Küstennah auf Sand-, Schill- oder Schlickböden in 1–200 m Wassertiefe, im Mittelmeer auch bis 400 m tief.*

> ***lebt in Schwärmen***
> ***Fortpflanzungszeit im Winter und Frühjahr***
> ***Fischereiwirtschaftlich von großer Bedeutung***

Insekten faszinieren

Sie können fliegen, tauchen und klettern, viele leben unterirdisch, manche laufen auf dem Wasser und andere kopfüber an der Zimmerdecke. Insekten fressen sich durch Holz, bilden hochorganisierte Staaten und einige sind so giftig, dass sie ein Pferd töten können. Rund 900.000 verschiedene Arten von Insekten leben auf der Erde – das ist mehr, als jede andere Tiergruppe zu bieten hat.

Meister der Verwandlung

Typisch für viele Insekten ist ihre enorme Wandlungsfähigkeit. Manche wechseln gleich mehrfach im Leben ihre Gestalt. So beginnt das Leben eines jeden Schmetterlings einmal als wurmähnliche Raupe, die zu einer scheinbar leblosen Puppe wird, aus der schließlich der schöne Falter schlüpft. Auch die Käfer machen es wie die Schmetterlinge, nur dass ihre Larve, der Engerling, verborgen vor unseren Blicken unter der Erde lebt. Der Engerling ruht, bevor er zum Käfer wird, mehrere Wochen lang als Puppe. Diese Form der Entwicklung mit einem dazwischengeschalteten Puppenstadium bezeichnet man als „vollkommene Entwicklung". Das Gegenstück dazu, die „unvollkommene Entwicklung", finden wir bei der Libelle, die ebenfalls in zwei grundsätzlich verschiedenen Gestalten erscheint, nur dass sie dazwischen keine Puppe ausbildet. Ihre Jugendform ist eine aschgraue Larve, ausgestattet mit Kiemen wie ein Fisch, die am Grund aller Arten von Gewässern lebt. Aus dieser Larve schlüpft eines Tages die fertige Libelle.

Felsenspringer

Archaeognatha (Felsenspringer)

L 9–20 mm ganzjährig

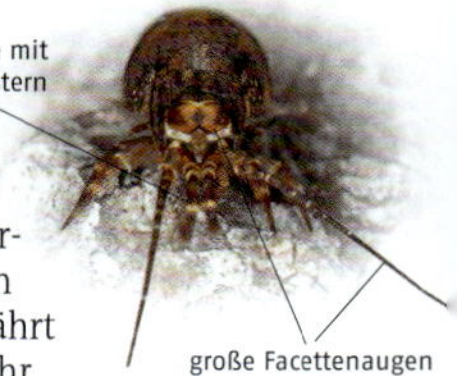

Vorkommen *Vor allem in feuchten und steinigen Gebieten, oft an Moospolstern oder unter Baumrinde, auch in der Spritzwasserzone der Meere und im Gebirge.*

- > ***flügelloses Insekt***
- > ***nach oben gebogener Körper***
- > ***überwiegend dämmerungs- und nachtaktiv***

Felsenspringer stellen die primitivste Gruppe der Insekten dar. Weltweit sind etwa 450 Felsenspringer-Arten bekannt, etwa 50 davon leben in Mitteleuropa. Der Felsenspringer ernährt sich von Algen und Flechten. Bei Gefahr kann er sich durch Sprünge in Sicherheit bringen. Seinen Namen verdankt er seinem beachtlichen Sprungvermögen, wobei er seinen Körper stark einkrümmt und sich dann blitzschnell mithilfe seiner Schwanzanhänge und den Beinen vom Boden abstößt.

Lepismachilis y-signata

Silberfischchen

Lepisma saccharina (Fischchen)

L 9–12 mm ganzjährig

Vorkommen *Bei uns fast nur in Gebäuden, besonders an warmen, feuchten Stellen, in Küchen und Badezimmern.*

- > ***lichtscheu und nachtaktiv***
- > ***huscht in Verstecke, sobald das Licht angeht***
- > ***frisst kleinste organische Partikelchen***

Sporadisch in Bad oder Küche auftretende Silberfischchen sind völlig harmlos und keine Krankheitsüberträger – eine Bekämpfung ist aus hygienischer Sicht nicht erforderlich. Ein extremer Befall kann auf ein Feuchtigkeitsproblem und Schimmelbefall hindeuten. Die Silberfischchen sind in diesem Fall aber nur ein Warnsignal. Da das Silberfischchen u. a. Hausstaubmilben frisst, die beim Menschen Allergien auslösen können, ist es eher ein Nützling.

Das Ofenfischchen *(Thermobia domestica)* benötigt viel Wärme und findet sich mitunter in Backstuben und anderen warmen Räumen, es frisst bevorzugt Mehl und Brot.

Eintagsfliege

Ephemeroptera (Eintagsfliegen)
L 5–30 mm April–September

Der Name „Eintagsfliege" ist auf die extrem kurze Lebenszeit des erwachsenen Tiers zurückzuführen, die bei einigen Arten tatsächlich nur wenige Stunden betragen kann. In dieser Zeit konzentriert sie sich voll auf die Fortpflanzung. Den Großteil ihres Lebens verbringt sie als Larve im Wasser.

Die etwa 5 mm lange Wimpernhafte *(Caenis spec.)* hat breite Vorderflügel und keine Hinterflügel.

Gemeine Eintagsfliege *(Ephemera spec.)*

die im Wasser lebende Larve der Gemeinen Eintagsfliege

etwa 2 cm lang, blassgelblich, kurze, kräftige Beine, 3 kurze, bewimperte Schwanzfäden

Vorkommen *Je nach Art an sauberen Bächen und Flüssen oder stehenden Gewässern.*

> ***Männchen tanzen in Schwärmen am Gewässer***
> ***Lebensdauer der Erwachsenen beträgt nur 1–4 Tage***
> ***Larve gräbt im Gewässergrund***

Steinfliege

Plecoptera (Steinfliegen)
L 3–30 mm April–September

Larve

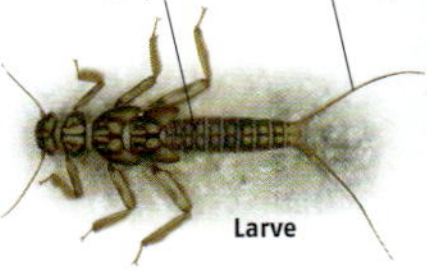

Die Steinfliege kann nicht sonderlich gut fliegen und hält sich meist am Ufer auf. Ihre Larve entwickelt sich im Wasser. Da sie dabei auf saubere, sauerstoffreiche Fließgewässer angewiesen ist, gilt ihr Vorkommen als Hinweis („Zeiger") auf gute Wasserqualität. Die Larve lebt meist unter Steinen oder zwischen Wasserpflanzen und ernährt sich von abgestorbenen organischen Stoffen, von Algen und Pflanzen oder räuberisch. Am Ende ihrer Entwicklung kriecht sie aus dem Wasser und häutet sich zum flugfähigen erwachsenen Tier.

eine der häufigsten Steinfliegen ist die Uferfliege *(Nemoura spec.)*

Vorkommen *Die meisten Steinfliegen-Arten leben an rasch strömenden Bächen und Flüssen mit guter Wasserqualität.*

> ***fliegt unbeholfen und ungern***
> ***Larven im Wasser***
> ***in Mitteleuropa gibt es über 100 Steinfliegen-Arten***

Gebänderte Prachtlibelle

Calopteryx splendens (Libellen)

L 45–50 mm   Mai–September

Vorkommen *Die Larve entwickelt sich nur in Fließgewässern. Die ausgewachsene Libelle lebt in der Ufervegetation, mitunter auch abseits der Gewässer.*

- > ***ernähren sich räuberisch von Kleintieren***
- > ***Larven zwischen freigespülten Wurzeln und im Wasser strömenden Pflanzen***

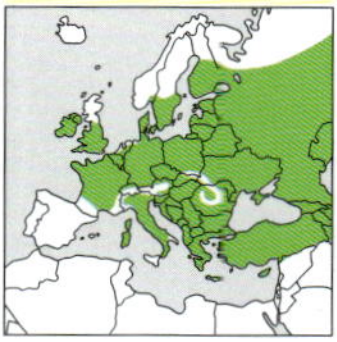

Die Prachtlibelle sitzt gern sonnenexponiert auf überhängenden Zweigen und Halmen. Das geschlechtsreife Männchen besetzt ein Revier, das es gegen andere Männchen verteidigt. Nähert sich ein Weibchen, wird es durch einen trudelnden Balzflug zur Paarung stimuliert und zu günstigen Eiablageplätzen geführt. Das Weibchen sticht seine Eier in Wasserpflanzen, oftmals taucht es dazu teilweise oder auch vollständig ab.

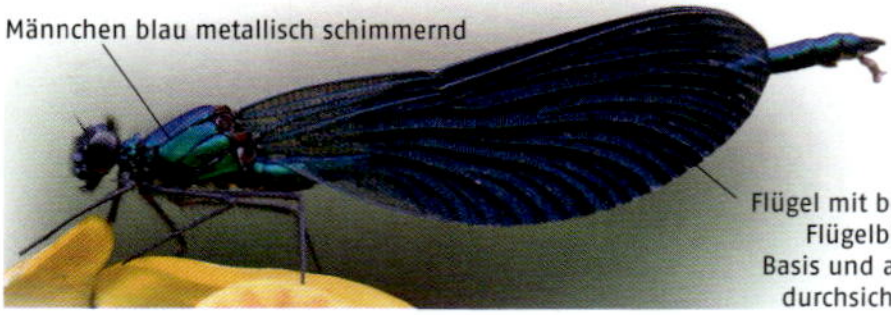

Weidenjungfer

Chalcolestes viridis (Libellen)

L 40–50 mm   Juli–Oktober

Vorkommen *Häufig und verbreitet an Teichen, Tümpeln und Seen mit einem Gebüschsaum am Ufer.*

- > ***Eiablage nur in Holzgewächse***
- > ***fliegen auch fernab von Gewässern***
- > ***mehrere Pärchen häufig dicht gedrängt bei der Eiablage***

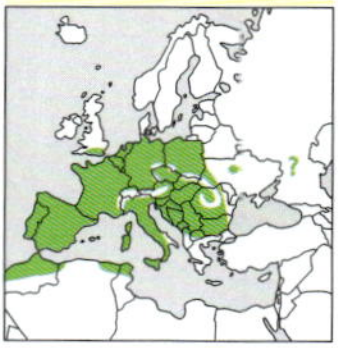

Das Pärchen trennt sich nicht gleich nach der Paarung, sondern bleibt in der so genannten Tandemstellung. Dabei fliegt das Männchen vorn und hält das Weibchen hinter dem Kopf mit den Hinterleibszangen gepackt. So fliegen sie an über das Wasser ragende Erlen- oder Weidenzweige. Das Weibchen sticht nun seine Eier in das Pflanzengewebe. Die Eier überdauern den Winter, erst im darauffolgenden Frühjahr schlüpfen die Larven und fallen ins Wasser.

Federlibelle

Platycnemis pennipes (Libellen)
L 30–40 mm Mai–September

Die Kiemenblättchen der wasserlebenden Larve sind dunkel und hell gescheckt und in einen langen, fadenförmigen Zipfel ausgezogen.

Die Paarung der Libelle ist einzigartig und eine akrobatische Meisterleistung: Sie wird durch die Bildung des sogenannten Tandems eingeleitet (Foto rechts oben). Hierzu ergreift das Männchen im Flug ein Weibchen mit seinen Hinterleibszangen am Kopf. Entweder im Flug oder sitzend biegt das Weibchen nun seinen Hinterleib so weit nach vorn, bis es seine Geschlechtsöffnung an die Samentasche des Männchens koppeln kann. Die so entstandene Form wird Paarungsrad genannt.

Vorkommen Häufig und verbreitet an vegetationsreichen stehenden und langsam fließenden Gewässern, auch an Gräben.

- **Männchen bewacht die Eiablage**
- **Eiablage in untergetauchte Wasserpflanzen**

ein Paarungsrad

Männchen hellblau mit schwarzer Zeichnung

Beine mit deutlich verbreiterten, reich beborsteten und dadurch federartigen Schienen

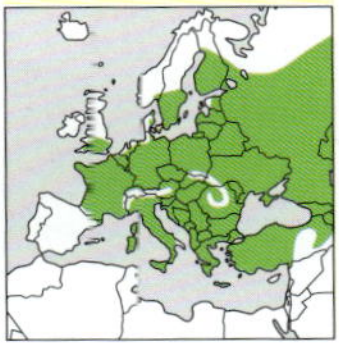

Frühe Adonislibelle

Pyrrhosoma nymphula (Libellen)
L 35–40 mm April–August

Die Flugzeit der bei uns vom Aussterben bedrohten Späten Adonislibelle (*Ceriagrion tenellum*) beginnt erst im Juni. Sie hat rötliche Beine, der Hinterleib der Männchen ist einfarbig rot, ohne schwarze Zeichnungen.

Die Frühe Adonislibelle zählt zu den ersten Libellen, die im Frühjahr schlüpfen. Meist lebt sie relativ verborgen am Ufer zwischen den Pflanzen. Die Eier werden in der Regel in der „Tandemposition" abgelegt (siehe Federlibelle), wobei das Pärchen mitunter auch komplett ins Wasser abtaucht.

Vorkommen Häufig und verbreitet an pflanzenreichen Kleingewässern wie Teichen und Tümpeln sowie langsam fließenden Gräben und Bächen.

- **eine der ersten Libellen im Jahr**
- **Paarung bei sonnigem Wetter während der frühen Morgenstunden**
- **gern an Gartenteichen**

Weibchen

schwarze Hinterleibszeichnung ausgedehnter

schwarze Beine

feuerrote Grundfärbung mit schwarzer Zeichnung

Männchen

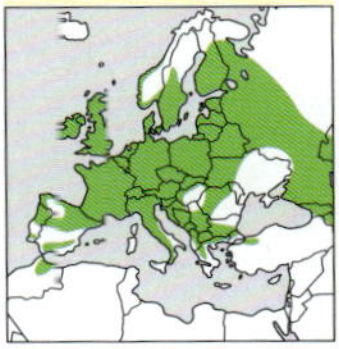

Große Pechlibelle

Ischnura elegans (Libellen)
L 35–40 mm   Mai–September

Vorkommen *Häufig und verbreitet an Gewässern aller Art, mit Ausnahme reißender Gebirgsbäche.*

- > ***eine der häufigsten Libellen***
- > ***Eiablage in den Dämmerungsstunden***
- > ***gern an Gartenteichen***

Wie alle anderen Libellen ernährt sich die Pechlibelle räuberisch von verschiedenen Fluginsekten, nicht selten von anderen Libellen. Relativ häufig findet man die Große Pechlibelle als Paarungsrad am Ufer auf Pflanzen sitzend, wo sie mitunter stundenlang verweilt. Die Eier werden in Pflanzenteile eingestochen, zuweilen taucht das Weibchen dazu komplett ab. Die Larve schlüpft nach einigen Wochen und lebt bis zum kommenden Frühjahr räuberisch unter Wasser.

Larve

Hufeisen-Azurjungfer

Coenagrion puella (Libellen)
L 35–40 mm   Mai–September

Vorkommen *Häufig und verbreitet an vegetationsreichen Teichen und Tümpeln, seltener an Seen und langsam fließenden Gewässern.*

- > ***oftmals gesellige Eiablage***
- > ***regelmäßig an Gartenteichen***

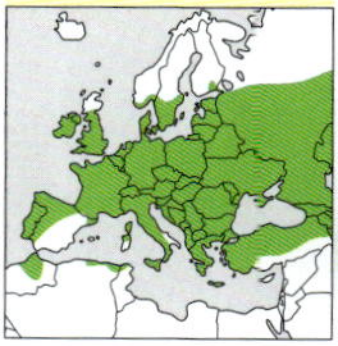

Es gibt etliche weitere Azurjungfer-Arten, deren Männchen ebenfalls einen blauen Hinterleib mit schwarzer Zeichnung haben. Sie unterscheiden sich u. a. durch die Zeichnung auf dem 2. Hinterleibssegment. Diese Zeichnung erinnert oft an eine Figur, die im deutschen Artnamen genannt wird: z. B. Pokal-, Fledermaus-, Helm-, Becher-, Speer-, Vogel-, Gabel- oder Mond-Azurjungfer.

Becher-Azurjungfer

Enallagma cyathigerum (Libellen)

L 35–40 mm   Mai–September

Die Eiablage wird meist in der „Tandemstellung" (Foto rechts oben) vollzogen, wobei das Männchen senkrecht über dem Weibchen steht und dieses mit den Hinterleibszangen am Nacken festhält. Taucht das Weibchen dabei längere Zeit ab, um die Eier in untergetauchte Pflanzenteile zu stechen, koppelt sich das Männchen ab, erwartet aber sein Weibchen an der Oberfläche, um es dann wieder vor konkurrierenden Männchen geschützt zum nächsten Ablageplatz zu geleiten.

typisch ist die schwarze Zeichnung auf dem 2. Hinterleibssegment, die an einen gestielten Becher erinnert (Name!)

Vorkommen *Verbreitet und häufig an stehenden und langsam fließenden Gewässern.*

> ***sitzt rechtwinklig abstehend auf senkrechten Stängeln***

> ***Weibchen, außer zur Paarung, abseits der Gewässer***

Weibchen bräunlich, blassbläulich oder grünlich mit lanzettartiger, ausgedehnter schwarzer Zeichnung auf den Hinterleibssegmenten

Segmente 8 und 9 einfarbig blau

Männchen leuchtend blau mit schwarzer Zeichnung

Blaugrüne Mosaikjungfer

Aeshna cyanea (Libellen)

L 70–80 mm   Juni–Oktober

die großen Komplexaugen stoßen aneinander

Typisch ist der Patrouillenflug des Männchens entlang der Uferlinien, bei dem es nach Weibchen Ausschau hält. Häufig bleibt es dabei hubschrauberähnlich in der Luft stehen und zeigt dem ruhigen Betrachter gegenüber wenig Scheu. Entdeckt das Männchen ein Weibchen, wird dieses ergriffen und zur Paarung oft hoch in die Bäume geschleppt. Seine Eier sticht das Weibchen in feuchten Boden am Ufer oder in Pflanzen auf und im Wasser.

Vorkommen *Häufig und verbreitet an stehenden Gewässern, auf Jagdflügen mitunter auch an Waldwegen und -rändern, über Wiesen und in Gärten.*

> ***Flügelspannweite bis 11 cm***

> ***gern an Gartenteichen***

auf der Oberseite der Brustsegmente 2 auffällige ovale grüne Flecken

beim Männchen blaue, grüne und schwarze mosaikartige Zeichnung auf dem Hinterleib

Die bräunliche Larve lebt räuberisch unter Wasser. Meist braucht sie 2 Jahre zur Entwicklung und ist ausgewachsen bis zu 5 cm lang.

Große Königslibelle

Anax imperator (Libellen)

L 70–85 mm   Juni–September

Die Mundwerkzeuge der Libellenlarve sind zu einer Fangmaske umgebildet, die zum Ergreifen von Beutetieren blitzschnell vorgeschleudert werden kann.

Vorkommen *Überall verbreitet an vegetationsreichen stehenden Gewässern, auf ihren Jagdflügen kann sie sich allerdings sehr weit vom Wasser entfernen.*

> ***eine der größten heimischen Libellen***
> ***Flügelspannweite bis 12 cm***

Das kräftige Männchen der Königslibelle ist ein ausdauernder Flieger: An warmen Sommertagen fliegt es sein Revier am Ufer und über dem offenen Wasser ununterbrochen ab, versucht dabei andere Großlibellen zu vertreiben und liefert sich mit anderen Königslibellen-Männchen oft erbitterte Kämpfe in der Luft. Nur selten setzt das Männchen sich mal an Pflanzen ab.

Vorderkörper einfarbig grün ohne Zeichnungen

Hinterkörper beim Männchen blau mit schwarzem Längsstreifen

Weibchen bei der Eiablage, typischerweise auf der offenen Wasserfläche in treibendes Pflanzenmaterial

Gemeine Keiljungfer

Gomphus vulgatissimus (Libellen)

L 45–50 mm   Mai–Juli

Komplexaugen deutlich voneinander getrennt

Vorkommen *An sandigen, sauberen Bächen und Flüssen, mitunter am Brandungsufer klarer Seen.*

> ***Männchen sitzt meist auf der Ufervegetation, auf Steinen oder direkt am Boden***
> ***stark gefährdete Art***

Die verschiedenen Arten der Fließgewässer-Großlibellen reagieren sehr empfindlich auf Wasserverschmutzung und die Regulierung von Bächen. Sie sind in ihren Beständen stark zurückgegangen und gelten als gefährdet. Den Artnamen „vulgatissimus“ (= sehr häufig) erhielt die Gemeine Keiljungfer einst wegen ihrer Häufigkeit, heute jedoch ist sie äußerst selten.

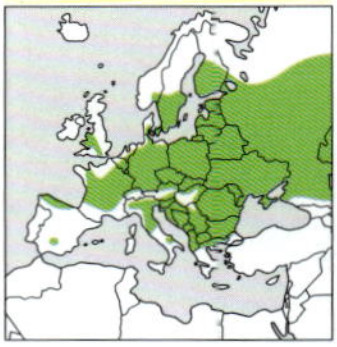

schwarz und gelb gezeichnet

Hinterleibsende verbreitert

Beine einfarbig schwarz

Die fertig entwickelte Larve kriecht an Stängeln aus dem Wasser empor. Hier reißt die Rückenhaut auf und aus dem entstandenen Spalt zwängt sich die erwachsene Libelle heraus.

Plattbauch

Libellula depressa (Libellen)
L 40–50 mm   Mai–August

Die Larve ist widerstandsfähig und kann das Austrocknen ihrer Wohngewässer im Schlamm vergraben über einen längeren Zeitraum überdauern.

Die Plattbauch-Libelle sonnt sich gern und ausgiebig auf exponierten Sitzwarten – beispielsweise trockenen Ästen oder aus dem Wasser ragenden Schilfhalmen – und kehrt nach kurzen Jagd- und Verteidigungsflügen oder auch nach Störungen meist an exakt die gleiche Stelle zurück (was sehr praktisch ist zum Beobachten und Fotografieren).

Vorkommen *Häufig und verbreitet an stehenden Gewässern, besonders an kleinen vegetationsarmen Teichen und Tümpeln.*

- ***Paarung findet im Flug statt und dauert nur wenige Sekunden***
- ***Entwicklung der Larve meist 2 Jahre***
- ***Erstbesiedler an Gartenteichen***

Vierfleck

Libellula quadrimaculata (Libellen)
L 40–50 mm   Mai–August

Die im Wasser lebende Larve lebt räuberisch von verschiedenen Kleinlebewesen.

Die Vierfleck-Libelle bildet mitunter Wanderschwärme, die in früheren Zeiten spektakuläre Ausmaße erreichten. So wird von einer Massenwanderung im Mai 1862 berichtet, die über zwei Milliarden Tiere umfasst und eine Ausdehnung von 40 km Länge und 6 km Breite erreicht haben soll. Heute sind die Schwarmbildungen selten und weitaus weniger umfangreich. Welchem Zweck sie dienen und wie sie ausgelöst werden, ist nicht geklärt.

Vorkommen *Häufig und verbreitet an stehenden Gewässern aller Art.*

- ***Männchen sitzt gerne auf exponierten Sitzwarten, auf die es nach kurzen Flügen zurückkehrt***
- ***die Paarung dauert nur wenige Sekunden und findet im Flug statt***

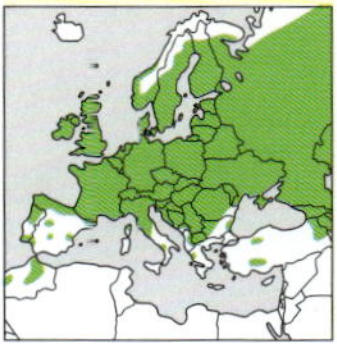

Großer Blaupfeil

Orthetrum cancellatum (Libellen)

L 45–50 mm   Mai–September

Vorkommen *Weit verbreitet und häufig an stehenden Gewässern, insbesondere an solchen mit vegetationsarmen Sand- und Kiesufern, zur Nahrungssuche auch abseits der Gewässer.*

> ***sonnt sich gern am Boden***

Insbesondere beim älteren Männchen fällt häufig auf, dass seine blaue Bereifung abgegriffen ist. Dies kommt daher, dass sich das Weibchen mit seinen klauenbewehrten Beinen während der 10–15-minütigen Paarung daran festklammert.

Feuerlibelle

Crocothemis erythraea (Libellen)

L 40–45 mm   Mai–Oktober

Vorkommen *An stehenden und langsam fließenden Gewässern, auch in Lagunen, Sümpfen und Reisfeldern.*

> ***breitet sich kontinuierlich in Mitteleuropa aus und ist ein Beispiel für die Auswirkungen des Klimawandels***

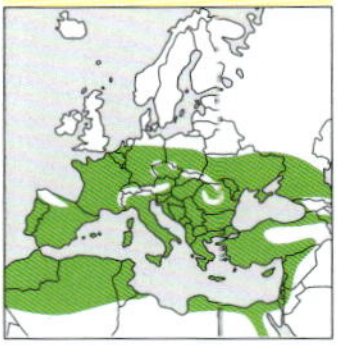

Die Feuerlibelle nimmt, wie einige andere Libellenarten, an sonnenreichen Tagen eine handstandähnliche Position ein. Bei dieser sogenannten Obelisken-Stellung wird der Hinterleib direkt auf die Sonne ausgerichtet, um die der Wärmestrahlung ausgesetzte Körperoberfläche zu minimieren und dadurch einer Überhitzung vorzubeugen.

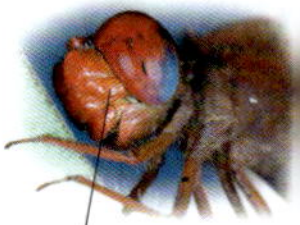

Blutrote Heidelibelle

Sympetrum sanguineum (Libellen)

L 40–45 mm   Juni–Oktober

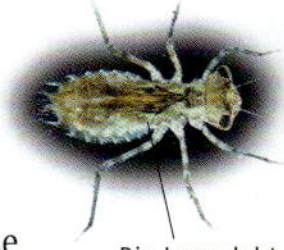

Die Larve lebt räuberisch unter Wasser zwischen Wasserpflanzen.

Bei uns leben einige weitere, zum Teil sehr ähnliche Heidelibellen-Arten. Interessanterweise ähneln sich die Weibchen einiger Arten so sehr, dass selbst die paarungswilligen Männchen beim Erkennen Schwierigkeiten zu haben scheinen und die Falschen ergreifen. Der Name ist wohl auf die relativ späte Flugzeit zurückzuführen, die mit der ebenfalls recht späten Blütezeit des Heidekrautes zusammenfällt.

Vorkommen *Häufig und verbreitet an stehenden Gewässern aller Art. Gern auch an Fisch- und Gartenteichen.*

- > ***entfernt sich oft weit vom Gewässer***
- > ***sitzt auf exponierten Warten oder am Boden***
- > ***Eiablage im Tandemflug***

Gemeiner Ohrwurm

Forficula auricularia (Ohrwürmer)

L 10–16 mm   ganzjährig

In Wäldern häufig ist der Wald-Ohrwurm *(Chelidurella acanthopygia)* ohne Hinterflügel und mit sehr kurzen Vorderflügelstummeln.

Der Ohrwurm ernährt sich sowohl von pflanzlicher als auch von tierischer Nahrung. Die Einen sehen in ihm einen Schädling, der an Früchten, insbesondere an Weintrauben und Pfirsichen, frisst. Andere stufen ihn als Nützling ein, da er eine Vielzahl verschiedener Schadinsekten, wie Blattläuse und deren Eier, vertilgt.

Vorkommen *Überall häufig, wo es geeignete Verstecke gibt, z. B. unter Laub, zwischen Ritzen und Spalten und auf Pflanzen, gern auch in und um Häuser.*

- > ***heißt auch Ohrenkneifer, kriecht aber nicht in Ohren und kneift dort auch nicht***
- > ***Weibchen legt Eier in unterirdisch angelegte Bodennester***

Grünes Heupferd

Tettigonia viridissima (Heuschrecken)

L 30–40 mm Juli–Oktober

Vorkommen *Verbreitet und häufig an sonnigen Wegrändern, auf Wiesen, Trockenrasen und Feldern, auch in Gärten.*

- ***Männchen mit lautem schwirrendem Gesang***
- ***kann gut fliegen***
- ***ernährt sich hauptsächlich räuberisch von Insekten***

Das Weibchen sticht seine Eier mit dem kräftigen Legebohrer in den Boden, wo diese sich entwickeln. Im Frühjahr schlüpft die Larve. Sie frisst und wächst stetig und häutet sich insgesamt 7-mal bis zum geschlechtsreifen, erwachsenen Tier.

Die kleine Larve oder Nymphe ähnelt bereits dem erwachsenen Tier.

Häufig in feuchteren Biotopen ist die Zwitscherschrecke *(T. cantans)* mit deutlich kürzeren Flügeln.

Fühler länger als der Körper

sehr lange Flügel

2–3 cm langer, säbelartiger Legebohrer zur Eiablage

Gewöhnliche Strauchschrecke

Pholidoptera griseoaptera (Heuschrecken)

L 13–20 mm Juli–November

Vorkommen *Verbreitet und relativ häufig auf gebüschreichen Wiesen und Waldlichtungen, an Waldrändern und Waldwegen, in Gärten und Parks.*

- ***kann nicht fliegen***
- ***Bauch leuchtend gelb***
- ***Männchen tags und nachts mit lautem Gesang***

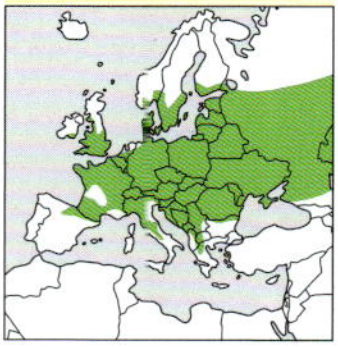

Die Strauchschrecke ist ein Allesfresser, der andere Insekten erbeutet, aber auch Gräser und Kräuter verzehrt. Das Weibchen legt seine Eier im Herbst mit seinem kräftigen Legesäbel in Totholz oder in die Erde. Aus den Eiern schlüpfen erst im Sommer des 2. Jahres die kleinen Larven und entwickeln sich innerhalb einiger Wochen zu den geschlechtsreifen Tieren.

Flügel beim Männchen etwa 5 mm lang

Das Vorkommen der etwas größeren Alpen-Strauchschrecke *(P. aptera)* ist auf die Alpen und das Alpenvorland begrenzt.

Flügel nur etwa 1 mm lang

Seiten des Halsschildes mit schmalem hellem Rand

Weibchen mit langer, gebogener Legeröhre

Feldgrille

Gryllus campestris (Heuschrecken)
L 20–26 mm   Mai–August

Die Feldgrille gräbt sich etwa 20 cm tiefe Erdröhren, in die sie bei Gefahr flüchtet. Auch die Eier werden in selbst gegrabene Erdhöhlen abgelegt, daraus schlüpfen nach 2–3 Wochen die Larven. Abends sitzt das Männchen vor dem Eingang seiner Röhren und zirpt sein bis zu 100 m weit zu hörendes „zri zri zri“ bei warmem Wetter bis tief in die Nacht hinein.

Zum Gesang hebt das Männchen beide Vorderflügel an, spreizt sie etwas ab und bewegt sie rhythmisch gegeneinander.

Weibchen

gerade Legeröhre

mächtiger Kopf, breiter als der Körper

schwarz mit bräunlichen Flügeln

Männchen

***Vorkommen** In trockenen, sonnigen Gebieten mit niedrigem Pflanzenwuchs, in Heiden, auf trockenen Rasen und an Böschungen.*

- ***frisst hauptsächlich Gräser und Kräuter***
- ***Männchen verteidigt sein Revier gegen Artgenossen***

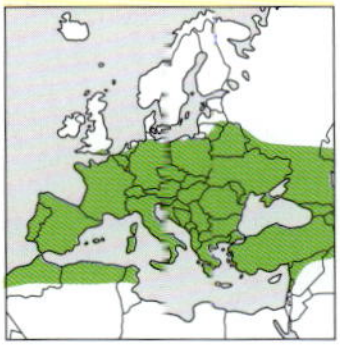

Maulwurfsgrille

Gryllotalpa gryllotalpa (Heuschrecken)
L 35–50 mm   ganzjährig

Die Maulwurfsgrille lebt unterirdisch und wühlt sich auf der Suche nach Würmern und Insektenlarven mithilfe ihrer kräftigen Grabschaufeln durch den Boden. Da sie auch Pflanzenwurzeln benagt, verursacht sie mitunter nicht unerhebliche Schäden in Gärten, auf Äckern und in Wäldern und wird dort bekämpft.

Die Eier werden in einer selbst gegrabenen Erdhöhle abgelegt.

Vorderbeine sind zu mächtigen Grabschaufeln umgebildet.

samtartig behaart

relativ kurze Fühler

***Vorkommen** Lebt auf Äckern und in Gärten mit lockeren, feuchten Böden. Im Norden sehr selten, im Süden Deutschlands regelmäßig.*

- ***durch die Grabschaufeln unverwechselbar***
- ***lebt unterirdisch wie ein Maulwurf***

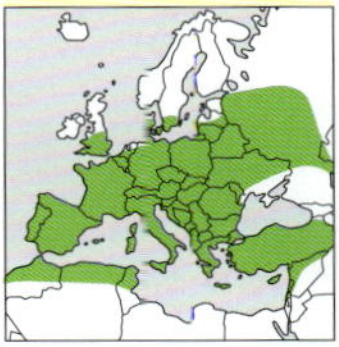

Ägyptische Wanderheuschrecke

Anacridium aegypticum (Heuschrecken)

L 30–70 mm   September–Juni

Vorkommen *Verbreitet und häufig im gesamten Mittelmeergebiet in gebüschreichen, trockenen Biotopen und lichten Wäldern.*

- ***über den gesamten Winter zu finden***
- ***wird gelegentlich mit Obst und Gemüse nach Mitteleuropa eingeschleppt***

Trotz ihrer Größe ist die Art in Gebüschen aufgrund ihrer Tarnfarben nur schwer zu entdecken. Meist sieht man sie erst, wenn sie auffliegt und dabei ein wenig an kleine aufgeschreckte Vögel erinnert. Im Sommer findet sich ihre grüne Larve, die leicht an den gestreiften Augen zu erkennen ist.

Blauflügelige Ödlandschrecke

Oedipoda caerulescens (Heuschrecken)

L 15–28 mm   Juli–Oktober

Vorkommen *Liebt es trocken und warm und besiedelt spärlich bewachsene Trockenrasen, Ödland, Dünen, lichte Kiefernwälder, ehemalige Sandkuhlen und ähnliche Biotope.*

- ***perfekte Tarnung auf Untergrund***
- ***wirkt gepanzert***
- ***gefährdete Art***

Die Ödlandschrecke passt sich im Laufe ihrer Entwicklung von einem Larvenstadium zum nächsten farblich immer mehr dem Untergrund an und verschmilzt als ausgewachsenes Tier schließlich optisch mit ihm. Wird sie aufgeschreckt, fliegt sie nur ein kurzes Stück und ist nach der Landung auch schon wieder perfekt getarnt entschwunden. Sie ernährt sich überwiegend von Gräsern.

Gemeiner Grashüpfer

Chorthippus parallelus (Heuschrecken)

L 14–24 mm Juni–November

Die Flügel des Weibchens reichen nur bis zur Körpermitte.

Der Grashüpfer kann weit springen, aber mit seinen verkürzten Flügeln meist nicht fliegen. Das Männchen singt an warmen Sommerabenden noch bis Mitternacht. Dazu reibt es seine Hinterbeine über die Flügel. Die Verse dauern nur 1–1,5 Sekunden, sind kurz und kratzig und klingen wie „sräsräsräsrä“. Sie werden im 3-Sekunden-Takt vorgetragen.

Beim Männchen reichen die Flügel bis fast ans Körperende.

Hinterbeine mit dunklen Knien

Vorkommen *Häufig und weit verbreitet so gut wie überall dort, wo Pflanzen wachsen, sogar auf überdüngten Wiesen.*

- ***unsere häufigste Heuschrecke***
- ***meist grünliche Grundfärbung, aber auch bräunlich, gelblich oder rötlich***

Gottesanbeterin

Mantis religiosa (Fangschrecken)

L 40–75 mm August–November

In der Abwehrhaltung wird je ein schwarzer Fleck an der Basis der Vorderhüften sichtbar.

Namensgebend für die Gottesanbeterin war, dass sie meistens regungslos auf Pflanzen sitzt, wobei sie die Fangbeine leicht ausgestreckt vor dem Oberkörper gefaltet hat und es so aussieht, als betete sie. Nähert sich ein Opfer, schnellen ihre Vorderbeine nach vorn und die Beute wird zwischen Schenkel und Schiene gepackt. Gelegentlich kommt es vor, dass das Weibchen während oder nach der Paarung das sie begattende Männchen auffrisst. Solch ein „Gattenmord“ ist auch bei Spinnen bekannt.

Vorderbeine sind zu dornenbewehrten Fangbeinen umgebildet.

Schlupf mehrerer Jungtiere aus dem Eigelege im Frühling

Vorkommen *Im gesamten Mittelmeerraum an sonnigen Hängen, auf Wiesen und zwischen Gebüschen. In Mitteleuropa auf ausgesprochene Wärmeinseln beschränkt.*

- ***Körperfarbe grün oder Bräunlich***
- ***erbeutet verschiedene Insekten***

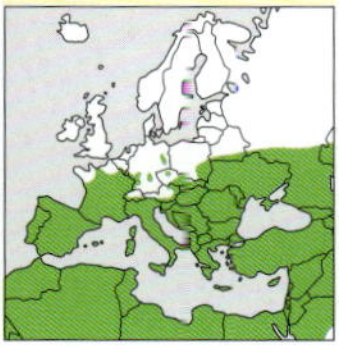

Küchenschabe

Blatta orientalis (Schaben)

L 20–30 mm   ganzjährig

ebenfalls weltweit in Gebäuden verbreitet ist die nur 10–13 mm lange, voll geflügelte Deutsche Schabe oder Hausschabe *(Blattella germanica)*

Vorkommen *Mit Ausnahme arktischer und antarktischer Gebiete weltweit verbreitet in Gebäuden.*

- ***besitzt Stinkdrüsen***
- ***nachtaktiv und lichtscheu***
- ***kann sich durch engste Spalten zwängen***

Die Wärme in Backstuben, Großküchen und Lebensmittelbetrieben sowie die ständige Verfügbarkeit von nahrhaften Stoffen bieten ein Eldorado für die Küchenschabe, die auch Kakerlake genannt wird. Da sie mit Bakterien und Pilzen aller Art in Berührung kommt und diese so verbreitet, stellt ihr Vorkommen ein großes Hygieneproblem dar. Sie kann nicht fliegen.

Waldschabe

Ectobius lapponicus (Schaben)

L 9–13 mm   Mai–November

Vorkommen *Weit verbreitet und recht häufig in und auf der Kraut- und Bodenschicht von Laub-, Misch- und Nadelwäldern, in Hecken, Parks und Gärten.*

- ***tagaktiv und wärmeliebend***
- ***nur das Männchen kann fliegen***
- ***Halsschild und Flügel durchscheinend***

Die Waldschabe ernährt sich hauptsächlich von vermodernden Pflanzenstoffen, außerdem noch von Kleintieren. Das Männchen ist mit seinen gut ausgebildeten Hinterflügeln flugfähig, während das Weibchen nur verkümmerte Flugflügel besitzt und sich ausschließlich krabbelnd fortbewegt. In Mitteleuropa leben einige weitere sehr ähnliche Ectobius-Arten.

Schwarze Bohnenblattlaus

Aphis fabae (Blattläuse)

L 1–3 mm April–September

Die Blattlaus schädigt ihre Wirtspflanzen in zweierlei Hinsicht: Zum einen sticht sie die Pflanzen an und saugt deren Säfte, zum anderen überträgt sie zahlreiche pflanzenschädliche Viren und Pilze. In Mitteleuropa leben etwa 850 Blattlaus-Arten, von denen etliche auf ganz bestimmte Pflanzen-Arten spezialisiert sind.

Aus den Siphonen tritt ein orangefarbenes Tröpfchen aus. Dieses Abwehrsekret ist klebrig und soll Angreifern den Mund verschmieren und damit den Appetit auf Läuse verderben.

am Hinterende mit 2 Röhren („Siphone")

weißliche Wachsflecken auf dem Rücken

Es treten geflügelte und ungeflügelte Tiere innerhalb einer Kolonie auf.

Vorkommen *Weit verbreitet und sehr häufig, im Sommer insbesondere an Bohnen, Rüben und anderen krautigen Pflanzen, im Herbst an Pfaffenhütchen und Schneeball.*

> ***kugelig bis birnenförmig***
> ***lebt in großen Kolonien***
> ***überschüssiger Zucker wird als Honigtau abgesondert, der Ameisen als Nahrung dient***

Fichten-Galllaus

Sacchiphantes spec. *und Adelges* spec. (Blattläuse)

L 1–3 mm April–Oktober

Im Frühjahr legt die Blattlaus ihre Eier an die frischen Fichtentriebe. Die daraus schlüpfende Larve saugt an den Nadeln und bewirkt damit ein abnormes Wachstum des Pflanzengewebes zur Galle (ananasförmige Wucherung). Im Herbst wird die Ananasgalle braun und hart, öffnet sich und entlässt die fertig entwickelten Blattläuse.

Die etwa 1–3 cm große Galle erinnert an eine kleine Ananas.

winzige, bräunlich gefärbte Blattlaus

Querschnitt durch eine Galle: In der innen gekammerten Galle entwickeln sich die Larven.

Vorkommen *Weit verbreitet und häufig an Nadelbäumen in Wäldern, Parks und Gärten, die Galle stets an Fichten.*

> ***Wirtswechsel zwischen Fichte und Lärche***
> ***Massenbefall kann Bäume schädigen***
> ***durch europäisches Pflanzgut nach Nordamerika verschleppt***

Kopflaus

Pediculus capitis (Tierläuse)

L 2–4 mm ganzjährig

Vorkommen *Weltweit verbreitet und ausschließlich an Menschen parasitierend, besonders am Hinterkopf auf der Kopfhaut und den Kopfhaaren.*

> ***stark abgeflacht und flügellos***
> ***saugt Blut***
> ***kann ohne Blutmahlzeit maximal 24 Stunden überleben***

Die einzige Nahrung der Kopflaus ist das Blut des Menschen. Um an dieses zu gelangen, sticht sie mit ihrem Mundwerkzeug in menschliche Kopfhaut und beginnt zu saugen. Dabei sondert sie ein Betäubungsmittel ab, sodass der Stich in der Regel nicht sofort spürbar ist. Ihre Eier, die sogenannten Nissen, kittet die Kopflaus an den Haaren ihres Wirts fest. Sie kann weder springen noch fliegen. Allen sich hartnäckig haltenden Vorurteilen zum Trotz hat der Befall mit Kopfläusen nichts mit mangelnder Hygiene zu tun.

Endglieder der Beine sind zu hakenförmigen Krallen umgeformt.

durchscheinend, mit Blut gefüllter Verdauungstrakt sichtbar

Das Weibchen klebt seine Eier mit einer wasserunlöslichen Substanz in unmittelbarer Nähe der Kopfhaut an die Haare und umschließt sie mit einem Gehäuse aus Chitin, der sogenannten Nisse.

Wasserskorpion

Nepa rubra (Wanzen)

L 15–20 mm ganzjährig

Vorkommen *In weiten Teilen Europas verbreitet und häufig in stehenden und langsam fließenden Gewässern, meist im flachen Uferbereich, auch in Gartenteichen.*

> ***flacher Körper***
> ***kann schmerzhaft stechen***
> ***Weibchen sticht Eier meist in abgestorbenes Pflanzenmaterial***

Das Atemrohr des Jungtieres (Nymphe) ist noch kurz.

Der Wasserskorpion lebt als Lauerjäger und verharrt oft stundenlang versteckt zwischen Wasserpflanzen, die Fangarme weit ausgebreitet. Sein als Schnorchel fungierendes Atemrohr durchbricht dabei die Wasseroberfläche zum Luftholen. Blitzschnell packt er vorbeischwimmende Kleintiere mit seinen klappmesserartigen Fangarmen, sticht die Tiere mit dem Rüssel an und saugt sie aus.

Vorderbeine zu skorpionähnlichen Fangarmen umgestaltet

kurzer, kräftiger, nach vorn gerichteter Rüssel

etwa 1 cm langes Atemrohr am Hinterkörper

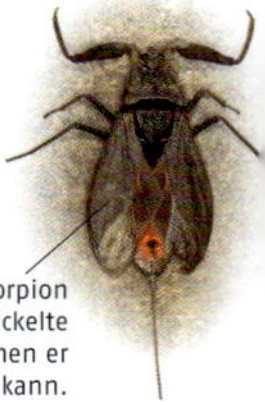

Der Wasserskorpion besitzt voll entwickelte Flügel, mit denen er fliegen kann.

Rückenschwimmer

Notonecta glauca (Wanzen)

L 13–16 mm   ganzjährig

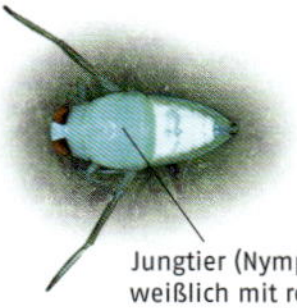

Jungtier (Nymphe) weißlich mit roten Augen

Häufig sieht man das Insekt in Rückenlage direkt unter der Wasseroberfläche hängen, wo es seinen zwischen den Bauchhaaren hängenden Luftvorrat auftankt. Der Rückenschwimmer kann mit seinen langen und kräftigen Ruderbeinen hervorragend schwimmen. Als Nahrung erbeutet er alles, was er gerade noch überwältigen kann. Wie bei Wanzen üblich, werden die Opfer mit dem Rüssel angestochen und ausgesaugt.

Halsschild vorn hell, hinten dunkel

Vorkommen *In ganz Europa verbreitet und häufig in stehenden und langsam fließenden Gewässern, auch in Gartenteichen.*

- ***schwimmt auf dem Rücken***
- ***kann gut fliegen***
- ***sticht schmerzhaft, daher auch Wasserbiene genannt***

Wasserläufer

Gerris spec. (Wanzen)

L 10–20 mm   ganzjährig

Während der Paarung trägt das Weibchen das Männchen auf dem Rücken.

Der Wasserläufer lebt räuberisch auf der Wasseroberfläche. Er erbeutet auf das Wasser gefallene Insekten oder solche, die zum Luftholen an die Oberfläche kommen, und saugt sie mit seinem Stechrüssel aus. Gene und Umwelteinflüsse haben Auswirkungen auf die Flügel: So gibt es voll geflügelte, kurzflügelige und völlig ungeflügelte Individuen. Die flugfähigen Tiere besiedeln schnell neue Lebensräume.

Vorkommen *Über ganz Europa verbreitet und häufig in stehenden und mäßig fließenden Gewässern, auch in Gartenteichen.*

- ***typische ruckartige Bewegung auf dem Wasser***
- ***wird durch Oberflächenspannung des Wassers getragen***
- ***ca. 10 heimische Arten***

Prachtwanze

Miris striatus (Wanzen)

L 9–12 mm Mai–Juli

Vorkommen *Über ganz Mitteleuropa verbreitet, vor allem auf Laubgehölzen an sonnigen Waldrändern, in lockeren Gebüschen, in Parkanlagen und naturnahen Gärten.*

- ***ovaler, länglich gestreckter Körperumriss***
- ***vor allem auf Weißdorn, Schlehe, Hasel und Birken anzutreffen***
- ***Überwinterung als Ei***

Weichwanzen (Miridae) sind mit weltweit mehr als 10 000 beschriebenen Arten die artenreichste Familie der Wanzen. In Europa leben davon weit über 1000 Arten. Der deutsche Name „Weichwanze“ bezieht sich auf den im Vergleich mit anderen Wanzen-Arten weniger verhärteten Körperpanzer. Die Prachtwanze ernährt sich überwiegend räuberisch von Insektenlarven und Blattläusen.

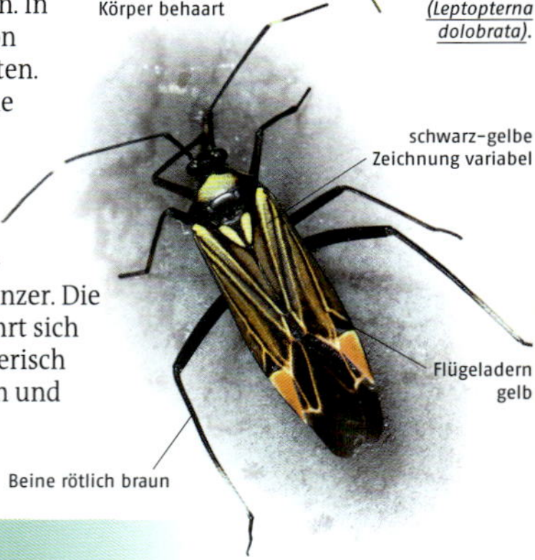

Rote Mordwanze

Rhinocoris iracundus (Wanzen)

L 14–17 mm Mai–Juli

Vorkommen *In Mitteleuropa und im Mittelmeerraum verbreitet an sonnigen und trockenwarmen Orten, an Waldrändern, auf Trockenwiesen.*

- ***auch Zornige Raubwanze genannt***
- ***einige sehr ähnliche Arten in Europa***
- ***kann beim Ergreifen schmerzhaft zustechen***

Die Mord- oder Raubwanze lauert auf Blüten und Blättern auf Beuteinsekten. Diese werden mit den zu einer Art Fangarmen ausgebildeten Vorderbeinen geschnappt, mit dem kräftigen Rüssel angestochen und schließlich ausgesaugt. Zwischen den Vorderbeinen besitzt die Wanze kleine Riefen und Rippen und kann an ihnen zirpende Geräusche produzieren, indem sie mit ihrem Rüssel darüberstreicht.

Feuerwanze

Pyrrhocoris apterus (Wanzen)

L 10–12 mm   August–Juni

am ganzen Körper dicht behaart

die ebenfalls charakteristisch gefärbte Zimtwanze *(Corizus hyoscyami)*

Für Vögel und andere Fressfeinde ist die Feuerwanze ungenießbar, da sie ein widerlich schmeckendes und zudem giftiges Wehrsekret ausscheidet. Potenzielle Fressfeinde lernen aus schlechten Erfahrungen, künftig Feuerwanzen als Beute zu meiden. Die deutliche rot-schwarze Signalfärbung wirkt dann als Warntracht. Die Feuerwanze ernährt sich überwiegend von den abgefallenen Samen von Linden und Robinien, an denen sie saugt.

Die Larve ist überwiegend rot gefärbt, nur entlang des Rückens hat sie mehrere kleine schwarze Flecken.

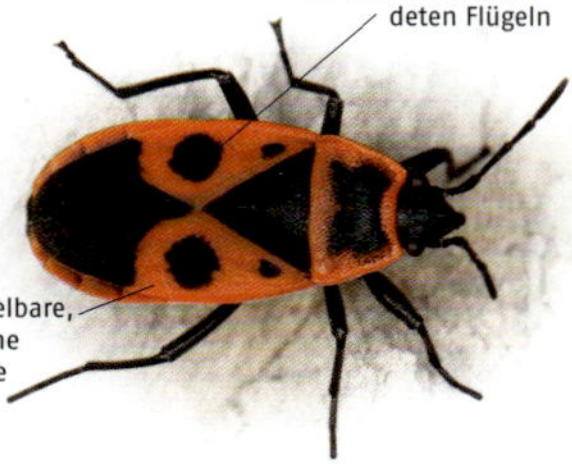

je 2 schwarze Punkte auf den zurückgebildeten Flügeln

unverwechselbare, kontrastreiche schwarz-rote Zeichnung

Vorkommen *Verbreitet und häufig in Mittel- und Südeuropa, insbesondere an sonnigen Orten unter Linden und Robinien, auch in Gärten und Parks.*

- ***lebt gesellig, häufig massenhaft an einem Ort***
- ***im Vorfrühling beim Sonnenbaden zu beobachten***
- ***überwintert als erwachsenes Tier***

Streifenwanze

Graphosoma lineatum (Wanzen)

L 8–12 mm   August–Juni

Die Larve der Stinkwanze ist grünlich mit schwarzer Zeichnung.

Wie bei den Feuerwanzen dient die auffällige Farbenpracht der Streifenwanze als Warnung: Sie signalisiert damit potenziellen Fressfeinden ihre Ungenießbarkeit – haben sie einmal das schwarz-rote Insekt probiert, erinnern sie sich bei einem Wiedersehen an den widerlichen Geschmack und tun das nie wieder.

schwarz-rot gestreift

Eine der häufigsten und überall zu findenden Wanzen ist die grasgrün gefärbte Stinkwanze *(Palomena prasina)*.

Vorkommen *In Süd- und Mitteleuropa verbreitet und häufig auf Wiesen, an Wegrändern und in Gärten, meist auf Doldenblütlern wie Wiesenkerbel, Bärenklau, Engelwurz oder Wilder Möhre*

- ***saugt mit Vorliebe an den Samen von Doldenblütlern***
- ***Den Winter verbringt das erwachsene Tier im Boden vergraben oder an geschützten Stellen verborgen.***

Singzikade

Cicadetta montana (Zikaden)

L 20–28 mm   Mai–Juni

Die Larve lebt unterirdisch, ihre Vorderbeine sind zu maulwurfsähnlichen Grabbeinen umgebildet.

Vorkommen *Verbreitet in Mittel- und Südeuropa, in Deutschland von den Mittelgebirgen an südwärts. Besiedelt sonnenbeschienene Hänge, Lichtungen und verbuschte Trockenrasen.*

> ***Männchen singt laut***
> ***scharfer, 2–3 Sekunden anhaltender Gesang***
> ***auf der Roten Liste Deutschlands als „stark gefährdet" eingestuft***

Der typische, mit einem Mittelmeerurlaub untrennbar verbundene Gesang der Singzikaden ähnelt dem von Heuschrecken oder Grillen. Es ist das Männchen, das mit speziell ausgebildeten Organen singt und mit seinem Gesang vor allem Weibchen anlockt und Reviergrenzen festlegt.

Im Mittelmeerraum weit verbreitet ist die Manna- oder Eschenzikade *(Cicada orni)*. Das laute und lang anhaltende Zirpen dieser Singzikade wird meist aus Baumwipfeln vorgetragen.

Blutzikade

Cercopis vulnerata (Zikaden)

L 9–11 mm   Mai–August

Die Larve lebt im Schaumnest im oder am Boden, wo sie vom Saft der Wurzeln oder der unteren Teile ihrer Wirtspflanzen saugt.

Vorkommen *In Mittel- und Südeuropa häufig und weit verbreitet auf halbschattigen, oftmals feuchteren Wiesen, an grasbewachsenen Wegrändern, gern an Bachläufen, auch in naturnahen Gärten.*

> ***kann gut und weit springen***
> ***Entgegen ihres Namens saugt sie kein Blut, sondern ist lediglich blutrot gefärbt.***

Die ausgewachsene Blutzikade lebt auf verschiedenen Gräsern und Kräutern, die sie mit ihrem Rüssel ansticht und deren Pflanzensäfte sie zur Ernährung aufsaugt. Mit ihrer auffälligen Warnfärbung täuscht sie Fressfeinden eine Giftigkeit vor.

Sehr ähnlich ist die Binden-Blutzikade *(Cercopis sanguinolenta)*: Sie hat weniger Rotfärbung, die hintere Binde verläuft eher gerade und folgt nicht dem Schwung der Flügelspitze.

Wiesen-Schaumzikade

Philaenus spumarius (Zikaden)

L 5–7 mm   Mai–Juli

Die Larve der Schaumzikade verarbeitet überschüssig aufgesaugte Pflanzensäfte sowie körpereigene Zusätze durch das Einpumpen von Luftbläschen zu Schaum. Diese 1–2 cm großen, weißlichen Schaumgebilde umgeben die Larve und erinnern im Aussehen an Spucke. Da man sich lange nicht erklären konnte, woher die absonderlichen Gebilde stammen, haben sich Namen wie „Hexenspucke" und „Kuckucksspeichel" eingebürgert.

Im Inneren des Schaums lebt eine einzelne Larve und saugt an der betreffenden Pflanze.

Der Schaum dient der kleinen Larve als Schutz vor Fressfeinden und Austrocknung.

Färbung unscheinbar und variabel

Körperformumriss breitlänglich oval

Vorkommen Über ganz Europa verbreitet und häufig auf feuchten Wiesen an Wegrändern und in offenen Wäldern.

- > **sticht mit ihrem unter dem Bauch verborgenen Rüssel Pflanzen an und saugt deren Säfte**
- > **ausgewachsene Zikade kann extrem weit springen**

Rhododendron-Zikade

Graphocephala fennahi (Zikaden)

L 8–9 mm   Juli–November

Halsschild mit orangefarbenen Flecken

dunkel gefärbter Streifen auf der Stirn

Man kann die Zikaden häufig in großer Zahl beim Sonnen auf der Oberseite von Rhododendronblättern entdecken, bei Störungen verstecken sie sich sofort auf den Blattunterseiten. Übermäßiger Befall kann Rhododendronbüsche schädigen: Beim Anstechen wird ein schädlicher Pilz übertragen, der gemeinsam mit der Rhododendron-Zikade aus Nordamerika eingeschleppt wurde und zum Absterben der Knospen führt („Knospenbräune"). Die Saugtätigkeit der Tiere an den Blättern führt in der Regel zu keinem großen Schaden.

je 2 schräg verlaufende orange Längslinien auf den Vorderflügeln

Rand der Flügelspitze ist dunkel gefärbt

Vorkommen Aus Nordamerika eingeschleppt, heute über ganz Europa verbreitet in Gärten, auf Friedhöfen und in Parks auf Rhododendron-Büschen.

- > **unverwechselbare Körperfärbung**
- > **Larve ernährt sich ausschließlich vom Pflanzensaft der Rhododendren**
- > **ausgewachsenes Tier saugt gelegentlich auch an anderen Pflanzen**

Schlammfliege

Sialis spec. (Netzflüglerartige)
L 20–30 mm Mai–August

Vorkommen *In ganz Europa verbreitet und häufig in und an stehenden und langsam fließenden Gewässern.*

> ***auch Wasserflorfliege genannt***
> ***erwachsenes Tier lebt verhältnismäßig träge auf Schilf und anderen Uferpflanzen***
> ***mehrere Arten, deren exakte Bestimmung nur durch mikroskopische Untersuchungen möglich ist***

Die Larve lebt während ihrer 2-jährigen Entwicklung zwischen Wasserpflanzen, am Teichgrund und im Bodenschlamm, wo sie sich räuberisch von Insekten und deren Larven, Kleinkrebsen und Würmern ernährt. Zur Verpuppung verlässt sie das Wasser und gräbt sich eine kleine Höhle im feuchten Erdreich. Nach weiteren 2 Wochen schließlich schlüpft die geflügelte Schlammfliege, die nur eine kurze Lebensdauer hat.

Die Flügel werden in Ruhestellung dachartig über dem Hinterleib zusammengelegt.

Nach der Paarung legt das Weibchen mehrere 100 Eier fladenförmig und dicht aneinandergepresst an Pflanzen und Pfählen ab.

Die 2–3 cm lange Larve lebt im Wasser: Hinterleib mit 7 Paar beinähnlichen, behaarten Kiemenanhängen und gefiedertem Schwanzfaden.

Kamelhalsfliege

Phaeostigma notata (Netzflüglerartige)
L 8–15 mm April–August

Vorkommen *In Nord- und Mitteleuropa weit verbreitet von der Ebene bis in 2000 m Höhe in Laub- und Mischwäldern, an Waldrändern und auf Lichtungen.*

> ***in Europa etwa 75 einander recht ähnliche Kamelhalsfliegen-Arten***
> ***Kopf und verlängerte Vorderbrust sehr beweglich***
> ***Nützling in der biologischen Schädlingsbekämpfung***

Das ausgewachsene Tier lebt vor allem im Blattwerk verschiedener Bäume und Büsche und ernährt sich dort als Räuber von Waldinsekten und deren Larven, vor allem von Blattläusen. Die Larve wohnt unter der Rinde und ernährt sich ebenfalls räuberisch, vor allem von Borken- und Bockkäfern und deren Larven sowie von Eiern und Raupen forstschädigender Schmetterlinge.

Die lang gestreckte Larve besitzt einen verstärkten Vorderkörper, der restliche Körper ist eher weichhäutig.

Die Schlangenköpfige Kamelhalsfliege oder das Otternköpfchen *(Raphidia ophiopsis)*.

Ameisenjungfer

Ayrmeleon formicarius (Netzflüglerartige)

. 30–35 mm   Mai–August

Larve mit 2 langen, spitzen, kräftigen Greifzangen am Kopf

ühler
eulenförmig,
ebogen

stabförmiger Hinterleib

Die Larve der Ameisenjungfer wird als Ameisenlöwe bezeichnet. Sie errichtet an regengeschützten, sandigen Stellen einen im Durchmesser etwa 5 cm großen Fangtrichter, an dessen Grund sie sich im Boden vergräbt und auf Beute lauert. Ameisen und andere Kleininsekten rutschen in den Trichter und schaffen es meist nicht, an den steilen, ständig nachrutschenden Trichterwänden wieder hinauszuklettern. Sind die Beutetiere erst einmal an den Trichtergrund gerutscht, greift die Larve sie mit den Zangen, lähmt sie durch ihr Gift und saugt sie schließlich aus.

Die auffälligen Fangtrichter der Larven im Sand sind ein eindeutiges Zeichen für das Vorkommen von Ameisenjungfern im Gebiet.

Vorkommen *In ganz Europa verbreitet, meist an sonnigen, sandigen Wald- und Wegrändern, in Heidegebieten, Dünen und Kiesgruben.*

> ***ausgewachsene Ameisenjungfer erinnert an eine Libelle***
> ***Flügel in Ruhestellung dachförmig über dem Rücken zusammengelegt***
> ***in Europa etwa 40 Ameisenjungfern-Arten***

Schmetterlingshaft

Libelloides spec. (Netzflüglerartige)

. 25–35 mm   Mai–August

Die Larve ähnelt Ameisenlöwen (s. o.), baut aber keine Trichter und hat an den Hinterleibsseiten lappige Anhängsel.

Das harmlose schmetterlingsähnliche Aussehen täuscht: Schmetterlingshafte sind keine Vegetarier, sondern geschickte Jäger. Sie ernähren sich von anderen Insekten, die sie im Flug erbeuten, mit ihren kräftigen Kaukiefern zerlegen und sogleich in der Luft fressen. Die Larve lebt ebenfalls räuberisch, meist versteckt am Boden oder unter Steinen auf Beute lauernd.

Flügel gelb geadert

Vorderflügel mit 2 schwarzen Flecken

Östlicher Schmetterlingshaft *(Libelloides macaronius)*

Schwarzer Fleck reicht fast bis an den hinteren Flügelwinkel.

lange Fühler an der Spitze keulig verdickt

Flügel netzartig schwarz geadert

Libellen-Schmetterlingshaft *(Libelloides coccajus)*

Vorkommen *Im südlichen Mitteleuropa und im Mittelmeerraum in wärmebegünstigten Lebensräumen wie Trockenrasen, warmen Geröllhängen mit offener Vegetation, sonnigen Lichtungen.*

> ***erinnert an Schmetterlinge***
> ***Kopf und Brust lang und dicht behaart***
> ***15 Arten in Europa, 3 in Mitteleuropa***

Florfliege

Chrysopa spec. (Netzflüglerartige)

L 8–12 mm ganzjährig

Die lang gestreckte Florfliegen-Larve erbeutet kleinere Insekten, insbesondere Blattläuse, und wird daher auch als „Blattlauslöwe" bezeichnet.

***Vorkommen** In ganz Europa häufig und weit verbreitet in Wäldern, auf Wiesen, in Gärten, auch in Städten.*

- ***im Winter oft in Häusern***
- ***auch als „Goldauge" bezeichnet***
- ***etwa 60 einander recht ähnliche Arten in Europa***

Die Florfliege und insbesondere deren Larve gelten im Garten sowie in der Land- und Forstwirtschaft als ausgesprochene Nützlinge und werden zur biologischen Schädlingsbekämpfung gegen Blattlaus- und Thripsbefall sogar extra gezüchtet und verkauft. Die Florfliegen-Larve ergreift ihre Beute mit ihren Zangen und injiziert eine lähmende Substanz. Anschließend wird die Beute ausgesaugt. Im Laufe ihrer Entwicklung tötet eine einzige Florfliegen-Larve bis zu 800 Blattläuse.

schwarze Flecken auf Kopf und Körper

lange, faden-förmige Fühler

Augen metallisch glänzend

Florfliegen-Eier sitzen auf bis zu 10 mm langen, dünnen Stielen oftmals in Bündeln

Feld-Sandlaufkäfer

Cicindela campestris (Käfer)

L 10–16 mm April–Oktober

Mit ihrem abgeflachten Kopf und Halsschild kann die Larve den Röhreneingang nach oben hin verschließen.

***Vorkommen** Über ganz Europa verbreitet in sandigen Gegenden, auf Wegen, Feldern, Heiden, Trockenhängen, Sandstränden und in Kiesgruben, vom Flachland bis ins Gebirge.*

- ***vor allem bei starker Sonneneinstrahlung aktiv***
- ***sehr schneller Läufer***
- ***fliegt aufgescheucht nur wenige Meter weit***

Der Sandlaufkäfer ist ein geschickter und flinker Jäger, der sich räuberisch von Insekten und Spinnen ernährt. Seine Larve lebt in selbst gegrabenen, senkrechten Erdröhren, in denen sie auf sich nähernde Beute lauert, diese blitzschnell ergreift und in die Röhre zieht. In dieser Röhre überwintert und verpuppt sich die Larve auch.

Der kupferfarbene Dünen-Sandlaufkäfer (*C. hybrida*) besiedelt offene Sandflächen und Dünen.

große, vorstehende Augen

lange spitze Oberkiefer

metallisch grün mit punktförmigen Flecken

Lederlaufkäfer

Carabus coriaceus (Käfer)

L 30–41 mm ganzjährig

Die Larve verpuppt sich im Boden, aus der Puppe schlüpft ab Mai der fertige Käfer.

Hat der Laufkäfer seine dolchartig gebogenen Klauen in sein Opfer geschlagen, spritzt er ihm ein buttersäurehaltiges Sekret. Damit wird das Innere des Tiers zu einem Brei aufgelöst. Das Gift dient aber nicht nur dazu, Beute zu zersetzen, sondern wird auch benutzt, um damit gezielt Feinde anzuspritzen: Bis zu 1 m weit versprüht der Leder-Laufkäfer in Not seine ätzende Buttersäure.

Auch die Larve lebt überwiegend räuberisch.

Vorkommen *Über weite Teile Europas verbreitet in feuchten Laub- und Mischwäldern, auch in Heidegebieten, auf Trockenrasen und in Gärten, von der Ebene bis ins Hochgebirge.*

> ***größte Laufkäferart Mitteleuropas***
> ***kann nicht fliegen***
> ***überwiegend nachtaktiver Räuber, frisst Schnecken, Aas, Insekten und Würmer***

Goldlaufkäfer

Carabus auratus (Käfer)

L 17–30 mm ganzjährig

Da der Goldlaufkäfer – wie alle anderen Laufkäferarten auch – auf Feldern und in Gärten Jagd auf verschiedene pflanzenfressende Insekten und deren Larven machen, wird er allgemein als Nützling eingestuft. Darüber hinaus verzehrt er Würmer, Schnecken, Pilze und Aas. Der Goldlaufkäfer kann ein Alter von 2 Jahren erreichen.

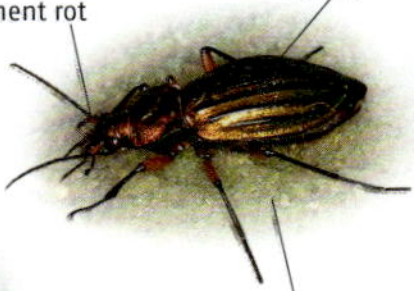

Ähnlich und relativ häufig ist der Goldglänzende Laufkäfer *(C. auronitens)*.

Vorkommen *Häufige Art über weite Teile Mitteleuropas, besiedelt Äcker, Wiesen, Waldränder, Trockenrasen, gelegentlich auch in Gärten.*

> ***auch Goldhenne oder Goldschmied genannt***
> ***wärmeliebende, tagaktive Art***
> ***klettert auch auf Bäume***

Gewöhnlicher Schaufelläufer

Cychrus caraboides (Käfer)
L 12–20 mm   ganzjährig

***Vorkommen** Häufig und weit verbreitet in Nord- und Mitteleuropa in feuchten Wäldern, Parks und Gärten, vom Flachland bis in 2000 m Höhe.*

- ***Körper hoch gewölbt, dadurch fast eiförmig***
- ***überwiegend dämmerungs- und nachtaktiv***
- ***asselartige Larve***

Sowohl die Larve als auch der Käfer fressen hauptsächlich Nackt- und Gehäuseschnecken, er ist daher in der Landwirtschaft und im Gartenbau ein gern gesehener Nützling. Tagsüber kann man den Käfer unter Moos, Steinen, Rinde oder Totholz finden.

Mit seinem auffallend schmalen Kop kann der Käfer in die Mündung vo Schneckengehäusen eindringen und s an den Weichkörper gelangen

Schienen der Beine rötlich gelb

Der Schmal Schaufelläufe (*C. attenuatus*) hat einen leichte Bronzeschimme in der Färbung

schwarz glänzend, Flügeldecken fein gerunzelt

Beine schwarz

langer Kopf und lang vorgestreckte Mundwerkzeuge

Gelbrandkäfer

Dytiscus marginalis (Käfer)
L 27–35 mm   ganzjährig

***Vorkommen** Häufig und weit verbreitet in weiten Teilen Europas in stehenden und langsam fließenden Gewässern, regelmäßig auch in pflanzenreichen Gartenteichen.*

- ***kann hervorragend schwimmen und tauchen***
- ***kann über 5 Jahre alt werden***
- ***ist ein hervorragender Flieger, der bei Wasser- oder Nahrungsmangel neue Gewässer aufsucht***

Der Gelbrandkäfer lebt als Lauerjäger und erbeutet von Mückenlarven über Wasserschnecken, Würmern, Kaulquappen bis hin zu kleinen Fischchen alles, was er gerade noch überwältigen kann. Zur Paarung reitet das Männchen huckepack auf das Weibchen auf und hält sich dort oft mehrere Tage mit seinen an den Vorderbeinen gelegenen Saugnäpfen fest.

hängt sich zum Luftholer mit der Hinterspitze an di Wasseroberfläch

Weibchen ehe grünlich braun mi tiefen Längsfurche

Die 5–7 cm lange Larve ist ein gefräßiger Räuber. Mit ihren kräftigen, dolchartig gebogenen Mundwerkzeugen packt sie ihre Beute und injiziert ein lähmendes Gift.

Flügeldecken des Männchens glänzend dunkelgrün und glatt

Hinterbein mit langer Schwimmborste

Halsschild ringsherum unc Flügeldecker seitlich mit auffälligem gelbem Randstreifer

Taumelkäfer

Gyrinus spec. (Käfer)

L 5–7 mm   ganzjährig

Der Taumelkäfer lebt räuberisch an der Wasseroberfläche und erbeutet meist auf das Wasser gefallene Insekten. Seine Augen sind zweigeteilt: Der obere Teil liegt über, der untere unter dem Wasser. So werden Feinde wie Beute von ober- und unterhalb gleichermaßen gut erkannt. Typisch ist an Sonnentagen die Schwarmbildung, wobei die Käfer dann in Scharen schnelle Kreise auf der Wasseroberfläche drehen.

Vorkommen *Etwa 20 Taumelkäfer-Arten in Europa, verbreitet und häufig in stehenden und langsam fließenden Gewässern, auch in Gartenteichen.*

- > ***auch Dreh- oder Kreiselkäfer genannt***
- > ***Bei Störungen taucht der Käfer rasch ab.***
- > ***Weibchen legt seine Eier in Form von an Perlenketten erinnernde Schnüre zwischen Wasserpflanzen ab***

Kolbenwasserkäfer

Hydrophilus aterrimus (Käfer)

L 30–43 mm   ganzjährig

Der Käfer lebt meist verborgen im Wasserpflanzengewirr und ernährt sich von frischen Blättern und Algen. Zum Luftholen kommt er an die Wasseroberfläche und trägt anschließend seinen Luftvorrat als glänzende Luftblase an der Bauchseite mit sich. Fängt man ihn, beißt er meist heftig und schmerzhaft zu.

Die bis zu 7 cm lange Larve frisst hauptsächlich Schnecken: Dabei kriecht sie mit dem Kopf voran in deren Gehäuse.

Die Eier werden in einen Eikokon gelegt, der aus einem abgestorbenen Blatt und Gespinstfäden hergestellt wird. Zur ausreichenden Belüftung wird das Gespinst mit einem bis zu 3 cm langen, über die Wasseroberfläche reichenden Atemrohr aus Gespinstfäden versehen.

Vorkommen *In Mittel- und Südeuropa in vegetationsreichen, sauberen Teichen und Tümpeln.*

- > ***riesiger Wasserkäfer***
- > ***kann gut fliegen und wird mitunter von Straßenlaternen und anderen Lichtquellen angezogen***
- > ***stark gefährdete und streng geschützte Art***

Glühwürmchen, Leuchtkäfer

Lamprohiza splendidula (Käfer)

L 8–10 mm   Juni–Juli

Vorkommen *Bewohnt im gemäßigten Mitteleuropa sowie in Südeuropa Laubwälder, Gebüsche, Wiesen, Parkanlagen und Gärten.*

- ***tanzen wie winzige Irrlichter durch den nächtlichen Wald***
- ***Käfer lebt nur kurz und nimmt keine Nahrung zu sich.***
- ***Auch Ei und Larve erzeugen ein schwaches Leuchten.***

Das Leuchten dient dem kleinen Käfer zur Paarfindung: Das Männchen fliegt wie eine kleine Laterne durch die Luft und sucht nach dem ebenfalls leuchtenden Weibchen. Dieses sitzt unten im Gras und winkt mit seinem leuchtenden Hinterleib dem überfliegenden Männchen zu. Das Licht entsteht durch den Abbau des Stoffes Luciferin. Er wird tagsüber in den Leuchtorganen angereichert und bei Dunkelheit nach und nach abgebaut.

Soldatenkäfer

Cantharis fusca (Käfer)

L 11–15 mm   Mai–Juli

Vorkommen *In Europa weit verbreitet und häufig, besiedelt Waldränder, Gebüsche, Wiesen und Felder, Parkanlagen und Gärten bis in eine Höhe von etwa 1000 Metern.*

- ***überwiegend tagaktiv***
- ***Larve bei Gärtnern beliebt, weil sie Schnecken frisst***
- ***Larve überwintert, an warmen Tagen krabbelt sie auf Schnee umher („Schneewurm")***

Der Soldatenkäfer gehört zur Familie der Weichkäfer, die mit etwa 500 Arten in Europa vorkommen. Ihr deutscher Name rührt daher, dass ihr Außenpanzer nur schwach chitinisiert ist. Meist sieht man den Soldatenkäfer bei Sonnenschein auf Blüten oder Blättern, wo er Blattläuse und andere kleine Insekten frisst, zusätzlich auch Knospen, junge Triebe und Pollen.

Rotgelber Weichkäfer

Rhagonycha fulva (Käfer)

L 7–10 mm   Juni–August

Der Käfer findet sich oft auf Blüten, insbesondere von Doldengewächsen, wo er sich von kleinen Insekten, wie Blattläusen, sowie von Pollen ernährt. Nach der Paarung legt das Weibchen seine Eier am Boden ab. Aus ihnen schlüpfen kleine samtbraune Larven, die sich mehrmals häuten, den Winter überdauern und sich in den Frühlingsmonaten des folgenden Jahres verpuppen.

Bereits nach einer Woche schlüpft der fertige Käfer aus der Puppe.

Die Larve frisst Schnecken und Würmer.

Vorkommen In ganz Europa außer im hohen Norden weit verbreitet und sehr häufig auf Feldern, Wiesen und in Gärten, vom Flachland bis in niedrige Berglagen.

> ***einer unserer häufigsten Käfer***
> ***Nützling, weil er große Mengen pflanzenschädigender Insekten vertilgt***
> ***weitere ähnliche Arten in Europa***

Bienenkäfer

Trichodes apiarius (Käfer)

L 9–15 mm   Mai–August

Etwas seltener ist der sehr ähnliche Zottige Bienenkäfer *(T. alvearius)*: Die 3. schwarze Querbinde stößt bei ihm nicht bis ans Flügelende.

Den Käfer findet man meist auf Blüten, wo er andere Insekten erbeutet, aber auch Pollen frisst. Seine Larve entwickelt sich in Nestern von Solitärbienen (Bienen, die keine Staaten bilden wie die Honigbiene) oder auch in Bienenstöcken und frisst dort die Larven und Puppen der Bienen. Die Käferlarve ist stark behaart und unempfindlich gegenüber Bienenstichen. Der angerichtete Schaden bei Honigbienen ist im Allgemeinen eher geringfügig.

Vorkommen In Mittel- und Südeuropa in warmen, sonnigen Biotopen, an Waldrändern, auf Trockenwiesen, in Sandgruben, auf Weinbergen, gelegentlich auch in Gärten.

> ***auch Immenkäfer oder Immenwolf genannt***
> ***wärmeliebende tagaktive Art***
> ***gehört zur Familie der Buntkäfer (Cleridae)***

Schwarzer Moderkäfer

Ocypus olens (Käfer)

L 20–32 mm   ganzjährig

Vorkommen *In Europa weit verbreitet und häufig in feuchten Wäldern, an Waldrändern, in Heidegebieten und in Gärten.*

- ***größter heimischer Kurzflügler (Staphilinidae)***
- ***überwiegend dämmerungs- und nachtaktiv***
- ***kann bei Gefahr ein übel riechendes Sekret absondern***

Die Käferfamilie der Kurzflügler ist mit über 2000 mitteleuropäischen Arten extrem artenreich. Allen gemeinsam sind der schlanke Körperbau und die stark verkürzten Flügeldecken. Der Schwarze Moderkäfer sowie dessen Larven leben räuberisch unter Totholz, Steinen und zwischen runtergefallenem Laub.

Fühlt sich de Käfer bedroht, geh er in eine typisch Abwehrhaltung: De Hinterleib wird nac vorn gebogen und di großen Mandibeln zur Zubeißen gespreizt

Häufig ist der Rotflügelig Kurzflügler *(Platydracu stercorarius)* mit kurze roten Flügelstummeln roten Beinen und helle Flecken auf dem Hinterleib

Schwarzhörniger Totengräber

Necrophorus vespilloides (Käfer)

L 10–18 mm   ganzjährig

Vorkommen *Über ganz Europa verbreitet und häufig in Waldgebieten, auf Wiesen und Feldern in Parkanlagen und Gärten von der Küste bis ins Hochgebirge.*

- ***wichtige „Gesundheitspolizei" im Wald***
- ***lebt in Symbiose mit Milben***

Der Totengräber macht seinem Namen Ehre: Liegt im Wald ein totes Tierchen wie eine Maus oder Ähnliches herum, so dauert es nicht lange, bis eine ganze Schar Totengräber herbeifliegt, um es zu „beerdigen". Dazu graben sie die Erde unter dem Kadaver weg, sodass dieser immer tiefer in die Erde einsinkt. Der vergrabene Tierleichnam dient als Nahrung für den Nachwuchs.

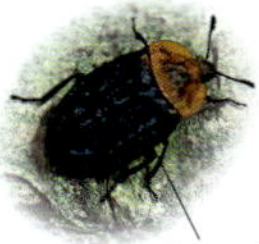

Neben de Totengräber erscheint auch di unverwechselbar Rothalsige Silph *(Oeceoptoma thoracicum)* am Kadaver

Der sehr ähnliche Gemeine Totengräber *(N. vespillo)* hat rötliche Fühlerkeulen.

Oft mit gelblichen Milben. Diese verzehren Fliegeneie auf den Kadavern und werden im Gegenzug von de Käfern direkt an ihre Nahrung transportiert

Zierlicher Prachtkäfer

Anthaxia nitidula (Käfer)
L 5–7 mm   April–August

Der tagaktive Käfer ist ein Blütenbesucher und frisst Pollen und Blütenblätter. Das Weibchen legt seine Eier in die Rinde von verschiedenen Obstgehölzen, Weißdorn oder Schlehe. Die beinlose Larve entwickelt sich unter der Rinde. Sie ernährt sich von Holz und kann damit Schäden am Baum verursachen.

***Vorkommen** In Süd- und Mitteleuropa weit verbreitet, vor allem in wärmeren Gebieten an sonnigen Waldrändern, in Gebüschen und Obstgärten.*

- ***Vorliebe für gelbe Blüten sowie Wildrosen***
- ***etliche weitere kleine Prachtkäfer-Arten in Europa***
- ***geschützte Art***

Mehlkäfer

Tenebrio molitor (Käfer)
L 12–18 mm   ganzjährig

Der Mehlkäfer gehört zur Käferfamilie der Schwarzkäfer (Tenebrionidae), von denen einige Arten gefürchtete Vorratsschädlinge sind. Er besiedelt in der Umgebung der Menschen Mehl und andere Getreideprodukte und hält sich hier bevorzugt an dunklen und warmen Stellen auf.

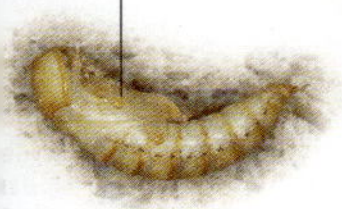

***Vorkommen** Weltweit verbreitet als Kulturfolger in Mühlen, Getreidelagern, Bäckereien, Wirtschaftsgebäuden und Häusern, im Freiland in morschem Holz, hohlen Bäumen und Vogelnestern.*

- ***dämmerungs- und nachtaktiv***
- ***extreme Toleranz gegenüber Trockenheit***

Siebenpunkt-Marienkäfer

Coccinella septempunctata (Käfer)

L 5–8 mm   ganzjährig

Vorkommen Weit verbreitet und häufig in ganz Europa, in Wäldern und Gebüschen, auf Wiesen, in Parkanlagen und Gärten überall dort, wo auch Blattläuse vorkommen.

> **gilt als Glücksbringer**
> **Nützling in der biologischen Schädlingsbekämpfung**
> **gelegentlich Massenauftreten**

Der Marienkäfer und seine Larven sind wichtige Vertilger von Pflanzenläusen und Spinnmilben. Seine zitronengelben Eier legt das Weibchen in dichten Klumpen meist in unmittelbare Nachbarschaft von Blattlauskolonien ab, so finden die Larven gleich nach dem Schlupf einen reich gedeckten Tisch. Die auffällige Signalfärbung soll Fressfeinde vor der gallbitteren Flüssigkeit warnen, die der Käfer in Not absondert.

Die Puppe findet sich meist auf der Oberseite von Blättern

rote Flügeldecken mit 7 schwarzen Flecken

je 1 weißer Fleck an den Seiten des schwarzen Halsschildes

Larve bläulich grau mit gelben Flecken. Eine Larve frisst während ihrer 4–6-wöchigen Entwicklungszeit 400–600 Blattläuse!

Zweipunkt-Marienkäfer

Adalia bipunctata (Käfer)

L 4–6 mm   ganzjährig

Vorkommen In Europa weit verbreitet und häufig, bewohnen Wälder, Waldränder, Hecken, Parkanlagen und Gärten, kommen im Herbst auch in Häuser und andere Gebäude, um dort zu überwintern.

> **sehr variabel in der Färbung**
> **wird kommerziell gezüchtet**
> **dient zur biologischen Schädlingsbekämpfung gegen Blattläuse**

Sowohl der Käfer als auch die Larve ernähren sich von Blattläusen. Nach der Paarung im Frühjahr legt das Weibchen seine Eier portionsweise in die Nähe der Blattlauskolonien ab. Nach 1–2 Wochen schlüpfen die Larven, die sich nach etwa 2 Wochen Entwicklungszeit verpuppen. Nach weiteren 1–2 Wochen schlüpfen die Käfer aus den Puppen. Im Winter nimmt die Stoffwechselaktivität ab, der Käfer überwintert, indem er an geschützten Orten in Winterstarre fällt.

Farbvariation mit schwarzen Flügeldecken und roten Flecken

Die Larve ernährt sich von Blattläusen.

typisches Zeichnungsmuster: 2 schwarze Flecken auf den roten Flügeldecken

Asiatischer Marienkäfer

Harmonia axyridis (Käfer)

L 5–8 mm ganzjährig

Eine häufige Färbungsvariante ist überwiegend schwarz mit 4 roten Punkten.

Der Asiatische Marienkäfer ist ursprünglich in Ostasien beheimatet. Er wurde in Europa zur biologischen Schädlingsbekämpfung gezüchtet und zum Schutz von Zier- und Nutzpflanzen vor Blattläusen eingesetzt. Inzwischen tritt er an vielen Stellen massenhaft wild auf, und es ist zu befürchten, dass er einheimische Marienkäfer-Arten und auch andere Insekten verdrängt. Im Herbst bildet er große Schwärme, die Häuser und andere geschützte Orte zur Überwinterung aufsuchen.

auf dem Halsschild häufig eine schwarze w-förmige Zeichnung

Die bläulich graue, stachelige Larve hat gelbliche Flecken auf den hinteren Körpersegmenten.

Vorkommen *Ursprünglich in Japan und China beheimatet, als „biologischer Schädlingsbekämpfer" eingeführt und mittlerweile über weite Teile Europas verbreitet und häufig.*

> ***auch als „Harlekin" bezeichnet***
> ***sehr variabel in Zeichnung und Färbung***
> ***Massenansammlungen an Überwinterungsplätzen***

Ölkäfer

Meloe spec. (Käfer)

L 10–35 mm April–Juni

Der Käfer schützt sich vor Fressfeinden, indem er eine ölige Flüssigkeit aus den Beingelenken absondert, die das starke Gift Cantharidin enthält.

Der tagaktive Ölkäfer kriecht träge am Boden herum und ernährt sich von Pflanzenteilen. Die klitzekleine, frisch geschlüpfte Larve wartet in Blüten auf die Gelegenheit, sich an Erdbienen festzuklammern und sich in deren Nest tragen zu lassen. Dort frisst sie die Eier und den Nahrungsvorrat der Bienen und durchläuft weitere Entwicklungsstadien.

kurze, auseinanderklaffende Flügeldecken

stark angeschwollener Hinterleib

Vorkommen *In weiten Teilen Europas in wärmebegünstigten Biotopen wie Trockenrasen, Weinanbaugebieten, sonnigen Waldrändern und Sandgebieten.*

> ***schwärzlich blau glänzender, plumper Käfer***
> ***auch als „Maiwurm" bezeichnet***
> ***flugunfähig***

Scharlachroter Feuerkäfer

Pyrochroa coccinea (Käfer)

L 14–18 mm   Mai–Juli

***Vorkommen** Über weite Teile Europas verbreitet und meist recht häufig in Laub- und Mischwäldern an Waldrändern und auf Waldlichtungen.*

- ***tagaktiv***
- ***Man findet den Käfer vor allem auf Blüten und Totholz.***
- ***Die Larven sind mitunter kannibalisch.***

Der ausgewachsene Käfer lebt von Pflanzensäften und dem Honigtau von Blattläusen. Die Larve wohnt unter loser Rinde und in morschem Holz und ernährt sich räuberisch von Insektenlarven. Da sie dabei auch Borkenkäferlarven vertilgt, gilt sie in der Forstwirtschaft als Nützling.

Wald-Mistkäfer

Anoplotrupes stercorosus (Käfer)

L 12–19 mm   ganzjährig

***Vorkommen** In weiten Teilen Europas verbreitet und häufig, bewohnt Wälder vom Flachland bis in etwa 2000 m Höhe.*

- ***metallisch glänzend***
- ***kann verschiedene Laute erzeugen***
- ***wird 2–3 Jahre alt***

Der Mistkäfer frisst tierische Exkremente und spielt somit eine wichtige Rolle im Naturkreislauf, da er zur Nährstoffzersetzung beiträgt. Neben den Kothaufen graben Männchen und Weibchen 30–40 cm tiefe Röhren in den Boden, füllen sie mit Kot und legen ein Ei hinein. Die geschlüpfte Larve ernährt sich von ihrem Kotvorrat, verpuppt sich darin und kommt im nächsten Jahr als fertiger Käfer heraus.

Matter Pillendreher

Sisyphus schaefferi (Käfer)

L 8–12 mm April–August

Der Käfer stellt Pillen aus dem Dung von Schafen, Rindern oder Wild her. Dazu krabbelt er an den Rand des Kothaufens, löst daraus eine Kugel und verdichtet diese mit seinen Beinen. Dann werden die Kugeln emsig fortgerollt und im Boden vergraben. Das Weibchen legt jeweils ein Ei auf den Kotvorrat – er dient später der schlüpfenden Larve als Nahrung.

Die Kotpillen sind etwa 10–15 mm groß.

Im Mittelmeerraum leben mehrere Pillendreher-Arten der Gattung Scarabaeus. Sie sind deutlich größer und haben ein breites, nach vorne halbkreisförmiges, gezacktes Halsschild.

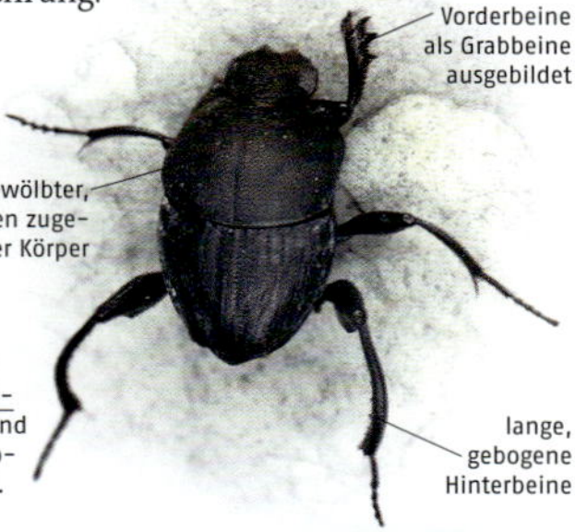

Vorkommen *In Südeuropa weit verbreitet, in Mitteleuropa auf klimatisch begünstigte Wärmeinseln beschränkt, besiedelt sonnige Grashänge, Trockenrasen und steiniges Ödland.*

> ***in Deutschland stark gefährdete Art***

Maikäfer

Melolontha melolontha (Käfer)

L 20–30 mm April–Juni

die Antennen des Männchens mit jeweils einem Fächer aus 7 Lamellen (die des Weibchens mit jeweils einem Fächer aus 6 kürzeren Lamellen)

Der Maikäfer ernährt sich von Blättern verschiedener Laub- und Obstbäume, vor allem von Eichen. Nach der Paarung legt das Weibchen seine Eier in selbst gegrabene Erdhöhlen. Die aus dem Ei schlüpfende Larve, die 3–4 Jahre in der Erde lebt, bezeichnet man als Engerling. Sie frisst die Wurzeln verschiedener Pflanzen. Im Herbst schlüpft dann der fertige Käfer, überwintert aber noch im Boden. Insbesondere im Mai schwärmen die Käfer innerhalb weniger Nächte aus.

Die Larven erreichen eine Länge von 5–6 cm.

Vorkommen *Über weite Teile Mitteleuropas verbreitet in Wäldern, an Waldrändern, auf Feldern, in Parkanlagen und Gärten.*

> ***produziert laute Fluggeräusche***
> ***alle 3–4 Jahre kommt es zu Massenvermehrungen („Maikäferjahre“)***
> ***durch den Einsatz von Insektiziden im Vergleich zu früheren Jahren deutlich seltener geworden***

Junikäfer

Amphimallon solstitiale (Käfer)
L 14–18 mm Mai–Juli

Vorkommen *In Mittel- und Südeuropa weit verbreitet und meist häufig, besiedelt Waldränder, Gärten, Parks, Wiesen, Felder und Alleen von der Ebene bis ins Hügelland.*

- ***auch als Gerippter Brachkäfer bekannt***
- ***gehört in die Verwandtschaft der Maikäfer***
- ***dämmerungs- und nachtaktiv, tagsüber meist verborgen***

Der Käfer ernährt sich von Blättern und Blüten. Die 4–5 cm lange Larve (Engerling) lebt im Boden vergraben und frisst an den Wurzeln verschiedener Pflanzen und benötigt 2–3 Jahre zur Entwicklung. Insbesondere in der Abenddämmerung warmer Juni- und Julinächte wird der Käfer aktiv und umschwirrt Baumwipfel in teilweise großen Schwärmen.

Ebenfalls zu den Maikäfern gehört der 25–35 mm große Walker *(Polyphylla fullo)*, der vor allem in lichten, sandigen Kiefernwäldern lebt.

Gartenlaubkäfer

Phyllopertha horticola (Käfer)
L 8–12 mm Mai–Juli

Vorkommen *In Mitteleuropa weit verbreitet und häufig auf Wiesen und Feldern, in Hecken und Waldrändern sowie Parkanlagen und Gärten.*

- ***tagaktiv***
- ***Käfer ernährt sich sowohl von verschiedenen Laubblättern als auch von Kirsch- und Rosenblüten***

Die Larve, auch als Engerling bezeichnet, lebt im Boden und frisst hier die Wurzeln von Gräsern und anderen Pflanzen. Im Gartenbau gilt der Gartenlaubkäfer daher als Schädling, ein starker Befall kann größere Rasenbereiche zum Absterben bringen. Er wird mit Insektiziden, Fallen oder dem Einsatz natürlicher Feinde (z. B. dem Ausbringen bestimmter Fadenwürmer) bekämpft.

Der mit 12–15 mm Länge etwas größere Julikäfer *(Anomala dubia)* ist ähnlich gefärbt, das Halsschild ist aber unbehaart.

Nashornkäfer

Oryctes nasicornis (Käfer)
L 25–40 mm   Mai–August

Die Larve erreicht eine Länge von 12 cm und ist damit die größte Käferlarve Europas.

Der Nashornkäfer stammt ursprünglich aus dem Mittelmeerraum, wo sich die Larve im Mulm von Baumstümpfen und in alten Laubbäumen entwickelt. In unseren Breiten lebt die Larve aber viel häufiger in Sägemehlhaufen von Sägewerken, Kompostmieten und ähnlichen Ansammlungen verrotteten organischen Materials, wo durch das Verrotten höhere Temperaturen herrschen. Die Entwicklung zum Käfer dauert 3–5 Jahre. Die Verpuppung erfolgt in einem etwa hühnereigroßen Kokon, der aus Lehm, Holzstückchen oder Sägespänen zusammengeklebt ist.

Männchen mit langem, gebogenem Kopfhorn

Halsschild muldenartig eingesenkt

ohne langes Kopfhorn

Das kleinere Weibchen wird max. 30 mm lang.

Vorkommen *Mit Ausnahme des äußersten Nordens über weite Teile Europas verbreitet in Laubwäldern, Parkanlagen und naturnahen Gärten, in Mitteleuropa selten.*

> ***dämmerungs- und nachtaktiv, wird von Licht (z. B. Straßenlaternen) angezogen***
> ***der fertige Käfer lebt nur wenige Wochen***
> ***geschützte Art***

Rosenkäfer

Cetonia aurata (Käfer)
L 14–20 mm   April–Oktober

Die Larve (Engerling) ist stark bogenförmig gekrümmt und wird bis zu 5 cm lang.

Der sonnenliebende Rosenkäfer fliegt insbesondere die Blüten von Rosen, Obst, Holunder und Doldenblütlern an und ernährt sich hier von Pollen, Blütenblättern und weiteren Blütenteilen. Die Larve entwickelt sich in morschem Holz, im Kompost und gelegentlich auch in Ameisenhaufen. Die Familie der Rosenkäfer hat ihre Hauptverbreitung in den Tropen und bringt dort riesige Exemplare, z. B. den bis 10 cm langen Goliathkäfer, hervor.

grün-, braun- oder bronzemetallisch glänzend mit weißen Flecken oder kurzen Querlinien

Fühler keulenförmig verdickt

Der schwarz glänzende Trauer-Rosenkäfer *(Oxythyrea funesta)* ist dicht weiß behaart.

Vorkommen *Verbreitet über Mittel- und Südeuropa und meist häufig in offenen Landschaften, an Waldrändern, in Gebüschen und Hecken.*

> ***fliegt mit lautem Brummen***
> ***Larve ernährt sich überwiegend von Holzmulm***
> ***geschützte Art***

Hirschkäfer

Lucanus cervus (Käfer)

L 30–75 mm Mai–August

Vorkommen *In Süd- und Mitteleuropa in naturnahen Laub- und Mischwäldern mit altem Eichenbestand sowie Eichenalleen.*

> ***größter heimischer Käfer***
> ***fliegt laut brummend in der Abenddämmerung***
> ***gefährdete und geschützte Art***

Das kleinere Weibchen erreicht 30–45 mm Länge und trägt kurze Zangen.

Der Hirschkäfer ist auf das Vorkommen alter Eichen angewiesen, da sich die bis 10 cm lange Larve während ihrer 5–8 Jahre dauernden Entwicklung von morschem Eichenholz ernährt, nur in Ausnahmefällen werden andere Baumarten besiedelt. Der erwachsene Käfer ritzt Bäume an und leckt die ausfließenden Baumsäfte auf.

Mit ihren mächtigen Zangen kämpfen die Männchen gegeneinander um die Weibchen.

Männchen mit mächtigen, geweihartigen Zangen am Kopf

Kopf und Halsschild schwarz

Balkenschröter

Dorcus parallelipipedus (Käfer)

L 20–32 mm Mai–August

Vorkommen *Verbreitet in Mittel- und Südeuropa und meist nicht selten, besiedelt feuchte Laub- und Mischwälder, Auwälder sowie Streuobstwiesen, Parkanlagen und Alleen mit altem Baumbestand.*

> ***ähnelt Hirschkäferweibchen und wird auch Zwerg-Hirschkäfer genannt***
> ***Schröter gehört in die Verwandtschaft der Hirschkäfer (Lucanidae)***
> ***tag- und nachtaktiv***

Der Balkenschröter ernährt sich hauptsächlich von austretenden Baumsäften, die er aufleckt. Seine Larve entwickelt sich innerhalb von 2–3 Jahren in morschen Baumstubben, Totholz und absterbenden Eichen, Buchen, Ulmen, Linden und Obstbäumen.

Kopfhornschröter *(Sinodendron cylindricum)*, 12–16 mm lang

Männchen mit langem, nach hinten gebogenem Kopfhorn

Rindenschröter *(Ceruchus chrysomelinus)*, 11–16 mm lang, stark glänzend

Männchen trägt kräftige Mandibeln

Männchen mit kräftigen Oberkiefern

Kopf- und Halsschild fein punktiert

Flügeldecken gerunzelt

Moschusbock

Aromia moschata (Käfer)

L 15–35 mm Mai–August

Der imposante Käfer ernährt sich von Blütenpollen und aus Bäumen austretenden Säften. Die 2–3-jährige Larvenentwicklung vollzieht sich im Holz von Weiden, Pappeln und Erlen. Der Käfer stellt in seinen Duftdrüsen ein moschusartig riechendes, aromatisches Sekret her, das in früheren Zeiten zum Parfümieren von Pfeifentabak verwendet wurde.

Männchen mit deutlich überkörperlangen Fühlern

großer, schlanker Körper

Flügeldecken mit 2–3 Längsrippen

Der seltene Großе Eichenbock oder Heldbock (*Cerambyx cerdo*) wird bis zu 52 mm lang, er kommt nur dort vor, wo alte Eichen vorhanden sind.

Fühler des Weibchens knapp körperlang

Vorkommen *Über weite Teile Europas verbreitet und meist nicht selten in Flussniederungen, Auwäldern, Erlenbrüchen, bachbegleitenden Weidengehölzen und Waldrändern.*

> ***Färbung variabel: metallisch grün, goldgrün, blauviolett oder kupferfarben***
> ***Käfer sitzt bevorzugt auf großen Doldenblütlern, auf denen er gut landen und Halt finden kann***

Alpenbock

Rosalia alpina (Käfer)

L 15–38 mm Juli–September

Der Käfer fliegt an sonnigen Tagen. Seine Eier legt das Weibchen in morsches, trockenes Buchen- oder Eschenholz. Darin verbringen die geschlüpften Larven 3 Jahre und mehr, graben sich dann eine Erdhöhle zum Verpuppen und verlassen diese schließlich als „fertige" Käfer. Der Alpenbock ist leider eine aussterbende, vielerorts bereits verschwundene Art. Wo er noch vorkommt, lässt sich sein Bestand dadurch fördern, dass alte Buchenstämme liegen gelassen werden.

Pärchen bei der Paarung: Die Fühler des Weibchens sind deutlich kürzer als die des Männchens.

hellbläulich mit schwarzer Zeichnung

sehr lange Fühler mit auffälligen schwarzen Haarbüscheln auf den mittleren Fühlergliedern

Vorkommen *Verbreitet in mittel- und südeuropäischen Gebirgen und deren Vorländern. Lebt in alten, naturnahen Buchenwäldern.*

> ***unverwechselbarer Bockkäfer***
> ***Käfer lebt 3–6 Wochen***
> ***in Deutschland selten, nur noch an wenigen Stellen der Alpen und der Schwäbischen Alb***

Roter Halsbock

Stictoleptura rubra (Käfer)

L 10–19 mm Mai–September

Die Larve gelangt manchmal im Kaminholz in Wohnungen und schlüpft dort.

Vorkommen *Verbreitet und häufig über weite Teile Europas vom Flachland bis in die Gebirge. Besiedelt Misch- und Nadelwälder, Waldränder, Waldlichtungen, Wiesen, Parkanlagen und kommt auch in Gärten vor.*

- ***einer der häufigsten Bockkäfer Mitteleuropas***
- ***Männchen und Weibchen mit deutlich unterschiedlichem Aussehen***
- ***tagaktiv***

Der Bockkäfer ist häufig auf waldnahen Wiesen und Lichtungen zu finden, wo er insbesondere auf Dolden- und Korbblütlern Pollen und andere Blütenteile frisst. Das Weibchen legt seine Eier in alte Baumstubben, abgestorbene Stämme oder ins Rundholz von Nadelbäumen, insbesondere Fichten und Kiefern. Die Larve lebt im Holz und nagt dabei Fraßgänge aus, verpuppt sich nach 2-jähriger Entwicklung am Holzrand und schlüpft schließlich als fertiger Käfer durch eine runde Öffnung ins Freie.

Gefleckter Schmalbock

Rutpela maculata (Käfer)

L 14–20 mm Mai–August

Der Schlanke Schmalbock *(Strangalia attenuata)* hat einen sehr schmalen Körper, der sich nach hinten noch mehr verschmälert.

Vorkommen *Über weite Teile Mittel- und Südeuropas verbreitet und meist häufig auf Waldwiesen und -lichtungen, an Weg- und Gebüschrändern vom Flachland bis ins Gebirge, auch in Gärten.*

- ***wird auch als „Blütenbock" bezeichnet, da er oft auf Blüten sitzt und sich von Nektar und Pollen ernährt***
- ***seine Larve lebt 3 Jahre in morschem Holz***

Es gibt eine ganze Anzahl von Schmalbock-Arten, die auffallend leuchtend schwarz-gelb gezeichnet sind. Potenzielle Fressfeinde werden getäuscht und halten den Käfer für eine Wespe. Dieses Nachahmen eines wehrhaften oder aber auch giftigen bzw. ungenießbaren Tiers durch harmlose Tiere stellt eine Form der Tarnung dar und wird als Mimikry bezeichnet.

Der ähnliche Vierbindige Schmalbock *(Strangalia quadrifasciata)* hat 4 gelbe Bänder auf den Flügeldecken.

Echter Widderbock

Clytus arietis (Käfer)

L 7–14 mm Mai–Juli

Die holzfressende Larve lebt in trockenen Ästen von Laubhölzern, wie Eichen, Buchen, Weißdornen oder Obstbäumen.

Den tagaktiven Käfer findet man häufig bei dessen Blütenbesuch, insbesondere an Doldenblütlern und blühenden Sträuchern wie Weißdorn. Er ernährt sich von Nektar und Pollen. Meist ist er ziemlich scheu und fliegt bei Störung schnell davon.

Der kräftigere, bis 20 mm lange Eichen-Widderbock *(Plagionotus arcuatus)* ist ausgedehnter gelb gezeichnet und hat bis zur Spitze hin leuchtend gelb orange gefärbte Fühler.

Fühler bräunlich gelb, zum Ende hin verdickt und geschwärzt

senkrecht zur Flügelnaht stehende, gelbe Schulterflecken

geschwungenes Querband auf Flügeldecke erinnert an das Horn eines Widders

Vorkommen *Über weite Teile Mittel- und Südeuropas verbreitet und häufig. Besiedelt Laub- und Mischwälder, Waldränder, Feldgehölze, Hecken und Obstanlagen von der Ebene bis ins niedrige Bergland.*

- > ***auch als Wespenbock bezeichnet: Tarnung des harmlosen Käfer als wehrhafte Wespe***
- > ***Larve benötigt 2 Jahre für ihre Entwicklung***
- > ***einige ähnliche Arten***

Kartoffelkäfer

Leptinotarsa decemlineata (Käfer)

L 6–10 mm April–Oktober

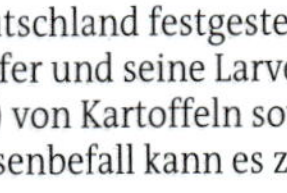

Larve rosarot mit 2 schwarzen Fleckenreihen an der Seite

Erstmals gelangte der Kartoffelkäfer im Jahr 1876 mit Handelsschiffen von Amerika nach Frankreich in den Hafen von Bordeaux, bereits 1877 wurde er in Deutschland festgestellt und konnte sich schnell ausbreiten. Der Käfer und seine Larve fressen „nur" die Blätter (nicht die Knollen) von Kartoffeln sowie einigen nah verwandten Pflanzen. Bei Massenbefall kann es zu beträchtlichen Schäden kommen.

Nach der Paarung legt das Weibchen über 2000 Eier in kleinen Paketen an die Unterseite von Kartoffelblättern.

schwarze Längsstreifen auf den gelben Flügeldecken

Kopf- und Halsschild mit schwarzem Fleckenmuster

Vorkommen *Ursprünglich nur in Nordamerika vorkommend, von dort verschleppt und heute weltweit auf Kartoffelfeldern und in Gemüsegärten.*

- > ***gehört zur Käferfamilie der Blattkäfer (Chrysomelidae)***
- > ***oft 2 Käfer-Generationen pro Jahr***
- > ***natürliche Feinde mit Ausnahme einiger Laufkäfer-Arten fehlen weitestgehend***

Erlenblattkäfer

Agelastica alni (Käfer)

L 6–7 mm Juli–Mai

Die schwarze Larve lebt meist gesellig und in großer Zahl auf Erlenblättern.

Vorkommen *Über weite Teile Europas verbreitet und häufig in Erlenbrüchen, an Gewässerrändern und in Sumpfgebieten auf Erlen.*

> ***Gelegentlich kommt es zu einem Massenbefall, bei dem die Erlen komplett entlaubt werden können.***

> ***Bei Nahrungsknappheit kann der Käfer auch an anderen Pflanzen wie Birke, Haselnuss oder Hainbuche auftreten.***

Käfer und Larve ernähren sich von Erlenblättern, dabei werden die Blätter teilweise komplett skelettiert. Ab August erscheint nach der Verpuppung der Larven im Boden eine neue Käfergeneration, die im Boden überwintert. Für die Erle stellt der Käferbefall meist keine tödliche Gefahr dar: Sie bildet nach dem Verlust von Blattmasse neue Blätter mit einer veränderten Zusammensetzung der Inhaltsstoffe, die eine höhere Larvensterblichkeit und geringere Fruchtbarkeit der nachfolgenden Käfer-Generation bewirkt. Einer Massenvermehrung wird dadurch vorgebeugt.

blauschwarz, blauviolett, dunkelblau oder grünlich gefärbt

Weibchen mit dickem, von Eiern gefülltem Hinterleib

An Pappeln und Weiden findet sich häufig der auffällig gefärbte Pappelblattkäfer *(Melasoma populi)*.

Borkenkäfer, Buchdrucker

Ips typographus (Käfer)

L 4–5 mm April–August

Bei günstigen Temperaturen braucht die madenartige, beinlose Larve nur wenige Wochen zur Entwicklung.

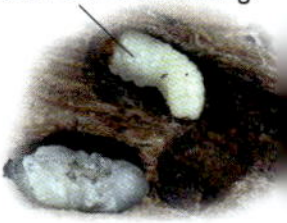

Vorkommen *Verbreitet in Nord- und Mitteleuropa in Nadelwäldern, insbesondere an geschwächten Fichten.*

> ***gefürchteter Forstschädling***

> ***profitiert von artenarmen Monokulturen mit standortfremd gepflanzten und dadurch geschwächten Fichten***

> ***in Mitteleuropa gibt es weit über 100 Borkenkäfer-Arten***

Seinen Namen verdankt der Buchdrucker seinen hübschen Fraßbildern, die man unter der Rinde abgestorbener Fichtenstämme finden kann. Zu den Mustern kommt es, indem das Weibchen nach der Begattung in der so genannten Rammelkammer seine Eier im bis zu 15 cm langen Muttergang legt und die geschlüpften Larven eigene Gänge ins Holz fressen. Am Ende dieser Gänge verpuppen sich die Larven und nagen sich schließlich ein Schlupfloch ins Freie.

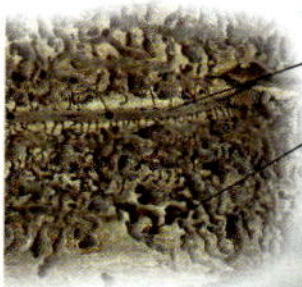

Muttergang

Fraßgang der Larve endet in Puppenwiege

das markante Fraßbild von Buchdruckern

rötlich braun mit deutlicher, abstehender Behaarung

kleine Zähnchen am Hinterende

Haselnussbohrer

Curculio nucum (Käfer)

L 6–9 mm April–August

Die geknieten Fühler sitzen am langen Rüssel.

Im Spätsommer und Herbst finden sich oft Haselnüsse, die ein etwa 1–2 mm kleines, kreisrundes Loch aufweisen. Hier war die Larve des Haselnussbohrers am Werk: Nachdem ein Weibchen ein Ei in die unreife Nuss gebohrt hat, entwickelt sich die Frucht äußerlich zunächst normal weiter. Im Innern jedoch frisst die Larve den Kern, zurück bleibt nur bröseliger brauner Kot. Ist die Larve ausgewachsen, bohrt sie sich ein kleines Loch, durch das sie hinausschlüpft, sich in der Erde eingräbt und verpuppt, um schließlich als fertiger Käfer zu schlüpfen.

gesamter Körper schwarz, weiß und grau beschuppt

fast körperlanger, gebogener Rüssel

Haselnüsse mit der unverkennbaren Fraßspur des Haselnussbohrers

Vorkommen *In Mittel- und Südeuropa, verbreitet an Waldrändern und Hecken sowie in Parks und Gärten an und unter Haselnuss-Sträuchern, vom Tiefland bis ins Gebirge.*

> ***gehört zur Käferfamilie der Rüsselkäfer (Curculionidae)***
> ***Ähnlich in Lebensweise und Aussehen ist der Eichelbohrer (C. venosus), dessen Larve sich in Eicheln entwickelt, die später ebenfalls kleine Löchlein aufweisen***

Brennnesselblatt-Rüssler

Phyllobius pomaceus (Käfer)

L 6–8 mm April–Juli

Der Käfer findet sich regelmäßig an den Blättern von Brennnesseln, frisst aber auch an anderen Pflanzen. Die Paarungszeit des Rüsselkäfers liegt im Frühsommer, das Weibchen legt seine Eier in den feuchten Boden in der Nähe von Futterpflanzen. Die Larve lebt im Erdboden und ernährt sich dort von Wurzeln, insbesondere von Brennnesseln.

Auf verschiedenen Laubgehölzen sowie an Obstbäumen lebt der ebenfalls sehr häufige Silberne Grünrüssler *(P. argentatus)*.

gesamter Körper mit grünlich glänzenden Schuppenhaaren bedeckt

Rüssel verhältnismäßig kurz

Vorkommen *Über weite Teile Europas verbreitet und häufig, bewohnt Waldränder, Gebüsche, Wegränder, Bachsäume und feuchte Wiesen mit Brennnesseln.*

> ***ein Grünrüssler, von denen es in Europa etwa 80 einander ähnliche Arten gibt***
> ***tagaktiv***
> ***kann an Erdbeeren und Hanf Schaden anrichten***

Eichenblattroller

Attelabus nitens (Käfer)

L 4–7 mm Mai–August

Das Weibchen schneidet ein Eichenblatt von den Seiten her ein, wobei die Schnitte bis zur Mittelrippe führen, anschließend werden die Blattoberseiten aufeinandergelegt und zu einer kompakten Blattrolle aufgewickelt.

Vorkommen *In Mittel- und Südeuropa weit verbreitet und meist häufig an Eichen und Esskastanien in Laub- und Mischwäldern, Hecken und Parkanlagen.*

- ***auch Tönnchenwickler genannt***
- ***Oftmals findet man eher die typisch eingerollten Blätter statt die Käfer.***
- ***Larve überwintert in den zu Boden gefallenen Blättern.***

Der Käfer ernährt sich von Eichenblättern, in Südeuropa auch von Esskastanienblättern. Das Weibchen bildet spezielle Blattrollen, in die es seine 1–3 Eier legt und in denen sich die Larvenentwicklung vollzieht. Hierzu wird das Blatt zunächst angeritzt, um es zum Austrocknen zu bringen. Anschließend werden die trockenen Blattspitzen eingerollt und mit Stichen „vernäht".

Hauptsächlich an Hasel lebt der in Aussehen und Verhalten ähnliche Haselblattroller *(Apoderus coryli)*.

Skorpionsfliege

Panorpa communis (Schnabelfliegen)

L 15–25 mm April–September

Ebenfalls häufig ist die Deutsche Skorpionsfliege *(Panorpa germanica)*, ihre Hinterflügel haben keine durchgehende schwarze Binde.

Vorkommen *Über weite Teile Europas verbreitet und häufig in Wäldern, an Wald- und Wegrändern, in Gebüschen, Parkanlagen und naturnahen Gärten.*

- ***trotz seines gefährlich aussehenden „Skorpionsschwanzes" vollkommen harmlos***
- ***ernährt sich vor allem von verletzten oder toten Insekten***
- ***in Deutschland 5–6 sehr ähnlich gefärbte Panorpa-Arten***

Um sich paaren zu dürfen, muss das Männchen dem Weibchen ein „Hochzeitsgeschenk" überreichen. Dies kann ein Nahrungsbröckchen oder ein eiweißhaltiges Sekrettröpfchen sein, welches das Männchen aus seinen Speicheldrüsen ausscheiden kann. Durch fortwährende Geschenkgaben kann das Männchen dann die Paarung gezielt auf über 2 Stunden ausdehnen. Während der Kopulation ergreift das Männchen mit seinem zangenartigen Begattungsorgan den Hinterleib des Weibchens.

Katzenfloh

Ctenocephalides felis (Flöhe)

L 1–3 mm   ganzjährig

Vor der Eiablage muss der weibliche Katzenfloh mindestens einmal Blut aufgenommen haben. Aus den Eiern, die direkt in das Fell des Wirtstiers abgelegt werden, schlüpfen bei Zimmertemperatur innerhalb von 2 Tagen wurmförmige Larven, die sich hauptsächlich von dem Kot der erwachsenen Katzenflöhe ernähren. Der komplette Entwicklungszyklus des Katzenflohs dauert 1–2 Monate.

Beim Reinigen von Vogelnistkästen oder im Hühnerstall kann man meist Vogelflöhe *(Ceratophyllus gallinae)* finden.

Vorkommen *Weltweit verbreitet. Hauptwirt ist die Hauskatze, Nebenwirte sind z. B. Hunde, Menschen, Ratten, Mäuse sowie Zwergkaninchen.*

- ***kann fast 1 m weit springen***
- ***Mundwerkzeuge sind zu einem Stech- und Saugrüssel ausgebildet.***
- ***Flohstiche liegen meist in Reihen und jucken heftig.***

flügellos mit seitlich komprimiertem Körper

letztes Beinpaar zu kräftigen Sprungbeinen umgebildet

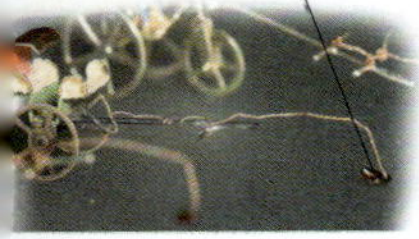

Eine kleine Attraktion auf Jahrmärkten ist der sogenannte Flohzirkus, bei dem Flöhe kleine Kutschen ziehen und andere „Kunststücke" vollführen.

Schnake

Tipula spec. (Zweiflügler)

L 15–40 mm   April–Oktober

Larve: bis zu 5 cm langer, walzenförmiger, geringelter Körper, Haut fühlt sich derb an, am Hinterende 6 Fortsätze

Mit ihren langen Beinen kann die Schnake sich gut an relativ weit voneinander entfernten Halmen oder Blättern festhalten. Recht häufig findet man Tiere mit weniger als 6 Beinen, da diese leicht abbrechen. Das ist ein gewisser Schutz vor Fressfeinden, denen die Schnake unter Verlust eines Beins entkommen kann. Die Eier werden in feuchten Böden oder im Schlamm flacher Ufer abgelegt, die Larve ernährt sich teils räuberisch, teils pflanzlich. Die erwachsene Schnake ernährt sich von freiliegenden Flüssigkeiten wie Wasser oder Nektar.

Vorkommen *Über ganz Europa verbreitet und überall häufig, insbesondere in feuchten Landschaften, auch in Gärten und Gebäuden.*

- ***Mundwerkzeuge zurückgebildet***
- ***sie können weder stechen noch Blut saugen***
- ***zahlreiche, schwer unterscheidbare Arten***

Bei der Paarung sind die Hinterleiber aneinandergekoppelt und die Köpfe in die jeweils entgegengessetzte Richtung abgewandt.

mit 2, je nach Art unterschiedlich gezeichneten Flügeln

extrem lange, dünne Beine

Mit einer Flügelspannweite bis zu 65 mm ist die Riesenschnake *(T. maxima)* unser größter heimischer Zweiflügler.

Stechmücke

Culex spec., Aedes spec. (Zweiflügler)

L 4–10 mm ganzjährig

Die Larve lebt im Wasser: Sie hängt mit ihrem Atemrohr kopfunter an der Wasseroberfläche und erbeutet Mikroorganismen.

Vorkommen *Überall häufig und weit verbreitet in feuchten Wäldern, auf Wiesen, in Parks und Gärten, Larvenentwicklung insbesondere in Kleinstgewässern, Pfützen und Regentonnen.*

> ***Nur das Weibchen sticht.***
> ***Männchen mit büschelförmig gefiederten Fühlern***
> ***schnelle Entwicklung: 3–4 Generationen im Jahr***

Das Weibchen saugt Blut von Vögeln, Säugetieren und Menschen – es benötigt die Kraftmahlzeit für die Entwicklung seiner Eier. Die Männchen können nicht stechen, man sieht sie häufig in großen Schwärmen über Uferwiesen auf und nieder tanzen. Ihre Eier legen Culex-Arten als charakteristische, aus 200 bis 400 Eiern bestehenden „Eischiffchen" auf die Wasseroberfläche, Aedes-Arten dagegen einzeln auf Pflanzen.

Kriebelmücke

Simuliidae (Zweiflügler)

L 3–6 mm Mai–August

Larve: etwa 1 cm lang, hellbräunlich gefärbt mit keulenförmig verdicktem Hinterende

Vorkommen *Über ganz Europa verbreitet und häufig in Gewässernähe, auf Wiesen, an Waldrändern und in Gärten.*

> ***Weibchen ist tagaktiver, lästiger Blutsauger***
> ***Männchen ernährt sich von Blütennektar***
> ***in den Tropen gefürchteter Krankheitsüberträger***

Die nur in Fließgewässern lebende Larve heftet sich mit dem Hinterleib an eine feste Unterlage. Mit einem Borstenfächer am Kopf filtert sie im Wasser treibende Algen, Abfallstoffe und Kleinstlebewesen aus der Strömung. Durch den recht dicken Rüssel des erwachsenen Tiers ist der Stich schmerzhaft. Bei Weidevieh kann ein Massenauftreten von stechenden Kriebelmücken sogar zum Tod von Weidevieh führen, da der beim Saugen abgegebene Speichel Gift enthält und in großer Menge ein Herz-Kreislauf-Versagen hervorrufen kann.

Ebenfalls winzige und sehr lästige Blutsauger sind die 2–3 mm langen, fliegenähnlichen Gnitzen (*Culicoides spec.*).

Zuckmücke

Chironomidae (Zweiflügler)

L 10–15 mm ganzjährig

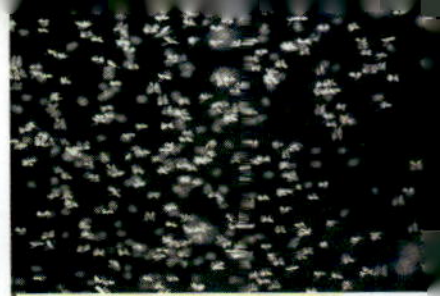

Die Zuckmücke wird auch Tanzmücke genannt, da sie an warmen Sommerabenden in riesigen, säulenförmigen Schwärmen über den Gewässern tanzt. Die Ernährungsweise der verschiedenen Larvenarten ist vielgestaltig: Die meisten wühlen im Schlamm nach organischen Abfällen, einige erbeuten Kleintiere, andere sind Pflanzenfresser, wieder andere leben als Parasiten in Wasserschnecken oder Libellenlarven.

Einige Larvenarten bauen aus einem Speichelsekret und Sand oder Pflanzenteilchen Gehäuse, in die sie sich zurückziehen.

Rote Zuckmückenlarven werden im Zoohandel als viel verwendetes Lebendfutter für Zierfische angeboten.

Männchen mit stark gefiederten Fühlern

verlängerte Vorderbeine nach vorn ausgestreckt

Vorkommen *In ganz Europa an allen Gewässertypen verbreitet und häufig, wird von Licht angelockt, auch in Wohnungen. Die Larve lebt im Wasser.*

- ***zuckt im Sitzen mit ihren Vorderbeinen***
- ***lebt nur wenige Tage und nimmt keine Nahrung auf, sticht also auch nicht***
- ***über 1000 Arten in Mitteleuropa***

Märzfliege

Bibio marci (Zweiflügler)

L 8–11 mm März–Mai

Kopf und Augen der Weibchen klein

Zur Partnerfindung tanzen Märzfliegen miteinander in der Luft, auch die nachfolgende Paarung beginnt in der Luft und wird am Boden oder in niedrigen Büschen fortgesetzt. Die erwachsene Märzfliege ernährt sich von Nektar. Ihre Larve entwickelt sich im Boden und ernährt sich von Pflanzenresten, frisst aber auch an Wurzeln. Wird auch Markusfliege genannt, weil sie in der Zeit um den Markustag, dem 25. April, besonders häufig ist.

Im Herbst fliegt die ebenfalls recht häufige Haarmücke *(B. clavipes)*.

schwarz glänzend

stark behaart

Männchen mit großem Kopf und großen Augen

Vorkommen *Über weite Teile Europas verbreitet und häufig an Waldrändern, in Gebüschen, auf Wiesen und in Gärten, gern in der Nähe von Gewässern.*

- ***keine Fliege, sondern eine Mücke (Märzhaarmücke)***
- ***lässt die Beine im Flug auffällig hängen***

Buchen-Gallmücke

Mikiola fagi (Zweiflügler)

L 4–5 mm März–Mai

Die eiförmige, oben zugespitzte, 5–12 mm lange, rötliche Galle findet sich auf der Blattoberseite von Buchen.

Vorkommen *Über weite Teile Europas verbreitet und häufig an Rotbuchen (Fagus sylvatica) in Buchenwäldern, an Waldrändern, in Parkanlagen und Gärten.*

> ***im Vergleich zu anderen Gallmücken relativ groß***
> ***die charakteristische Galle ist von Mai–Oktober häufig zu finden***
> ***etwa 1500 europäische Gallmücken-Arten***

Die im März und April schlüpfende Gallmücke legt ihre Eier einzeln an den Blattknospen von Rotbuchen ab. Die schlüpfende Larve sondert chemische Stoffe ab, durch deren Wirkung sich auf der Blattoberfläche die typische Galle bildet. In jeder Galle lebt eine weiße Larve. Im Herbst löst sich die Galle von den Blättern, fällt zu Boden und die Larve überwintert dort. Die Verpuppung erfolgt im Frühjahr in der Galle.

Galle im Querschnitt

Hinterleib rötlich

Rinder-Bremse

Tabanus bovinus (Zweiflügler)

L 20–25 mm Mai–September

Die Larve lebt im Wasser oder in sehr feuchtem Boden und ernährt sich von verwesenden Materialien oder erbeutet Kleinstlebewesen.

Vorkommen *In weiten Teilen Europas verbreitet und häufig, bevorzugt auf Weiden, Wiesen und an Waldrändern, oft in Wassernähe, vom Flachland bis in etwa 2000 m Höhe.*

> ***fliegt mit deutlich hörbarem Brummen***
> ***ist in der Lage, durch die Kleidung hindurchzustechen***
> ***mehrere einander sehr ähnliche Tabanus-Arten***

Die Rinderbremse gehört zu den blutsaugenden Insekten. Die weibliche Bremse benötigt vor der Eiablage eine eiweißreiche Blutmahlzeit. Dabei bevorzugt sie das Blut von Rindern und Pferden und findet sich entsprechend häufig auf deren Koppeln. Sie geht aber auch an andere Säugetiere und sticht auch uns Menschen äußerst schmerzhaft. Besonders aktiv ist das Insekt an schwülen Tagen.

Thorax braun-oliv gefärbt mit undeutlichen, hellen Längslinien

nach vorn zeigende helle Dreiecke auf der Hinterleibsmitte

große, grünlich schillernde Augen

kurzer, kräftiger Saugrüssel mit messerartigen Mandibeln

Goldaugenbremse

Chrysops relictus (Zweiflügler)

L 9–13 mm Mai–September

Die Bremse sticht eigentlich nicht, sie beißt vielmehr – aber das nicht minder schmerzhaft. Mit messerscharfen Mundwerkzeugen ritzt sie die Haut von Mensch und Tier an und leckt dann das austretende Blut auf. Während des Leckens lässt sie sich nicht verscheuchen und kann leicht erschlagen werden. Die Eier legt sie in feuchte Böden, darin entwickeln sich auch ihre Larven, die Maden.

Die Regenbremse (*Haematopota pluvialis*) ist sehr häufig und insbesondere an schwül warmen Sommertagen ein extrem lästiger Blutsauger.

Vorkommen *Über weite Teile Europas verbreitet und häufig in Wäldern, an Waldrändern, auf Wiesen und Weiden, in Moor- und Heidegebieten von der Ebene bis ins Gebirge*

> ***nur das Weibchen sticht***
> ***Männchen ist Blütenbesucher***
> ***weitere recht ähnliche Arten***

Wollschweber

Bombylius major (Zweiflügler)

L 9–12 mm März–Juni

Nach der Paarung legt das Weibchen seine Eier direkt vor die Eingänge von Wildbienennestern. Die geschlüpfte Larve dringt allein in die Wirtsnester ein und ernährt sich zunächst von den Vorräten in den Bienenzellen und später von den Bienenlarven. Die Puppe überwintert, die Fliege erscheint zeitig im Jahr mit den ersten Frühjahrsblühern ab Ende März.

Ebenfalls zu den Wollschwebern gehört der überwiegend schwarz gefärbte Trauerschweber (*Anthrax anthrax*). Auch seine Larve lebt als Parasit an den Larven von Wildbienen.

Vorkommen *In Europa weit verbreitet und häufig an Weg- und Waldrändern, auf Lichtungen und Wiesen, regelmäßig auch in Gärten.*

> ***auch Hummelschweber genannt***
> ***sonnt sich gern auf einem trockenen Blatt oder Stein***
> ***sieht mit seinem stilettoartigen Saugrüssel gefährlich aus, ist aber völlig harmlos***

Raubfliege

Asilidae (Zweiflügler)

L 5–30 mm   Mai–September

Die Raubfliege kann Insekten erbeuten, die ihre eigene Körpergröße bei weitem übersteigen.

Vorkommen *Über ganz Europa verbreitet in lichten Wäldern, an Wald- und Wegrändern, in Gebüschen, auf Wiesen und Weiden, Moor- und Heidegebieten.*

- ***tagaktiv***
- ***hat einen harten, spitzen Stechrüssel, mit dem sogar Käfer-Flügeldecken durchstoßen werden können***
- ***in Mitteleuropa etwa 150 Arten***

Die Raubfliege ist ein Lauerjäger: Meist gut getarnt verharrt sie auf einem Blatt, einem Ästchen oder einem Stein, um blitzschnell ein vorbeifliegendes Beutetier im Flug zu ergreifen, mit ihren mit Borsten besetzten Beinen zu umklammern und schließlich auszusaugen. Die Larve der meisten Arten lebt im Boden oder unter Rinde und ernährt sich räuberisch von anderen Insektenlarven und sonstigen Kleintieren.

Auffällig gezeichnet ist die 15–25 mm lange Kleine Wolfsfliege *(Molobratia teutonus)*, die von Mai–Juli auf Feuchtwiesen zu finden ist.

Hain-Schwebfliege

Episyrphus balteatus (Zweiflügler)

L 10–11 mm   ganzjährig

Schwebfliege „steht" oftmals im Flug vor Blüten

Vorkommen *In Europa weit verbreitet und eine der häufigsten Schwebfliegen-Arten in allen möglichen, blütenreichen Lebensräumen, regelmäßig auch in Gärten.*

- ***gelb-schwarze Warnfärbung***
- ***Weibchen überwintert***
- ***manchmal an warmen Wintertagen zu sehen, daher auch Winter-Schwebfliege genannt***
- ***wichtiger Blütenbestäuber***

Die Schwebfliege ist ein Blütenbesucher und ernährt sich von Nektar und Pollen. Das Weibchen legt seine Eier, genau wie Marienkäfer, gezielt an Blattlaus-Kolonien ab. So hat ihre Larve nach dem Schlüpfen gleich ihre Lieblingsspeise vor der Nase: Sie fängt die Läuse und saugt sie aus. Viele Schwebfliegen erinnern in ihrem Aussehen an Wespen, Bienen oder Hummeln. Sie täuschen mit dieser als Mimikry bezeichneten Nachahmung Fressfeinde wie Vögel, die die vermeintlich gefährlichen Tiere lieber in Ruhe lassen.

Die Larve gilt als ausgesprochener Nützling, da sie sich räuberisch von Blattläusen ernährt.

Schnauzen-Schwebfliege

Rhingia campestris (Zweiflügler)

L 8–11 mm April–September

Die Larve ernährt sich saprophag, d. h. abfallfressend: Nach der Paarung legt das Weibchen die Eier an Grashalmen über Kuhfladen ab. Die schlüpfende Larve fällt hinunter und ernährt sich vom Kuhdung, wo sie allerdings kaum zu sehen ist, da sie über und über mit Kot verklebt und somit hervorragend getarnt ist. Bis der Dung austrocknet ist, ist die Larve ausgewachsen, verpuppt sich in der Nähe und schlüpft schließlich als neue Fliegengeneration.

Der lange Saugrüssel ist in Ruhestellung unter dem Schnabelfortsatz verborgen.

Vorkommen *In vielen Teilen Europas häufig und weit verbreitet auf Feldern, Wiesen, Rinderweiden, in Laub- und Mischwäldern, an Waldrändern und -wegen.*

> ***auch Feld-Schnabelschwebfliege oder Kegelfliege genannt***

> ***kann mit ihrem extrem langen Rüssel auch Blüten besuchen, die für andere Schwebfliegen zu tief sind***

> ***2 weitere Rhingia-Arten in Mitteleuropa***

Mistbiene

Eristalis tenax (Zweiflügler)

L 14–17 mm ganzjährig

Die erwachsene Mistbiene, die zu den Schwebfliegen gehört, ist ein Blütenbesucher. Ihre Eier legt sie an den Rand kleinster, nährstoffreicher, oft stark verschmutzter Wasserstellen. Die Larve durchwühlt den Bodenschlamm und filtert dabei kleinste verwertbare Nahrungspartikel heraus. Zur Verpuppung verlässt sie das Wasser.

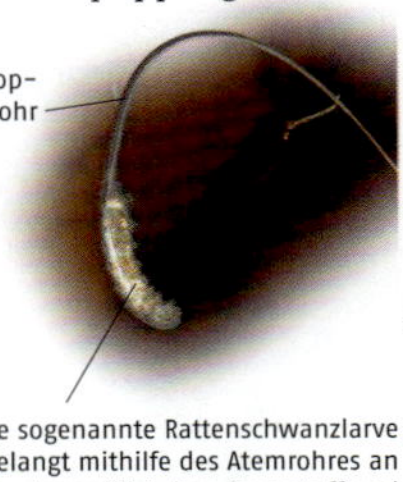

Die sogenannte Rattenschwanzlarve gelangt mithilfe des Atemrohres an atmosphärischen Sauerstoff und ist daher in der Lage, auch faulige, nahezu sauerstofffreie Gewässer zu nutzen. Damit entgeht sie Räubern, die ihr in dieses unwirtliche Milieu nicht folgen können.

Vorkommen *Über weite Teile Europas verbreitet und eine der häufigsten heimischen Schwebfliegen in ländlichen Gegenden in verschiedensten Lebensräumen vom Flachland bis ins Gebirge.*

> ***bienenähnliches Aussehen, gehört aber zu den Schwebfliegen***

> ***Larve kann selbst in Jauchegruben und Abwässern überleben.***

> ***einige in Aussehen und Lebensweise ähnliche Arten***

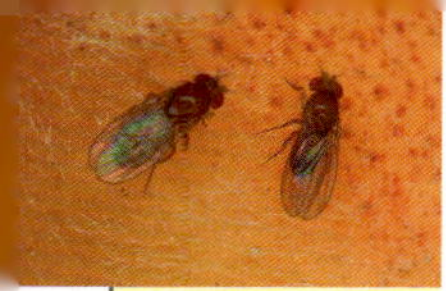

Essigfliege, Fruchtfliege

Drosophila melanogaster (Zweiflügler)

L 2–3 mm ganzjährig

Unter günstigen Bedingungen kann die Generationsdauer bei nur 10 Tagen liegen

Vorkommen *Ursprünglich eine tropische und subtropische Art, ist jedoch vom Menschen verschleppt worden und hat sich weltweit ausgebreitet; lebt in unseren Breiten in Haushalten, Großküchen, Keltereien, Brauereien und Obstlagern.*

> ***auch Taufliege oder Gärfliege genannt***
> ***kann Bakterien und andere Krankheitserreger übertragen***

Die Fruchtfliege wird in ganzen Schwärmen von überreifem Obst und gärenden Fruchtsäften angelockt und kann daher in Küchen, besonders aber in Fruchtpressereien, Weinkellern und Brauereien lästig werden. An der Fruchtfliege wurden und werden noch die Gesetzmäßigkeiten der Vererbung von Merkmalen erforscht und gelehrt. Sie ist dafür besonders geeignet, da sie sich kostengünstig halten lässt und sich rasch vermehrt. Im Labor hat man so z. B. Tiere ohne Flügel, mit weißen oder schwarzen Augen und veränderter Flügeläderung gezüchtet und untereinander gekreuzt, um zu untersuchen, wie und in welcher Kombination sich die veränderten Merkmale an die Nachkommen vererben.

rote Augen

Hinterleib mit schwarzer Spitze

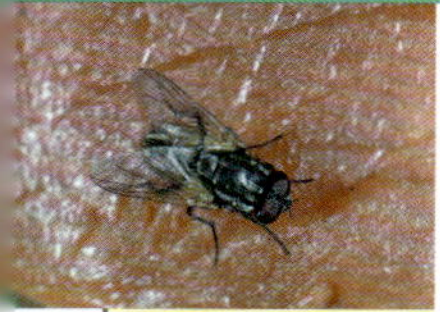

Stubenfliege

Musca domestica (Zweiflügler)

L 6–8 mm ganzjährig

Die weißliche, kopf- und beinlose, bis 12 mm lange Fliegenlarve wird auch als Made bezeichnet.

Ideale Entwicklungsbedingungen für die Larve bieten Komposthaufen mit Haushaltsabfällen, Tierställe, Müllhalden, Dunghaufen und Mülltonnen.

Vorkommen *Weltweit in allen Lebensräumen verbreitet, besonders häufig im Siedlungsbereich in Stallungen, Wohnungen, auf Müllhalden und Dunghaufen.*

> ***kann Krankheitserreger auf Lebensmittel übertragen***
> ***sehr schnelle und hohe Vermehrungsrate***

Die Stubenfliege ernährt sich von Nahrungsresten, die sie mit ihrem stempelartigen Saugrüssel auftupft. Feste Nahrung feuchtet sie erst mit Speichel an, um sie dann in verflüssigter Form aufzunehmen. Das Weibchen legt seine bis zu 150 Eier in Aas, auf Dung oder in Komposthaufen ab. Bereits nach kurzer Zeit wimmelt es darin von weißen Fliegenmaden und schon nach 2–3 Wochen sind es fertige Stubenfliegen.

Hinterleib gelblich mit schwarzen Rückenstreifen

Ebenfalls ganzjährig und überall häufig ist die Herbstfliege *(M. autumnalis)*, die auch Stall- oder Augenfliege genannt wird.

rötliche Augen

└ schwarze Längsstreifen auf dem Thorax

Fleischfliege

Sarcophaga carnaria (Zweiflügler)

L 13–15 mm April–Oktober

Die Eier der Fleischfliege entwickeln sich schon im Körper des Weibchens und werden direkt auf die Nahrung der Larve – bevorzugt Aas, Kot, Fleisch – ablegt. Die Maden schlüpfen unmittelbar nach der Ablage und geben Enzyme ab, mit deren Hilfe die Nahrung verflüssigt und schließlich aufgesogen wird.

Das Mundwerkzeug ist zu einem hochspezialisierten, stempelförmigen Rüssel umgebildet, mit dem die Fliege Nahrung auflecken kann.

Weltweit verbreitet und häufig in Gebäuden ist auch die Blaue Schmeißfliege *(Calliphora vicina)*, die auch als Brummer bekannt ist.

Vorkommen *Über weite Teile Europas verbreitet und überall häufig, fast immer in der Nähe menschlicher Siedlungen, gelangt auch oft in Wohnungen.*

> ***Die Fliege ernährt sich von Obst und Früchten sowie von Blütennektar.***
> ***Larve entwickelt sich auch im Innern von Regenwürmern, die daran sterben.***
> ***überträgt Bakterien und Krankheitskeime***

Goldfliege

Lucilia spec. (Zweiflügler)

L 6–11 mm April–Oktober

Die Goldfliege ernährt sich von Blütennektar, dem Saft reifer Früchte und dem Honigtau von Blattläusen. Regelmäßig wird sie auch vom Aasgeruch der Stinkmorcheln angelockt. Ihre Maden entwickeln sich in Aas und tierischen Nahrungsabfällen auf Müllhalden und Komposthaufen, mitunter auch in offenen Wunden.

Die Larve der Goldfliege wird wegen ihrer Färbung auch als Pinky Made bezeichnet und als Angelköder und Futtermittel in der Terraristik verwendet.

Eine von den Larven der Krötenfliege oder Krötengoldfliege *(L. bufonivora)* befallene und dadurch im Schnauzen- und Kopfbereich entstellte Erdkröte. Die Larven fressen das innere Gewebe von lebenden Kröten, bis diese sterben.

Vorkommen *Über ganz Europa verbreitet und häufig auf Wiesen und Weiden, in Parks und Gärten, kommt auch in Wohnungen.*

> ***gehört zu den Schmeißfliegen (Calliphoridae)***
> ***in der sogenannten Madentherapie werden sterile Larven zur Wundbehandlung eingesetzt***
> ***mehrere sehr ähnliche Arten in Europa***

Dungfliege

Scatophaga stercoraria (Zweiflügler)

L 5–10 mm April–Oktober

Vorkommen *Über weite Teile Europas verbreitet und häufig auf Wiesen und Weiden, an Weg- und Waldrändern in ländlichen Gebieten, besonders häufig in der Nähe von Rinderweiden oder Misthaufen.*

- ***wird auch als Kotfliege oder Mistfliege bezeichnet***
- ***oft in großer Zahl auf Kuhfladen oder Pferdeäpfeln***
- ***tagaktive Art***

Die erwachsene Dungfliege ist ein Blütenbesucher und ernährt sich von Nektar und Pollen. Mitunter kann man sie aber auch mit erbeuteten Kleininsekten sehen, die sie mit ihren kräftigen Vorderbeinen hält und mit ihrem spitzen Rüssel aussaugt. Sie legt ihre Eier meist auf den Kot von Weidevieh ab. Die weißlich gelbe Larve entwickelt sich im Dung und ernährt sich dort räuberisch von anderen Fliegenlarven.

Das Weibchen ist gräulich-grünlich gelb gefärbt.

Lausfliege

Hippobosca equina (Zweiflügler)

L 6–8 mm Mai–Oktober

Vorkommen *Über weite Teile Europas verbreitet auf Wiesen und Weiden, an Weg- und Waldrändern.*

- ***stark abgeflachter Körper***
- ***lebt meist im Fell verborgen***
- ***Blutsauger insbesondere an Pferden, Eseln und Rindern, sticht aber auch Menschen***

Die Lausfliege gehört zu einer Gruppe von stechenden Fliegen, die als Außenparasiten an Säugetieren und Vögeln Blut saugen. Es gibt sowohl geflügelte und ungeflügelte Arten als auch solche, die ihre Flügel nach Erreichen des Wirts abwerfen. Viele Arten sind auf bestimmte Wirte spezialisiert (z. B. gibt es die Hirsch-Lausfliege, Schaf-Lausfliege, Fledermaus-Lausfliege). Das Weibchen legt keine Eier ab, sondern bringt direkt verpuppungsreife Larven zur Welt.

Die Mauersegler-Lausfliege *(Crataerina pallida)* befällt insbesondere Mauersegler und Schwalben und saugt deren Blut.

Feld-Blattwespe

'enthredo campestris (Hautflügler)
8–13 mm Mai–August

Die 10–12 mm lange, grasgrüne Grüne Blattwespe *(Rhogogaster viridis)* mit schwarzer Zeichnung lebt räuberisch vor allem von anderen Insekten.

)ie Blattwespe gehört zusammen mit Wes-
›en, Bienen, Hummeln und Ameisen zu den
›ogenannten Hautflüglern. In Europa leben
iber 1000 Blattwespen-Arten, die 2–20 mm
ang werden. Das ausgewachsene Insekt ist
iberwiegend ein Blütenbesucher, lebt aber
eilweise auch räuberisch von kleineren
nsekten. Die Larve ernährt sich von Pflanzen,
›ft gesellig in größeren Gruppen.

Blattwespen-Larven wie hier die der Weiden-Blattwespe *(Pteronus salicis)* erinnern an Schmetterlingsraupen. Bei Störung verkrümmen sie ihren Körper charakteristisch s-förmig.

Vorkommen *In weiten Teilen Mittel- und Südeuropas verbreitet an Waldrändern, Heckenlandschaften, buschreichen Wiesen, Parkanlagen und naturnahen Gärten.*

> ***sitzt gern auf besonnten Blättern***
> ***erwachsene Blattwespe ernährt sich von Pollen, Nektar und kleineren Insekten***
> ***Larve frisst an den Blättern von Giersch***

Holz-Schlupfwespe

Rhyssa persuasoria (Hautflügler)
L 18–35 mm Juli–September

In ihrem 1-wöchigen Leben parasitiert eine einzige Blattlaus-Schlupfwespe *(Aphidius spec.)* bis zu 200 Blattläuse, indem sie jeweils ein Ei auf diese ablegt. Nach 1–2 Tagen schlüpft die Larve, die sich vom Inneren der Blattlaus ernährt.

Mit ihren hochempfindlichen Sinnesorganen in Fühlern und Beinen erspürt das Weibchen die Larven von Holzwespen oder Bockkäfern, die sich tief im Holz von abgestorbenen Baumstämmen befinden. Ist eines dieser Tiere aufgespürt, bohrt die Holz-Schlupfwespe mit ihrem Legestachel in drehenden Bewegungen ein bis zu 30 mm tiefes Loch in das Holz, betäubt das Tier mit Gift und legt ein Ei in die Larve. Die Schlupfwespen-Larve ernährt sich schließlich von ihrem Wirt.

Vorkommen *In Europa weit verbreitet in Nadelwäldern, insbesondere auf offenen Flächen wie Lichtungen, Waldwegen und Schneisen, wo sich abgestorbene oder gefällte Baumstämme befinden.*

> ***Männchen ohne Legebohrer***
> ***ernährt sich von Blütennektar und Pflanzensäften***
> ***Schlupfwespen werden in der biologischen Schädlingsbekämpfung eingesetzt.***

Hornisse

Vespa crabro (Hautflügler)
L 18–35 mm März–Oktober

Die Hülle des Nestes ist bräunlich und muschelartig gemustert.

ein umfangreiches Hornissen-Nest im geschützten Giebel eines Dachs

***Vorkommen** In Mittel- und Südeuropa, in lichten Wäldern und offenen Landschaften mit alten Bäumen, heutzutage regelmäßig im Siedlungsbereich von Menschen.*

> ***Entgegen allen Vorurteilen ist die Hornisse nicht gefährlich: Sie ist friedfertig und nicht giftiger als Wespen oder Bienen.***
> ***in Deutschland gesetzlich geschützte Art***

Eine Königin gründet im Frühjahr allein ein Nest, in das sie befruchtete Eier legt. Aus diesen entstehen Arbeiterinnen, die der Königin fast alle Arbeiten abnehmen. Im Herbst schlüpfen junge Königinnen und Männchen (Drohnen), schwärmen aus und paaren sich. Mit den ersten Nachtfrösten stirbt das gesamte Hornissenvolk, lediglich die begatteten jungen Königinnen überwintern. Die Hornisse ernährt sich von erbeuteten Insekten, Baumsäften und Fallobst.

Kopfschild im Gegensatz zur Wespe einfarbig gelb ohne schwarze Zeichnungen

Hinterleib gelb und schwarz

Brustsegment rot und schwarz gezeichnet

Gemeine Wespe

Vespula vulgaris (Hautflügler)
L 11–19 mm April–Oktober

Oft werden die Nester unterirdisch in Mäusenester angelegt.

***Vorkommen** In weiten Teilen Europas verbreitet und meist häufig, besiedelt offene Landschaften, häufig im Siedlungsbereich.*

> ***eine der häufigsten Wespen-Arten Mitteleuropas***
> ***Die Gemeine und die Deutsche Wespe sind die beiden einzigen Wespen-Arten, die uns am Kaffeetisch, beim Mittagessen oder am Grillabend lästig werden.***

Die überwinternde Jungkönigin beginnt im Frühjahr mit dem Nestbau und der Eiablage. Als Baumaterial dient ihr fein zerkautes Holz, das mit Speichel vermischt wird. Nach dem Schlupf der ersten Arbeiterinnen verlässt die Königin das Nest nicht mehr, sondern legt nur noch Eier. Der entstehende Insektenstaat ist streng arbeitsteilig organisiert und die Arbeiterinnen sind entweder mit dem Nestbau, der Zellensäuberung, der Larvenfütterung, der Verteidigung des Nestes, der Versorgung der Königin oder der Nahrungsbeschaffung beschäftigt. Die Größe des Nestes nimmt rasch zu und wächst auf 3000–4000 Individuen oder sogar mehr an.

zwischen dem unteren Augenrand und der Basis des Oberkiefers kein Zwischenraum (Merkmal für „Kurzkopfwespen" der Gattung *Vespula*)

gelbes Kopfschild mit schwarzer, ankerförmiger Zeichnung

Hinterleib schwarz-gelb gemustert

gelbe Beine

;ächsische Wespe

olichovespula saxonica (Hautflügler)

11–18 mm Mai–Oktober

)ie Völker der Sächsischen Wespe sind 'erhältnismäßig klein und bestehen naximal aus 200–300 Individuen. Die Jester werden gern in Gebäuden, wie cheunen und Gartenhütten, angelegt ınd finden sich häufig frei hängend am)achgebälk. Zum Nestbau raspeln die ırbeiterinnen der Wespe mit ihren /Iandibeln (Mundwerkzeugen) norsches Holz ab und vermischen lieses mit Speicheldrüsensekret zu ·inem Brei. Die Wespe ernährt sich ıauptsächlich von Blütennektar.

im Porträt: zwischen dem unteren Augenrand und der Basis des Oberkiefers deutlicher Zwischenraum (Merkmal für „Langkopfwespen" der Gattung *Dolichovespula*)

Die gelbe Hinterleibszeichnung ist variabel.

Das gräulich gefärbte Papiernest erreicht einen Durchmesser von bis zu 25 cm.

Vorkommen *Verbreitet und recht häufig in Mittel- und Nordeuropa, besiedelt verschiedene offene Biotope sowie menschliche Siedlungen.*

> ***selbst im Nestbereich friedfertig, wird nicht lästig und geht auch nicht an Lebensmittel***
> ***Nester gelegentlich in Vogelnistkästen***
> ***Zur Versorgung der Larven werden andere Insekten erbeutet.***

Feldwespe

?olistes spec. (Hautflügler)

10–18 mm April–Oktober

)ie Feldwespe ist eine emsige Blütenbeıucherin. Uns Menschen wird sie nicht ästig und ist meist friedlich, lediglich in lirekter Nähe des Nestes oder bei unmit·elbarer Störung greift sie an und kann dann auch schmerzhaft zustechen. Im Frühjahr gründen meist mehrere Königinnen gemeinsam ein kleines Volk, in dessen Verlauf sich eine Rangordnung bildet, an deren Spitze es dann eine „Chefin" gibt.

Die Gallische Feldwespe (*P. dominulus*) siedelt sich häufig in menschlicher Nähe an und baut ihre Nester beispielsweise unter Dachziegeln oder in Schuppen.

sehr dünne „Wespentaille"

schlanker Hinterleib auch nach vorn hin deutlich verschmälert (vgl. *Vespula* und *Dolichovespula*)

Das Papiernest von Feldwespen besteht aus offenen, frei liegenden Waben ohne schützende Hülle und ist mit einem Stiel am Untergrund befestigt.

Vorkommen *Je nach Art in offenen Landschaften wie Heidegebieten, Trockenrasen, Wiesen und Hängen über weite Teile Europas verbreitet.*

> ***Nester papierartig aus zerkauten und eingespeichelten Holzfasern***
> ***Nester oft an sonnenexponierten Stellen***
> ***in Europa 7 einander sehr ähnliche Polistes-Arten***

Schornsteinwespe

Odynerus spinipes (Hautflügler)

L 10–13 mm Mai–Juli

Vorkommen *In Mittel- und Südeuropa weit verbreitet und häufig, besiedelt lehmhaltige Steilwände, Trockenmauern, Lehmwände an Gebäuden, auch spezielle Nisthilfen in Gärten.*

> **Wespen-Art, die keinen Staat bildet (solitäre Wespen-Art)**
> **charakteristische „schornsteinförmige" Eingangsröhre**
> **siedelt häufig zu mehreren in kleineren Kolonien**

Das Weibchen der Schornsteinwespe gräbt an Steilwänden Nistgänge, die schräg in das Substrat hinabführen. Der dabei anfallende Aushub wird mit Flüssigkeit angefeuchtet und ringförmig um das Eingangsloch geklebt, wobei die charakteristischen Brutröhren entstehen. Am Ende des Ganges werden einige Brutkammern angelegt, die mit jeweils einem Ei belegt und mit bis zu 20 Rüsselkäferlarven als Nahrung für die eigenen Larven aufgefüllt werden.

Mit einem Angebot an senkrechten, sonnenexponierten Lehmflächen lässt sich die Schornsteinwespe in Gärten und sogar auf Balkonen leicht und wunderbar beobachten.

Sandwespe

Ammophila sabulosa (Hautflügler)

L 14–24 mm Mai–Oktober

Vorkommen *Über weite Teile Europas die häufigste Sandwespen-Art, besiedelt sandige, nur lückenhaft bewachsene Lebensräume wie Sand- und Kiesgruben, Böschungen und Trockenrasen, auch im Siedlungsbereich.*

> **gehört in die Familie der Grabwespen (Sphecidae)**
> **ernährt sich von Nektar**
> **mehrere ähnliche Ammophila-Arten in Europa**

Die erbeuteten Raupe werden meist zu Fuß zu Brutröhre gebracht

Die Sandwespe gräbt ihre Brutröhren senkrecht in den Sandboden. Die fertiggestellte Röhre wird mit einem Steinchen verschlossen und getarnt. Nun wird eine Schmetterlingsraupe von oft beachtlicher Größe erbeutet und in die Brutröhre getragen. Da die Raupe nur gelähmt ist, bleibt sie als Nahrung frisch für die in den nächsten Tagen schlüpfenden Larven. Die Sandwespe betreibt eine aufwendige Brutpflege und bringt regelmäßig weitere Raupen in die Röhren, die jedes Mal erneut verschlossen werden.

Eichen-Gallwespe

ynips quercusfolii (Hautflügler)

3–4 mm November–Juli

ein geöffneter Gallapfel mit der darin lebenden Larve

m Sommer sticht das Weibchen der Eichen-allwespe seine Eier in die Blattnerven, vodurch die Pflanze angeregt wird, eine Galle uszubilden. Im Inneren, jeder Galle entwickelt ich in einer kleinen Kammer die Larve. Mit dem Laubfall im Herbst gelangt die Galle auf den Boden. Im zeitigen Frühjahr chlüpft daraus eine Gallwespe (1. Generation), die ihre Eier in ichenknospen sticht. Hier entsteht eine kleinere Galle, aus der m Sommer die 2. Generation der Gallwespen schlüpft, lie den oben beschriebenen Gallapfel erzeugt. So chließt sich der Kreislauf.

Die 15–20 mm große, runde Galle sitzt an der Unterseite eines Eichenblattes und ist anfangs grünlich, später zusätzlich rötlich und bräunlich gefärbt.

buckeliger Rücken

relativ lange Flügel

Vorkommen *Über weite Teile Europas verbreitet an Eichen, an Wald- und Wegrändern, in Wäldern, Alleen, Parks und Gärten.*

> ***Die Galle am Blatt wird als „Gallapfel" bezeichnet.***
> ***Galläpfel werden zur Herstellung der sogenannten Eisen-Gallus-Tinte benötigt.***
> ***Der Befall ist für die Eichen ohne Schaden.***

Rosen-Gallwespe

Diplolepis rosae (Hautflügler)

3–5 mm Mai–August

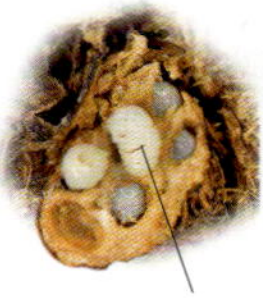

Aufgeschnittene Galle: Im Inneren liegen mehrere Kammern, in denen sich jeweils eine Larve entwickelt.

Die winzige Rosen-Gallwespe legt im Frühjahr hre Eier ins Pflanzengewebe von Rosentrieben, wodurch die Pflanze angeregt wird, die Galle zu produzieren. In der Galle entwickeln sich die weißlichen Larven, überwintern in ihnen und verpuppen sich im Frühjahr. Im Frühjahr nagen sich die fertig entwickelten Gallwespen ins Freie und der Kreislauf beginnt von Neuem. Der Name „Schlafapfel" rührt daher, dass sich nach altem Volksglauben unter das Kissen gelegte Rosengallen schlaffördernd auswirken.

Als Galle bildet sich ein zottig behaartes und verzweigtes, bis zu 5 cm großes Knäuel an den Trieben und auf den Blättern von Rosen: anfangs grünlich, später rot, ab Spätherbst verholzend und bräunlich.

Kopf und Vorderkörper schwarz

Hinterkörper rötlich-braun

Vorkommen *Über weite Teile Europas verbreitet an verschiedenen Wildrosen-Arten auf Wiesen, an Wald- und Wegrändern und in Parks und Gärten, selten auch an Rosen-Zuchtformen.*

> ***alte Galle verbleibt mitunter jahrelang an den Zweigen***

Goldwespe

Chrysididae (Hautflügler)

L 4–12 mm Mai–September

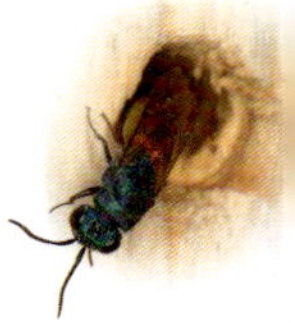

Goldwespen lasse
sich auch in Gärte
locken: An spezielle
Wildbienen- un
Wildwespen-Nisthilfe
(„Insektenhotels") su
chen sie nach den für si
geeigneten Wirtstierer

Vorkommen *Je nach Art über weite Teile Europas verbreitet, besiedeln insbesondere offene, sonnige Lebensräume, auch in Parks und Gärten.*

> ***gehört zu den farbenprächtigsten Insekten überhaupt***
> ***besonders harte Panzerung, dadurch gut gegen die Abwehrstiche ihrer Wirtsinsekten geschützt***
> ***in Mitteleuropa weit über 100 Arten***

Die englische Bezeichnung „Cuckoo wasps" (deutsch: „Kuckucks-Wespe") weist auf die Lebensweise der Goldwespen hin: Alle Arten parasitieren andere Bienen- oder Wespen-Arten. Sie legen ihre Eier in deren Nester, die Larven der Goldwespen ernähren sich von den Eiern oder den Larven ihrer Wirte, manche Arten zusätzlich von den Futtervorräten in den jeweiligen Brutkammern.

Besonde
farbenfroh i
die Goldwesp
Chrysis equestri

alle Arten auffallend irisierend, metallisch glänzend von Rot über Grün und Blau bis zu Golden

Mörtelbiene

Megachile parietina (Hautflügler)

L 14–18 mm April–August

Vorkommen *In Südeuropa weit verbreitet und meist häufig, in Mitteleuropa nur zerstreut in wärmeren Lagen, besiedelt Trockenhänge mit Felsen, Steinbrüche und Kiesgruben, regelmäßig auch im Siedlungsbereich an Gemäuern.*

> ***baut steinharte Nester***
> ***lebt meist in kleineren Kolonien***
> ***in Deutschland nur im Süden vorkommend und vom Aussterben bedroht***

Jedes Weibchen baut ein eigenes Nest aus Mörtel und Steinchen, das an Felsen oder Hauswänden angeheftet wird. Mörtel stellt es her, indem es Lehm und Sand mit Nektar und Speichel anfeuchtet. Nach Fertigstellung einer Zelle wird diese mit Pollen und Nektar gefüllt. Danach wird ein Ei auf den Nahrungsvorrat gelegt und die Brutzelle mit einem Mörtelpfropf verschlossen.

Die Blattschneiderbiene *(M. spec.)* baut ihre Nester in kleinen Hohlräumen und kleidet diese mit abgeschnittenen Blattstückchen verschiedener Pflanzen aus.

Rote Mauerbiene

Osmia rufa (Hautflügler)
L 8–12 mm   März–Juni

Nach der Paarung legt das Weibchen in rohrförmigen Hohlräumen wie Ritzen, Löchern in Totholz oder Schilfstängeln Nester aus Lehm an, die aus einzelnen hintereinanderliegenden Zellen bestehen. In jeder Zelle befinden sich ein Ei und ein Nahrungsvorrat aus Pollen und Nektar, von dem sich die geschlüpfte Larve ernährt. Im Herbst schlüpft die erwachsene Biene, bleibt aber noch bis zum nächsten Frühjahr im Nest.

Ein sogenanntes Insektenhotel bietet Nistmöglichkeiten für viele Wildbienen und solitäre Wespen

hohle Schilfstängel, Baumscheibe und Steine mit Bohrlöcher sowie einem Lehmangebot

dichte rötlich braune Behaarung

Die mit Pollen und jeweils einem Ei gefüllten Brutzellen sind durch dünne Lehmwände voneinander getrennt.

Vorkommen *Besiedelt weite Teile Europas und ist häufig an Waldrändern, auf buschreichen Wiesen, in Obstgärten, Parkanlagen und naturnahen Hausgärten.*

- ***bildet im Schilf von Reetdächern oftmals hohe Bestände***
- ***eine der häufigsten Gäste von Insektenhotels***
- ***etliche ähnliche Osmia-Arten in Europa***

Pelzbiene

Anthophora plumipes (Hautflügler)
L 14–16 mm   März–Juni

Bereits im zeitigen Frühjahr fällt die Pelzbiene durch ihren schnellen Flug von Blüte zu Blüte auf. Als Nistplatz kommen lehmige oder sandige Steilwände und Abbruchkanten, Trockenmauern oder Lehmwände von Gebäuden infrage, in die sie ihre Bruthöhlen gräbt. Die Pelzbiene nimmt regelmäßig auch im Garten angebotene Lehmnisthilfen als Brutplatz an.

Das Männchen ist meist gräulich behaart.

helle Gesichtsbehaarung

Weibchen mit rötlich gelber Sammelbürste an den Hinterbeinen

dicht pelzig, oftmals schwärzlich behaart

Die Färbung der Weibchen ist variabel, neben den schwarzen treten regelmäßig auch bräunliche Tiere auf.

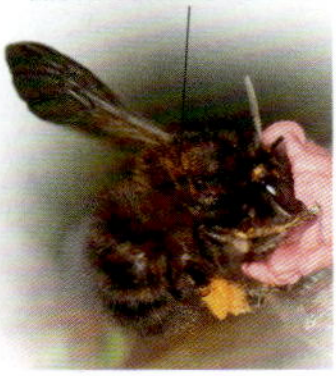

Vorkommen *In ganz Europa verbreitet und häufig in verschiedensten Lebensräumen, in denen sie Nistmöglichkeiten und ein reiches Blütenangebot vorfindet, regelmäßig auch in Gärten.*

- ***erinnert an eine kleine Hummel***
- ***in Gärten häufig an Lungenkraut zu beobachten***
- ***mehrere ähnliche Anthophora-Arten in Europa***

Holzbiene

Xylocopa violacea (Hautflügler)

L 20–24 mm April–September

Vorkommen *In Südeuropa weit verbreitet und häufig, in Mitteleuropa auf wärmebegünstigte Regionen beschränkt, besiedelt sonnige Standorte mit trockenem Totholzbestand wie Waldränder, Streuobstwiesen, Parkanlagen und naturnahe Gärten.*

> ***hummelartig, eine der größten europäischen Bienen***
> ***breitet sich im Zuge der Klimaerwärmung Richtung Norden aus***

Die Holzbiene ist auf das Vorhandensein von Totholz angewiesen und nagt mit ihren kräftigen Kiefern tiefe Gänge in trockene Äste, Stämme oder alte Zaunpfähle, um an deren Ende ihre Brutzellen anzulegen. Wer der bei uns seltenen Holzbiene Nistmöglichkeiten im Garten anbieten möchte, kann dies mit senkrecht angebrachten sonnenexponierten Totholzstämmen tun.

Männchen mit leicht geknicktem, rötlich gefärbtem Fühlerende

Flügel bläulich violett schimmernd
bläulich schwarz glänzend

Steinhummel

Bombus lapidarius (Hautflügler)

L 12–22 mm März–Oktober

Vorkommen *In Mitteleuropa weit verbreitet und häufig, besiedelt offenes Gelände wie Wiesen, Weiden, Wegränder, Parkanlagen und Gärten.*

> ***wichtige Blütenbestäuber***
> ***kann mit ihrem Giftstachel stechen, ist aber außer in direkter Nestnähe wenig aggressiv***
> ***weitere sehr ähnliche Arten in Europa***

Männchen mit gelber Binde vorn am Thorax

Die Gründung eines Nests erfolgt durch eine Jungkönigin in ober- oder unterirdischen Hohlräumen. Das können verlassene Mäusenester, Vogelnistkästen, Mauerspalten und Ähnliches sein. Die Jungkönigin formt aus Pollen und Nektar einen Klumpen und belegt ihn mit einem Ei. Sie bebrütet die Eier und versorgt die Larve mit Blütenpollen. Ab April sind die ersten Arbeiterinnen voll entwickelt; nun schaffen sie die Pollen für die vielen Eier heran, die die Königin im Lauf des Sommers noch legt.

Hinterende mit rötlicher Behaarung
Kopf und Brust samtschwarz gefärbt

geöffnetes Nest eines Steinhummel-Volkes mit Honigtöpfchen und Kokons für die Larven und Puppen

Erdhummel

Bombus terrestris (Hautflügler)

L 11–23 mm   Februar–Oktober

Nahaufnahme des Sammelbeins

Die verbreiterte Schiene der Hinterbeine ist gewölbt wie eine kleine Schale, gesäumt von langen Borstenhaaren, und wird Körbchen genannt.

An ihren Hinterbeinen trägt die Hummel alle Werkzeuge, die sie zum Sammeln und Transportieren des Blütenstaubs benötigt. Unterhalb des Beinglieds mit dem Pollenpaket (Körbchen) liegt ein Beinglied, das auf der Innenseite die sogenannte Bürste trägt: Sie besteht aus vielen dicht stehenden Borsten, mit denen die Hummel nach einem Blütenbesuch den Blütenstaub – sogar im Flug – aus ihrem Pelz kämmt. Am oberen Ende der Bürste stehen steife Borsten ab: Das ist der Kamm, mit dem sie ihre volle Bürste reinigt. Direkt unter den Borsten des Kamms liegt eine kleine Vorwölbung. Mit diesem Schieber werden die Pollen hochgeschoben zum Pollenhöschen.

Vorkommen *In ganz Mitteleuropa verbreitet und häufig, bewohnt Wiesen, Weiden, Brachland, Böschungen, Gebüsche, Parks und Gärten.*

> ***Frühjahrsbote: Eine der ersten Hummelarten im Jahr***
> ***Nester meist in unterirdischen Hohlräumen***
> ***Ein Volk kann aus bis zu 600 Hummeln bestehen.***

vorne am Thorax gelbliche Binde

gelbliche Binde auf dem Hinterleib

letzte Segmente weiß gefärbt

Die dicken gelben Päckchen voller Blütenstaub werden Pollenhöschen genannt.

Honigbiene

Apis mellifica (Hautflügler)

L 11–18 mm   März–Oktober

Ein Imker kontrolliert seine Bienen.

Die Honigbiene bildet riesige Staaten, in denen 40 000–60 000 Tiere leben können. Ihre Nester (Waben) fügt sie aus vielen Tausend Zellen zusammen, die aus Wachs bestehen. In einem Teil der Waben wachsen ihre Larven heran. Andere Teile dienen der Vorratshaltung, in denen Honig und Pollen für schlechte Zeiten aufbewahrt werden. Den Honig bildet die Biene aus Blütennektar, dem noch bestimmte Stoffe aus ihren Drüsen beigefügt werden.

Vorkommen *Als domestiziertes Nutztier über ganz Europa verbreitet und überall häufig auf Wiesen und Weiden, an Weg- und Waldrändern, in Obstplantagen, Parks und Gärten.*

> ***liefert unseren Honig***
> ***Schon die alten Ägypter erkannten vor 4000 Jahren, dass die Biene ein äußerst nützliches Tier ist.***
> ***kann schmerzhaft stechen, wenn sie sich bedroht fühlt.***

Die Varroamilbe ist ein bei Imkern gefürchteter Schädling, der Körperflüssigkeit aus Larven, Puppen und Bienen saugt und bei starkem Befall ganze Völker zum Absterben bringen kann.

bräunlich behaart

gelbliche Hinterleibsringe

Pollenhöschen an den Hinterbeinen

Schwarze Wegameise

Lasius niger (Hautflügler)

L 3–9 mm März–November

Die Königin ist mit 8–9 mm deutlich länger als die Arbeiterinnen und hat einen dicken, mit Eiern gefüllten Hinterleib.

Vorkommen *Über ganz Europa verbreitet und häufig in Wäldern, auf Wiesen und Äckern, auf Wegen, in Parks und Gärten, geht mitunter auch in Gebäude, lebt oft unter Steinen und Hölzern, unter Baumrinde und in Mauerspalten.*

- ***auch Schwarze Gartenameise genannt***
- ***häufigste Ameise in Mitteleuropa***
- ***kann in Gebäuden lästig werden***

Die Ameise gehört, wie die Wespen, Honigbienen und Hummeln, zu den Staaten bildenden Insekten und zeichnet sich durch eine ausgeklügelte Sozialstruktur aus. An warmen Hochsommertagen schwärmen die Jungköniginnen und die Männchen aus. Im Gegensatz zu den Arbeiterinnen verfügen beide über Flügel. Die begatteten Jungköniginnen gründen ein Nest, in dem sie ihre Eier ablegen und die erste Generation von Arbeiterinnen großziehen.

Farbe variiert zwischen Dunkelbraun und Schwarz.

Silbrige Körperbehaarung, darunter finden sich stets auch einige längere Haare.

Die Wegameise ernährt sich hauptsächlich von Honigtau, den sie Blattläusen abzapft. Diese werden von der Ameise regelrecht wie Nutztiere gehalten, bewacht und vor Fressfeinden verteidigt.

Gelbe Wiesenameise

Lasius flavus (Hautflügler)

L 2–9 mm März–Oktober

Arbeiterinnen versorgen die erheblich größere Königin, die mit der Eiablage beschäftigt ist.

Vorkommen *Über ganz Europa verbreitet und häufig auf Wiesen und Weiden, in Parkanlagen und Gärten auch auf Rasenflächen.*

- ***ein Nest kann bis zu 100 000 Arbeiterinnen beherbergen***
- ***die geflügelten Geschlechtstiere schwärmen hauptsächlich an warmen Hochsommertagen***
- ***einige ähnliche Arten in Europa***

Die Gelbe Wiesenameise lebt fast ausschließlich unterirdisch und ernährt sich dort von winzigen Wurzelläusen. Diese werden zum Einen gefressen, meist aber sorgsam betreut und „gemolken", da sie süße Ausscheidungen produzieren. Vor dem Winter holt die Ameise ihre „Haustiere" in ihr Nest und bringt sie im zeitigen Frühjahr zurück zu den Nahrungspflanzen, an denen die Läuse Säfte saugen.

Typisch und augenfällig sind ihre Nester: Die Erdhügel können bis einen halben Meter im Durchmesser und in der Höhe erreichen und sind häufig von Gras überwachsen.

kleine, aufgrund der überwiegend unterirdischen Lebensweise zurückgebildete Augen

blassgelb bis gelbbraun gefärbt

Rote Waldameise

Formica rufa (Hautflügler)

L 4–11 mm März–November

Die Ameise gehört zu den stärksten Tieren überhaupt, wenn man das Körpergewicht ins Verhältnis zum getragenen Gewicht setzt.

Die Rote Waldameise baut an windgeschützten, sonnigen Standorten bis zu 1,5 m hohe, kuppelförmige Haufen. Die obersten Schichten sind mit Fichtennadeln und kleineren Zweigstückchen abgedeckt. Das Innere der Nestkuppel besteht überwiegend aus Erde. Das Ameisennest setzt sich unterhalb des Haufens in bis zu 2 m Tiefe fort. In der Erde finden sich zahlreiche Kammern, die über Gänge miteinander in Verbindung stehen. Je nach Entwicklungsstadium und Witterungsbedingungen werden die Eier, Larven oder Puppen in die für sie günstigsten Nestbereiche transportiert.

Vorkommen *In Mitteleuropa weit verbreitet und meist recht häufig an Waldrändern und in lichten Wäldern, insbesondere in Nadelwäldern.*

> ***frisst vor allem Insekten***
> ***gilt durch das Erbeuten von Forstschädlingen als überaus nützlich***
> ***mehrere sehr ähnliche Arten in Europa***

In einem großen Ameisenhaufen lebt ein Volk aus bis zu 800 000 Tieren.

Rossameise

Camponotus ligniperda (Hautflügler)

L 7–18 mm April–Oktober

Die Königin erreicht eine imposante Länge von 18 mm.

Die Rossameise ernährt sich vorwiegend von den Ausscheidungen von Blattläusen (Honigtau), erbeutet aber auch Insekten und leckt Pflanzensäfte auf. Sie lebt in Symbiose mit einer Bakterienart: Im Verdauungstrakt der Ameise machen die Bakterien ihr wichtige Inhaltsstoffe (Aminosäuren) verfügbar und erhalten im Gegenzug Stoffwechselprodukte. Die Nester werden in Totholz oder am Boden unter Steinen gebaut und setzen sich unterirdisch fort.

Vorkommen *Über weite Teile Mitteleuropas verbreitet und meist recht häufig, besiedelt insbesondere im Bergland sonnige Bereiche in Laub- und Mischwäldern, an Waldrändern, Feldrainen und in verbuschten Trockenrasen.*

> ***gehört zu den größten heimischen Ameisen***
> ***wärmeliebende Art***
> ***tag- und nachtaktiv***

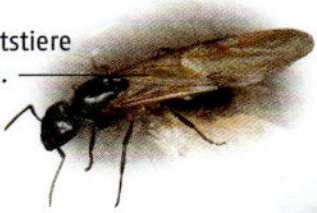

Auch die Haarige Holzameise (*C. vagus*) gehört zu den großen Rossameisen; sie ist einheitlich schwarz gefärbt und dicht behaart.

Gewöhnliche Köcherfliege

Limnephilus spec. (Köcherfliegen)

L 10–17 mm Mai–Oktober

Larve in einem Köcher aus Pflanzenteilchen

***Vorkommen** Über weite Teile Europas verbreitet und häufig an langsam fließenden sowie an stehenden Gewässern aller Art.*

> **Die dämmerungs- und nachtaktive Köcherfliege wird vom Licht angelockt.**
> **tagsüber zwischen Uferpflanzen verborgen**
> **über 30 heimische Limnephilus-Arten, einige davon auch regelmäßig in Gartenteichen**

Die Köcherfliegen-Larve lebt im Wasser und sammelt unterschiedlichste Baumaterialien wie Pflanzenteilchen, Sand, Steinchen und kleine Schneckengehäuse, um damit einen Köcher zu bauen, der sie schützt. Im Laufe ihres Wachstums erweitert die Larve den Köcher ständig. Die Larve lebt am Gewässergrund und ernährt sich hauptsächlich von pflanzlichen und tierischen Abfallstoffen. Nach einer 2–3-wöchigen Puppenruhe kriecht die Puppe zur Wasseroberfläche und häutet sich hier zum erwachsenen Fluginsekt.

Fühler etwa so lang wie der Körper

blassschwärzliche Flügelzeichnung

Die Larve hat ihren Köcher aus kleinen Schneckengehäusen gebaut.

Nach der Paarung legt das Weibchen seine Eier in grünlichen, etwa 1 cm großen Klumpen an Pflanzen über dem Wasser ab.

Pilzkopf-Köcherfliege

Anabolia spec. (Köcherfliegen)

L 10–15 mm August–Oktober

Kopf der Larve

***Vorkommen** Über weite Teile Europas verbreitet und häufig in mäßig strömenden Fließgewässern und größeren Seen mit sandigem Grund.*

> **Larve wie „Wandelndes Stöckchen" im Wasser**
> **Larve ernährt sich von verrottenden Pflanzen**
> **einige ähnliche Arten in Europa**

Der Larvenköcher besteht aus einer etwa 3 cm langen Röhre aus Sandkörnern und kleinen Steinchen. An den Längsseiten werden Stöckchen angesponnen, die den eigentlichen Köcher vorn und hinten oft weit überragen. Diesen Köcher verlässt die Larve nie. Durch das Anbringen der langen Ästchen am Köcher wird das gesamte Bauwerk recht groß und sperrig. So stellt es einen wirksamen Schutz dar gegen die Fressfeinde Nummer 1: Fische können dieses Gebilde nicht als Ganzes verschlucken.

Die Larve baut einen charakteristischen Köcher.

Körper und Flügel bräunlich

Langhornmotte

Nemophora degeerella (Schmetterlinge)
SpW 15–20 mm Mai–August

Im Frühsommer sieht man die Männchen im Sonnenschein in Schwärmen vor Bäumen und Sträuchern auf- und abtanzen. Sobald ein Weibchen sich nähert, wird es von einem Männchen zur Paarung ergriffen. Die Raupe frisst zunächst in den Blättern von Buschwindröschen und verschiedener Waldkräuter: Sie gilt als Minierer, da sie sich im Pflanzengewebe entwickelt und dort Fraßgänge anlegt. Später lebt die Raupe am Waldboden in einem aus Pflanzenteilen zusammengewobenen Köcher.

Im April und Mai fällt auch die häufige Langhornmotte *(Adela reaumurella)* auf, die in oft großen Schwärmen an sonnenbeschienenen Stellen an Waldrändern und Gebüschen umhertanzt.

Vorkommen *Relativ häufig in feuchten, lichten Laubwäldern, an Wald- und Wegrändern, an Gebüschen und Hecken, in Parks und Gärten.*

> ***mottenähnlicher Schmetterling***
> ***schwirrt im Sonnenschein oft in größeren Gruppen umher***

Gespinstmotte

Yponomeuta spec. (Schmetterlinge)
SpW 20–27 mm Juni–August

Die Raupen der Gespinstmotten leben in großer Anzahl auf den befallenen Büschen, fressen die Blätter vollständig ab und hinterlassen ein gespenstisch aussehendes, völlig mit dichten, weißen Gespinsten überzogenes Buschgerippe. Die abgestorben wirkenden Büsche erholen sich rasch vom Kahlfraß und schlagen bereits kurz nach dem Verpuppen der Raupen wieder aus.

Eine von Gespinstmotten befallene Traubenkirsche.

Vorkommen *Häufig auf Büschen und Bäumen entlang von Wald-, Weg- und Straßenrändern.*

> ***mehrere sehr ähnliche Yponomeuta-Arten***
> ***Traubenkirschen-Gespinstmotte (Y. evonymella) entwickelt sich hauptsächlich an Traubenkirschen.***

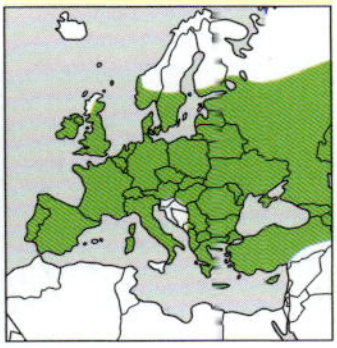

Brennnessel-Zünsler

Anania hortulata (Schmetterlinge)
SpW 24–28 mm Mai–August

Verbreitet und recht häufig an pflanzenreichen Tümpeln, Teichen und Gräben mit Schwimmblattbeständen ist der Seerosen-Zünsler *(Elophila nymphaeata)*, seine Raupen leben im Wasser.

Vorkommen *Überall dort häufig, wo es Brennnesseln gibt: in lichten Wäldern, Wiesen, Waldrändern, Auen und Gärten.*

> **_Falter dämmerungs- und nachtaktiv_**
> **_wird vom Licht angelockt_**
> **_unverwechselbare Zeichnung_**

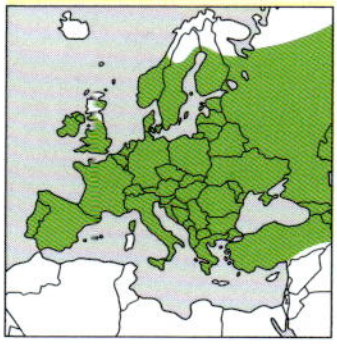

Die Raupe des Zünslers kann oft massenhaft an der Hauptfutterpflanze Brennnessel auftreten. Sie rollt deren Blätter tütenförmig ein und hält die so entstandene Blattrolle mit Spinnfäden zusammen. Die Raupe überwintert, frisst im Frühjahr weiter, um sich schließlich zu verpuppen und im Sommer als Falter zu schlüpfen.

die grünliche, bis 20 mm lange Raupe

schwarze Kopfkapsel

Kopf und Brustsegment mit gelben Schuppen

Flügel charakteristisch gezeichnet

Hinterkörper dunkel mit gelber Bänderung

Pelzmotte

Tinea pellionella (Schmetterlinge)
SpW 11–18 mm Mai–August

Vorkommen *Lebt ursprünglich in Tiernestern, heute hauptsächlich in Wohnungen und Lagerräumen mit Stoffen und Pelzen.*

> **_lichtscheu_**
> **_mit Lavendelblüten gefüllte Baumwollbeutel können im Kleiderschrank Motten vertreiben_**

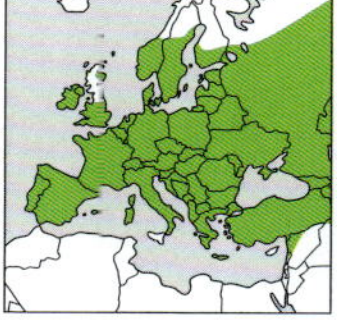

Das Weibchen legt seine Eier an Textilien, vor allem an Wolle, Pelzen oder Federn ab. Die madenähnliche Raupe baut sich beiderseits offene Gespinstköcher und frisst an den Stoffen. Da sich die Motte schnell vermehrt und eine versteckte Lebensweise hat, bleibt ein Massenauftreten anfangs meistens unentdeckt und Kleidung und Polstermöbel werden zerstört.

Die 7–9 mm lange Raupe frisst Löcher in Textilien.

In Aussehen und Lebensweise sehr ähnlich ist die Kleidermotte *(Tineola bisselliella)*: Ihre Vorderflügel sind ockergelb und ohne Zeichnung.

Falter hat verkümmerte Mundwerkzeuge und nimmt keine Nahrung zu sich

auffälliger dunkler Punkt

Vorderflügel gelblich mit Metallglanz

Hornissen-Glasflügler

Sesia apiformis (Schmetterlinge)

SpW 30–45 mm Mai–August

Das Weibchen des Hornissen-Glasflüglers legt seine Eier an Pappeln ab. Die daraus schlüpfende Raupe bohrt sich in die Rinde ein und ernährt sich vom Holz. Ihr Aussehen erinnert an eine Käferlarve. Im Laufe ihrer 3–4-jährigen Entwicklung frisst sie sich immer tiefer ins Holz und verlässt es schließlich als Falter durch ein etwa 1 cm breites Loch, das auch noch lange Zeit später als Austrittsloch erkennbar ist.

Die bis 40 mm lange Raupe lebt verborgen im Holz.

sehr ähnlich ist der seltenere Großer Weiden-Glasflügler *(S. bembeciformis)*, seine Raupen leben in Weiden

***Vorkommen** In offenem, leicht feuchtem Gelände mit Pappelbeständen wie Wald- und Wegränder, lichte Auwälder und Gewässerufer.*

> ***wärmt sich gern in der Morgensonne auf***
> ***ahmt im Aussehen eine wehrhafte Hornisse nach, das schützt ihn vor Fressfeinden***

Eichenspanner

Hypomecis roboraria (Schmetterlinge)

SpW 40–50 mm Mai–August

Die bis 50 mm lange Raupe ist perfekt als „Ästchen" getarnt.

Die Raupe lebt vorwiegend in den Kronen älterer Eichen und Laubbäume und frisst deren Blätter. In Ruhestellung ist sie praktisch nicht zu finden, da sie das Aussehen kleiner Zweige perfekt nachahmt. Diese Form der Tarnung oder des Versteckens wird in der Biologie als Mimese bezeichnet. Der Falter ist nachtaktiv und besucht u. a. die Blüten von Kratzdisteln.

Die Fühler oder Antennen des Männchens sind groß und auffällig gefiedert. Ihre Oberfläche ist dicht mit Geruchssinnesorganen bedeckt. Das Weibchen sendet einen Duft aus, der das Männchen zur Paarung anlockt. Manche Falter können ein Weibchen schon riechen, wenn es noch einige Kilometer entfernt ist.

***Vorkommen** Verbreitet und häufig in Laub- und Mischwäldern mit Eichenanteil, an Waldrändern, in Parkanlagen und Gärten.*

> ***auch Großer Rindenspanner genannt***
> ***auffallend großer Spanner***
> ***wird vom Licht angelockt***

Birkenspanner

Biston betularia (Schmetterlinge)

SpW 35–60 mm   Mai–August

***Vorkommen** Häufig und weit verbreitet in Laub- und Mischwäldern, an Waldrändern, Hecken und Gebüschen, in Parks und Gärten.*

- ***Raupe frisst Blätter von Birke, Pappel, Weide, Hasel, Buche und anderen Pflanzen***
- ***Falter oft perfekt auf Rinde getarnt***

In vielen Biologiebüchern wird der Birkenspanner als Fallbeispiel von aktueller Evolution behandelt: Man erklärt das vermehrte Aufkommen der dunklen Form des Falter als eine Anpassung an die sich veränderte Umgebung. Durch die zugenommene Industrialisierung wurden die hellen Birkenstämme zunehmend vom Ruß aus den vielen Kaminen dunkel gefärbt. Somit seien die dunklen Tiere besser getarnt als die hellen und hätten einen Selektionsvorteil. Man prägte dafür den Begriff „Industriemelanismus". Bis heute ist diese These allerdings heftig umstritten und nicht bewiesen.

zweispitzige Kopfkapsel

Die Färbung der bis 50 mm langen Raupe variiert zwischen Rötlich, Grünlich, Gräulich und Bräunlich.

Die dunkle Form (*f. carbonaria*) ist oftmals völlig schwarz gefärbt.

die helle Form mit dunkler Zeichnung und Flecken auf weißlichen Flügeln

Gammaeule

Autographa gamma (Schmetterlinge)

SpW 35–40 mm   Februar–Dezember

***Vorkommen** Häufig in nahezu allen natürlichen Lebensräumen sowie in Parks und Gärten.*

- ***tagaktiver Nachtfalter***
- ***in Gärten oft an Schmetterlingssträuchern Buddleja und sogar an Balkonblumen***

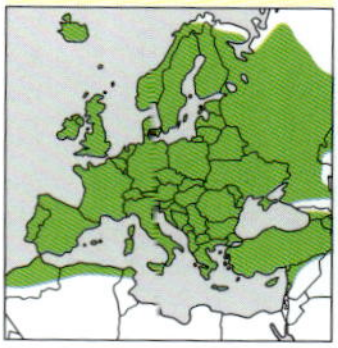

Die Gammaeule gehört zu den sogenannten Wanderfaltern, die alljährlich aus dem Süden nach Mitteleuropa einwandern und im Herbst in zum Teil riesigen Mengen in den Mittelmeerraum zurückfliegen. Die Raupe frisst an Salat, Kohl, Brennnessel, Löwenzahn und vielen anderen Kräutern.

Raupe vorwiegend nachtaktiv, tagsüber an der Blattunterseite oder am Boden verborgen

weiße Längsbinde

Die bis zu 35 mm lange, hellgrüne Raupe ist vorn deutlich schmaler als hinten.

Borstenbüschel auf dem Rücken

in der Mitte der Vorderflügel ein auffälliger silbriger Fleck in Form eines Y

Schuppenbüschel auf dem Rücken

messingfarben glänzende Flügelfelder

Häufig und auch in Gärten zu beobachten ist die Messingeule (*Diachrysia chrysitis*).

Zackeneule

Scoliopteryx libatrix (Schmetterlinge)
SpW 40–45 mm ganzjährig

Die Raupe der Zackeneule ernährt sich vor allem von Weiden- und Pappelblättern. Der Falter überwintert an Orten mit hoher Luftfeuchtigkeit, z. B. auch in Garagen, Schuppen und Kellern. Dort kann man ihn dann gelegentlich in größeren Gruppen finden. Nach der Überwinterung findet man den Falter im zeitigen Frühjahr vor allem an blühenden Weidenkätzchen.

Die bis 50 mm lange, grüne Raupe hat einen gelblichen Seitenstreifen.

rötlich braunes M auf den zusammengelegten Vorderflügeln

Hinterrand der Vorderflügel unregelmäßig gezackt

doppelte Querlinie

ein überwinternder Falter

Vorkommen *Verbreitet und häufig in Laub-, Misch- und Auwäldern, regelmäßig auch in Gärten und Parks.*

> ***auch Zimteule genannt***
> ***nachtaktiv***
> ***Falter kann mit seinem kräftigen Rüssel reife Beeren aussaugen***

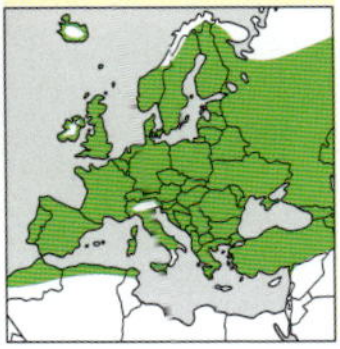

Mondvogel

Phalera bucephala (Schmetterlinge)
SpW 50–65 mm Mai–August

weiß behaart

Die bis 70 mm lange Raupe ist charakteristisch gelb und schwarz gezeichnet.

Nach der Paarung legt das Weibchen seine Eier auf der Blattunterseite der Futterpflanzen ab, dies sind u. a. Weide, Pappel, Eiche, Linde, Hasel und Birke. Dort frisst die heranwachsende Raupe, bis sie sich Ende August im Boden vergräbt und verpuppt. Die Puppe überwintert unterirdisch, bis im Mai die nächste Faltergeneration schlüpft.

Kopfbereich gelb

gelber Fleck an der Flügelspitze

Die Eier werden direkt an der Futterpflanze auf der Blattunterseite abgelegt.

Porträt der Raupe mit gelber v-förmiger Zeichnung

Vorkommen *Weit verbreitet und häufig in Laub-, Misch- und Auwäldern, an Waldrändern und Gebüschen in Parks und Alleen.*

> ***Tarnung: Der Falter sieht von der Seite aus wie ein abgebrochenes Ästchen.***
> ***Raupe lebt gesellig***

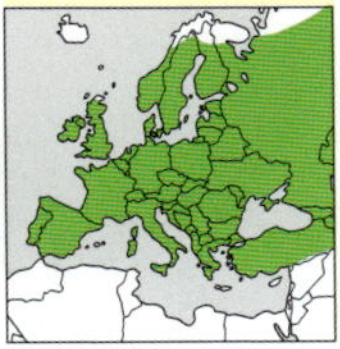

Gabelschwanz

Cerura vinula (Schmetterlinge)

SpW 55–75 mm April–Juli

Vorkommen *Häufig und weit verbreitet in feuchten Wäldern und an Waldrändern, auf verbuschtem Gelände, in Steinbrüchen und Kiesgruben, in Pappelalleen und Parkanlagen.*

> ***Falter nachtaktiv***
> ***Raupe kann bei Gefahr Ameisensäure ausspritzen***

Die auffällige Raupe frisst an Pappeln und Weiden. Sie nimmt bei Gefahr eine eindrucksvolle Drohhaltung an, indem sie die Schwanzgabel nach vorn krümmt und aus den Gabelspitzen rote Fäden herausschiebt. Zusätzlich wird dem vermeintlichen Angreifer der genauso bedrohlich wirkende leuchtend rote Rand um den Kopf mit den beiden schwarzen Scheinaugen entgegengestreckt.

Eichen-Prozessionsspinner

Thaumetopoea processionea (Schmetterlinge)

SpW 25–35 mm Juli–September

Vorkommen *Besiedelt trockene, lichte, eichenreiche Wälder, daneben auch Eichen-Alleen und Parks.*

> ***Haare der Raupe lösen heftige Hautreaktionen und Juckreiz aus***
> ***Raupen können Baum komplett kahl fressen; dieser erholt sich aber davon und schlägt neu aus***

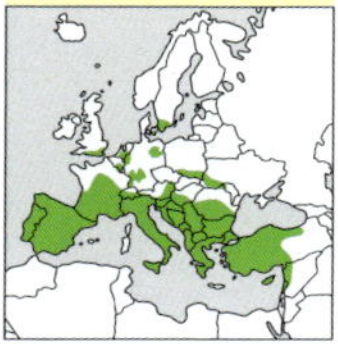

Auffällig und namengebend ist die Geselligkeit der Raupen: In langen Prozessionen ziehen sie morgens und abends im „Gänsemarsch“ zur Nahrungssuche und wieder zurück. Sie fressen insbesondere Eichenblätter. Gefürchtet ist das Massenvorkommen der Raupen, und mitunter müssen ganze Waldgebiete gesperrt werden: Die Raupe besitzt mikroskopisch kleine Brennhaare, die leicht abbrechen, in der Luft umherfliegen und schwere allergische Reaktionen (Hautausschläge, Atemnot) bei Menschen verursachen.

Totenkopfschwärmer

Acherontia atropos (Schmetterlinge)

SpW 80–120 mm   Mai–Oktober

Die Verpuppung findet in der Erde statt.

Der Totenkopfschwärmer hat eine außergewöhnliche Nahrungsquelle aufgetan: Er dringt in Bienenstöcke ein und saugt dort mit seinem kräftigen Rüssel den Honig aus den Waben. Er wird nicht von den Bienen aufgespürt, die alle Eindringlinge über deren fremden Geruch wahrnehmen, da der Schmetterling ihren Geruch annimmt. Sollte es doch mal zum Bienenstich kommen, verträgt er das Gift unbeschadet.

***Vorkommen** Kann sich in Europa nur im äußersten Süden entwickeln, fliegt aber als Wanderfalter aus Afrika bis nach Mittel- und Nordeuropa ein. Besiedelt offene, sonnige Lebensräume.*

> ***Falter wird von Lichtquellen angelockt.***
> ***Raupe frisst an Kartoffeln und Liguster.***

Mittlerer Weinschwärmer

Deilephila elpenor (Schmetterlinge)

SpW 45–60 mm   Mai–August

Im kolibriartigen Schwirrflug besucht der Weinschwärmer nektarreiche Blüten, die besonders in der Nacht süß und intensiv duften, z. B. Jelängerjelieber, Nachtkerze, Geißblatt, Lichtnelke oder auch Gartenphlox. Die Raupe hat einen Trick, um Feinde abzuschrecken: Sie zieht ihren Kopf ein und bläht ihren Hals dahinter dick auf. So erscheinen die Augenflecken wie riesige, gefährliche Augen über einem großen Maul.

Ähnlich ist der Kleine Weinschwärmer *(D. porcellus)*, der sich in der Zeichnung der Flügel und des Hinterkörpers unterscheidet.

***Vorkommen** Häufigster heimischer Schwärmer, besiedelt feuchte Wiesen, Auwälder, Waldlichtungen, Parkanlagen und Gärten.*

> ***Falter ist dämmerungs- und nachtaktiv***
> ***Raupe frisst insbesondere an Weidenröschen und Springkraut, in Gärten auch gerne an Fuchsien.***

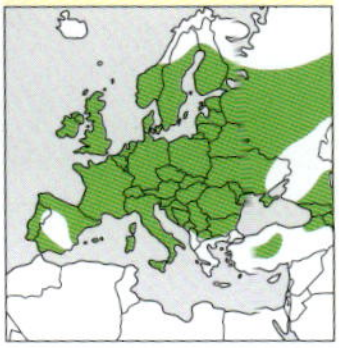

Taubenschwänzchen

Macroglossum stellatarum (Schmetterlinge)

SpW 35–50 mm   Mai–Oktober

bei der Paarung

***Vorkommen** Wanderfalter, der alljährlich aus dem Mittelmeerraum die Alpen überquert. Bewohnt blütenreiche Landschaften wie Wiesen, Trockenrasen, Heidegebiete, Parks und Gärten.*

> ***tagaktiver Nachtfalter***
> ***Raupe frisst an Labkraut.***

Im Gegensatz zu den anderen heimischen Schwärmer-Arten ist das Taubenschwänzchen auch tagsüber aktiv und selbst in den Mittagsstunden bei der Nahrungssuche auszumachen. Dadurch lässt es sich besonders gut bei seinem perfekten Schwirrflug vor Blüten beobachten, bei dem es kolibriartig in der Luft steht und seinen langen Rüssel geschickt in die nektarreichen Blüten lenkt.

Kleines Nachtpfauenauge

Saturnia pavonia (Schmetterlinge)

SpW 60–85 mm   März–Juni

***Vorkommen** Sonnige, warme Landschaften wie Heidegebiete, lichte Kiefernwälder, Waldlichtungen und Trockenrasen.*

> ***Raupe frisst an Heidekraut, Schlehe, Brombeere, Himbeere und einigen weiteren Pflanzen.***
> ***Männchen ist tagaktiv***

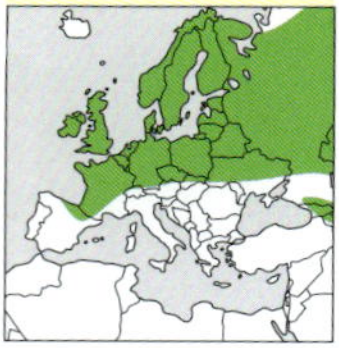

Der imposante Falter hat keine Mundwerkzeuge und nimmt keine Nahrung auf. Er zehrt allein von den Reserven, die er sich als Raupe angefressen hat, und lebt daher nur wenige Tage nach seinem Schlüpfen. Das Männchen kann die vom paarungsbereiten Weibchen ausgesandten Lockstoffe mit seinen großen Fühlern kilometerweit riechen.

Schlehenspinner

Orgyia antiqua (Schmetterlinge)

SpW 25–30 mm Mai–Oktober

Der Schlehenspinner hat eine ungewöhnliche Fortpflanzungsstrategie: Das frisch aus dem Kokon geschlüpfte Weibchen ist flugunfähig und verbleibt an Ort und Stelle. Es verströmt einen intensiven Lockstoff, den das umherflatternde Männchen mit seinen großen Antennen aufnimmt. Kurz nach der Paarung beginnt das Weibchen mit der Eiablage.

Vorkommen *Weit verbreitet und häufig in Laub- und Mischwäldern, in Gebüschen, in Parkanlagen und Gärten.*

> ***wegen des Aussehens der Raupe auch Bürstenspinner genannt***
> ***Raupe frisst an vielen verschiedenen Laubbäumen und Sträuchern***

Blutbär

Tyria jacobaeae (Schmetterlinge)

SpW 40–50 mm Mai–August

Sowohl Falter als auch Raupe sind auffällig gefärbt und folglich nicht vor Fressfeinden getarnt. Das wollen sie auch nicht. Stattdessen warnen sie durch ihr auffälliges Erscheinungsbild vor ihrer Giftigkeit: Die Raupe ernährt sich nämlich hauptsächlich vom giftigen Jakobs-Greiskraut *(Senecio jacobaea)*, nimmt dessen Gift beim Fressen auf und wird dadurch für andere Tiere giftig.

Vorkommen *In offenen Landschaften mit Greiskraut: Wiesen und Weiden, lichte Gebüsche, Weg- und Straßenränder, Trockenrasen.*

> ***auch Jakobskrautbär genannt***
> ***Raupe oft in Massen an den Futterpflanzen, die sie komplett kahl fressen können***

Brauner Bär

Arctia caja (Schmetterlinge)

SpW 45–65 mm   Juni–September

die bis 6 cm lange Raupe mit langen, rötlich braunem Haarpelz

***Vorkommen** Weit verbreitet und häufig auf Wiesen und Weiden, in lichten Wäldern, in Parkanlagen und Gärten.*

> ***ruht am Tag mit zusammengefalteten Flügeln gut getarnt auf Rinde oder im Pflanzengewirr***
> ***Falter wird von Licht angelockt***

Im Juli legt das Weibchen seine Eier in großen Gelegen an die Futterpflanzen. Die Raupen schlüpfen im August und überwintert. Erst ist im Juni des folgenden Jahres sind sie ausgewachsen, verpuppen sich und schlüpfen schließlich zum Falter. Die roten Hinterflügel mit den augenartigen Flecken dienen zur Verwirrung seiner Feinde: Hat ein Vogel den Falter erspäht, öffnet dieser ruckartig die Flügel, und während der Vogel noch stutzt, ist er schon auf und davon.

Der ähnliche Schwarze Bär (*A. villica*) hat schwarze Vorderflügel und ist in Südeuropa verbreitet.

248

Blutströpfchen, Sechsfleck-Widderchen

Zygaena filipendulae (Schmetterlinge)

SpW 30–37 mm   Mai–September

***Vorkommen** Häufigste Widderchen-Art und weit verbreitet auf mageren Wiesen, an sonnigen Hängen und Waldrändern und an Weg- und Straßenrändern.*

> ***Raupe frisst an Hornklee***
> ***ähnliche Arten, die sich in Form und Anzahl der Flügelflecken unterscheiden***

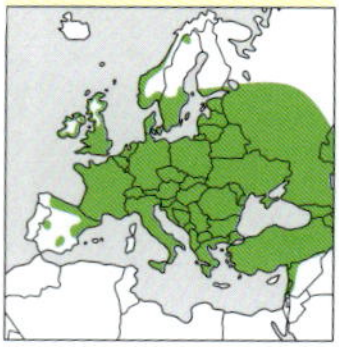

Der Falter saugt vor allem an Disteln, Kletten und Flockenblumen. Mitunter versammeln sich Blutströpfchen in großer Zahl an einer Blüte. Die auffällige Färbung von Falter und Raupe ist eine Warnfarbe, die signalisiert: „Vorsicht, ungenießbar und giftig!"

keulenförmige, hakenartig gekrümmte Fühler

Vorderflügel glänzend blauschwarz mit jeweils 6 roten Flecken

Auf blütenreichen Wiesen weit verbreitet ist auch das Fünffleck-Widderchen (*Z. viciae*) mit jeweils 5 Flecken auf den Vorderflügeln.

Die bis etwa 20 mm lange Raupe ist gelb und schwarz gezeichnet.

Rostfarbiger Dickkopffalter

Ochlodes sylvanus (Schmetterlinge)

SpW 25–30 mm Mai–September

Das Weibchen legt seine Eier einzeln auf den Blättern verschiedener Gräser ab. Direkt nach dem Schlupf beginnt das kleine Räupchen damit, die Gräser mit Seidenfäden zu einer Röhre zusammenzuziehen. In den so entstandenen Blattrollen ist es vor Fressfeinden geschützt. Hier kann es fressen und überwintern.

ebenfalls weit verbreitet ist der Gelbwürfelige Dickkopffalter *(Carterocephalus palaemon)*

Vorkommen *Weit verbreitet und häufig auf Wiesen und Weiden, in lichten Wäldern, an Wald- und Wegrändern, auch in Parkanlagen und Gärten.*

> ***tagaktiver Falter***
> ***weitere ähnliche Arten in Europa***

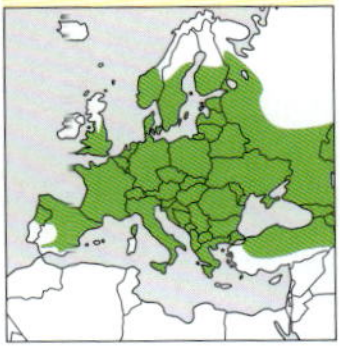

Kleiner Feuerfalter

Lycaena phlaeas (Schmetterlinge)

SpW 22–27 mm April–Oktober

Das Männchen des Feuerfalters zeigt ein deutliches Revierverhalten: In das eigene Territorium einfliegende Konkurrenten werden sofort angeflogen und vertrieben. Die lange Flugzeit vom Frühjahr bis in den Herbst hinein erklärt sich daraus, dass die Falter in mehreren Generationen pro Saison schlüpfen. Die Raupe der letzten Generation überwintert und vollendet ihre Entwicklung im nächsten Frühjahr.

der auf Feuchtwiesen verbreitete, aber relativ seltene Dukatenfalter *(Lycaena virgaureae)*

Vorkommen *Besiedelt vor allem locker bewachsene und offene, sonnenexponierte Gebiete wie Wiesen, Sandgruben, Binnendünen, Trockenrasen und Böschungen.*

> ***oft beim Sonnenbaden mit ausgebreiteten Flügeln auf dem Boden sitzend***
> ***Raupe frisst an Ampfer***

Bläuling

Polyommatus icarus (Schmetterlinge)

SpW 25–30 mm   Mai–Oktober

Der Falter tritt in Mitteleuropa in 2–3 Generationen pro Jahr auf. Bei sonnigem, warmem Wetter ist insbesondere das Männchen sehr aktiv und ständig am Umherfliegen. Besser beobachten lässt es sich daher in den ersten Abendstunden, in denen die Falter im Gras oftmals größere Schlafgemeinschaften bilden. Die Raupe frisst bevorzugt an Hornklee, Hauhechel und Klee.

Vorkommen *Verbreitet und meist häufig auf blütenreichen Wiesen, an Wald- und Wegrändern, mitunter auch in naturnahen Gärten.*

- ***häufigster heimischer Bläuling***
- ***Weibchen dunkelbraun mit orangefarbenen Randflecken auf den Flügeln***

Schachbrettfalter

Melanargia galathea (Schmetterlinge)

SpW 35–50 mm   Juni–August

Das Weibchen legt seine Eier nicht gezielt auf den Futterpflanzen der Raupe ab, wie dies bei den meisten Schmetterlingen der Fall ist, sondern lässt sie im Flug einfach fallen. Nach dem Schlüpfen versteckt sich die Raupe tagsüber im Gras oder zwischen Wurzeln und frisst nur nachts an verschiedenen Gräsern. Bei Gefahr rollt sie sich zusammen und lässt sich auf den Boden fallen.

Vorkommen *Verbreitet auf sonnigen Wiesen, in Heidegebieten, an Wald- und Wegrändern.*

- ***Falter saugt häufig an lila blühenden Korbblütlern wie Flockenblumen und Disteln***
- ***Überwinterung als junge Raupe***

Waldbrettspiel

Pararge aegeria (Schmetterlinge)
SpW 30–40 mm April–Oktober

die bis 3 cm lange, recht schlanke Raupe

Das Männchen sitzt häufig im Halbschatten auf Blättern, verteidigt sein Revier gegen Konkurrenten und wartet auf vorbeikommende Weibchen. Der Falter saugt nicht nur an verschiedenen Blüten, sondern auch an Baumsäften und reifen Früchten. Die Raupe frisst dagegen an verschiedenen Waldgräsern.

1 Augenfleck auf Vorderflügel

3–4 Augenflecke auf Hinterflügeln

oberseits dunkelbraun mit hellen Flecken

Unterseite mit Vorderflügel-Augenfleck

Vorkommen *Verbreitet und meist häufig in lichten Laub- und Mischwäldern, in Auwäldern, an Waldrändern und auf Waldlichtungen.*

> ***Falter wärmt sich gern an sonnigen Stellen im Wald auf***
> ***2–3 Falter-Generationen pro Jahr***

Landkärtchen

Araschnia levana (Schmetterlinge)
SpW 30–40 mm April–September

im Sommer schwärzlich mit weißer Bindenzeichnung

Die Falter des Landkärtchens fliegen in einer Frühjahrs- und einer Sommergeneration, die sich in Färbung und Zeichnung deutlich voneinander unterscheiden und für verschiedene Arten gehalten werden könnten. Das Weibchen legt seine Eier in kleinen Türmchen auf die Blattunterseite von Brennnesseln, an denen die Raupen gesellig leben und fressen.

die 2–3 cm lange Raupe mit zahlreichen verzweigten Stacheln

im Frühjahr rötlich braun mit weißen und schwarzen Flecken

die typischen Eitürmchen

Vorkommen *Verbreitet und häufig an Wald- und Gebüschrändern, auf Waldlichtungen und Kahlschlägen, auf Wiesen, in Parks und Gärten.*

> ***Flügelunterseite mit Landkartenzeichnung***
> ***Raupe ist auf Brennnesseln als Futterpflanze angewiesen***

Tagpfauenauge

Inachis io (Schmetterlinge)

SpW 50–55 mm ganzjährig

Vorkommen *Häufig und verbreitet auf Wiesen, an Wald- und Wegrändern, in Parkanlagen und Gärten.*

> ***„Augen" auf Flügeln erinnern an „Augen" auf Pfauenfedern***
> ***Raupen fressen gesellig auf Brennnesseln***
> ***Falter überwintert in Keller, Garage und Schuppen***

Bauchfüßchen gelblich rot

Die 4–5 cm lange schwarze Raupe weist zahlreiche weiße Pünktchen und Dornen auf.

Wer im Garten für Schmetterlinge Gutes tun möchte, pflanzt nektarreiche Blumen und Sommerflieder. So werden viele Falter und sonstige Insekten angelockt. „Rund" wird die Sache aber erst, wenn man auch an die Raupen denkt: Gerade unsere beliebten Gartenschmetterlinge wie Tagpfauenauge, Kleiner Fuchs, Landkärtchen und Admiral sind als Raupennahrung auf Brennnesseln angewiesen – also ruhig mal eine „wilde Ecke" im Garten zulassen.

leuchtend blaue Augenflecken

Der fertig entwickelte Falter schlüpft aus der Puppe.

Kleiner Fuchs

Aglais urticae (Schmetterlinge)

SpW 40–50 mm ganzjährig

Vorkommen *In offenen Landschaften überall verbreitet und häufig, auch im Siedlungsbereich in Parks und Gärten.*

> ***einer unserer häufigsten Tagfalter***
> ***Raupen fressen gesellig an Brennnesseln***
> ***im herbstlichen Garten häufig an Astern und Schmetterlingsflieder***

Raupe bis 35 mm lang

gelbe Längsstreifen

kurze Stacheln

Der Kleine Fuchs gehört mit dem Tagpfauenauge oder dem Zitronenfalter zu den wenigen heimischen Schmetterlingen, die als Falter überwintern. Die meisten anderen Arten verbringen die kalte und blütenfreie Jahreszeit als Ei, Raupe oder Puppe. Wir finden den Kleinen Fuchs häufig auf Dachböden, in Kellern oder Schuppen. Er kommt früh im Jahr aus seinem geschützten Versteck hervor und saugt Nektar an früh blühenden Pflanzen wie Weiden und Huflattich.

keine blauen Flecke am Vorderflügelrand

In wärmeren Gebieten Mitteleuropas sowie am Mittelmeer fliegt der weniger leuchtend gefärbte Große Fuchs *(Nymphalis polychloros).*

blaue Fleckenreihe auf Vorder- und Hinterflügel

weißer Fleck am Vorderflügel

Admiral

Vanessa atalanta (Schmetterlinge)

SpW 50–60 mm   Februar–November

Der Admiral ist ein typischer Wanderfalter. Alljährlich kommt es im Frühjahr zu einem Einflug von Faltern aus Südeuropa. Bei uns entwickeln sich dann bis zum Herbst ein bis zwei Faltergenerationen. Ein Teil der Herbstgeneration fliegt gen Süden, ein anderer Teil versucht hier zu überwintern, überlebt die frostige Zeit aber meist nicht.

Vorkommen *Häufig und weit verbreitet an Wald- und Wegrändern, in Ostwiesen und Parkanlagen, regelmäßig auch in blütenreichen Gärten.*

> ***Raupe frisst in eingerollten Brennnesselblättern***
> ***Falter saugt häufig an Schmetterlingsflieder oder Fallobst***

Distelfalter

Vanessa cardui (Schmetterlinge)

SpW 45–60 mm   April–Oktober

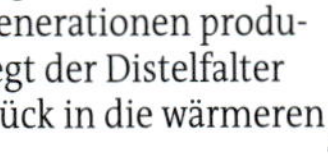

Der Distelfalter ist ein Wanderfalter, der alljährlich aus dem europäischen und dem afrikanischen Mittelmeerraum bei uns einfliegt und hier eine oder auch mehrere Nachfolgegenerationen produziert. Um dem kalten Winter zu entgehen, fliegt der Distelfalter im Herbst – ähnlich unseren Zugvögeln – zurück in die wärmeren Gebiete.

Vorkommen *Häufig und weit verbreitet in offenen Landschaften wie Wiesen und Feldern, Wegrändern, Parks und Gärten.*

> ***Falter im Garten oft an Schmetterlingsflieder***
> ***Raupe frisst an Disteln, Brennnesseln und einigen anderen Pflanzen***
> ***Flügel vom langen Flug oft stark abgenutzt***

Großer Schillerfalter

Apatura iris (Schmetterlinge)

SpW 55–65 mm Juni–August

Vorkommen *Verbreitet in lichten Au-, Laub- und Mischwäldern, gern auf Waldwegen. In Deutschland als seltene Art auf der Roten Liste.*

> ***der ähnliche Kleine Schillerfalter (A. ilia) mit deutlichem Augenfleck auch auf dem Vorderflügel***

Meist findet man den Falter an feuchten Bodenstellen, auf Aas oder Kot, wo er Kohlenhydrate und Mineralien aufsaugt. Der fantastische Blauschimmer des Männchens entsteht durch die Lichtbrechung in bestimmten, luftgefüllten Flügelschuppen und ist abhängig vom Lichteinfall. Die Raupe frisst insbesondere an Salweide.

Kaisermantel

Argynnis paphia (Schmetterlinge)

SpW 55–65 mm Juni–September

Vorkommen *Verbreitet auf blütenreichen, sonnigen Waldwiesen, an Waldrändern und -wegen, auf Lichtungen.*

> ***Männchen gibt einen Duft ab, der das Weibchen zur Paarung stimuliert.***
> ***Falter sonnt sich gern.***
> ***einige ähnliche Arten in Europa***

Der Falter saugt Nektar an den Blüten von Brombeeren, Wasserdost und Disteln. Auf sonnigen Waldlichtungen lassen sich die flatterhaften Balztänze beobachten. Dabei wird das Weibchen immer wieder vom Männchen unter- und überflogen. Das Weibchen legt seine Eier an Baumrinde ab. Die Raupe schlüpft erst nach dem Winter und frisst an Veilchen-Arten.

Großer Kohlweißling

Pieris brassicae (Schmetterlinge)

SpW 50–65 mm April–Oktober

Bei Gärtnern bekannt und unbeliebt ist die Raupe wegen ihrer Vorliebe für alle möglichen Kohlsorten: Der Falter legt seine Eier auf Kohlblättern ab, die geschlüpfte Raupe lebt in geselligen und gefräßigen Gruppen und „skelettiert" dabei die Blätter, bis nur noch die Mittelrippe übrig ist.

Vorkommen *Weit verbreitet und meist häufig auf blütenreichen Wiesen und an Weg- und Waldrändern, insbesondere aber auf Gemüsefeldern (Kohl) und in Gärten.*

> ***meist 3 Faltergenerationen pro Jahr***
> ***weitere sehr ähnliche Weißlinge in Europa***

Aurorafalter

Anthocharis cardamines (Schmetterlinge)

SpW 35–45 mm März–Juli

Den orangerot leuchtenden Flügelenden des Männchens verdankt der Falter seinen Namen. „Aurora" bedeutet im Lateinischen „Göttin der Morgenröte". 2 Pflanzen sind für den Aurorafalter besonders wichtig: das auf sumpfigen Wiesen im April blühende Wiesenschaumkraut und die an schattigen Waldrändern blühende Knoblauchsrauke. Dies sind die Hauptfutterpflanzen der Raupe, und deshalb heftet das Weibchen auch seine Eier an diese Pflanzen.

Vorkommen *Weit verbreitet und meist häufig auf feuchten Wiesen, in lichten Auwäldern, an Wald- und Wegrändern, in Parks und Gärten.*

> ***einer der ersten Schmetterlinge im Jahr, schon ab Ende März***
> ***Raupe ist sehr gut getarnt auf den Futterpflanzen.***

Zitronenfalter

Gonepteryx rhamni (Schmetterlinge)

SpW 50–55 mm   ganzjährig

Der Falter überdauert den Winter ungeschützt in der Vegetation, zwischen trockenem Laub auf dem Boden oder auf Zweigen. Er kann Temperaturen bis –20 °C schadlos überstehen und sogar komplett von Schnee bedeckt werden. Im Frühjahr gehört er dann zu den ersten umherfliegenden Schmetterlingen. Die Raupe frisst an den Blättern des Faulbaums und Kreuzdorns.

Vorkommen *Bewohnt lichte Laub-, Misch- und Auwälder, Waldränder und Gebüsche, Hecken, Parkanlagen und Gärten.*

> ***Männchen leuchtend zitronengelb gefärbt, Weibchen viel blasser***
> ***Falter kann 1 Jahr alt werden und ist damit unser langlebigster Schmetterling***

256

Apollofalter

Parnassius apollo (Schmetterlinge)

SpW 65–75 mm   Mai–September

Die Larve des Apollofalters ist hochspezialisiert und frisst nur an sehr wenigen Pflanzenarten, insbesondere am Weißen Mauerpfeffer. Durch den Rückgang der traditionellen Bewirtschaftung und Beweidung von Bergwiesen wachsen dort kleine Sträucher und Bäume. Sie führen zur Beschattung der Wiesen und damit zum Verschwinden des Sonne liebenden Mauerpfeffers – und schließlich auch zum Rückgang des Falters.

Vorkommen *Besiedelt sonnenexponierte, trockene, felsige Hänge und Geröllhalden, auch Bahn- und Straßenböschungen, meist in 1000–2000 m Höhe.*

> ***auch Roter Apollo genannt***
> ***vom Aussterben bedrohte und streng geschützte Art***

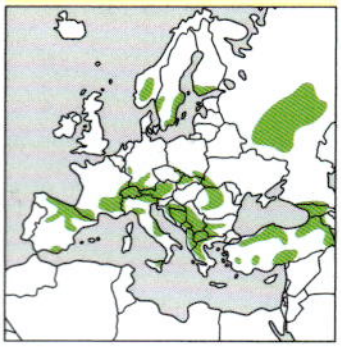

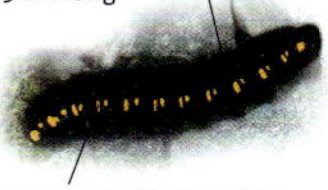

Segelfalter

phiclides podalirius (Schmetterlinge)
pW 50–70 mm März–August

gelblicher Rückenstreif

Die bis 4 cm lange Raupe ist vorne deutlich verdickt.

ls „Hilltopping" wird ein bei Segelfaltern ınd auch Schwalbenschwänzen zu beobachendes Phänomen bezeichnet, bei dem mehrere 'alter auf markanten Erhebungen wie Bergkuppen oder 3urgruinen eintreffen, um dort gemeinsam ihre Balzflüge zu ollziehen. Die im Blattwerk gut getarnte Raupe frisst vorzugsveise an Schlehe, Weißdorn und Zwetschge.

Vorkommen *In Mitteleuropa selten, in warmen, trockenen Gebieten im Mittelmeerraum verbreitet und häufig.*

> ***häufig im Segelflug ohne Flügelschlag***
> ***Raupe sonnt sich gern***
> ***Überwinterung als Puppe***

orderflügel mit Streifenmuster

ugenflecken

Hinterflügel lang schwanzartig ausgezogen

Die sogenannte Gürtelpuppe wird durch einen „Gürtel" an einem Stein oder Ast festgehalten.

Schwalbenschwanz

Papilio machaon (Schmetterlinge)
SpW 50–75 mm April–September

Die Raupe ernährt sich vor allem von verschiedenen Doldenblütlern wie der Wilden Möhre, Fenchel, Dill und Kümmel. Zu frühem und zu häufigem Mähen von Wildwiesen fallen viele Raupen und Eier zum Opfer. Der Schwalbenschwanz überwintert im Puppenstadium.

Bei Störung stülpt die Raupe eine orangerote Nackengabel hervor, die einen unangenehmen Duftstoff absondert.

Vorkommen *Bewohnt offene, sonnige Landschaften wie Wiesen, Trockenrasen, Wegränder, blütenreiche Hänge und Waldlichtungen, auch Parks und Gärten.*

> ***Raupe frisst im Gemüsebeet an Karotten-Kraut und Petersilie***
> ***Falter in Gärten an Schmetterlingsflieder***

dunkel eingefasste gelbliche „Halbmunde" im Vorderflügel

rötliche Augenflecke

Hinterflügel mit „Schwalbenschwanz"

Raupe wird bis 5 cm lang

orangefarbene Punkte

Gartenkreuzspinne

Araneus diadematus (Spinnen)

L 6–16 mm August–Oktober Land

Im Frühling schlüpfen die Jungspinnen aus ihrem Kokon

Vorkommen *Weit verbreitet und häufig an Wald- und Wegrändern, auf Wiesen, in Parks und in Gärten.*

- ***baut große Radnetze***
- ***variabel gelblich, rötlich oder bräunlich gefärbt***
- ***Männchen viel kleiner als Weibchen***

Die Gartenkreuzspinne lauert meist im Zentrum ihres Netzes, bis sich ihre Beute darin verfängt. Dann eilt sie hin, wickelt sie mit Spinnfäden ein und tötet sie mit ihrem Giftbiss. Spinnfäden sind um ein Vielfaches stabiler als ein ähnlich dicker Stahldraht, gleichzeitig aber federleicht und elastisch wie Gummi. Kein Wunder, dass Forscher versuchen, dieses einzigartige Biomaterial nachzubauen.

Wespenspinne

Argiope bruennichi (Spinnen)

L 5–20 mm Juli–Oktober Land

Vorkommen *Im Mittelmeergebiet weit verbreitet und häufig, zunehmend auch in Mitteleuropa, auf offenen, sonnigen Flächen mit niedrigem Pflanzenwuchs.*

- ***auch Zebraspinne genannt***
- ***Wärmeliebende Art***
- ***Männchen unscheinbar bräunlich gefärbt***

Das Radnetz der Wespenspinne hängt zwischen Gräsern, Kräutern und kleinen Sträuchern. In der Mitte lauert die Spinne auf Beute, die zu einem großen Teil aus Heuschrecken besteht. Das winzige Männchen wird vom Weibchen oft noch während der Begattung verspeist.

Das Weibchen spinnt im Herbst einen ballonförmigen Kokon, in dem die Jungspinnen überwintern.

Streckerspinne

Tetragnatha spec. (Spinnen)

6–12 mm Mai–September Land

Die Streckerspinne baut ein relativ einfaches Spinnennetz, das sie am Ufer zwischen Pflanzen aufspannt. Bei der Paarung greift das Männchen mit seinem vergrößerten Oberkiefer den des Weibchens und schafft es auf diese Weise, dem bei Spinnen berüchtigten „Gattenmord“ zu entgehen.

Vorkommen *In ganz Europa verbreitet und häufig in Gewässernähe zwischen der Ufervegetation und auf Feuchtwiesen.*

> ***wirkt in Ruhestellung stabförmig und ist perfekt getarnt***
> ***oberseits glänzend***
> ***in Mitteleuropa etwa 15 einander sehr ähnliche Arten***

Haus-Winkelspinne

Tegenaria atrica (Spinnen)

10–20 mm ganzjährig Land

Das Netz der Haus-Winkelspinne mündet in einer Röhre, in der sich die lichtscheue Spinne bei Tag versteckt. Im Dunkeln kommt sie heraus und lauert auf ihrem Netz. Gerät ein Insekt oder eine Assel darauf, nimmt die Spinne die Schwingungen wahr, läuft blitzschnell zur Beute, beißt diese und injiziert dabei ein Gift. Die Haus-Winkelspinne kann ein für Spinnen erstaunliches Alter von bis zu 6 Jahren erreichen.

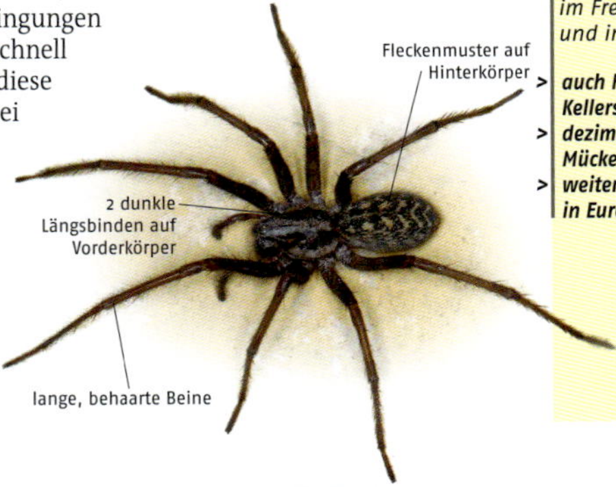

Vorkommen *In Mitteleuropa weit verbreitet und häufig, insbesondere in Häusern, Kellern, Ställen, Garagen und anderen Gebäuden, im Freiland an Felsen und in Höhlen.*

> ***auch Haus- oder Kellerspinne genannt***
> ***dezimiert Fliegen und Mücken in Gebäuden***
> ***weitere ähnliche Arten in Europa***

Wasserspinne

Argyroneta aquatica (Spinnen)

L 5–15 mm   ganzjährig   Süßwasser/Land

Wasserspinne sitz
mit Beute unte
Wasser in ihre
„Taucherglocke"

Vorkommen *In weiten Teilen Mitteleuropas verbreitet, besiedelt vegetationsreiche, stehende Gewässer, am häufigsten in kleineren Moorweihern.*

- ***erbeutet Insektenlarven und Kleinkrebse, die sie in ihrer Glocke aussaugt***
- ***ihr Biss ist äußerst schmerzhaft***
- ***stark gefährdete, geschützte Art***

Die Wasserspinne ist die einzige fast ständig unter Wasser lebende heimische Spinnenart. Ihren Sauerstoffbedarf deckt sie über eine luftgefüllte Taucherglocke. Dazu spinnt sie zunächst eine horizontal zwischen Wasserpflanzen aufgespannte Gespinstdecke, von der aus ein Spinnfaden zur Wasseroberfläche führt. Entlang dieses Fadens läuft die Spinne dann immer wieder nach oben, um eine Luftblase unter das Gespinst zu bringen, bis schließlich eine Glocke entstanden ist. In dieser Taucherglocke findet der Großteil ihres Lebens statt.

Vorderkörper bräunlich

Hinterkörper mit feinen
Härchen bedeckt, an
denen unter Wasser eine
glänzende Lufthülle häng

Wolfspinne

Pardosa spec. (Spinnen)

L 5–8 mm   April–September   Land

Das Weibchen trägt seine
Jungen einige Tage auf
dem Rücken.

Vorkommen *Weit verbreitet und häufig in lichten Wäldern, an Wald- und Wegrändern, in Gebüschen, auf Wiesen, in Heidegebieten, Parks und Gärten.*

- ***auch an milden Wintertagen am Boden umherlaufend***
- ***hat sehr leistungsfähige Augen***
- ***in Mitteleuropa fast 100 ähnliche Arten***

Die Wolfspinne baut keine Netze, sondern jagt frei auf dem Boden. Dabei erbeutet sie ihre Opfer ähnlich wie Wölfe (Name!), nämlich nach vorsichtigem Anschleichen durch einen gezielten Sprung. Die Weibchen sind fürsorgliche Mütter: Ihre Eier spinnen sie in einen seidenen Kokon, den sie 4–6 Wochen lang an ihrem Hinterleib mit sich herumtragen. Sind die Jungspinnen geschlüpft, dürfen sie auf dem Rücken der Mutter reiten, bis sie groß genug für eigene Jagdausflüge sind.

Vorderkörper fällt
vorn steil ab

Weibchen mit
Eikokon am
Hinterleib

Listspinne

Pisaura mirabilis (Spinnen)

L 10–22 mm Mai–September Land

Das Weibchen trägt seinen Eikokon zwischen den Kieferklauen umher.

Die Listspinne baut keine Fangnetze, sondern jagt ihre Beute frei auf dem Boden. Das Männchen muss um die Gunst des Weibchens werben: Dazu fängt es ein Insekt, spinnt es ein und übergibt es dem Weibchen. Wenn dieses das „Brautgeschenk" akzeptiert und frisst, nutzt das Männchen die Gelegenheit, sich zu paaren und anschließend zu entkommen, um nicht auch gefressen zu werden.

Vorkommen Weit verbreitet und häufig an Wald- und Wegrändern, in Gebüschen, Parkanlagen und naturnahen Gärten.

> ***sonnt sich gerne auf Blättern***
> ***flüchtet bei Störung blitzschnell auf die Blattunterseite***
> ***raffiniertes Balzverhalten***

unscharfe, blattähnliche Zeichnung auf Hinterköper

Hinterleib länglich oval

dunkles Mittelband, das durch schmale weißliche Linie getrennt wird

gelbliche Längsbänder an den Seiten

An Gewässerufern lebt die Gerandete Jagdspinne (*Dolomedes fimbriatus*).

Baldachinspinne

Linyphia triangularis (Spinnen)

L 5–7 mm Juli–Oktober Land

typisches Netz einer Baldachinspinne

Typisch ist das Netz der Baldachinspinne: Von einem waagerecht gespannten Gespinstteppich gehen nach oben hin Fang- und Stolperfäden ab. In diesem Fadengewirr verfangen sich Insekten, fallen auf den Baldachin und werden von der unter dem Netz lauernden Spinne gegriffen.

Vorkommen Weit verbreitet und häufig in Wäldern, an Wald- und Wegrändern, auf Wiesen und Heiden, in Parks und Gärten.

> ***lauert mit dem Bauch nach oben unter ihrem Netz***
> ***Netze fallen besonders im Spätsommer und Herbst durch die morgendlichen Tautröpfchen auf und überziehen oft massenweise die niedrige Vegetation***

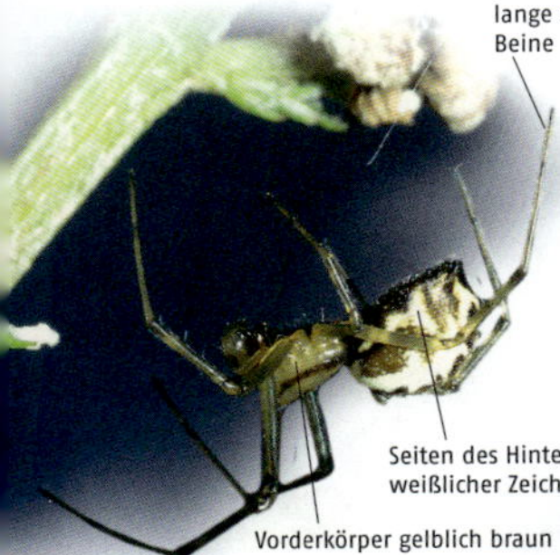

lange dünne Beine

Seiten des Hinterkörpers mit weißlicher Zeichnung

Vorderkörper gelblich braun

Männchen mit sehr langen Kieferklauen (Cheliceren)

Zitterspinne

Pholcus phalangioides (Spinnen)

L 7–10 mm ganzjährig Land

***Vorkommen** Weit verbreitet und häufig, nahezu ausschließlich in Häusern, Kellern, Garagen und Schuppen.*

- **ähnelt einem Weberknecht**
- **nützlich, weil sie Fliegen und Mücken in Wohnungen dezimiert**
- **trägt ihre Eier in einem Kokon mit sich**

Die Zitterspinne baut ihr Fangnetz meist in den Ecken zwischen Zimmerwand und Zimmerdecke. Ihren Namen verdankt sie der Eigenschaft, bei drohender Gefahr ihr Netz durch zittrige Bewegungen in Schwingungen zu bringen, wodurch sich ihr Körper optisch aufzulösen scheint. Mit ihrem Giftbiss ist sie in der Lage, auch Beute zu überwältigen, die ihre eigene Größe bei Weitem überschreitet.

Zitterspinne hat eine Fliege erbeutet und eingesponnen

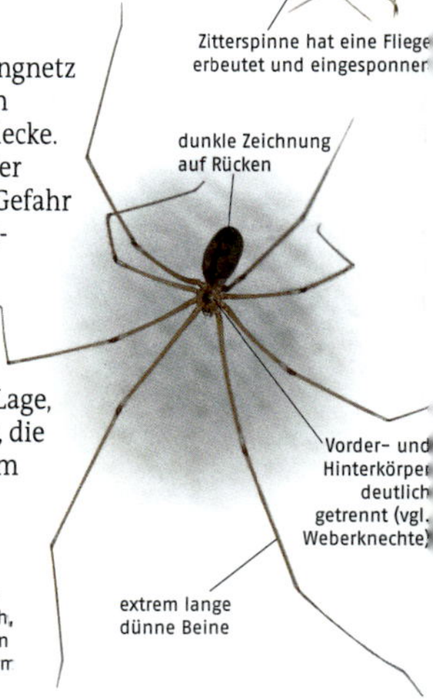

Weibchen trägt Eikokon mit sich, die Jungspinnen stehen kurz vorm Schlupf

Zebra-Springspinne

Salticus scenicus (Spinnen)

L 5–7 mm Februar–November Land

***Vorkommen** Weit verbreitet und häufig, insbesondere im Siedlungsbereich an Gebäuden, Mauern, Zaunpfählen, hölzernen Gartenmöbeln und dergleichen.*

- **besonders bei Sonnenschein aktiv**
- **erbeutet insbesondere Fliegen**
- **in Südeuropa einige ähnliche Arten**

Wie auch die anderen Vertreter aus der Familie der Springspinnen pirscht sich die auffällige Zebra-Springspinne vorsichtig an ihre Beute (z. B. Fliegen) an, um urplötzlich vorzuspringen und mit ihren kräftigen Giftklauen zuzuschlagen. Damit sie selbst dabei nicht abstürzt, spinnt sie sich stets einen „Sicherheitsfaden".

Häufig ist auch die bis 11 mm lange Rinden-Springspinne *(Marpissa muscosa)*.

Veränderliche Krabbenspinne

Misumena vatia (Spinnen)

L 3–10 mm Mai–August Land

Die Krabbenspinne lebt meist auf Blüten, auf denen sie durch ihre Färbung äußerst schwer zu entdecken ist. So geht es auch Blüten besuchenden Schwebfliegen, Bienen und Schmetterlingen, die so zur Beute der lauernden Spinne werden. Oft entdeckt man die Spinne nur, weil ein Beutetier, das sie gerade aussaugt, leblos von der Blüte hängt.

weißliches Weibchen

abgerundeter Hinterkörper

vordere beiden Beinpaare länger als hintere beiden

Das Männchen wird nur 3–5 mm lang.

***Vorkommen** Weit verbreitet und meist häufig auf sonnigen Wiesen, Trockenrasen, an Wald- und Wegrändern, auch in blüten- und insektenreichen Parks und Gärten.*

> ***Weibchen sehr variabel gefärbt***
> ***auf Blüten perfekt getarnt***
> ***kann ihre Körperfarbe der jeweiligen Blütenfarbe anpassen***

Weberknecht

Opiliones (Spinnentiere)

L 4–10 mm Juni–November Land

Der Weberknecht lauert meist auf Sträuchern und höheren Kräutern auf Beute, wobei er seine gelenkigen Beine lassoartig um die Pflanzenstängel schlingen kann. Fliegt ein Insekt vorbei, greift er es blitzschnell mit seinen langen Beinen aus der Luft. Oftmals findet man einen Weberknecht mit nur 6 oder 7 Beinen, denn die Tiere werfen bei Gefahr, z. B. wenn ein Vogel sie am Bein packt, dieses Bein einfach ab.

Einer der häufigsten Weberknechte in Gärten und an Gebäuden ist *Opilio canestrinii*, der keinen deutschen Namen trägt.

Vorder- und Hinterkörper miteinander verschmolzen

extrem lange dünne Beine

***Vorkommen** Je nach Art in den verschiedensten Lebensräumen, viele Arten als Kulturfolger regelmäßig auch in Parks, Gärten und an Gebäuden.*

> ***auch Schneider oder Schuster genannt***
> ***baut keine Fangnetze***
> ***In Mitteleuropa etwa 50 Weberknecht-Arten***

Zecke, Holzbock

Ixodes ricinus (Spinnentiere)

L 3–10 mm   ganzjährig   Land

Auch wir Menschen werden öfter von Zecken befallen.

Vorkommen *Weit verbreitet und häufig in Laub-, Misch- und Auwäldern, an Wald- und Wegrändern, in Gebüschen und auf Wiesen.*

- > ***werden 3–5 Jahre alt***
- > ***legt 1000–3000 Eier***
- > ***weitere blutsaugende Zecken-Arten***

Die weibliche Zecke benötigt für die Entwicklung ihrer Eier Blut. Sie lauert an Pflanzen, um im geeigneten Moment auf Mäuse, Hunde usw. überzugehen. Dabei kann sie uns durch ihren Biss mit lebensbedrohlichen Krankheiten infizieren. In bestimmten Gebieten überträgt sie die Frühjahrs-Meningo-Enzephalitis (FSME) mit schweren Gesundheitsschäden bis hin zum Tod. Hiergegen kann man sich vorsorglich impfen lassen. Keinen Impfstoff gibt es bisher gegen die Lyme-Borreliose; sie lässt sich im Frühstadium durch eine starke Rötung um die Bissstelle herum erkennen und kann mit Antibiotika behandelt werden.

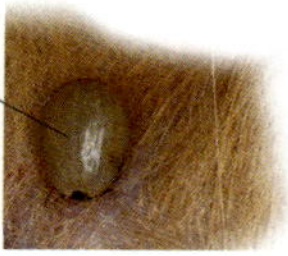

Haustiere werden sehr häufig von Zecken heimgesucht.

erinnert prall mit Blut vollgesogen an eine gräuliche Kaffeebohne

mit etwas Blut gefüllt

winziges Tier, das kein Blut gesogen hat

264

Samtmilbe

Trombidium spec. (Spinnentiere)

L 2–4 mm   März–September   Land

Vorkommen *Weit verbreitet und häufig an Wald- und Wegrändern, auf Trockenrasen und Brachflächen, auf Felsen, regelmäßig auch auf Mauern in Parks und Gärten.*

- > ***auch Sammetmilbe oder Scherflein genannt***
- > ***eine der größten heimischen Milben-Arten***
- > ***kommt bei Sonnenschein aus ihrem Versteck***

Die Samtmilbe lebt meist verborgen in der Bodenstreu oder unter loser Rinde und ernährt sich hier räuberisch von Insekteneiern und kleinen Bodentierchen. Von Gärtnern wird sie als Nützling eingestuft, da sie Eier und Larven von Blattläusen vertilgt. Die Larven der Samtmilbe leben parasitisch auf Schmetterlingen, Heuschrecken oder Weberknechten und ernähren sich von der Gewebeflüssigkeit ihrer Wirte.

die parasitisch lebende Larve

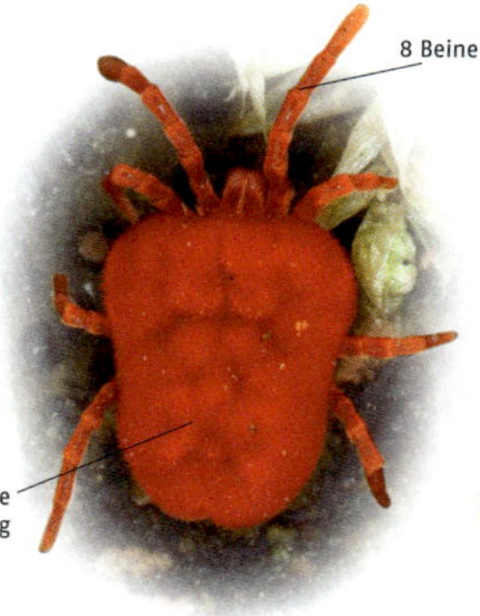

8 Beine

samtartige, rote Behaarung

Gallmilbe

Eriophyes spec. (Spinnentiere)
. 0,1–0,2 mm April–November Land

Das Blatt eines Pflaumenbaums ist überzogen mit Gallen der Milbe *E. padi.*

Die Gallmilbe sticht Blätter an, um sie auszusaugen. Dabei gibt sie bestimmte Eiweiße ab, die das Pflanzengewebe veranlassen zu wuchern. Bereits nach 2 Stunden sind warzenartige Wölbungen erkennbar, nach etwa 10 Tagen ist die Milbe komplett umwachsen. In dieser roten Galle lebt die Milbe, gut von Pflanzensäften genährt und vor Feinden geschützt.

Galle leuchtend rot

10–15 mm lang, keulenförmig, zugespitzt

Die Linden-Gallmilbe *(Eriophyes tiliae)* lebt auf Linden-Blättern.

Vorkommen *Weit verbreitet und überall häufig auf Laubgehölzen in Laub- und Mischwäldern, an Waldrändern und Hecken, in Parks und Gärten.*

> ***winzige Milbe mit bloßem Auge kaum erkennbar***
> ***je nach Art an bestimmten Laubgehölzen***
> ***etwa 250 Gallen erzeugende, heimische Milbenarten***

Gelber Skorpion

Buthus occitanus (Spinnentiere)
L 50–90 mm April–September Land

Neugeborene Skorpione verbringen die ersten Lebenstage auf dem Rücken der Mutter.

Der Stich eines Gelben Skorpions ist sehr schmerzhaft und sollte unbedingt ärztlich behandelt werden. Zwar gibt es aus Europa keine Todesmeldungen, wohl aber aus Afrika, wo die Toxizität seines Giftes höher ist. Der Skorpion ernährt sich von größeren Insekten, die er mit den Scheren packt und mit einem Giftstich tötet.

breite Scheren

im Mittelmeergebiet mehrere dunkel gefärbte *Euscorpius-Arten*, deren Gift weit weniger wirksam ist

Giftstachel am Schwanzende

lange, relativ schmale Scheren

Vorkommen *Verbreitet im westlichen Mittelmeergebiet (Südfrankreich, Spanien, Portugal) und in Nordafrika in trockenen, dürren Lebensräumen, gelegentlich auch in Gärten in Mauerritzen und dergleichen.*

> ***sehr giftig!***
> ***vor allem nachtaktiv, am Tag unter Steinen oder eingegraben***
> ***der ähnliche Skorpion Mesobuthus gibbosus lebt im östlichen Mittelmeergebiet***

Brauner Steinläufer

Lithobius forficatus (Tausendfüßer)

L 20–30 mm   ganzjährig   Land

***Vorkommen** Weit verbreitet und häufig unter Steinen und Rinde in Wäldern, an Wald- und Wegrändern, auf Wiesen und Brachland, in Parks und Gärten.*

- ***nachtaktiv***
- ***erbeutet Insekten, Spinnen und anderes Kleingetier***
- ***in Mitteleuropa etwa 25 ähnliche Arten***

Kriecht nachts aus seinen Verstecken hervor und läuft flink am Waldboden umher, bis seine langen, empfindsamen Antennen ein Tierchen berühren. Ohne zu zögern packen seine gebogenen Klauen zu, injizieren das tödliche Gift und die Beute kann bequem verspeist werden. Wie bei Schlangen und Skorpionen macht auch dem Steinläufer sein eigenes Gift nichts aus.

Der im Mittelmeerraum verbreitete, bis 10 cm lange Skolopender (*Scolopendra cingulata*) hat einen sehr schmerzhaften Giftbiss.

Erdläufer

Geophilus spec. (Tausendfüßer)

L 15–40 mm   ganzjährig   Land

***Vorkommen** Verbreitet und häufig in Wäldern, auf Wiesen, Feldern und in Gärten an schattigen und feuchten Orten in der Laubschicht, unter Steinen, Baumstämmen und Rinde, auch in Komposthaufen.*

- ***nachtaktiver Räuber***
- ***Weibchen bewacht ihre Eier in Erdhöhle***
- ***in Mitteleuropa etwa 20 Erdläufer-Arten***

Der Erdläufer frisst am liebsten Regenwürmer. Der wendige und schlanke Tausendfüßer verfolgt seine Beute bis tief hinunter in deren Wohnröhren, umschlingt sie spiralig, tötet sie mit seinen Giftklauen und frisst sie noch vor Ort auf. Bei Gefahr rollt sich der Erdläufer zusammen und gibt ein übel schmeckendes Wehrsekret ab.

Schnurfüßer

Iulidae (Tausendfüßer)

L 15–60 mm ganzjährig Land

der Schnurfüßer
Ommatoiulus sabulosus

Das Weibchen legt seine Eier meist in einer Erdhöhle ab. Der frisch geschlüpfte Schnurfüßer hat zunächst nur wenige Körperringe und Beine. Während des Wachstums verlässt er seinen harten Panzer, indem er sich häutet. Nach jeder Häutung hat er mehr Körpersegmente und entsprechend mehr Beine.

rollt sich bei Störung scheibenartig zusammen

Vorkommen *Weit verbreitet und häufig in allen möglichen Lebensräumen, meist in der Laubschicht, unter Steinen und loser Rinde, in Komposthaufen.*

- ***wirkt im Vergleich zu Hundertfüßern steif und wenig biegsam***
- ***Nahrung besteht hauptsächlich aus verrottenden Pflanzenteilen***
- ***in Mitteleuropa etwa 50 Arten***

Bandfüßer

Polydesmus spec. (Tausendfüßer)

L 15–23 mm ganzjährig Land

die Eikammer eines Weibchens

Das Weibchen des Bandfüßers baut charakteristische Eikammern: Zunächst legt sie einen kreisförmigen Erdwall an, legt ihre Eier hinein und schließt danach das Ganze mit einer gewölbten Kuppel. Die Larven sind zunächst durchscheinend und haben nur sieben Beinpaare, deren Anzahl von Häutung zu Häutung zunimmt.

Vorkommen *Weit verbreitet und häufig in Wäldern, an Wald- und Wegrändern, in Parks und Gärten unter Steinen, in der Laubstreu und in morschem Holz.*

- ***frisst morsches Holz, Pflanzenreste und Pilze***
- ***überwiegend dämmerungs- und nachtaktiv***
- ***etwa 10 mitteleuropäische Arten***

Wasserfloh

Daphnia spec. (Krebstiere)

L 2–5 mm März–November Süßwasser

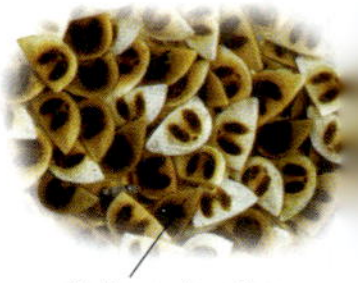

die Dauereier eines Wasserflohs

***Vorkommen** Verbreitet und sehr häufig in stehenden und mäßig fließenden Gewässern, auch in Gartenteichen.*

> ***durch Schlagen seiner kräftigen Antennen entsteht eine hüpfende Bewegung im Wasser***
> ***frisst Bakterien, im Wasser treibende, mikroskopisch kleine Algen und organische Abfallstoffe***

Unter guten Bedingungen produziert das Weibchen Unmengen sogenannter „Sommereier", die nicht von Männchen befruchtet werden müssen. Aus den Eiern schlüpfen nach kurzer Zeit kleine Krebschen, die nach wenigen Tagen selbst Eier produzieren. So produziert der Wasserfloh in kurzer Zeit unglaublich viele Nachkommen und nutzt gute Lebensbedingungen optimal aus. Kommt es zu Nahrungsengpässen oder niedrigeren Wassertemperaturen, werden so genannte „Dauereier" produziert. Diese sind dotterreich, hartschalig und müssen befruchtet werden. Nach der Befruchtung können Dauereier bei ungünstigen Umständen monatelang überleben und z. B. Trockenheit oder Frost trotzen.

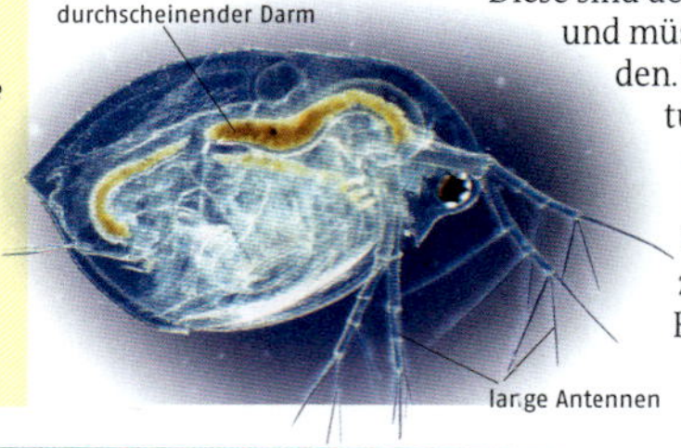

Hüpferling

Cyclops spec. (Krebstiere)

L 1–4 mm ganzjährig Süßwasser

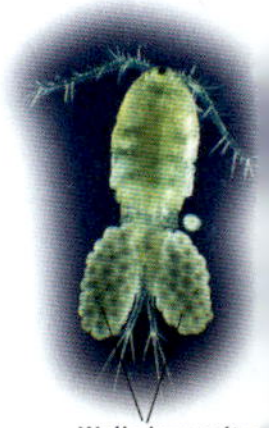

Weibchen mit 2 seitlichen Eisäcken

***Vorkommen** Verbreitet und sehr häufig in stehenden und mäßig fließenden Gewässern, auch in Gartenteichen.*

> ***„Hüpft" im Wasser***
> ***hat nur 1 Auge***
> ***es gibt unter den Hüpferlingen Räuber, Pflanzen- und Aasfresser***

Der Hüpferling gehört zu den häufigsten Kleinkrebsen in unseren heimischen Gewässern und zählt zur Gruppe der Ruderfußkrebse *(Copepoden)*. Gemeinsam mit dem Wasserfloh ist er ein wesentlicher Bestandteil des tierischen Planktons (Zooplankton). Plankton (griechisch: das Umherirrende) ist die Bezeichnung für frei im Wasser treibende Organismen. Der Gattungsname *Cyclops* leitet sich von den einäugigen Zyklopen aus der griechischen Mythologie ab.

der Kleine Schwebekrebs *(Eudiaptomus gracilis)*

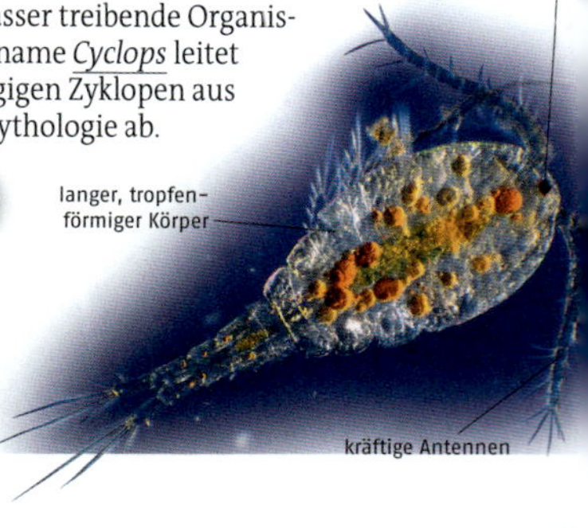

Bachflohkrebs

Gammarus spec. (Krebstiere)

L 10--24 mm ganzjährig Süßwasser

Flohkrebse leben am Gewässergrund meist zwischen Wasserpflanzen und unter Steinen verborgen. Sie „laufen" auf der Seite liegend, können aber auch gut schwimmen, indem sie ihren Hinterleib abwechselnd einkrümmen und wieder strecken. Ihre Nahrung besteht aus abgestorbenen Pflanzenteilen und Aas, gelegentlich auch aus verschiedenen Kleintieren.

bei der Paarung Männchen huckepack auf Weibchen

Körper gekrümmt und seitlich zusammengedrückt

***Vorkommen** Verbreitet und oft massenhaft in Bächen und Flüssen, seltener in stehenden Gewässern.*

- ***liegen meist auf der Seite***
- ***eine der wichtigsten Nahrungsgrundlagen räuberischer Fische***
- ***Individuendichten von bis zu 400 Tieren pro Quadratmeter***

Wasserassel

Asellus aquaticus (Krebstiere)

L 8–12 mm ganzjährig Süßwasser

Die Wasserassel lebt relativ verborgen am Gewässergrund zwischen Wasserpflanzen, Steinen und versunkenem Falllaub. Während der Paarung reitet das Männchen oft tagelang auf dem Weibchen. Die Eier entwickeln sich in einem gut durchströmten, durch die Beine gebildeten Brutraum unter dem Bauch des Weibchens. Dort leben auch die Jungen für 3–6 Wochen, um schließlich als kleine Mini-Asseln ins freie Leben überzugehen.

In unterirdischen Gewässern lebt die 5–8 mm lange, weißliche Höhlenassel (*A. cavaticus*).

lange Antennen

letzte Hinterleibssegmente zu einer Platte verschmolzen

***Vorkommen** Verbreitet und häufig in Süßgewässern aller Art, mit Ausnahme extrem strömungsreicher Bäche.*

- ***typische asselförmige Gestalt***
- ***frisst hauptsächlich verrottendes organisches Material***
- ***oft massenhaft am Gewässergrund***

Kellerassel

Porcellio scaber (Krebstiere)

L 15–18 mm   ganzjährig   Land

***Vorkommen** Weit verbreitet und häufig an feuchten Orten in Wäldern und an Waldrändern unter loser Rinde und Steinen, im Siedlungsbereich in Komposthaufen und gelegentlich in Kellern und Garagen.*

> **ernährt sich hauptsächlich von verrottenden Pflanzen**

> **stellt sich bei Gefahr tot**

> **durch den Menschen weltweit verschleppt**

Asseln sind landbewohnende Krebse und atmen wie Fische durch Kiemen. Deshalb können sie nur an Orten überleben, die so nass sind, dass ihre Hinterbeine stets feucht gehalten werden. Denn hier sind ihre Kiemen verborgen. Assel-Mütter tragen ihre Jungen 40–50 Tage lang am Bauch in einem Brutbeutel umher.

Häufig in Moos und unter Holz ist auch die Moosassel *(Ligidium hypnorum)*.

Mauerassel

Oniscus asellus (Krebstiere)

L 15–18 mm   ganzjährig   Land

***Vorkommen** Verbreitet und häufig in feuchten Lebensräumen im Falllaub, unter Steinen, moderndem Holz oder der Rinde abgestorbener Bäume, auch in Gärten.*

> **versteckte Lebensweise**

> **oft gemeinsam mit der Kellerassel**

> **etwa 50 mitteleuropäische Landassel-Arten**

Die Mauerassel ernährt sich hauptsächlich von verrottenden Pflanzen und erfüllt damit eine wichtige Aufgabe im Stoffkreislauf der Wälder. Mauerasseln leben gesellig, dreht man Steine um oder hebt Rinde und Bretter hoch, findet man meist viele der Tierchen eng aneinanderlebend.

Die nur 3–5 mm lange, rein weiße Ameisenassel *(Platyarthus hoffmannseggi)* lebt in Ameisennestern.

Kugelassel

Armadillidium spec. (Krebstiere)

L 10–12 mm   ganzjährig   Land

Die Kugelassel gehört gemeinsam mit anderen Asselarten, vielen Tausendfüßern und Regenwürmern ins Heer der „Bio-Häcksler". Sie alle fressen Holzreste, runtergefallenes Laub und anderes abgestorbenes Pflanzenmaterial, Kadaver und Kot. So helfen sie, organische Stoffe in Humus zu verwandeln und dem Stoffkreislauf wieder zurückzuführen.

Auch die zu den Tausendfüßern zählenden Saftkugler *(Glomeris spec.)* kugeln sich bei Gefahr zusammen.

rollt sich bei Gefahr zu einer Kugel zusammen

Körper hochgewölbt

glänzende, fein punktierte Oberseite

Vorkommen *Weit verbreitet und häufig in der Laubschicht am Boden von Wäldern, an Waldrändern, in Parks und Gärten, oft versteckt unter Holzstücken oder Steinen.*

> ***auch Rollassel genannt***
> ***lichtscheu***
> ***mehrere ähnliche Arten***

Seepocke

Semibalanus balanoides (Krebstiere)

Durchmesser 8–15 mm   ganzjährig   Meerwasser

Die Seepocke ist ein Krebs von ungewöhnlicher Gestalt und Lebensweise: Ihr ganzer Körper ist in einem Berg aus Kalkplatten verborgen und sie lebt festgewachsen auf allen möglichen harten Untergründen. Mit rhythmischen Bewegungen ihrer Fangarme filtriert sie fressbare Schwebteilchen aus dem Wasser. Die Seepocke übersteht das Trockenfallen bei Ebbe, indem sie ihren Kalkpanzer komplett dicht macht.

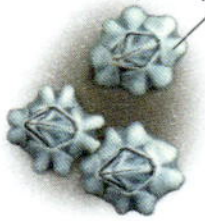

Gehäuse aus 4 Kalkplatten

Mit Schiffen eingeschleppt und mittlerweile bei uns häufig ist die Australische Seepocke *(Eliminius modestus)*.

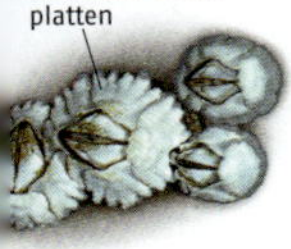

Gehäuse zusammengestzt aus 6 Kalkplatten

gefiederte Fangarme

Vorkommen *Verbreitet und häufig an den Küsten von Atlantik, Nord- und Ostsee, festgewachsen auf Fels, Molen, Muschelschalen, Krebspanzern und Schiffsrümpfen.*

> ***häufigste heimische Seepocke***
> ***nur als Larve frei beweglich***
> ***weitere ähnliche Arten***

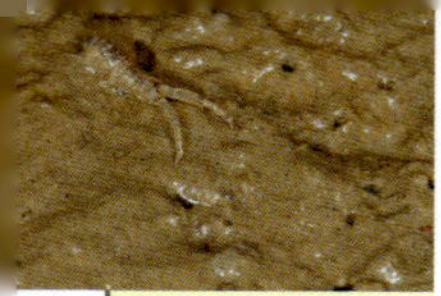

Schlickkrebs

Corophium volutator (Krebstiere)

L 5–10 mm ganzjährig Meerwasser

Vorkommen *Verbreitet und häufig auf Sand- und Schlickböden an den Küsten von Atlantik, Mittelmeer, Nord- und Ostsee von der Gezeitenzone abwärts bis in etwa 50 m Tiefe.*

> ***im Watt bis zu 40 000 Tiere pro m²***
> ***wichtige Nahrungsgrundlage für Watvögel und Fische***
> ***Jungkrebschen bleiben zunächst in der Röhre der Mutter***
> ***verursacht ein deutlich hörbares „Wattknistern"***

Der Schlickkrebs lebt in einer u-förmigen Wohnröhre im sandigen oder schlickigen Meeresboden. Mit seinen kräftigen Antennen harkt er die direkte Umgebung des Röhreneingangs nach Nahrungspartikeln ab, ohne dabei die schützende Röhre zu verlassen. Auf diese Art und Weise entstehen die charakteristischen Kratzspuren um die Röhrenmündung herum.

sternförmige Kratzspuren der Nahrungssuche um die Wohnröhre

Nordsee-Garnele

Crangon crangon (Krebstiere)

L 50–80 mm ganzjährig Meerwasser

Vorkommen *In den Küstengewässern von Atlantik, Mittelmeer, Nord- und Ostsee, sehr häufig in der Gezeitenzone des Wattenmeers.*

> ***auch als Nordsee-„Krabbe" oder Granat bezeichnet***
> ***perfekte Tarnung: kann sich farblich der Umgebung anpassen***
> ***Männchen bedeutend kleiner als Weibchen***

Die Garnele ruht tagsüber kaum sichtbar am Meeresboden und geht nur nachts auf Beutefang nach Würmern, Schnecken und kleinen Krebsen. Als „Krabben" haben Nordsee-Garnelen eine hohe fischereiwirtschaftliche Bedeutung an der Nordsee. Sie werden mit speziellen Kuttern mit Schleppnetzen gefangen, noch an Bord gekocht und schließlich in den Handel gebracht.

gekochte „Krabben" frisch vom Kutter

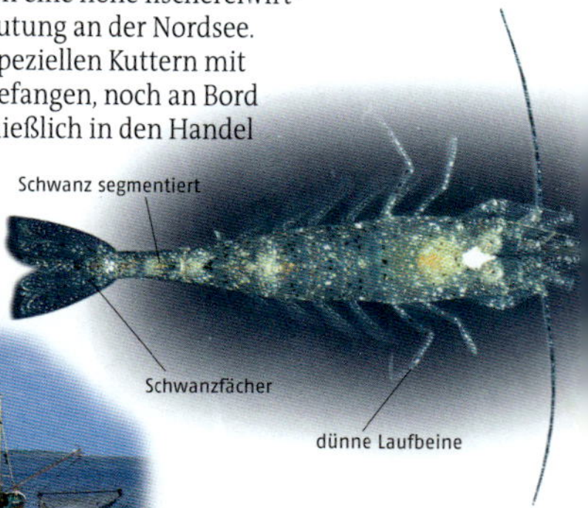

ein Krabbenkutter auf der Nordsee mit hochgestellten Schleppnetzen

Europäischer Flusskrebs

Astacus astacus (Krebstiere)

L 120–200 mm ganzjährig Süßwasser

Der Edelkrebs war früher weit verbreitet und häufig und wurde kulinarisch genutzt. Heute ist er vom Aussterben bedroht. Hauptursache dafür ist die um 1870 aus Nordamerika eingeschleppte Krebspest, an der nahezu die gesamten Krebsbestände zugrunde gegangen sind. Der Erreger dieser Seuche ist der Pilz *Aphanomyces astaci*. Weitere Gründe für das Verschwinden dieser imposanten Art sind die Verschmutzung vieler Gewässer sowie der Besatz mit Aalen.

rötliche Querstreifen auf Hinterleib

Der Amerikanische Flusskrebs oder Kamberkrebs *(Orconectes limosus)* wurde aus Nordamerika eingeführt. Da er gegen die Krebspest immun ist und weniger hohe Ansprüche an die Wasserqualität stellt, ist er mittlerweile die häufigste Flusskrebs-Art.

4 Laufbeinpaare

1. Bein zu kräftigen Scheren umgebildet

Vorkommen *In stehenden und fließenden, sauerstoffreichen und sauberen Gewässern, meist zwischen Wasserpflanzen, in kleinen Höhlen und unter Steinen.*

> ***auch Edelkrebs genannt***
> ***frisst Wasserpflanzen, kleinere Wassertiere und Aas***
> ***kann 20 Jahre alt werden***

Wollhandkrabbe

Eriocheir sinensis (Krebstiere)

L 40–75 mm ganzjährig Süß-/Meerwasser

Die Wollhandkrabbe stammt ursprünglich aus Asien und wurde Anfang des 20. Jahrhunderts vermutlich als Larve mit dem Ballastwasser von Handelsschiffen eingeschleppt. Seither hat sie sich invasionsartig ausgebreitet. Nach Ansicht vieler Gewässerökologen stellt sie eine Bedrohung dar, weil sie als Allesfresser in beträchtliche Nahrungskonkurrenz zur heimischen Fauna treten kann.

In sauberen Bergbächen im Mittelmeerraum lebt die Süßwasserkrabbe *(Potamon spec.)*.

die „Wollhand"

Rückenpanzer im Umriss nahezu quadratisch

4 lange, abgeflachte Laufbeinpaare

vorderstes Beinpaar zu kräftigen Scheren umgewandelt und pelzartig behaart

Vorkommen *Über ganz Europa verbreitet in größeren Flüssen und Kanälen, in Flussmündungen und in küstennahen Meeresregionen.*

> ***lebt am Gewässergrund***
> ***ist überwiegend nachtaktiv***
> ***ernährt sich von Wasserpflanzen, Insektenlarven, Muscheln, Schnecken, kleineren Fischen und Aas***

Einsiedlerkrebs

Pagurus bernhardus (Krebstiere)

L 50–100 mm ganzjährig Meerwasser

Vorkommen *Verbreitet und häufig auf Weich- und Hartböden der Küstengewässer von Atlantik, Mittelmeer, Nord- und Ostsee.*

> **auch Bernhardkrebs genannt**
> **frisst Schnecken, Würmer und andere Kleintiere, auch Aas**
> **oft in Symbiose mit Stachelpolypen**

kleiner Einsiedlerkrebs im Gehäuse einer Strandschnecke

Der Einsiedlerkrebs wohnt in leeren Schneckengehäusen und trägt diese stets mit sich herum. Darin verbirgt er seinen weichhäutigen, ungepanzerten Hinterleib. Der Einsiedlerkrebs muss regelmäßig umziehen: Wird sein Schneckenhaus zu klein, krabbelt er in ein nächstgrößeres hinein. Bei Gefahr kann sich der Krebs komplett in sein Haus zurückziehen und es mit seinen Scheren verschließen.

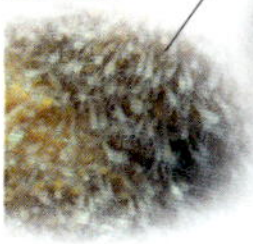

die von Einsiedlerkrebsen bewohneten Schneckengehäuse sind häufig bewachsen mit Stachelpolypen *(Hydractinia echinata)*

Hinterkörper im Gehäuse einer Wellhornschnecke verborgen

2 kräftige Laufbeinpaare

eine deutlich größere Schere

Strandkrabbe

Carcinus maenas (Krebstiere)

L 40–60 mm ganzjährig Meerwasser

Vorkommen *Auf Sand- und Felsböden der Küstengewässer von Atlantik, Mittelmeer, Nord- und Ostsee, oft auf Muschelbänken und in Häfen.*

> **auf Plattdeutsch Dwarslöper (Querläufer), weil oft im Seitwärtsgang**
> **streckt dem Feind bei Gefahr die geöffneten Scheren entgegen**
> **kann auf Miesmuschel- und Austernbänken Schäden anrichten**

Endglieder des letzten Beinpaares paddelartig erweitert zu Schwimmbeinen

die ähnliche Schwimmkrabbe *(Liocarcinus holsatus)*

Die Strandkrabbe ist insbesondere bei Nacht und Flut aktiv und ernährt sich von lebenden Kleintieren, wie Fischen, Krebsen und Muscheln, die sie mit ihren kräftigen Scheren öffnet. Tagsüber und bei Ebbe versteckt sich die Krabbe zwischen Wasserpflanzen und Steinen oder gräbt sich im Sandboden ein. Um wachsen zu können, muss sie ihren harten Panzer verlassen und ist als sogenannter „Butterkrebs" für eine gewisse Zeit relativ ungeschützt.

Endglied des letzten Beinpaares nicht erweitert

Rückenpanzer mit Seepocken bewachsen

1 Paar kräftige Scheren

4 Laufbeinpaare

Taschenkrebs

Cancer pagurus (Krebstiere)

L 100–200 mm   ganzjährig   Meerwasser

eine Taschenkrebs-Larve

Die Scheren gelten als Delikatesse und werden den lebendigen Krebsen vom Körper gerissen.

Der nachtaktive Taschenkrebs ernährt sich hauptsächlich von Krebsen, Muscheln und Schnecken, deren Schalen er mit seinen kräftigen Scheren mühelos zermalmen kann. Taschenkrebse paaren sich im Herbst, allerdings legt das Weibchen die 500 000–3 000 000 Eier erst etwa 1 Jahr später ab. Nach weiteren 7–8 Monaten schlüpfen die wenige mm langen Larven, die zunächst frei treibend im Plankton der Meere leben.

Vorkommen *An nischenreichen Fels- und Sandküsten von Atlantik, Mittelmeer, Nord- und Ostsee in meist 10–20 m Wassertiefe, auch in Hafenanlagen.*

> ***bis 30 cm breit und 3–4 kg schwer***
> ***versteckt sich tagsüber in kleinen Höhlen und unter Steinen***
> ***die Scheren werden als „Knieper" vermarktet***

Hummer

Homarus gammarus (Krebstiere)

L 200–500 mm   ganzjährig   Meerwasser

Ebenfalls von hoher fischereiwirtschaftlicher Bedeutung ist die im Mittelmeer und Atlantik lebende Languste *(Palinurus vulgaris)*.

Der Hummer wächst sein gesamtes Leben lang und kann wahrlich gigantisch anmutende Ausmaße erreichen: So liegt der Rekord eines vor England gefangenen Tieres bei 1,26 m Länge und einem Gewicht von 9,3 kg. Der Hummer ist ein Einzelgänger und lebt in Höhlen oder Spalten, die er nachts zum Fressen verlässt. Er gilt als kostbare Delikatesse und wird mit sogenannten Hummerkörben gefangen.

Vorkommen *Im Atlantik, Mittelmeer und in der Nordsee an spalten- und nischenreichen Küstengewässern meist in Tiefen von 4–50 m.*

> ***größter Krebs Europas***
> ***bleibt seinem Unterschlupf meist ortstreu***
> ***kann über 50 Jahre alt werden***

Seestern

Asterias rubens (Stachelhäuter)

Durchmesser 50–300 mm ganzjährig Meerwasser

Vorkommen *Verbreitet und häufig in Atlantik, Nord- und Ostsee vom Uferbereich bis in 200 m Wassertiefe, auch in Gezeitentümpeln und in Hafenanlagen, gern auf Muschelbänken.*

- ***abgerissene oder abgebissene Arme können nachwachsen***
- ***Fortpflanzung im Frühjahr***
- ***kann Schäden in kommerziellen Muschelzuchten anrichten***

Ein Seestern wirkt auf den ersten Blick so friedlich, ist aber ein gnadenlosen Räuber: Er stülpt sich über seine Opfer, meist Muscheln, und zieht mit seinen Saugnäpfen unter den muskulösen Armen oft stundenlang die Schalen auseinander. Kann die Muschel dem Dauerzug nicht mehr standhalten, stülpt er seinen Magen in sie hinein und verdaut ihr Inneres.

Zerbrechlicher Schlangenstern

Ophiotrix fragilis (Stachelhäuter)

Durchmesser 100–160 mm ganzjährig Meerwasser

Vorkommen *Im Atlantik, Mittelmeer, Nord- und Ostsee vom Uferbereich bis in 300 m Wassertiefe, meist auf Felsböden, in Seegraswiesen oder zwischen Algenbeständen.*

- ***Arme brechen leicht ab (Name!)***
- ***mitunter in Massenansammlungen***
- ***von anderen Schlangensternen durch die besonders langen Borsten zu unterscheiden***

Der Schlangenstern ernährt sich räuberisch von kleinen Muscheln, Schnecken, Krebschen und Würmern, außerdem nutzt er seine ins freie Wasser stehenden Arme zum Planktonfang. Die Tiere sind überwiegend nachtaktiv und können sich mithilfe ihrer Arme recht flink fortbewegen.

Essbarer Seeigel

Echinus esculentus (Stachelhäuter)

Durchmesser 50–150 mm ganzjährig Meerwasser

Der Seeigel bewegt sich mit zahlreichen winzigen Saugnäpfchen fort, die zwischen den Stacheln hervorragen. So weidet er gemächlich Algen und kleine, festsitzende Tierchen von Pflanzen und Steinen ab. In südlichen Ländern werden die Weichteile des Stachelhäuters gegessen (Name!). Auf einen Seeigel zu treten ist äußerst schmerzhaft! Die Stacheln brechen dabei ab und injizieren ein zwar harmloses, aber brennendes Gift in die Wunde.

rötliche Radialstreifen auf weißlichem Untergrund

deutlich längere Stacheln

Langstachliger Seeigel (*Echinus acutus*)

meist intensiv rötlich violett gefärbt

gesamte Oberfläche mit gelenkigen Stacheln besetzt

Vorkommen *Im Atlantik und der Nordsee vom Uferbereich bis in 50 m Wassertiefe, meist auf Felsböden und Muschelbänken, an Molen und Kaimauern, in Seegraswiesen oder zwischen Algenbeständen.*

- ***Mundöffnung auf der Unterseite***
- ***Schale nahezu kugelförmig***
- ***wird etwa 8 Jahre alt***

Kleiner Strandigel

Psammechinus miliaris (Stachelhäuter)

Durchmesser 30–40 mm ganzjährig Meerwasser

Oftmals finden sich auf der Oberseite des Strandigels und auch auf anderen Seeigelarten Pflanzenreste, kleine Steinchen oder Muschelschalen. Diese Teilchen werden mit den Saugfüßchen festgehalten und dienen dem Seeigel als Tarnung. Der Strandigel läuft langsam über den Untergrund und weidet dabei Algen und kleine festsitzende Tierchen mit seinen scharfen Zähnen ab.

Der Kieferapparat bei Seeigeln besteht aus 5 Zähnen.

Saugfüßchen

Die Mundöffnung liegt auf der Unterseite.

grünliche Stacheln mit violetten Spitzen

Vorkommen *Bewohnt die Küstengewässer von Atlantik, Nord- und Ostsee vom Ufer bis in etwa 100 m Tiefe, auch in Gezeitentümpeln.*

- ***auf Fels, Molen und Tangen, unter Steinen, in Seegraswiesen***
- ***ober- und unterseits deutlich abgeflacht***
- ***seine leere Schale findet sich mitunter im Spülsaum***

Rote Wegschnecke

Arion rufus (Weichtiere)

L 10–15 mm März–November Land

***Vorkommen** In Mittel- und Westeuropa bevorzugt in feuchten Wäldern, auf Wiesen, in Mooren, Parkanlagen und Gärten.*

- ***„Nacktschnecke"***
- ***Färbung variabel orange, bräunlich oder schwärzlich***
- ***überwiegend nachtaktiv, bei feuchtem Wetter auch am Tage***

Ursprünglich war die Rote Wegschnecke bei uns weit verbreitet. Seitdem sie von der äußerlich sehr ähnlichen Spanischen Wegschnecke *(A. vulgaris)* verdrängt wird, ist sie zunehmend selten geworden und wird bereits auf den Roten Listen als bedrohte Art geführt. Die Wegschnecke ernährt sich von frischen grünen Pflanzen, Aas und gelegentlich auch Kot.

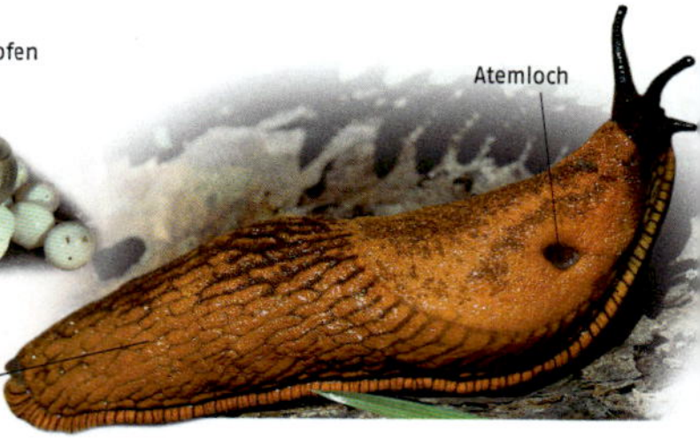

Tigerschnegel

Limax maximus (Weichtiere)

L 100–200 mm März–November Land

***Vorkommen** Über weite Teile Europas verbreitet und meist häufig in feuchten Wäldern, Gebüschen, Parks und Gärten, gelegentlich auch in feuchten Kellern.*

- ***farblich sehr variabel***
- ***versteckt sich tagsüber unter Holz, Steinen und in Ritzen***
- ***eine nützliche Nacktschnecke***

Der Tigerschnegel ist ein Allesfresser, der von Pilzen, Algen, organischen Resten und Pflanzen lebt, aber auch andere Nacktschnecken erbeutet und deren Gelege frisst. In Gärten reduziert er insbesondere die gefürchtete Spanische Wegschnecke und kann daher als regulierender Nützling gesehen werden. Schnegel sind Zwitter und befruchten sich bei der Paarung gegenseitig.

Garten-Schnirkelschnecke

Cepaea hortensis (Weichtiere)

Gehäuse 15–20 mm März–November Land

Die Schnirkelschnecke frisst überwiegend grüne Blätter. Wird diese Nahrung im Herbst knapp, schließt sie ihr Gehäuse mit einem Kalkdeckel, gräbt sich ein und wartet auf den Frühling. Ihre 60–80 kugeligen weißen Eier, die wie Styroporkügelchen aussehen, gräbt sie sorgsam in die Erde ein. Nach 3–4 Wochen schlüpfen daraus die winzigen Jungschnecken mit noch durchsichtigen Gehäusen.

Hain-Schnirkelschnecke *(Cepaea nemoralis)*

Gefleckte Schnirkelschnecke *(Arianta arbustorum)*

Vorkommen *Über weite Teile Mitteleuropas verbreitet und häufig in lichten Wäldern, an Wald- und Wegrändern, in Gebüschen, auf Wiesen, Parks und Gärten.*

- ***auch Bänderschnecke genannt***
- ***Bänderung variabel oder sogar fehlend***
- ***beliebte Beute von Singdrosseln***

Weinbergschnecke

Helix pomatia (Weichtiere)

Gehäuse 40–50 mm März–November Land

Die Weinbergschnecke paart sich im Sommer. Wie die meisten Schnecken ist auch sie ein Zwitter und die Partner befruchten sich gegenseitig. Anschließend gräbt die Schnecke eine Erdhöhle in lockeren Boden, legt ihre Eier hinein und verschließt das Ganze wieder. Die frisch geschlüpften Jungschnecken sind zunächst durchscheinend weißlich gefärbt.

Eiablage

Bei Hitze wird das Gehäuse mit einem sogenannten Diaphragma verschlossen und vor Austrocknung geschützt.

Vorkommen *In Mittel- und Südeuropa weit verbreitet und häufig in lichten Wäldern, an Wald- und Wegrändern, in Gebüschen, in Weinanbaugebieten und Gärten.*

- ***ernährt sich überwiegend von Pflanzen***
- ***wird in vielen Ländern gegessen***
- ***kann 30 Jahre alt werden***

Bernsteinschnecke

Succinea putris (Weichtiere)

Gehäuse 10–25 mm März–Oktober Land

***Vorkommen** In ganz Europa verbreitet und häufig am Ufer stehender und langsam fließender Gewässer, in Sümpfen, Auwäldern und auf Feuchtwiesen.*

- ***an Gewässer gebunden, aber immer über Wasser***
- ***ernährt sich von Pflanzen***
- ***befruchten sich als Zwitter gegenseitig***

Regelmäßig finden sich Bernsteinschnecken mit auffällig verdickten, grünlich geringelten Fühlern. Dabei handelt es sich um die Keimschläuche eines parasitischen Saugwurms: Sie verursachen das raupenähnliche Aussehen der Fühler. Nahrungssuchende Vögel werden so getäuscht und infizieren sich nach dem Fressen der vermeintlichen Beute mit den Parasiten.

Posthornschnecke

Planorbarius corneus (Weichtiere)

Gehäuse 20–30 mm März–November Süßwasser

***Vorkommen** In ganz Europa verbreitet und meist häufig in stehenden und langsam fließenden, vegetationsreichen Gewässern.*

- ***Gehäuse posthornartig gedreht***
- ***unverwechselbar groß***
- ***im Winter zurückgezogen am Gewässerboden***

Die imposante Posthornschnecke lebt meist am schlammigen Gewässergrund, wo sie sich von Algen, verrottenden Pflanzen und Aas ernährt. Ihre Eier klebt sie als 1,5–3 cm große, tellerartige Laichklumpen an Pflanzen und Steine. Es gibt eine Vielzahl tellerförmiger Wasserschnecken in unseren Gewässern. Sobald das vorgefundene Tier aber wenigstens 2 cm groß ist, handelt es sich um die Posthornschnecke.

Tellerschnecke

Planorbis planorbis (Weichtiere)

Gehäuse 10–18 mm ganzjährig Süßwasser

Die Tellerschnecke kriecht auf Wasserpflanzen und am Gewässerboden umher und weidet hier Algenaufwuchs ab oder frisst absterbende Pflanzenteile. Die Tellerschnecke gehört wie die Posthorn- und Schlammschnecke zu den Lungenatmern und muss regelmäßig an die Wasseroberfläche kommen, um ihren Luftvorrat aufzufrischen.

Vorkommen *In ganz Europa verbreitet und häufig in stehenden und langsam fließenden Gewässern.*

- ***Zwitter***
- ***überlebt periodisches Trockenfallen ihrer Gewässer***
- ***mehrere ähnliche Arten***

Spitz-Schlammschnecke

Lymnaea stagnalis (Weichtiere)

Gehäuse 40–60 mm März–November Süßwasser

Die Schlammschnecke schabt mit ihrer Raspelzunge den Algenaufwuchs von Pflanzen und Steinen ab, außerdem frisst sie Aas und weichere Pflanzenteile. Häufig sieht man sie unter der Wasseroberfläche „hängen“: Langsam gleitet sie dabei vorwärts und frisst den darauf befindlichen Film aus organischen Partikeln ab.

Vorkommen *Verbreitet und häufig in ganz Europa in stehenden und langsam fließenden, vegetationsreichen Gewässern, auch in Gartenteichen.*

- ***muss zum Atmen an die Wasseroberfläche kommen***
- ***überwintert im Bodenschlamm***
- ***weitere, kleiner bleibende Schlammschnecken-Arten***

Schließmundschnecke

Alinda biplicata (Weichtiere)

Gehäuse 25–20 mm März–November Land

Vorkommen *In Mitteleuropa weit verbreitet und eine der häufigsten heimischen Schließmundschnecken, besiedelt die Laubschicht in Wäldern, Parks und Gärten, steigt häufig an Bäumen und Mauern empor.*

- > ***bringt lebende Jungschnecken zur Welt***
- > ***raspelt Algen vom Untergrund ab***
- > ***in Europa etwa 150 Schließmundschnecken-Arten***

Die Schließmundschnecke kann ihr Gehäuse mit einem ausgeklügelten Mechanismus verschließen (Name!): Sobald ihr die Luftfeuchtigkeit draußen nicht mehr behagt, dient ihr eine gebogene Kalkplatte mit einem elastischen Stiel an der Seite als Tür. Will die Schnecke aus dem Haus kriechen, drückt sie die Tür mit ihrem Körper auf; hat sie sich wieder in ihr Haus zurückgezogen, federt die Tür von allein wieder zu und verschließt das Haus fast hermetisch.

Glatte Schließmundschnecke (*Cochlodina laminata*)

Napfschnecke

Patella vulgata (Weichtiere)

Gehäuse 40–70 mm ganzjährig Meerwasser

Vorkommen *Verbreitet und meist häufig an Felsküsten und Hafenanlagen von Atlantik, Nordsee und Mittelmeer von der Gezeitenzone an abwärts bis in etwa 5 m Wassertiefe.*

- > ***kann einmal festgesogen kaum vom Untergrund gelöst werden***
- > ***wird roh, gekocht oder gebraten gegessen***
- > ***kann 15 Jahre alt werden***

Bei Flut wandert die Napfschnecke gemächlich über den felsigen Untergrund und weidet hier Algen ab. Zur Ebbe kehrt sie an ihren festen Sitzplatz zurück, den sie mit ihrem Schalenrand ein wenig vertieft und genau für sie passend angelegt hat. Diesen Platz verteidigt sie gegen Artgenossen und hält ihn frei von Algen- oder Seepockenansiedlungen.

Im Mittelmeer lebt die bis 4 cm große *Patella caerulea*.

Strandschnecke

Littorina littorea (Weichtiere)

Gehäuse 20–30 mm ganzjährig Meerwasser

Die Strandschnecke raspelt mit ihrer rauen Zunge Algenbeläge von der Oberseite von Steinen, Molen und großen Algen ab. Sie kann ihr Gehäuse mit einer Hornplatte komplett verschließen und so auch längeres Trockenfallen unbeschadet überstehen. Insbesondere in Frankreich und Schottland gelten gekochte Strandschnecken als geschätzte Delikatesse.

Vorkommen *Verbreitet und häufig im Atlantik, Nord- und Ostsee an Fels- und Sandküsten, auf Muschelbänken, in Hafenanlagen vom Uferbereich bis in etwa 50 m Wassertiefe.*

- > ***dickwandiges Gehäuse***
- > ***bei Ebbe oft in Massen an Felsen***
- > ***weitere ähnliche Arten***

Wellhornschnecke

Buccinum undatum (Weichtiere)

Gehäuse 80–120 mm ganzjährig Meerwasser

Mit ihrem langen, in alle Richtungen beweglichen Sipho riecht die Wellhornschnecke Aas auf größere Entfernung und nähert sich rasch der Nahrungsquelle. Auch Muscheln werden erbeutet, indem die Schnecke ihren Sipho oder den Gehäuserand zwischen die Schalenklappen schiebt und die Muschel so daran hindert, sich wieder zu schließen. Anschließend wird die Muschel ausgefressen.

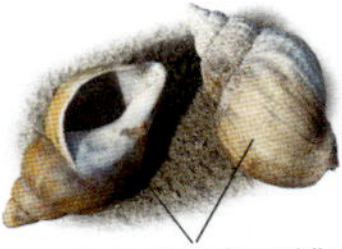

Nach dem Schlupf der Jungschnecken finden sich die schwammartigen, etwa apfelgroßen Laichballen am Strand im Angespül.

Vorkommen *Verbreitet und häufig in Atlantik, Nord- und Ostsee meist in Tiefen zwischen 5–200 m, aber auch deutlich tiefer, mitunter in Gezeitentümpeln.*

- > ***eine der größten europäischen Schnecken***
- > ***Gehäuse oft mit Seepocken bewachsen***
- > ***wird in einigen Ländern gegessen***

Wattschnecke

Hydrobia ulvae (Weichtiere)

Gehäuse 4–7 mm ganzjährig Meerwasser

***Vorkommen** Verbreitet und häufig auf Sand- und Schlickböden in Atlantik, Mittelmeer, Nord- und Ostsee, von der Gezeitenzone abwärts bis in etwa 20 m Wassertiefe.*

- ***massenweise im Wattenmeer***
- ***wichtige Nahrungsquelle für Vögel im Watt***
- ***weitere ähnliche Arten in Europa***

Die Wattschnecke besiedelt insbesondere die Gezeitenzone des Wattenmeers, es wurden schon über 200 000 Individuen pro Quadratmeter gezählt. Bei Ebbe bleibt sie auf dem trocken gefallenen Meeresboden liegen und weidet Algen, Kieselalgen und Bakterien ab. Bei Flut heftet sich die Schnecke mit dem Fuß nach oben an die Wasseroberfläche, lässt sich so treiben und produziert ein Schleimband, an dem winzige Nahrungspartikel kleben bleiben.

Turmschnecke

Turritella communis (Weichtiere)

Gehäuse 40–55 mm ganzjährig Meerwasser

***Vorkommen** In Atlantik, Mittelmeer und Nordsee auf sandigen und schlammigen Meeresböden, meist in Tiefen von 20–80 m.*

- ***leere Gehäuse häufig im Spülsaum zu finden***
- ***Gehäusespitze oft abgebrochen***
- ***kann 5 Jahre alt werden***

Die Turmschnecke lebt flach eingegraben im Sediment, so dass nur die Mündung direkt an der Oberfläche liegt. Mit ihren feinen Kiemen filtriert sie kleinste Nahrungspartikel aus dem Wasser. Meist verlässt sie ihren Wohnort nie. Zur Fortpflanzung gibt das Männchen einfach seine Spermien ins freie Wasser ab, die von einem Weibchen eingestrudelt werden.

Turmschnecke (*T. triplicata*), im Mittelmeer häufig

Miesmuschel

Mytilus edulis (Weichtiere)

Schale 50–100 mm   ganzjährig   Meerwasser

Die Miesmuschel heftet sich mit sehr klebrigen Fäden, den sogenannten Byssusfäden, am Untergrund fest und bildet neben-, über- und untereinander liegend riesige Muschelbänke aus Abertausenden von Tieren. Sie filtriert pausenlos das Wasser und ernährt sich von darin schwebenden winzigen Teilchen und vermindert dadurch die Wassertrübung ganz erheblich.

Die Pferdemuschel oder Große Miesmuschel *(Modiolus modiolus)* wird bis zu 23 cm lang.

Vorkommen *Verbreitet und häufig in Atlantik, Mittelmeer, Nord- und Ostsee auf Sand- und Felsböden, an Molen und Buhnen, in Hafenanlagen von der Gezeitenzone abwärts bis etwa 50 m Wassertiefe.*

> ***„Klärwerk des Wattenmeers"***

> ***begehrte Speisemuschel***

> ***verbreitet sich über Schwimmlarven, die sich wieder festsetzen***

Europäische Auster

Ostrea edulis (Weichtiere)

Schale 80–120 mm   ganzjährig   Meerwasser

In Deutschland ist die Europäische Auster durch Überfischung, Wasserverschmutzung und Krankheiten (Muschelpest) Mitte des vergangenen Jahrhunderts ausgestorben. Schalen, die man heute im Spülsaum findet, sind daher mindestens 70 Jahre alt. Heute werden kommerzielle Austernbänke mit der robusteren und schneller wüchsigen Pazifischen Auster bestückt, die sich mittlerweile weit ausgebreitet hat und Miesmuschelbänke überwuchert.

Vorkommen *Verbreitet in Atlantik, Mittelmeer und Nordsee auf Sand- und Felsböden von der Gezeitenzone abwärts bis etwa 50 m Wassertiefe.*

> ***leere Schalen häufig im Spülsaum***

> ***Muschelbänke sind Lebensraum für Hunderte Tier- und Pflanzenarten***

> ***gilt roh ausgeschlürft als Delikatesse***

Jakobsmuschel

Pecten jacobaeus (Weichtiere)

Schale 70–120 mm ganzjährig Meerwasser

Vorkommen *Verbreitet im Mittelmeer auf Sand- und Geröllböden, meist in Wassertiefen von 25–100 m.*

- > ***auch Kamm- oder Pilgermuschel genannt***
- > ***Symbol der Pilger (Jakobsweg)***
- > ***als Delikatesse geschätzt***

Mit ihren blau irisierenden Augen kann die Jakobsmuschel Helligkeitsunterschiede und Bewegungen wahrnehmen. Im Gegensatz zu anderen Muscheln kann sich die Kammmuschel durch kräftiges Schließen und Öffnen ihrer Schale mittels Rückstoßprinzip ruckartig fortbewegen und so bei Gefahr meterweit davonschwimmen.

Große Kammmuschel *(P. maximus)*, bis zu 15 cm Schalenlänge, verbreitet im Atlantik

Essbare Herzmuschel

Cerastoderma edule (Weichtiere)

Schale 20–50 mm ganzjährig Meerwasser

Vorkommen *Verbreitet und häufig in Atlantik, Mittelmeer, Nord- und Ostsee in Sand- und Schlickböden von der Gezeitenzone abwärts bis in etwa 10 m Wassertiefe, auch im Wattenmeer.*

- > ***eine der häufigsten Muscheln unserer Küsten***
- > ***wird in vielen Ländern kommerziell gefischt***
- > ***mehrere ähnliche Arten***

Die Herzmuschel lebt knapp unter der Oberfläche im Meeresboden vergraben, nur ihre beiden kurzen Ein- und Ausströmöffnungen reichen ins Wasser und strudeln Atemwasser mitsamt kleinster Nahrungspartikelchen ein. Mit ihrem kräftigen Fuß kann sie sich im Sediment fortbewegen, ein- und ausgraben und bei Gefahr sogar „Rettungssprünge“ von bis zu 50 cm Weite unternehmen.

Amerikanische Scheidenmuschel

Ensis directus (Weichtiere)

Schale 100–170 mm ganzjährig Meerwasser

Die Amerikanische Scheidenmuschel stammt ursprünglich aus Nordamerika und ist wahrscheinlich in den 70er-Jahren des letzten Jahrhunderts mit Schiffen nach Europa gelangt. Sie lebt senkrecht im Sand eingegraben, sodass nur noch eine Art Schnorchel herausschaut. Damit saugt sie Wasser ein, filtert Nahrungspartikel heraus und prustet das Restwasser wieder heraus. Mit ihrem muskulösen Fuß vermag sie sich flink im Sand einzugraben, und wenn sie ihre Schalen heftig bewegt, schwimmt sie sogar im Wasser.

Vorkommen *Besiedelt in Europa den Atlantik und die Nordsee, bevorzugt in Sand- und Schlickböden in 3–20 m Wassertiefe, massenweise im Wattenmeer.*

- ***Schalen wie eine Messerscheide***
- ***kann mit heftigen Schalenbewegungen kurze Strecken schwimmen***
- ***wird in einigen Ländern gegessen***

Sandklaffmuschel

Mya arenaria (Weichtiere)

Schale 100–150 mm ganzjährig Meerwasser

Die Sandklaffmuschel lebt bis zu 30 cm tief senkrecht im Meeresboden eingegraben. Ihren langen Sipho streckt sie ins Wasser. In ihm befinden sich zwei Röhren – eine Ein- und eine Ausströmöffnung –, durch die die Muschel frisches Wasser mit darin befindlichen Nahrungsteilchen einsaugt und ausstößt.

Vorkommen *Verbreitet und häufig in Sand- und Schlickböden von Atlantik, Nord- und Ostsee von der Gezeitenzone bis in etwa 70 m Wassertiefe.*

- ***kann ihre Schalen nicht komplett schließen („Klaffmuschel")***
- ***Schollen beißen gern die Siphospitzen ab***
- ***kann 20 Jahre alt werden***

Teichmuschel

Anodonta anatina (Weichtiere)

Schale 70–110 mm   ganzjährig   Süßwasser

Vorkommen *Verbreitet über weite Teile Europas in stehenden und langsam fließenden Gewässern mit sandigem oder schlammigem Substrat, oft mit reichem Pflanzenwuchs.*

> ***häufigste heimische Großmuschel***
> ***wird bis zu 15 Jahre alt***
> ***weitere ähnliche Arten in Europa***

Die Teichmuschel strudelt durch ihre Einströmöffnung pro Tag bis zu 40 l Wasser ein, filtert Plankton und organische Schwebstoffe als Nahrung heraus und gibt das Wasser durch die Ausströmöffnung wieder ab. Damit ist sie enorm wichtig für die Reinigung eines Gewässers. Die Larven der Muschel heften sich für einige Monate an den Flossen von Fischen an und lassen sich so verbreiten.

Große Teichmusche
(A. anatina

Wandermuschel

Dreissena polymorpha (Weichtiere)

Schale 20–40 mm   ganzjährig   Süßwasser

Vorkommen *Stammt ursprünglich aus den Zuflüssen des Kaspischen und Schwarzen Meers, seit etwa 150 Jahren über weite Teile Europas verbreitet und häufig in Flüssen, Kanälen und Seen.*

> ***auch Zebra- oder Dreieckmuschel genannt***
> ***der Bewuchs mit Wandermuscheln kann zu Beeinträchtigungen an Rohrleitungen, Kühlwassersystemen oder Schiffsrümpfen führen***

Die Wandermuschel spinnt mit einer speziellen Drüse sehr stabile Fäden, mit denen sie sich an Steinen, Pfeilern, untergetauchten Hölzern, größeren Muschelschalen, versunkenem Müll und anderen Unterlagen festheftet. Mitunter bilden sich dabei regelrechte Muschelbänke, wo die Tiere dicht an dicht und übereinander sitzen, teilweise bilden sich Massenvorkommen mit bis zu 100 000 Tieren pro Quadratmeter.

Tintenfisch

Sepia officinalis (Weichtiere)
L 30–60 cm ganzjährig Meerwasser

Der Tintenfisch lebt meist etwas eingegraben am Meeresgrund und greift mit seinen Fangarmen Fische, Krebse und Muscheln. Am Grund der Arme ist eine Art Papageischnabel, mit dem er Stücke aus dem Opfer reißt. Feinden entflieht er, indem er schwarze Tinte verspritzt (Name!). Das kalkige Innenskelett des Tintenfisches wird „Schulp" genannt und findet sich regelmäßig im Spülsaum.

Vorkommen *Verbreitet in Atlantik, Mittelmeer und Nordsee, meist über sandigen Meeresboden vom Ufer bis in etwa 200 m Wassertiefe.*

- ***10 Arme***
- ***zoologisch gesehen kein Fisch, eher „Tintenschnecke"***
- ***kann sich zur Tarnung farblich an den Untergrund anpassen***

Krake

Octopus vulgaris (Weichtiere)
L 70–150 cm ganzjährig Meerwasser

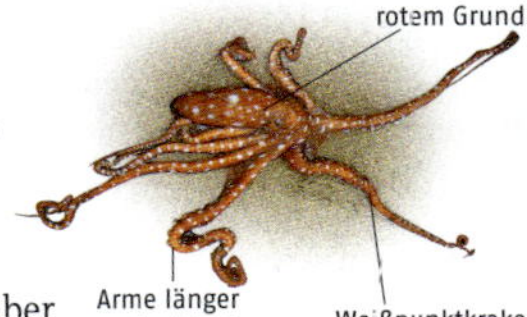

Der dämmerungs- und nachtaktive Krake versteckt sich tagsüber in Felsspalten und kleinen Höhlen. Da er keine innere Schale oder Skelett besitzt, ist er sehr flexibel und kann sich durch die engsten Öffnungen zwängen. Mit seinen Fangarmen erbeutet er Krebse, Krabben, Schnecken und Muscheln und beißt mit seinem kräftigen Hornschnabel ein Loch in die Schale der Beute.

Vorkommen *In Atlantik, Mittelmeer und Nordsee von der Uferlinie bis in 200 m Tiefe in versteckreichen Lebensräumen mit Steinen, Korallengrund, Algen- oder Seegrasbeständen.*

- ***auch Oktopus genannt***
- ***sehr intelligent und lernfähig***
- ***wird in vielen Ländern gefischt und gegessen***

Regenwurm

Lumbricus spec. (Ringelwürmer)

L 6–25 cm   ganzjährig   Land

Vorkommen *Weit verbreitet und häufig in Wäldern, auf Wiesen, Äckern und in Gärten, in Komposthaufen, unter Steinen, zwischen Falllaub.*

- ***Zwitter, die sich gegenseitig befruchten***
- ***meidet Trockenheit und Sonne***
- ***etwa 50 heimische Regenwurm-Arten***

Der Regenwurm lebt unterirdisch in bis zu etwa 1,5 m tiefen Gängen, wo er pausenlos Erde und abgestorbene Pflanzenteile frisst. Damit sorgt er einerseits für eine gute Durchlüftung des Bodens und erzeugt andererseits durch die Umsetzung in seinem Körper wertvollen Humus. Unter 1 Quadratmeter Bodenfläche können etwa 50 Regenwürmer leben, die Würmer auf 1 Hektar scheiden pro Jahr 40–50 Tonnen fruchtbaren Kot aus.

scheidet etwa 1–2 cm hohe Haufen aus Erdwürstchen an der Bodenoberfläche aus

Fischegel

Piscicola geometra (Ringelwürmer)

L 20–80 mm   ganzjährig   Süßwasser

Vorkommen *Über ganz Europa verbreitet und häufig in fast allen Gewässern, in denen auch Fische leben.*

- ***kann gut schwimmen***
- ***kann nach Blutmahlzeit mehrere Monate ohne erneute Nahrungsaufnahme leben***
- ***kann gefährliche Fischkrankheiten übertragen***

Der Fischegel lauert mit seinem hinteren Saugnapf an Wasserpflanzen oder Steinen festgeheftet mit meist schräg vorgestrecktem Körper auf vorbeikommende Fische. Kann er einen Fisch erreichen, heftet er sich mit dem vorderen Saugmaul an Flossen, Körper, Kiemen oder sogar in der Maulhöhle fest. Dann ritzt er dessen Haut auf und saugt das Blut. Sein Ziel sind ausschließlich Fische.

Medizinischer Blutegel *(Hirudo medicinalis)*, 10–15 cm lang

Dreikant-Röhrenwurm

Pomatoceros triqueter (Ringelwürmer)

L 20–25 mm ganzjährig Meerwasser

Der Dreikant-Röhrenwurm gehört in eine Gruppe von Meereswürmern, die ihren weichen Körper in einer Kalkröhre verbergen und mit ihrer Tentakelkrone kleinste Nahrungspartikelchen aus dem Wasser filtrieren. Der Wurm ist ein Zwitter und gibt seine männlichen Geschlechtszellen ins freie Wasser ab. Die Eier werden in der Röhre abgelegt, wo sich auch die Larven entwickeln.

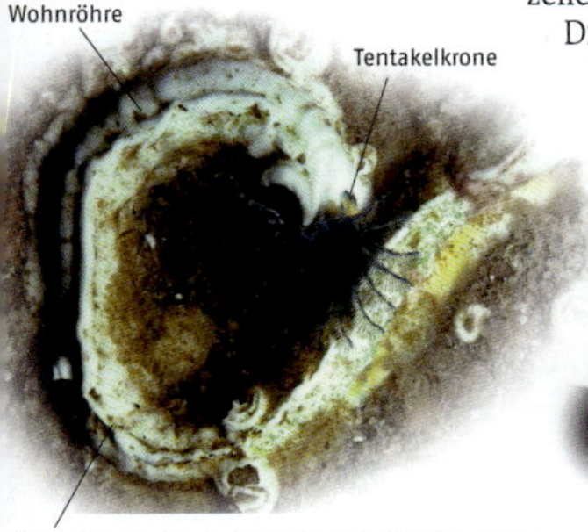

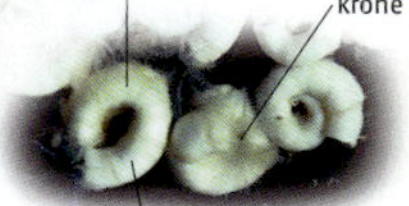

Posthörnchenwurm (*Spirorbis spirorbis*)

Vorkommen *Verbreitet und häufig in Atlantik, Mittelmeer, Nord- und Ostsee von der Gezeitenzone abwärts bis in große Meerestiefen, besiedelt Fels, Tange, Muschelschalen und andere harte Unterlagen.*

> ***zieht sich bei Störung komplett in Röhre zurück***
> ***kann Röhre mit Deckel verschließen***
> ***besiedelt auch Schiffsrümpfe***

Wattwurm

Arenicola marina (Ringelwürmer)

L 15–30 cm ganzjährig Meerwasser

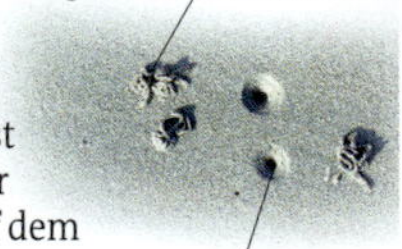

Der Wattwurm lebt unterirdisch in selbst gegrabenen, u-förmigen Wohnröhren. Er hinterlässt charakteristische Spuren auf dem Meeres- oder Wattboden: Häufchen aus gedrehten Sandwürstchen und daneben ein Loch. Das Loch ist ein Fraßtrichter: Darunter frisst der Wurm Sand oder Schlick und lebt von den darin enthaltenen Nährstoffen. Dort, wo der Kothaufen liegt, kommt er regelmäßig nach oben, um die unverdaulichen Reste auszuscheiden.

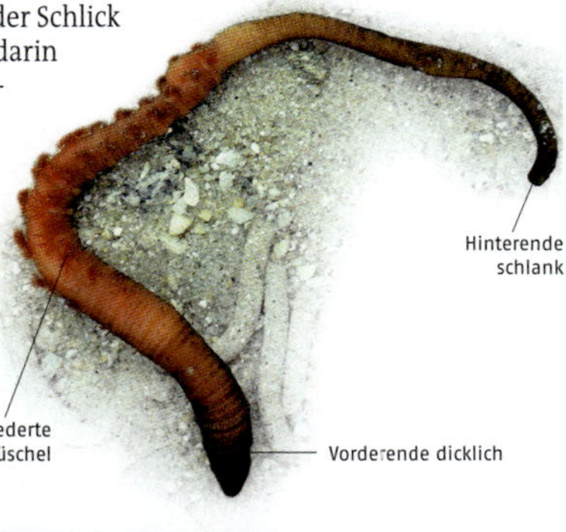

Vorkommen *Verbreitet in Atlantik, Mittelmeer, Nord- und Ostsee in sandigen und schlickigen Meeresböden der Gezeitenzone, massenweise im Wattenmeer.*

> ***auch Pier-, Sandpier- oder Köderwurm genannt***
> ***lebt ähnlich wie unser Regenwurm im Garten***
> ***wichtige Nahrung für Vögel im Watt***

Süßwasserpolyp

Hydra spec. (Nesseltiere)

L 10–20 mm ganzjährig Süßwasser

Vorkommen *Über ganz Europa verbreitet und häufig in stehenden und langsam fließenden Gewässern, regelmäßig auch in Gartenteichen.*

> ***kann sich auch ungeschlechtlich durch Knospung vermehren***
> ***extrem hohe Regenerationskraft: Selbst aus kleinen abgerissenen Körperteilchen wachsen wieder vollständige Tiere heran***

Der Süßwasserpolyp lebt mit seinem Fuß fest geheftet auf Wasserpflanzenblättern, Steinen, Schnecken- und Muschelschalen und anderen festen Unterlagen. Seine Tentakel streckt er ins freie Wasser. Diese wirken wie Fangarme, die Wasserflöhe, Insektenlarven und andere Kleintiere umschlingen. Eingelagerte Nesselzellen explodieren bei der kleinsten Berührung; die herausschnellenden Stacheln durchbohren die Haut des Opfers und entlassen ein lähmendes Gift.

Der unverwechselbare Grüne Süßwasserpolyp *(Chlorohydra viridissima)* fällt durch seine grasgrüne Färbung auf, die durch die Einlagerung von einzelligen Grünalgen entsteht.

Ohrenqualle

Aurelia aurita (Nesseltiere)

Durchmesser 20–35 cm ganzjährig Meerwasser

Vorkommen *Verbreitet und häufig in den Küstengewässern von Atlantik, Mittelmeer, Nord- und Ostsee.*

> ***ernährt sich hauptsächlich von Planktonorganismen***
> ***besteht zu über 98 % aus Wasser***
> ***für Menschen völlig harmlos***

Die Ohrenqualle tritt in zwei verschiedenen Erscheinungsformen auf, und zwar als schirmförmige, frei schwimmende Meduse und als der weniger bekannte, fest sitzende Polyp. Die Meduse vermehrt sich durch Befruchtung; aus den Larven entwickeln sich die Polypen, die schließlich wieder Medusen abschnüren. Die Qualle wird meist einfach mit der Strömung getrieben, kann aber auch durch zusammenziehende Bewegung ihres Schirms aktiv schwimmen.

Feuerqualle

Cyanea capillata (Nesseltiere)

Durchmesser 40–80 cm ganzjährig Meerwasser

Blaue Feuerqualle (*C. lamarckii*)

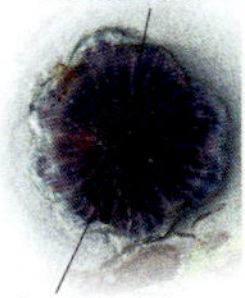

ebenfalls stark nesselnd, bis 30 cm groß

Ihre Nesselzellen durchbohren auch die menschliche Haut, daher kann der Kontakt beim Baden mit einer Feuerqualle sehr schmerzhaft sein und erinnert an das „Verbrennen“ an Brennnesseln. Besonders bei allergisch reagierenden Personen kann das Nesselgift aber auch deutlich stärkere Reaktionen wie Atembeschwerden, Schwindel, Erbrechen, Fieber und heftige Hautausschläge hervorrufen.

Vorkommen *Verbreitet in den Küstengewässern von Atlantik, Nord- und Ostsee.*

> ***auch Gelbe Haarqualle genannt***
> ***ernährt sich von Plankton und kleinen Fischchen***
> ***nesselt schmerzhaft***

auffällige Radialstreifen

die Kompassqualle (*Chrysaora hysoscella*) wird bis 30 cm groß

feine, mehrere Meter lange Randtentakel

Rand grob gelappt

293

Dickhörnige Seerose

Urticina felina (Nesseltiere)

L 10–15 cm ganzjährig Meerwasser

spitze Tentakel

Pferdeaktinie (*Actinia equina*), 5–6 cm hoch

Gehört innerhalb der Nesseltiere gemeinsam mit vielen anderen Arten aus allen Weltmeeren zu den so genannten Blumentieren, die in ihrer Bezeichnung Namen wie Rose, Seerose, Anemone, Dahlie oder Nelke tragen. Sie leben fest gewachsen auf allen möglichen Unterlagen und erbeuten mit ihren nesselnden Tentakeln kleine Meerestiere.

Vorkommen *Verbreitet in den Küstengewässern von Atlantik, Mittelmeer, Nord- und Ostsee auf Felsböden, an Hafenanlagen und Molen, auch in Gezeitentümpeln.*

> ***auch Seedahlie genannt***
> ***keine Blume, sondern ein „Raubtier“***
> ***für Menschen völlig harmlos***

bis zu 150 stumpf endende Tentakel

farbenprächtige Zeichnung

zahlreiche in Büscheln angeordnete Tentakel

glatte Säule

Seenelke (*Metridium senile*), bis 25 cm hoch

Bäume erhaben und lebensspendend

Sie sind die Rekordhalter unter den Erdenwesen: Mit einem Alter bis weit über 4000 Jahre, einer Höhe bis über 100 m und einem Stammumfang von 50 m und mehr, muten wir selbst im direkten Vergleich ungewohnt winzig und kurzlebig an.

Jeder Baum ein Lebensraum

An einem einzigen Baum finden bequem 1000 verschiedener Tiere Nahrung und Unterschlupf: Während Heerscharen geschäftiger Käferlarven Holz und Rinde knabbern, machen sich unzählige Schmetterlingsraupen und Maikäfer über die saftiggrünen Blätter her. Gleichzeitig umschwärmen Bienen und Hummeln Baumblüten, um sich an den süßen Blütensäften zu laben. Einen gewissen Schutz bietet der Baum mit feinsten Rindenritzen für Schmetterlingseier, Spinnen und winzige Insekten, doch Baumläufer und Kleiber sind unermüdlich dabei, den Stamm abzulaufen und diesen Kleintieren nachzustellen. Größere Tiere wie Spechte, Fledermäuse, Siebenschläfer und Marder leben in Astlöchern und Baumhöhlen; und während weit unten im Erdreich zwischen Baumwurzeln Mäuse, Fuchs und Dachs ihre Erdlöcher buddeln, bauen hoch oben in der Baumkrone Buchfink, Mäusebussard und Eichhörnchen ihre Reisignester. So beherbergt ein einziger, ehrwürdiger Baum in der Tat nicht weniger Tiere als eine mittelgroße Stadt Einwohner hat.

Weiß-Tanne

Abies alba (Kieferngewächse)
H 30–50 m   Mai   Baum

Vorkommen *Wälder in den Gebirgen Mittel- und Südeuropas, oft gemeinsam mit der Gemeinen Fichte oder der Rot-Buche. Typische, hellgraue Borke.*

> ***kann an die 600 Jahre alt werden***
> ***Wurzeln reichen tief in den Boden***
> ***liefert harzfreies Holz***

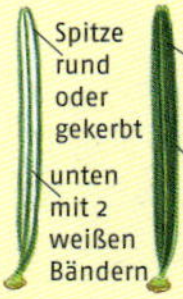

Für würzigen Tannenhonig besuchen Bienen nicht die Blüten der Bäume, sondern sammeln die zuckerhaltigen Ausscheidungen verschiedener auf Tannen und Fichten saugender Läuse. Wenn man im Wald Zapfen auf dem Boden findet, handelt es sich nie um Tannenzapfen. Diese zerfallen bei Reife von selbst auf dem Baum: Es fallen dann ihre Schuppen auf den Boden und die zentrale Spindel bleibt auf dem Ast sitzen.

Douglasie

Pseudotsuga menziesii (Kieferngewächse)
H 25–50 m   Mai   Baum

Vorkommen *Stammt aus dem westlichen Nordamerika. In Mitteleuropa als Forstbaum, in Gärten und Parks. An den typischen Zapfen gut zu erkennen.*

> ***Nadeln duften zerrieben nach Orange oder Zitrone***
> ***kann in der Heimat bis über 100 m hoch werden***
> ***Zapfen fallen als Ganzes ab***

Die Douglasie wächst rasch und liefert hartes, dauerhaftes Holz. An gleichen Standorten kann ihr Holzertrag doppelt so hoch sein wie das der Gemeinen Fichte. Kein Wunder, dass sie bei uns heute die wirtschaftlich bedeutendste ausländische Baumart ist.

Gemeine Fichte

Picea abies (Kieferngewächse)

H 25–50 m Mai Baum

Fichten wurden lange Zeit hauptsächlich in dichten Monokulturen gezogen. In diesen Forsten breiten sich aber Schädlinge wie etwa Borkenkäfer stark aus. Mittlerweile pflanzt man den „Brotbaum der Forstwirte" deshalb vermehrt in Mischkulturen mit anderen Bäumen.

Vorkommen *Ist in Nordeuropa und den Gebirgen Mitteleuropas beheimatet. In tieferen Lagen oft als Forstbaum. Die Nadeln sitzen rundherum an den Zweigen.*

> ***preisgünstiger Weihnachtsbaum***
> ***Nadeln zersetzen sich nur langsam***
> ***bevorzugt luftfeuchte, kühle Standorte***

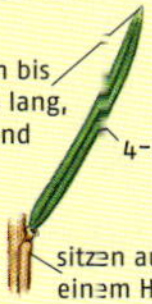

Europäische Eibe

Taxus baccata (Eibengewächse)

H bis 15 m März–Mai Baum ☠

Eiben wachsen sehr langsam und sind selten, daher sind dichtere Bestände oft die Folge uralter Anpflanzungen. Obwohl die Eibe tödlich giftig ist, nutzte man sie in der Volksheilkunde als Wurmmittel, bei Herzschwäche und zur Förderung der Menstruation.

Vorkommen *Wild nur selten, vereinzelt in Wäldern. Park- und Zierbaum.*

> ***immergrün***
> ***männliche und weibliche Blüten auf unterschiedlichen Pflanzen***
> ***Nadeln weich, in 2 Reihen***

Großfrüchtiger Wacholder

Juniperus oxycedrus (Zypressengewächse)

H 2–15 m Febr.–März Strauch oder Baum

Vorkommen *Im Mittelmeergebiet in Strauchbeständen und lückigen Wäldern. An den rotbraunen Früchten gut vom Gewöhnlichen Wacholder zu unterscheiden.*

> ***heißt auch „Rotbeeriger Wacholder"***
> ***wächst meist auf steinigem oder sandigem Boden***
> ***Früchte reifen im 2. Jahr***

Im Altertum bezeichnete man baumförmige Wacholderarten auch als „Zedern". So bedeutet der wissenschaftliche Artname *oxycedrus* so viel wie „Rotzeder" und bezieht sich auf die Farbe der Früchte. Manchmal wird der kleine Baum oder Strauch auch „Zedern-Wacholder" oder „Spanische Zeder" genannt, was jedoch zu Verwirrungen führen kann.

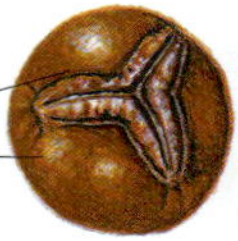

Gewöhnlicher Wacholder

Juniperus communis ssp. *communis* (Zypressengewächse)

H 30–100 cm Aug.–Okt. Strauch

Vorkommen *Heiden, magere Weiden, trockene Wälder. Meist auf kalkhaltigen Böden. Nördliche Hemisphäre.*

> ***männliche und weibliche Blüten meist auf unterschiedlichen Pflanzen***
> ***Zapfen beerenartig fleischig***

Im Mittelalter verbrannte man das Holz gegen Hexenzauber und glaubte sich mit den Beeren vor der Pest schützen zu können. Die Beeren sind eine Wasser treibende Droge. Von längerem Gebrauch wird aber wegen möglicher Nierenschäden abgeraten – Wacholderbeeren als Gewürz sind demgegenüber unkritisch.

Europäische Lärche

Larix decidua (Kieferngewächse)
H 25–35 m   April–Mai   Baum

Die Lärche ist der einzige heimische Nadelbaum, der seine Nadeln im Herbst abwirft. Lärchenholz ist sehr langlebig und widerstandsfähig gegen Pilze, Laugen, Säuren und Wasser. Heute nutzt man es als Bauholz für Fenster und Türen sowie der schönen Maserung wegen auch für den Innenausbau und für Möbel.

Vorkommen Wild ursprünglich in den Alpen und Karpaten. Weit verbreitet im Forst, in Parks und Gärten. Die Bäume leuchten im Herbst goldgelb.

- **wächst im Hochgebirge bis zur Waldgrenze**
- **braucht viel Licht**
- **kann bis 600 Jahre alt werden**

Echte Zypresse

Cupressus sempervirens (Zypressengewächse)
H bis 30 m   April–Juni   Baum

Das ätherische Öl aus Blättern und jungen Zweigen fördert das Aushusten zäher Schleime bei Erkältungskrankheiten und ist in Schnupfensalben und Einreibemitteln enthalten. Wegen des intensiven Dufts werden einige der Komponenten in Parfüms, Badeölen und Raumsprays verarbeitet. In der Homöopathie nutzt man das Öl bei Kopf- und Gelenkschmerzen.

Vorkommen Östliches Mittelmeergebiet, Vorderasien, häufig angepflanzt und in Südeuropa eingebürgert.

- **immergrün**
- **säulenförmiger Wuchs**
- **Nadeln schuppenförmig**

Schwarz-Kiefer

Pinus nigra (Kieferngewächse)
H 20–30 m   Mai–Juni   Baum

Vorkommen *Wild von Südeuropa bis Österreich und die Karpaten. Nördlich davon als Forstbaum sowie in Gärten und Parks. Borke mit tiefen Rissen.*

> ***es gibt verschiedene Unterarten***
> ***kommt gut mit Trockenheit zurecht***
> ***widerstandsfähig gegen Sturm***

Die Zapfen öffnen sich bei Trockenheit und schließen sich wieder bei feuchtem Wetter. Dieser Mechanismus sorgt dafür, dass die geflügelten Samen nur dann vom Wind davongeblasen werden können, wenn günstige Flugbedingungen herrschen.

Berg-Kiefer

Pinus mugo ssp. mugo (Kieferngewächse)
H 1–5 m   Mai–Juli   Baum

Vorkommen *Moore der Mittelgebirge. Alpen und Karpaten oberhalb der Baumgrenze.*

> ***immergrün, strauchige Wuchsform***
> ***überlebt unter Schneebedeckung***
> ***Zapfen im 2. Jahr reif***

Das sogenannte Latschenkiefernöl stammt aus den Nadeln und frischen Zweigspitzen der Berg-Kiefer. In seiner Wirkung gleicht es den Ölen anderer Nadelbäume: Es fördert das Aushusten von Schleimen bei Erkältungskrankheiten und Bronchitis. Äußerlich wird es zum Einreiben und als Badezusatz verwendet.

Wald-Kiefer

Pinus sylvestris var. *sylvestris* (Kieferngewächse)

H bis 40 m   Mai–Juni   Baum

Das Öl der Wald-Kiefer wird genauso wie die anderen Nadelholzöle angewandt – bei Erkältungskrankheiten und Durchblutungsstörungen. In der Volksheilkunde greift man allerdings direkt auf die frischen Sprosse zurück, zur Inhalation bei Erkältungskrankheiten, um Bäder zu aromatisieren oder Sirup aus dem Auszug zu kochen.

Vorkommen *Dünen, Felsen, Moore. Auf trockenen Böden. Weithin als Waldbaum angepflanzt.*

- > **immergrün**
- > **weibliche Blüten an der Spitze der Neutriebe**
- > **männliche Blüten darunter**

Pinie

Pinus pinea (Kieferngewächse)

H 15–30 m   April–Mai   Baum

Die flache Krone hat für die Pinie wohl zwei Vorteile: Sie beschattet den Boden und schützt so die Wurzeln gegen zu starke Austrocknung. Außerdem bietet sie dem oft starken Küstenwind nur geringen Widerstand. Die Samenkerne schmecken angenehm, etwas mandelartig.

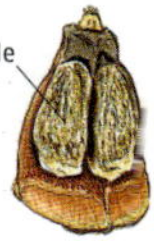

Vorkommen *Mittelmeergebiet, nördlich bis nach Südtirol kultiviert. Meist mehrere sitzende Zapfen an den stärkeren Zweigen.*

- > **braucht viel Licht**
- > **Samen werden durch Nagetiere und Vögel verbreitet**
- > **ältere Bäume sind schon aus der Ferne zu erkennen**

Zirbel-Kiefer

Pinus cembra (Kieferngewächse)

H 10–20 m   Juni   Baum

Vorkommen *In Mitteleuropa in den Alpen und Karpaten, in Nordsibirien in der Ebene. Junge Zapfen sind violett gefärbt.*

- > ***heißt auch „Arve"***
- > ***liefert gutes Holz für Holzbildhauer***
- > ***auch in Gärten beliebt***

Die Zapfen öffnen sich nicht am Baum, sondern fallen als Ganzes ab und werden dann meist von Nagetieren und Vögeln zerlegt, für die die Samen ein schmack- und nahrhafter Leckerbissen sind. Arven ertragen große Kälte und wachsen bis an die Baumgrenze.

Abendländischer Lebensbaum

Thuja occidentalis (Zypressengewächse)

H 5–20 m   April–Mai   Baum   ☠

Vorkommen *Heimisch im östlichen Nordamerika. In Europa in Parks, Gärten und Grünanlagen. Die Zapfen stehen auf der Oberseite der flachen Zweige.*

- > ***zerriebene Zweige duften herb-würzig***
- > ***schädigt bei Einnahme die Niere***
- > ***zahlreiche Zuchtformen***

Der Abendländische Lebensbaum kam um 1536 von Nordamerika nach Europa. Heute gehört er zu unseren beliebtesten Gartengehölzen. Früher nahm man Zubereitungen missbräuchlich als Abtreibungsmittel ein – eine Anwendung, die für die Schwangere tödlich enden konnte.

Gewöhnlicher Stechginster

Ulex europaeus (Schmetterlingsblütengewächse)
H 0,6–2 m   April–Juni   Strauch   ☠

Besonders auf den Britischen Inseln hat sich der Gewöhnliche Stechginster zu einem lästigen „Unkraut" auf Rinderweiden entwickelt, als die Engländer die Kaninchenplage in ihrem Land bekämpften: Sie dezimierten damit den wichtigsten Fressfeind des Strauchs. Wiederkäuer meiden die dornige Pflanze. Für den Menschen ist das Gehölz sehr stark giftig.

Vorkommen *Wild in Westeuropa von Portugal bis Großbritannien. In Mitteleuropa selten gepflanzt. Blüten einzeln zwischen und an den Dornen.*

> ***die Dornen dienen als Fraßschutz***
> ***braucht milde Winter***
> ***friert in Mitteleuropa in strengen Wintern weit zurück***

Echter Feigenkaktus

Opuntia ficus-indica (Kakteengewächse)
H 2–5 m   April–Juli   Strauch

Bereits kurz nach der Entdeckung Amerikas brachten die Spanier den Echten Feigenkaktus ans Mittelmeer. Die Früchte schmecken – nach Entfernen der Borstenpolster – süßlich aromatisch. Sie werden auch bei uns als Obst angeboten. Auch schützen die Pflanzen als „lebender Zaun" landwirtschaftliche Kulturen in Trockengebieten.

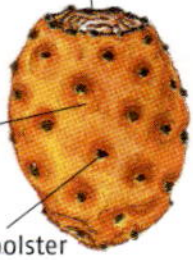

Vorkommen *Heimisch im tropischen Amerika. Im Mittelmeerraum kultiviert und eingebürgert. Auch von Ferne durch die Sprosse unverwechselbar.*

> ***braucht Sonne und erträgt große Trockenheit***
> ***Samen sind lange keimfähig***
> ***kleine Stücke wachsen zu neuen Pflanzen aus***

Rosmarinheide

Andromeda polifolia (Heidekrautgewächse)

H 0,1–0,3 m Mai–Aug. Strauch ☠

Vorkommen *Wild in Hochmooren Nord- und Mitteleuropas. Auf nährstoffarmen Böden, oft in Torfmoospolstern. Die Blüten sitzen an den Enden der Äste.*

- ***Blätter immergrün***
- ***wirkt wie in den Boden gesteckte Äste des Rosmarins (S. 305)***
- ***Hauptachse kriecht im Boden***

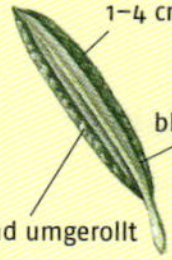

Andromeda ist in der griechischen Mythologie die Tochter von Kassiopeia. Beide wurden der Legende nach als Gestirne an den Nordhimmel versetzt, also den Himmel, der sich über das Verbreitungsgebiet der Rosmarinheide wölbt. Die Pflanze enthält Giftstoffe, die den Blutdruck senken und zu Atemlähmung führen können.

Glockenheide

Erica tetralix (Heidekrautgewächse)

H 15–45 cm Juli–Sept. Strauch

Vorkommen *Wild im nördlichen Westeuropa und Mitteleuropa auf sauren, feuchten Böden in Mooren und Heiden, auch in lichten Kiefernwäldern und in Küstennähe.*

- ***immergrüner Zwergstrauch***
- ***seltene, geschützte Art***
- ***verschiedene Zuchtformen für den Garten***

Da die Glockenheide feuchte Standorte bevorzugt, wird sie auch als „Sumpfheide" bezeichnet. Der Nektar befindet sich tief in der glockenförmigen Blüte und ist dort nur für langrüsselige Insekten wie Bienen, Hummeln und bestimmte Schmetterlinge erreichbar. Durch die Zerstörung ihrer Lebensräume ist die Glockenheide vielerorts selten geworden.

Besenheide

Calluna vulgaris (Heidekrautgewächse)

H 30–100 cm Aug.–Okt. Strauch

Aus Heidekraut bereitet man bei Blasen- und Nierenleiden einen harntreibenden Tee, der auch bei Schlaflosigkeit und Rheuma helfen soll. In der Bachblütentherapie soll Heather zwischenmenschliche Kontakte erleichtern.

Vorkommen *Heiden, magere Weiden, Moore und Kiefernwälder. Auf nährstoffarmen, sauren Böden. Europa bis Kleinasien.*

> ***Blüten in einseitswendiger Traube***
> ***blütenblattartiger Kelch doppelt so lang wie die Krone***

Rosmarin

Rosmarinus officinalis (Lippenblütengewächse)

H 50–200 cm Jan.–Dez. Strauch

Wollte man alle Anwendungsbereiche des Rosmarins schildern, ließen sich viele Seiten füllen. Das ätherische Öl soll die Durchblutung bei Rheuma und Nervenschmerzen fördern, die Verdauung anregen sowie Blähungen und Krämpfe lindern. Früher wob man Rosmarin als Glücksbringer in Brautsträuße ein. Nicht verwenden in der Schwangerschaft.

Vorkommen *Immergrüne Gebüsche. Mittelmeergebiet, weiter verbreitet als Heil- und Zierpflanze.*

> ***immergrüner, stark duftender Strauch***
> ***Blätter nach unten umgerollt***

Rot-Buche

Fagus sylvatica (Buchengewächse)
H 25–30 m April–Mai Baum

Vorkommen *Heimisch in Wäldern fast ganz Europas. Als Forst- und Parkbaum häufig kultiviert. Geschlossene Früchte fallen durch die Stacheln auf.*

> ***wichtiger Holzlieferant***
> ***empfindlich gegen Staunässe***
> ***sehr schattenverträglich***

Ohne die Eingriffe des Menschen in die Natur wäre die Rot-Buche in Mitteleuropa die häufigste Baumart. Bereits in prähistorischer Zeit sammelten die Menschen Bucheckern. In Notzeiten dienten sie bis ins 20. Jahrhundert als Nahrungsmittel.

Stein-Eiche

Quercus ilex (Buchengewächse)
H 5–25 m April–Mai Baum

Vorkommen *Heimisch in Wäldern und Gebüschen des Mittelmeergebiets. In England in Parks. Fällt durch die festen, dunkelgrünen Blätter auf.*

> ***immergrün***
> ***in Deutschland nicht winterhart***
> ***Blattform sehr variabel***

Die Borke der Stein-Eiche enthält sehr viel Gerbstoffe und wird zum Gerben von Leder verwendet. Das Holz liefert gute Holzkohle. In Spanien und Nordafrika pflanzt man eine Sorte der Stein-Eiche, bei der die Früchte süß schmecken. Die Früchte dieser „Haselnuss-Eiche" kann man geröstet oder roh essen.

Tulpen-Magnolie

Magnolia x *soulangiana* (Magnoliengewächse)

H 3–6 m April–Mai Strauch oder Baum

Die erste Tulpen-Magnolie entstand um 1820 auf einem Anwesen bei Paris als zufällige Kreuzung zweier aus China stammender Arten, der Purpur-Magnolie und der Yulan-Magnolie. Heute gibt es verschiedene Sorten auf dem Markt.

Vorkommen *In den nicht zu kalten Gegenden Europas häufiger Garten- und Parkbaum, kommt wild nicht vor. Reiche Blüte vor dem Laubaustrieb.*

- ***prächtiges Gartengehölz***
- ***lockt Käfer als Bestäuber an***
- ***benötigt einen geschützten Standort***

Gewöhnlicher Judasbaum

Cercis siliquastrum (Johannisbrotgewächse)

H 3–10 m Mai Strauch oder Baum

Der Baum schmückte schon zu biblischen Zeiten die Gärten von Judäa. Der Legende nach soll sich Judas an diesem Baum erhängt haben. Es heißt auch, dass die Blüten ursprünglich weiß waren und sich erst nach der Kreuzigung Christi gefärbt haben. Mit den Blüten lassen sich Salate garnieren. Die Früchte sind nicht essbar.

Vorkommen *Ursprünglich im östlichen Mittelmeergebiet. In Süd- und Mitteleuropa als Zierbaum. Blüten in Büscheln an Zweigen und am Stamm.*

- ***winterhart, bevorzugt aber milde Lagen***
- ***einer der beliebtesten Zierbäume Südeuropas***
- ***Früchte im Winter am Baum***

Echte Quitte

Cydonia oblonga (Rosengewächse)
H 4–6 m Mai–Juni Baum

Ausgereifte Quitten verströmen einen intensiven, fruchtig-aromatischen Duft. Roh sind die harten, herb-säuerlichen Früchte kaum genießbar. Als Saft oder Gelee schmecken sie jedoch hervorragend.

Vorkommen Heimisch in Westasien; kam vor über 2500 Jahren nach Südeuropa, später nach Mitteleuropa. Die Früchte können auch birnenförmig sein.

> **braucht ausreichend Wärme**
> **ausgereifte Früchte erst im Oktober oder November**
> **mehrere Sorten in Kultur**

Lorbeer-Kirsche

Prunus laurocerasus (Rosengewächse)
H 1–6 m Mai Strauch oder Baum ☠

Die immergrünen Blätter erinnern an die des Lorbeers, die Früchte an Kirschen. Verwandtschaftlich steht die Art tatsächlich den Kirschen nahe. Im Gegensatz zu diesen sind jedoch alle Pflanzenteile giftig. Sie enthalten Giftstoffe, aus denen Blausäure freigesetzt wird. Beim Zerreiben der Blätter oder Schälen der Rinde entwickelt sich deshalb ein typischer „Bittermandelgeruch".

Vorkommen Wild auf dem Balkan und in Kleinasien. In Mittel- und Südeuropa oft als Zier- und Heckenstrauch. Oft reife und unreife Früchte gleichzeitig.

> **wächst in Gärten meist eher als Strauch**
> **blüht manchmal im Herbst ein zweites Mal**
> **heißt auch „Kirschlorbeer"**

Weidenblättrige Zwergmispel

Cotoneaster salicifolius (Rosengewächse)

H 2–3 m   Juni   Strauch

Die Blätter ähneln etwas denen der Echten Mispel (S. 333). Die sehr zahlreichen Blüten enthalten, obwohl sie ziemlich klein sind, viel zuckerhaltigen Nektar und eiweißreichen Blütenstaub. Sie locken deshalb zahlreiche Insekten, darunter auch Honigbienen, als Bestäuber an.

Vorkommen *Stammt aus China. In Europa häufig in Parks, Gärten und Anlagen gepflanzt. Fruchtet meist reichlich.*

> ***immergrün, Blätter jedoch oft rot überlaufen***
> ***Blüten duften***
> ***Früchte bleiben lange am Strauch***

Buchsbaum

Buxus sempervirens (Buchsbaumgewächse)

H 0,3–4 m   April–Mai   Strauch   ☠

Im Volksglauben galt der Buchsbaum als Schutz- und Zauberpflanze, die vor Blitz und Krankheiten schützen sollte. Buchsbäume lassen sich gut zu Figuren stutzen und waren deshalb besonders in der Renaissance und im Barock beliebt. Eine Verwendung als Umrandung von Gartenbeeten geht auf die Römer zurück, die diesen Brauch nach West- und Mitteleuropa brachten.

Vorkommen *Wild in Südeuropa in Wäldern und Gebüschen. In ganz Europa in Gärten und Parks angepflanzt. Die geöffneten Früchte haben sechs Spitzen.*

> ***wächst extrem langsam („Schnecke der Laubgehölze")***
> ***kann 600 Jahre alt werden***
> ***erträgt Trockenheit und Frost***

Gewöhnlicher Faulbaum

Frangula alnus (Rhamnus frangula)

H 1–4 m   Mai–Juni   Strauch oder Baum   ☠

***Vorkommen** Moore, Auwälder, lichte Wälder und Gebüsche. Auf feuchten bis nassen Böden. Europa, Nordafrika, Asien.*

> **sommergrün, Blätter wechselständig**
> ***Zweige ohne Dornen***
> ***trägt Blüten und Früchte gleichzeitig***

Der Faulbaum ist sehr giftig und darf nicht für eine Selbsttherapie verwendet werden. Die Volksheilkunde benutzt die Rinde seit dem Mittelalter als starkes – und gefährliches – Abführmittel, denn die Wirkstoffe verhindern die Flüssigkeitsresorption aus dem Dickdarm. Darüber hinaus nahm man sie als Schlankheitsmittel und missbrauchte sie für Abtreibungen.

Kornelkirsche

Cornus mas (Hartriegelgewächse)

H 3–8 m   März–April   Strauch oder Baum

***Vorkommen** In Mittel- und Südeuropa in sonnigen Gebüschen und lichten Wäldern, an Böschungen. Blüht lange vor dem Laubaustrieb.*

> ***Blätter gegenständig***
> ***schönes, frühblühendes Ziergehölz***
> ***nützlich für Bienen und Vögel***

Die Früchte heißen in Österreich „Dirndln“ und sind ein echter Geheimtipp für Liebhaber von Wildobst. Marmelade aus den vollreifen, säuerlichen Früchten schmeckt vorzüglich nach Walderdbeeren und Hagebutten.

Blutroter Hartriegel

ornus sanguinea (Hartriegelgewächse)

2–5 m   Mai–Juni   Strauch

Vorkommen *Fast in ganz Europa wild in Hecken, lichten Wäldern, an Waldrändern. Auch gepflanzt. Blüten bilden flache, bis 5 cm breite Blütenstände.*

as sehr harte, zähe Holz des Strauches fand früher erschiedene Verwendungen: Es eignete sich für Holznägel, eigestöcke, Ladestöcke für Gewehre und nicht zuletzt für stabile uerhölzer zum Verriegeln von Toren. Hiervon leitet sich der ame „Hartriegel" ab. Die Zweige lieferten kräftige Ruten zum lechten von Zäunen.

> ***Blätter gegenständig***
> ***Zweige besonders auf der Sonnenseite dunkelrot***
> ***Blüten riechen unangenehm***

Gemeiner Sanddorn

Hippophae rhamnoides (Ölweidengewächse)

H 1–5 m   April–Mai   Strauch

Sanddornfrüchte enthalten ein fettes Öl, viele Vitamine und Mineralstoffe. Die Früchte werden besonders von Fasanen, aber auch von anderen Vögeln gefressen. Diese scheiden die harten Kerne unverdaut wieder aus und sorgen so für die Verbreitung.

Vorkommen *Wild in Gebirgen Mittel- und Südeuropas, an der Nord- und Ostsee. Gepflanzt an Straßen und Dämmen. Weibliche Sträucher fruchten reichlich.*

> ***es gibt männliche und weibliche Sträucher***
> ***Früchte reifen von September bis Dezember***
> ***erträgt Salz im Boden***

Netz-Weide

Salix reticulata (Weidengewächse)

H 0,1–0,3 m   Juli–Aug.   Strauch

Vorkommen *Wild in Nordeuropa und den Gebirgen Mittel- und Südeuropas. Meist oberhalb der Waldgrenze bis auf 3000 m. Die Blätter wirken runzelig.*

- ***kann große Matten bilden***
- ***Äste treiben Wurzeln in den Boden***
- ***wächst auf offenem, steinigem Boden und Schutt***

Die Netz-Weide gehört zu den „Gletscher-Weiden" oder „Teppich-Weiden". Sie wachsen so hoch in den Gebirgen oder im Norden, dass sie lange vom Schnee bedeckt sind. Trotzdem schaffen sie es, in der kurzen Wachstumszeit zu blühen und Samen auszubilden.

Dorniger Kapernstrauch

Capparis spinosa (Kaperngewächse)

H 0,3–1,5 m   April–Okt.   Strauch

Vorkommen *Wild an Felsen, auf Ödland, an Straßenrändern im Mittelmeerraum. Die reifen Früchte platzen auf und geben zahlreiche schwarze Samen frei.*

- ***Zweige des Strauchs oft niederliegend oder hängend***
- ***kann etwas klettern***
- ***Blüten nur wenige Stunden geöffnet***

Sowohl geschlossene Blütenknospen als auch unreife Kapernfrüchte können als Gewürz in Salz, Essig oder Öl eingelegt werden. Sie haben ein würzig-pikantes, etwas eigenartiges Aroma. Die eingelegten Früchte, auch Kapernäpfel genannt, schmecken intensiver als die Blütenknospen.

Besenginster

Cytisus scoparius (Schmetterlingsblütengewächse)

H 1–2 m Mai–Juni Strauch ☠

Die reifen Früchte heizen sich in der Sonne stark auf und platzen dann mit einem lauten Knacken. Dabei schleudern die Samen mehrere Meter weit fort. Aus den struppigen, zähen Zweigen stellte man früher haltbare Kehrbesen her. Medizinisch hilft das Kraut in genau dosierten Mengen bei Herz- und Kreislaufbeschwerden.

Vorkommen *Wild fast in ganz Europa auf Heiden, Waldschlägen, an Weg- und Straßenrändern*
Die Blüten stehen einzeln oder zu zweit beieinander.

> ***bildet zweierlei Blätter, die meist früh abfallen***
> ***junge Zweige 5-kantig***
> ***tödlich giftig!***

Färber-Ginster

Genista tinctoria (Schmetterlingsblütengewächse)

H 0,3–0,7 m Juni–Aug. Strauch ☠

In der frühen englischen Färbeindustrie war der Färber-Ginster eine der bedeutendsten Quellen für gelbe Farbstoffe. Färbende Substanzen kommen sowohl in Blüten und Blättern als auch in dünnen Zweigen vor. Je nach Zusatzbehandlung variiert die Farbe von Zitronengelb bis Dunkelbraun oder Grünoliv.

Vorkommen *Wild fast in ganz Europa auf mageren Wiesen, Moorwiesen und an Waldrändern.*
Die Stängel sind im oberen Teil hellgrün und unverholzt.

> ***obere Abschnitte der Stängel sterben im Winter ab***
> ***zeigt nährstoffarme Standorte an***
> ***giftig!***

Lack-Zistrose

Cistus ladanifer (Zistrosengewächse)

H 0,5–2,5 m   April–Juni   Strauch

***Vorkommen** In Südfrankreich und Spanien heimisch. In Südeuropa häufig gepflanzt. Die Blütenblätter der auffälligen Blüten wirken zerknittert.*

- ***Blätter gegenständig***
- ***Pflanze fühlt sich klebrig an und duftet angenehm aromatisch***
- ***erträgt Trockenheit gut***

Wenn Ziegen zwischen den Sträuchern weiden, bleibt das klebrige Harz der Pflanze an ihren Beinen und Bärten hängen. Im Altertum sammelte man es direkt von den Ziegen ab und verwendete es zum Räuchern und für Salben. Die Parfümindustrie schätzt das Harz noch immer, gewinnt es mittlerweile aber durch Auskochen der Blätter. Auch Süßigkeiten lassen sich damit aromatisieren.

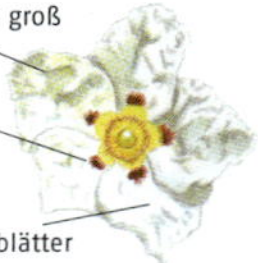

Gewöhnlicher Seidelbast

Daphne mezereum (Seidelbastgewächse)

H 40–120 cm   März–April   Strauch   ☠

***Vorkommen** Mischwälder mit reichem Unterwuchs. Auf nährstoffreichen, möglichst kalkhaltigen Böden. Europa bis Westasien.*

- ***sommergrün, Blätter lanzettlich***
- ***Blätter erscheinen nach den Blüten***
- ***nur Kelch-, keine Kronblätter***

Der Seidelbast ist eine gefährliche Giftpflanze und darf daher auf keinen Fall gesammelt werden. Früher nutzten Heilkundige Beeren und Rindenextrakt als starkes Abführmittel, aber auch gegen Blasen, bei Rheuma und Gicht und sogar bei Keuchhusten. Heute wird die grüne Rinde als homöopathisches Mittel bei Hautleiden, Verdauungsstörungen und Rheuma verordnet.

)leander

erium oleander (Hundsgiftgewächse)

1–4 m Juli–Sept. Strauch ☠

ei uns ist der Oleander eher als Kübelpflanze für den Garten ekannt. In seiner mediterranen Heimat galt er seit der Antike ıs Heilmittel gegen Schlangenbisse – auch in der arabischen 1edizin. In jüngerer Zeit sind Oleanderblätter nur noch selten ls Fertigpräparate in Gebrauch. Sie enthalten herzwirksame Glykoside, die bei Herzmuskelschwäche oder Altersherz verordnet werden.

Vorkommen
Periodisch trockene Bach- und Flussufer. Mittelmeergebiet.

- ***in Mitteleuropa als Zierpflanze in Kübeln***
- ***Blätter immergrün***
- ***Pflanze enthält Milchsaft***

Kahle Drillingsblume

Bougainvillea glabra (Wunderblumengewächse)

ǀ 5–8 m April–Sept. Kletterpflanze

Der Name „Drillingsblume" bezieht sich darauf, dass immer drei Hochblätter drei Blüten umgeben. Die gelblichen Blüten fallen jedoch zwischen den leuchtend gefärbten Hochblättern kaum auf. So sind es auch die Hochblätter, die in der Heimat der Pflanze Kolibris als Bestäuber zu den Blüten locken: Für diese Vögel wirken rote Farbtöne besonders attraktiv.

Vorkommen *Stammt aus Brasilien. In Südeuropa an Mauern, Wänden, in Mitteleuropa als Kübelpflanze. Auffallend durch die rotvioletten Hochblätter.*

- ***trägt abstehende Dornen an den Stängeln***
- ***kann in Südeuropa Wände in Blütenmeere verwandeln***
- ***robust gegen Krankheiten***

Ölbaum

Olea europaea (Ölbaumgewächse)
H 5–15 m   Mai–Juni   Baum

Vorkommen *Im ganzen Mittelmeerraum angepflanzt. Wildform in Wäldern und Gebüschen. Die Früchte reifen von Grün nach Rotbraun oder Schwarz.*

> ***wird über 1000 Jahre alt***
> ***Zweig gilt symbolisch als Friedenszeichen***
> ***liefert Öl und Speiseoliven***

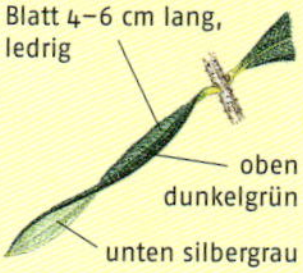

Bereits die Völker des Altertums nutzten den Ölbaum. Das aus den fast vollreifen Oliven gepresste Öl bildet eine wertvolle Zutat der gesunden Mittelmeerküche. Gutes Speiseöl wird aus gemahlenen Früchten ohne Hitzeeinwirkung (kalt) ausgepresst. Warm gepresstes Öl ist von schlechterer Qualität, heiß gepresstes eignet sich nur für technische Zwecke.

Gewöhnlicher Liguster

Ligustrum vulgare (Ölbaumgewächse)
H 2–7 m   Juni–Juli   Strauch ☠

Vorkommen *Wild fast in ganz Europa in Gebüschen, an Waldrändern. Kultiviert an Böschungen und in Hecken. Die Früchte hängen lange am Strauch.*

> ***Blüten riechen unangenehm***
> ***erträgt Sonne und Halbschatten***
> ***alle Pflanzenteile sind für den Menschen giftig!***

Der Gewöhnliche Liguster erträgt starkes Beschneiden und eignet sich deshalb gut für Hecken. Die Früchte werden oft erst im Spätwinter von Vögeln gefressen, die mit den unverdaut ausgeschiedenen Samen für die Verbreitung des Strauches sorgen.

;ewöhnlicher Flieder

yringa vulgaris (Ölbaumgewächse)

2–6 m April–Mai Strauch

n 16. Jahrhundert kam der erste liederstrauch von Konstantinopel ach Wien und von dort nach anz Mitteleuropa. Obwohl ine intensive Züchtung rst im 19. Jahrhun-ert begann, gibt es eute rund 900 orten.

Vorkommen *Heimisch in Südosteuropa an Felshängen und in Wäldern. In Mitteleuropa in Gärten und Parks. Die Blüten bilden dichte Blütenstände.*

> ***wächst fast in jedem Bauerngarten***
> ***Blüten duften sehr intensiv***
> ***es gibt Blütenfarben von Weiß bis Dunkelviolett***

Gewöhnliche Schneebeere

Symphoricarpos albus (Geißblattgewächse)

H 1,5–2 m Juni–Sept. Strauch ☠

Die Früchte des Strauches werden je nach Gegend „Knallerbsen", „Knatschbeeren" oder „Knackerbsen" genannt. Wirft man sie mit Wucht auf den Boden oder tritt darauf, zerplatzen sie mit einem mehr oder weniger lauten Knall. Das schwammige Fruchtfleisch enthält keinen weißen Farbstoff, sondern reflektiert das einfallende Licht vollständig.

Vorkommen *Stammt aus Nordamerika. In Europa in Gärten, Parks und an Böschungen. Unverwechselbar durch die schneeball-ähnlichen Früchte.*

> ***Beeren können Erbrechen oder Durchfall auslösen***
> ***oft auch grob gelappte Blätter vorhanden***
> ***Blüten locken Bienen an***

Laubholz-Mistel

Viscum album ssp. *album* (Mistelgewächse)
H 20–50 cm Febr.–April Strauch ☠

***Vorkommen** Halb-Parasit auf Laubbäumen. Selten oder zerstreut. Europa, Asien.*

- ***andere Unterarten parasitieren auf Nadelbäumen***
- ***männliche und weibliche Blüten auf unterschiedlichen Pflanzen***

Die Mistel lebt als Halbschmarotzer. Sie bohrt ein Saugorgan in den Zweig des Wirtsbaumes und entzieht diesem damit Wasser und Nährsalze. Kohlenhydrate kann sie jedoch selbst bilden, da sie Blattgrün besitzt. Von den keltischen Völkern wurde sie als Dämonen abwehrend verehrt.

Wald-Geißblatt

Lonicera periclymenum (Geißblattgewächse)
H 3–6 m Mai–Juli Kletterpflanze ☠

***Vorkommen** Wild in West- und Mitteleuropa in Laubwäldern, an Waldrändern, Gebüschen. Viele Blüten bilden einen Kopf.*

- ***alle Blätter unverwachsen***
- ***braucht Standorte mit hoher Feuchtigkeit***
- ***duftet etwas weniger stark als das Wohlriechende Geißblatt***

Das Wald-Geißblatt wird wie das Wohlriechende Geißblatt häufig „Jelängerjelieber" genannt. Dies kann sich sowohl auf die Blütezeit als auch die Länge der Kletterzweige beziehen. Ende des 19. Jahrhunderts galt „Jelängerjelieber" als „unanständiger bzw. eine unanständige Deutung zulassender Pflanzenname" und sollte deshalb im Schulunterricht nicht erwähnt werden.

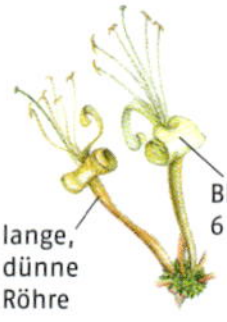

Rote Heckenkirsche

onicera xylosteum (Geißblattgewächse)

1–3 m Mai–Juni Strauch ☠

rüher pflanzten Gärtner den Strauch gelegentlich als Hecken ım Gärten und Anlagen. Besonders für Spielplätze ist er edoch ungeeignet, da die giftigen roten Beeren das Interesse von Kindern wecken. Der Name *xylosteum* bedeutet „Beinholz“ oder „Knochenholz“ und bezieht sich auf das sehr harte Holz, das beim Zerbrechen der Zweige aut knackt.

***Vorkommen** In Mitteleuropa wild in Gebüschen und an Waldrändern. In Gärten und Parks gepflanzt. Typisch sind die paarig angeordneten roten Früchte.*

- ***wächst im Schatten oder Halbschatten***
- ***Blätter treiben früh aus***
- ***Früchte giftig!, führen zu Übelkeit und Herzklopfen***

Echte Bärentraube

Arctostaphylos uva-ursi (Heidekrautgewächse)

H 0,2–0,3 m April–Mai Strauch

Die Echte Bärentraube wächst in Europa, Sibirien und Nordamerika in Regionen, in denen das Sternbild des Großen Bären zu sehen ist (Name!). Die Blätter liefern einen wichtigen Bestandteil von Blasentee. Sie desinfizieren den Harn und helfen so bei Blasenentzündung und Harnwegsinfektionen. Der Tee sollte jedoch nicht länger als eine Woche getrunken werden.

***Vorkommen** Wild in fast ganz Europa in Kiefernwäldern und Heiden bis in Höhen um 2500 m. Die Früchte bleiben bis weit in den Winter am Strauch.*

- ***Blätter immergrün***
- ***bildet oft große Bestände***
- ***kann bis 100 Jahre alt werden***

Rhododendron-Hybriden

Rhododendron-Hybriden (Heidekrautgewächse)

H 0,5–4 m Mai–Juni Strauch ☠

Vorkommen *Aus verschiedenen amerikanischen und ostasiatischen Arten entstanden. In Europa beliebt in Parks und Gärten. Blühen meist sehr üppig.*

> **brauchen Halbschatten**
> **heißen auch „Japanische Azalee"**
> **Sorten mit weißen, rosa, violetten oder roten Blüten**

Die immergrünen Rhododendren, die in verschiedenen Farben und Formen unsere Gärten schmücken, sind das Ergebnis vieler Züchtungen. Sie benötigen lockere, kalkfreie Böden und ausreichend Luft- und Bodenfeuchtigkeit. Besonders gut wachsen sie in Mitteleuropa deshalb in den küstennahen Gebieten mit sandigen oder moorigen Böden.

Bewimperte Alpenrose

Rhododendron hirsutum (Heidekrautgewächse)

H 0,3–1 m Juni–Aug. Strauch ☠

Vorkommen *Heimisch in den Alpen in Zwergstrauchheiden und Wäldern an der Waldgrenze. Meist auf Kalk. Je drei bis zehn Blüten stehen dicht beieinander.*

> **Blätter bleiben über den Winter grün**
> **viel seltener als die Rostblättrige Alpenrose**
> **schützenswert**

Die Alpenrosen sind zwar an die rauen kalten Winter des Gebirges gut angepasst, benötigen aber für eine gute Entwicklung eine ausreichende Schneebedeckung. Ins Flachland gepflanzt sind sie weniger kältetolerant und erfrieren oft. Die Sträucher wachsen nur sehr langsam, können jedoch bis 60 Jahre alt werden.

Gewöhnliche Rauschbeere

Vaccinium uliginosum (Heidekrautgewächse)

H 0,2–0,8 m Mai–Juli Strauch ☠

Die Beeren können zu einem rauschartigen Zustand mit Erbrechen führen. Verantwortlich dafür ist ein Pilz, der Rauschbeeren-Fruchtbecherling (*Monilinia megalospora*). Früchte unbefallener Pflanzen zeigen keine Wirkung. Da die Fruchtbecher des Pilzes erst auf mumifizierten Früchten erscheinen, lässt sich äußerlich nicht feststellen, ob eine frische Beere infiziert ist.

Vorkommen *Heimisch in Europa in Mooren auf nassen, sauren Böden. Im Süden nur im Gebirge. Fällt durch die bläulichen Blätter auf.*

- ***Blätter auf der Unterseite deutlich graugrün***
- ***Früchte im Gegensatz zur Blaubeere (S. 340) mit hellem Fleisch und hellem Saft***
- ***wächst oft in Gruppen***

Preiselbeere

Vaccinium vitis-idaea (Heidekrautgewächse)

H 0,1–0,3 m Mai–Aug. Strauch

Die Früchte enthalten verschiedene Säuren, viele Mineralstoffe, Vitamin A und C sowie Vitamine der B-Gruppe. Sie lassen sich ziemlich lange lagern. Roh schmecken sie nicht besonders gut, umso schmackhafter sind sie als Kompott oder als Saft. Am bekanntesten sind sie als Beilage zu Wildbraten.

Vorkommen *Wild fast in ganz Europa in Kiefern- und Fichtenwäldern und Mooren. Auf sauren Böden. Wächst in Mooren oft zwischen dem Moos.*

- ***Blätter immergrün***
- ***Früchte reifen meist nicht gleichzeitig***
- ***heißt auch „Kronsbeere"***

Kork-Eiche

Quercus suber (Buchengewächse)
H 6–10 m April–Mai Baum

***Vorkommen** Im mittleren und westlichen Mittelmeergebiet verbreitet. Seit langer Zeit kultiviert. Typisch ist die sehr dicke, gefurchte Korkrinde.*

- ***immergrün***
- ***Stämme im 1. Jahr nach dem Schälen dunkelrot gefärbt***
- ***wächst in Mitteleuropa nur als Kübelpflanze***

Besonders in Südportugal und Südspanien wächst der Baum in Kulturen zur Korkgewinnung. Nach 15 bis 20 Jahren schält man die Stämme das erste Mal. Diese Prozedur schädigt den Baum nicht, da es sich ausschließlich um totes Gewebe handelt. Etwa alle zehn Jahre hat sich der Korkmantel so weit erneuert, dass er wieder geerntet werden kann.

Ess-Kastanie

Castanea sativa (Buchengewächse)
H 10–30 m Juni–Juli Baum

***Vorkommen** In Wäldern besonders in Südeuropa, in Deutschland in Weinbaugebieten und Parks. Die geschlossenen Stachelhüllen wirken wie kleine Igel.*

- ***Blüten riechen unangenehm***
- ***nicht mit der Rosskastanie (S. 352) verwandt***
- ***nördlich der Alpen durch die Römer eingebürgert***

Noch im 19. Jahrhundert gehörten die Früchte der Ess-Kastanien in vielen Gegenden Südeuropas zu den Grundnahrungsmitteln. In vielen Gegenden bieten Marktstände im Winter geröstete Maronen an. Die Früchte enthalten viele Kohlenhydrate sowie auch etwas Fett und schmecken süß-aromatisch.

Berg-Ulme

Ulmus glabra (Ulmengewächse)

H 20–40 m März–April Baum

Die geflügelten Früchte reifen sehr rasch und werden als Scheibenflieger schon im Mai vom Wind verblasen. Das harte, elastische und zähe Holz der Berg-Ulme zeigt eine sehr schöne Maserung und liefert vor allem Furnier für Möbel und den Innenausbau.

Vorkommen *Fast in ganz Europa in Wäldern, Hecken und an Ufern. Auch in Parks und an Straßen. Früchte entwickeln sich bereits vor dem Blattaustrieb.*

> ***blüht sehr früh***
> ***bevorzugt kühle, luftfeuchte Gegenden***
> ***kann um 400 Jahre alt werden***

Feld-Ulme

Ulmus minor (Ulmengewächse)

H 20–35 m März–April Baum

Früher übernahmen Ulmen in manchen Gegenden die Rolle von Linden: Sie waren der zentrale Punkt auf Dorfplätzen und markierten als Gerichtsbäume die Orte, an denen verbindliche Urteile gefällt wurden. Die Feld-Ulme lässt sich gut zurückschneiden und eignet sich deshalb als Hecke. Ihre Blätter dienten früher als Schaffutter.

Vorkommen *Wild in Gebüschen, Auen- und Hangwäldern fast ganz Europas. Auch in Parks und an Straßenböschungen. Äste oft mit erhabenen Leisten.*

> ***im Wuchs und in der Blattform sehr variabel***
> ***licht- und wärmeliebend***
> ***zeigt nährstoffreiche Böden an***

Sal-Weide

Salix caprea (Weidengewächse)
H 2–10 m März–Mai Strauch oder Baum

Vorkommen *Wild fast in ganz Europa auf Waldschlägen, an Waldrändern, in Kiesgruben und Steinbrüchen. Besonders die männlichen Kätzchen fallen auf.*

- ***es gibt männliche und weibliche Bäume***
- ***kommt mit nassen und trockenen Böden zurecht***
- ***auch als Hängesorte in Gärten***

Die Sal-Weide blüht früh und liefert reichlich Nektar. Für Bienen gehört sie damit zu den ersten ergiebigen Nahrungsquellen im Frühjahr. Man sollte die Zweige deshalb nicht in größerem Umfang für Zimmerschmuck schneiden.

Silber-Weide

Salix alba (Weidengewächse)
H 8–20 m April–Mai Strauch oder Baum

Vorkommen *Wild fast in ganz Europa an Fluss-, Bach- und Seeufern und in Auenwäldern. Die Blätter glänzen auffallend silbrig.*

- ***größte und häufigste heimische Weide***
- ***wächst im Jahr bis zu 2 m***
- ***blüht gleichzeitig oder mit dem Blattaustrieb***

Alte Bäume sind oft innen hohl, da das Holz rasch verwittert. Die Höhlungen dienen Vögeln, Kleinsäugern und anderen Tieren als Unterschlupf. Die biegsamen, dünnen Zweige der Silber-Weide eignen sich für Flechtarbeiten. Regelmäßig geschnittene Bäume entwickeln sich zu eindrucksvollen Kopfweiden mit dicken Stämmen.

Bastard-Schwarz-Pappel

Populus x *canadensis* (Weidengewächse)

H 20–30 m März–April Baum

Die Bäume wachsen sehr rasch und liefern ein weiches Holz, aus dem Zellulose gewonnen wird. Bienen sammeln die klebrigen Tröpfchen von Pappelknospen und einigen anderen Bäumen und vermischen diese mit Speichel und Wachs. Das so entstandene Propolis verwenden sie als Kittharz in ihren Bienenstöcken.

***Vorkommen** Durch Kreuzung zwischen europäischen und nordamerikanischen Schwarz-Pappeln entstandene Bäume; oft gepflanzt. Borke tief gefurcht.*

- ***heißt auch „Kanada-Pappel"***
- ***Blätter im Austrieb oft rötlich***
- ***kann wie das von ihr stammende Propolis Hautallergien auslösen***

Blatt 7–10 cm lang, mehr oder weniger 3-eckig

Zitter-Pappel

Populus tremula (Weidengewächse)

H 10–30 m März–April Baum

Der Ausdruck „wie Espenlaub zittern" hängt mit den langen, seitlich zusammengedrückten Blattstielen zusammen: Schon ein geringer Lufthauch führt zu einer Unruhe der Blätter. Das unablässige raschelnde Blätterrauschen interpretierte man früher als Klagen und hielt die Zitter-Pappel oder Espe deshalb für einen Baum der Unterwelt.

***Vorkommen** Wild in ganz Europa in lichten Wäldern, auf Waldschlägen, an Felsen und Straßenrändern. Herbstfärbung goldgelb bis orangerot.*

- ***bildet durch Austriebe aus den Wurzeln oft dichte Gruppen***
- ***braucht viel Licht***
- ***besiedelt als Pionier neu geschaffene Standorte***

Spreite 3–8 cm lang, rund bis breit eiförmig

Schwarz-Erle

Alnus glutinosa (Birkengewächse)

H bis 25 m März–April Baum

Vorkommen
Auwälder, Bäche, Quellhorizonte. Ganz Europa bis Sibirien, Nordafrika.

> ***Blüten erscheinen vor dem Laub***
> ***Frucht zapfenartig***
> ***Blätter wechselständig***

Die Rinde der Schwarz-Erle wird ausschließlich in der Volksheilkunde und Homöopathie verwendet. Erstere nutzt die Gerbstoffe und bereitet daraus eine Abkochung zum Gurgeln bei Entzündungen im Mund- und Rachenraum oder in Form von Klistieren bei Darmblutungen. Homöopathisch gilt Erlenrinde als heilend bei Hauterkrankungen.

Grün-Erle

Alnus viridis (Birkengewächse)

H 1–3 m April–Juni Strauch oder Baum

Vorkommen *Gebirgsgehölz Mittel- und Südeuropas. Bildet besonders oberhalb der Waldgrenze oft große Bestände.*

> ***Wuchs breit, oft niederliegend***
> ***erträgt lange Schneebedeckung***
> ***heißt auch „Laublatsche"***

An schattigen Hängen oberhalb der Waldgrenze der Alpen besiedelt die Grün-Erle als Pioniergehölz oft von Natur aus Hangrutschungen und Lawinenschutt. Als Schutzgehölz gepflanzt kann sie auch gezielt Erosionen und Lawinenabgänge verhindern und die Aufforstung mit anderen Gehölzen ermöglichen.

Hänge-Birke

Betula pendula (Birkengewächse)

H 8–25 m April–Mai Baum

Vor dem Siegeszug der verschiedenen Kunststoffe spielte die Birke als Holzlieferant eine vielseitige Rolle. Propeller, Flugzeugflügel, Skier, Schlittenkufen, Radfelgen, Sportgeräte und Nähgarnrollen bestanden aus dem leichten, aber zähen Holz.

Vorkommen *Heimisch in fast ganz Europa in Wäldern, auf Waldschlägen, Heiden, Ödflächen. Rinde leuchtend weiß mit dunklen Wülsten und Rissen.*

- ***heißt auch „Sand-Birke" oder „Weiß-Birke"***
- ***braucht viel Licht***
- ***Pollen löst „Heuschnupfen" aus***

327

Hainbuche

Carpinus betulus (Birkengewächse)

H 5–25 m Mai Baum

Das Holz ist das schwerste aller heimischen Bäume und gleichzeitig sehr hart und zäh. Hainbuchen ertragen starke Rückschnitte und wachsen dicht nach. Sie sind deshalb als Heckengehölz sehr beliebt.

Vorkommen *Wild besonders in Mitteleuropa in Laubwäldern, an Hecken, Waldrändern. Häufig gepflanzt. Vertrocknete Blätter bleiben oft lange am Baum.*

- ***wurzelt sehr tief***
- ***Früchte werden oft erst im Winter vom Wind verblasen***
- ***heißt auch „Weißbuche"***

Winter-Linde

Tilia cordata (Lindengewächse)
H bis 25 m   Juni–Juli   Baum

Vorkommen *Laubwälder, Ortschaften, Straßenränder. Europa bis zum Ural.*

- > ***Sommerlinde mit derselben Heilwirkung***
- > ***4–12 Blüten im Blütenstand***
- > ***Blätter schief herzförmig***

Winter- und Sommer-Linde enthalten dieselben Wirkstoffe. Beide werden gleichermaßen in der Medizin und Volksheilkunde genutzt: Lindenblütentee war schon im Mittelalter als schweißtreibendes Mittel bekannt.

Zitrone

Citrus limon (Rautengewächse)
H 5–10 m   März–Sept.   Baum

Vorkommen *Heimat Nordindien, heute weltweit kultiviert. Mittelmeerraum.*

- > ***immergrüner Baum***
- > ***häufig Dornen in den Blattachseln***
- > ***Blätter gegenständig***

Das Fruchtfleich der Zitrone enthält doppelt so viel Vitamin C wie das einer Apfelsine (Orange) und ist daher eine gute Prophylaxe für Erkältungskrankheiten.

Die Orange *Citrus sinensis* kam erst wesentlich später als die schon im Altertum bekannte Zitrone in den Mittelmeerraum.

Süß-Kirsche

Prunus avium (Rosengewächse)

H 8–20 m April–Mai Baum

Ihr wohlschmeckendes Fruchtfleisch enthält reichlich Zucker, Mineralstoffe und Vitamine. Mit Kirschkernen gefüllte kleine Kissen lassen sich im Backofen oder in der Mikrowelle erwärmen. Sie wirken wohltuend bei verspannten Muskeln und Rheuma.

Vorkommen *Wildformen in Wäldern und an Waldrändern Mitteleuropas. Sorten in ganz Europa kultiviert. Liefern süße, wohlschmeckende Kirschen.*

> ***blüht vor dem Blattaustrieb***
> ***bei Wildformen Stamm meist bis zur Spitze gerade***
> ***in vielen Sorten in Kultur***

Gewöhnliche Traubenkirsche

Prunus padus (Rosengewächse)

H 3–12 m April–Mai Strauch oder Baum

Die Borke des Baumes riecht unangenehm faulig und etwas nach Essig. Norweger verwendeten sie früher zum Färben. Im Herbst gesammelt, färbt sie Wolle je nach Vorbehandlung orange oder dunkelbraun. In Russland verwenden Korbflechter die biegsamen, olivfarbenen oder rotbraunen Zweige als Flechtmaterial.

Vorkommen *Wild in fast ganz Europa in Auenwäldern und an nassen Waldrändern. Bildet meist sehr viele Blütentrauben.*

> ***braucht viel Feuchtigkeit im Boden***
> ***Blüten duften angenehm***
> ***Früchte schmecken bitter zusammenziehend***

Gewöhnliche Schlehe

Prunus spinosa (Rosengewächse)

H 1–3 m   März–April   Strauch

Vorkommen *Wild in ganz Europa an Waldrändern, in sonnigen Hecken. Die Früchte sind anfangs blau bereift, später schwarzblau.*

- ***Blüten sitzen meist einzeln, seltener zu zweit***
- ***blüht vor dem Laubaustrieb***
- ***Früchte schmecken nach dem ersten Frost weniger herb***

Die Gewöhnliche Schlehe heißt auch „Schwarzdorn", ein Name, der sich auf die im Vergleich zum Weißdorn (S. 344) dunkle Rinde der Zweige bezieht. Die Sträucher stellen wichtige Schutz- und Nistgehölze für viele Tiere dar. Ihre Früchte verbleiben im Winter lange an den Zweigen und werden von Vögeln und Säugetieren gefressen.

Späte Traubenkirsche

Prunus serotina (Rosengewächse)

H 5–12 m   Mai–Juni   Strauch oder Baum

Vorkommen *Heimisch im östlichen Nordamerika. In Europa gepflanzt und teilweise eingebürgert. Hängende Trauben mit zahlreichen Früchten.*

- ***sehr anspruchslos***
- ***blüht etwa 2 Wochen später als die Gewöhnliche Traubenkirsche***
- ***Früchte essbar, aber bitter***

Die Späte Traubenkirsche gelangte als eine der ersten amerikanischen Baumarten bereits 1623 nach Europa, als Ziergehölz für Gärten und Parks. Forstleute schätzen sie außerdem als Wind- und Bodenschutz und sie trägt zur Verbesserung der Humusqualität bei. Naturschützer stehen dem Baum kritisch gegenüber, da er in Heiden und Feuchtgebiete eindringt und diese dadurch verändert.

Pfirsich

Prunus persica (Rosengewächse)
H 3–10 m   März–April   Baum

Der Artname *persica* erinnert noch heute daran, dass der Pfirsich einst aus seiner fernen Heimat China über Persien nach Europa kam. Die Früchte schmecken erfrischend und sind sehr aromatisch. Die Nektarine ist eine Varietät des Pfirsichs mit glatter, unbehaarter Fruchtschale.

Vorkommen *In China beheimatet. Im Mittelmeergebiet häufig gepflanzt, in Mitteleuropa nur in Gebieten mit Weinbauklima. Früchte sind typisch samtig behaart.*

> ***gelb- und weißfleischige Sorten***
> ***gut verträgliches Obst***
> ***Blüten durch späte Fröste gefährdet***

Pflaume

Prunus domestica (Rosengewächse)
H 3–15 m   April–Mai   Baum

Archäologen fanden bereits in prähistorischen Siedlungen Europas und Westasiens Kerne verschiedener wilder Pflaumensorten. Die ersten Kulturpflaumen gelangten von Syrien nach Griechenland. Etwa 100 v. Chr. brachten die Römer sie bei ihren Feldzügen nach Mitteleuropa. Die wohlschmeckenden Früchte eignen sich als Obst, Kuchenbelag und für Alkoholika.

Vorkommen *In ganz Europa als Obstbaum kultiviert, gelegentlich verwildert. Die Früchte sind oft von einem abwischbaren Reif bedeckt.*

> ***anspruchslos***
> ***blüht kurz vor oder mit dem Blattaustrieb***
> ***über 2000 Sorten mit sehr unterschiedlichen Früchten***

Mandel

Prunus dulcis (Rosengewächse)

H 3–10 m   März–April   Baum

***Vorkommen** Heimisch in Westasien. Im Mittelmeerraum angepflanzt. Die Blüten erscheinen vor dem Laubaustrieb.*

- ***gedeiht in Mitteleuropa nur in sehr geschützten Lagen***
- ***empfindlich gegen Spätfrost***
- ***es gibt süße und bittere Mandeln***

Mandeln sind sehr nahrhaft und reich an wichtigen Mineralstoffen. Besonders die Weihnachtsbäckerei wäre ohne sie kaum denkbar. Viele Rezpete verlangen süße Mandeln oder Marzipan, eine aromatische Spezialität, die aus Mandeln, Zucker und Aromastoffen besteht.

Kultur-Apfel

Malus domestica (Rosengewächse)

H 2–15 m   April–Mai   Baum

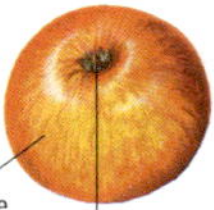

***Vorkommen** Gezüchteter Kulturbaum, gelegentlich verwildert in Gebüschen und an Waldrändern. Die Äpfel sitzen sehr kurz gestielt an den Zweigen.*

- ***blüht mit dem Laubaustrieb***
- ***eine der wichtigsten Obstarten***
- ***weltweit sind etwa 20 000 Sorten bekannt***

Bereits in der Antike gab es erste Kulturäpfel. Heute soll es allein in Deutschland über 1000 Sorten geben, die meisten davon allerdings nur noch in wenigen Exemplaren in Hausgärten. Die sehr gesunden Früchte enthalten Säuren, Zucker, Pektin, Vitamine und Mineralstoffe.

Kultur-Birne

Pyrus communis (Rosengewächse)

H 1–25 m April–Mai Baum

Birnbäume lassen sich im belaubten Zustand auch ohne Früchte oft auf eine recht einfache Weise erkennen. Ihre Blätter zeigen im Sommer und Herbst häufig leuchtend orangerote Flecken auf der Oberseite und hervorstehende Pusteln auf der Unterseite. Diese Blätter sind vom Birnen-Gitterrost befallen, einem Pilz.

Vorkommen *Nur in Kultur bekannt. In ganz Europa als Obstbaum angepflanzt. Die Blätter leuchten im Herbst gelb bis rot.*

> ***wächst je nach Sorte und Schnitt sehr variabel***
> ***Früchte reifen zwischen Juli und Oktober***
> ***bereits im Altertum kultiviert***

Echte Mispel

Mespilus germanica (Rosengewächse)

H 3–6 m Mai–Juni Baum

Im Mittelalter war die Echte Mispel bei uns eine verbreitete Obstart, deren Pflege Karl der Große sogar ausdrücklich anordnete. Die Früchte schmecken herb-bitter und zusammenziehend und werden erst genießbar, wenn sie weich und teigig sind und nach Most riechen. Als Zusatz zu Apfel- oder Birnenmost verbessern sie dessen Haltbarkeit.

Vorkommen *Ursprünglich aus Westasien. Seit der Antike im Mittelmeerraum, von den Römern nach Mitteleuropa gebracht. Früchte mit auffälligen Resten des Kelches.*

> ***heute nur noch selten kultiviert***
> ***Früchte zum rohen Verzehr kaum geeignet***
> ***schönes Ziergehölz***

Kupfer-Felsenbirne

Amelanchier lamarckii (Rosengewächse)

H 6–8 m Mai Strauch

Vorkommen *Heimisch im östlichen Nordamerika. In Europa in Gärten und Parks, auch verwildert. Die Blätter färben sich im Herbst orange bis rot.*

> ***austreibende Blätter kupferrot überlaufen***
> ***Blütenstände mit 8–10 Blüten***
> ***Früchte locken Vögel an***

Gewöhnlich wächst die Kupfer-Felsenbirne als Zierstrauch in den Gärten. Das Gehölz liefert jedoch auch wohlschmeckende, süße Früchte, deren Aroma etwas an das von Blaubeeren (S. 340) erinnert. Reife, schwarze Früchte eignen sich für Marmelade, Gelee oder Likör. Zerkaute Samen unreifer Früchte können zu Magen-Darm-Beschwerden führen.

Mittelmeer-Feuerdorn

Pyracantha coccinea (Rosengewächse)

H 1–3 m Mai–Juni Strauch

Vorkommen *Wildform in Südeuropa. In Mitteleuropa in Hausgärten, Parks, an Straßen, für Hecken. Bildet unzählige, um 8 mm große, weiße Blüten.*

> ***nach der leuchtenden Farbe der Früchte benannt***
> ***Blätter fallen meist erst im Frühjahr ab***
> ***gutes Nistgehölz für Vögel***

Der schöne Strauch hat außer den Dornen leider einen weiteren Nachteil: Er wird recht häufig vom Feuerbrand befallen, einer gefährlichen Bakterienkrankheit, die bei verschiedenen Rosengewächsen auftritt und zu großen Verlusten im Obstbau führt. Befallene Sträucher haben verdorrte Zweige mit anhaftenden, schwärzlich braun vertrockneten Blättern und Früchten.

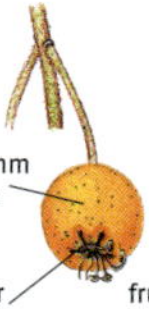

Gewöhnliche Hasel

Corylus avellana (Haselgewächse)
H 2–7 m   Febr.–April   Strauch oder Baum

männliche Blüten hängen in bis 10 cm langen Kätzchen

Haselnüsse enthalten viel fettes Öl, Eiweiß, wertvolle Mineralstoffe sowie Vitamine. Als Nahrungslieferant war der Strauch früher den Kelten und den Wikingern heilig. Die Haselnüsse des Handels sind meist die größeren Früchte der südeuropäischen Lamberts-Hasel (*Corylus maxima*).

blüht lange vor dem Laubaustrieb

meist viele gerade aufstrebende Stämme

weibliche Blüten sind in einer Knospe verborgen

braune „Haselnüsse“

röhren- bis glockenförmige Fruchthülle

Vorkommen *Wird in ganz Europa in Laubwäldern, an Waldrändern und in Hecken. Gepflanzt in Gärten und Parks. Die Früchte reifen ab September.*

> **blüht manchmal bereits im Dezember**
> **der Blütenstaub wird vom Wind verblasen**
> **kann Allergien auslösen**

Blatt 5–10 cm lang, oval, rundlich oder herzförmig

weich behaart

Rand doppelt gezähnt

Echter Kreuzdorn

Rhamnus cathartica (Kreuzdorngewächse)
H 2–6 m   Mai–Juni   Strauch   ☠

Aus den fast reifen Früchten des Echten Kreuzdorns lässt sich grüne Farbe herstellen, die früher sowohl in der Malerei als auch zum Färben von Papier oder Leder verwendet wurde. Diese Farbe heißt „Saftgrün“ oder „Blasengrün“, weil sie als dicker Saft in Schweins-, Rinder- oder Kalbsblasen gefüllt und in diesen eingetrocknet wurde.

Wuchs rundlich, sparrig

Äste kräftig

ein oder mehrere kurze Stämme

Steinfrüchte erbsengroß, reif schwarz

4 grünlich gelbe Kelchblätter

Blüten 4–5 mm breit

Vorkommen *In fast ganz Europa wild in sonnigen Hecken und an Waldrändern. Die Früchte stehen in dichten Büscheln.*

> **es gibt männliche und weibliche Bäume**
> **Blätter im Gegensatz zum Faulbaum (S. 310) gegenständig**
> **giftig!**

3–4-bogig verlaufende Seitennerven

Blatt eiförmig bis elliptisch

Rand fein gesägt

Gewöhnliche Berberitze

Berberis vulgaris (Berberitzengewächse)

H bis 300 cm April–Juni Strauch ☠

Vorkommen
Waldränder, Hecken, lichte Kiefernwälder. Europa bis Westasien.

- ***sommergrün***
- ***Blätter in Büscheln***
- ***Blüten riechen unangenehm***

Die Früchte des „Sauerdorns“ enthalten viel Vitamin C und eignen sich vor allem für Kompotte und Marmeladen. Die Volksheilkunde nutzt sie als Abführmittel, bei Leber- und Milzleiden. Auch die giftige Wurzelrinde war früher Heilmittel: bei Gallenleiden, Gelbsucht, Verdauungsbeschwerden, Durchfall, Nierensteinen, Rheuma und anderem mehr.

Gewöhnliches Pfaffenhütchen

Euonymus europaeus var. *europaeus* (Spindelbaumgewächse)

H 1,50–3 m Mai–Juni Strauch ☠

Vorkommen
Waldränder, Hecken, Auwälder, Bachufer. Auf nährstoffreichen Böden. Europa, Kleinasien.

- ***junge Zweige grün, 4-kantig, schmal geflügelt***
- ***Blätter gegenständig***

Die auffallenden Früchte enthalten herzwirksame Glykoside, Alkaloide, Bitterstoffe, Gerbstoffe und Lektine. In der Medizin setzt man die Früchte wegen ihrer Giftigkeit nicht mehr ein, allerdings werden homöopathische Mittel aus ihr hergestellt. Früher nutzte man sie bei Herzbeschwerden, doch wichtiger war ihre Verwendung gegen Ungeziefer wie Läuse und Krätzmilben.

Hybrid-Zaubernuss

Hamamelis x *intermedia* (Zaubernussgewächse)

H 3–5 m   Dez.–März   Strauch

Die ersten Sorten der Hybrid-Zaubernuss entstanden Anfang des 20. Jahrhunderts in Belgien. Es handelt sich um Kreuzungen der Japanischen Zaubernuss *(Hamamelis japonica)* mit der Chinesischen Zaubernuss *(Hamamelis chinensis)*. Zauberhaft an dem Strauch ist die Blüte in der kalten Jahreszeit, oft mitten im Schnee.

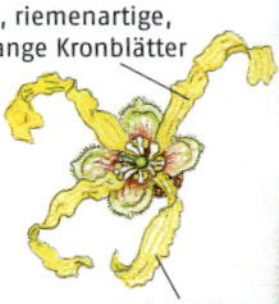

Vorkommen *Nur in Kultur bekannt. Verschiedene Sorten in Gärten und Parks kultiviert. Blüht sehr bald im Frühjahr, lange vor dem Laubaustrieb.*

- > ***Blätter ähneln denen der Gewöhnlichen Hasel (S. 335)***
- > ***Kronblätter bei Kälte eingerollt***
- > ***kann mehrere Wochen lang blühen***

Gewöhnlicher Pfeifenstrauch

Philadelphus coronarius (Hortensiengewächse)

H 1–3 m   Mai–Juni   Strauch

Da die Blüten des Gewöhnlichen Pfeifenstrauchs sehr intensiv nach Jasmin duften, wird er häufig mit dem Echten Jasmin verwechselt. Seine Blüten liefern zwar keinen Aromastoff für die Parfümindustrie, ein blühender Zweig bringt jedoch den betörenden Duft in die Wohnung.

Vorkommen *Wild vor allem im östlichen Mittelmeerraum und in Kleinasien. In Mitteleuropa in Gärten und Parks. Auffällige Blüten meist zu fünft bis neunt.*

- > ***Blüten duften sehr stark***
- > ***anspruchsloser, frostharter, weit verbreiteter Zierstrauch***
- > ***heißt auch „Falscher Jasmin"***

Gewöhnliche Stechpalme

Ilex aquifolium (Stechpalmengewächse)

H 1–6 m   Mai–Juni   Strauch ☠

***Vorkommen** Wälder. Auf sandigen oder steinigen Böden. West-, Süd-, Mitteleuropa, Nordwestafrika.*

> ***Ostgrenze der Verbreitung verläuft durch Deutschland***
> ***männliche und weibliche Blüten auf getrennten Pflanzen***

Nicht die giftigen Beeren erregten das Interesse der Heilkundigen, sondern die Blätter. In homöopathischer Verdünnung werden sie bei grippalen Infekten, Bindehaut- und anderen Augenentzündungen verordnet. In der Volksheilkunde dienten sie dazu, Fieber zu senken sowie Rheuma und Bronchitis zu behandeln. Als Holly in der Bachblütentherapie gegen Gereiztheit und Aggressionen.

Forsythie

Forsythia sp. (Ölbaumgewächse)

H 2–3 m   April–Mai   Strauch

***Vorkommen** Wildformen in Ostasien. Seit über 100 Jahren in Europa als Zierstrauch für sonnige Lagen. Blüht vor dem Blattaustrieb.*

> ***leuchtender Blickfang im Frühlingsgarten***
> ***über Stecklinge vermehrbar***
> ***viele Sorten mit hell- bis dunkelgelben Blüten***

Die frühe Blütenpracht der Forsythien begeistert die meisten Gartenliebhaber. Honig- und Wildbienen fliegen die Blüten jedoch fast nie an, obwohl sie zuckerhaltigen Nektar und eiweißreichen Pollen als Nahrung bieten. Warum dies so ist, weiß man noch nicht. Im Naturgarten sollte man jedoch auf die Forsythie verzichten und lieber zum Beispiel Weiden pflanzen.

Gewöhnlicher Sommerflieder

Buddleja davidii (Sommerfliedergewächse)
H 3–4 m Juli–Sept. Strauch

Die Blüten liefern reichlich Nektar und werden von zahlreichen Insekten, besonders Schmetterlingen besucht. Der Artenreichtum der Schmetterlinge wird dadurch aber nicht gefördert, da dieser in erster Linie von den Futterpflanzen der Raupen abhängt.

Vorkommen *Stammt aus den Gebirgen Westchinas. Zierstrauch in Gärten und Parks, verwildert auf Ödflächen, an Bahndämmen. Blüht auch rotviolett*

- ***Blüten duften besonders abends stark aromatisch***
- ***kam um 1900 nach Europa***
- ***bekannt als „Schmetterlingsstrauch"***

Wolliger Schneeball

Viburnum lantana (Geißblattgewächse)
H 2–5 m April–Mai Strauch ☠

Der Wollige Schneeball hat im Gegensatz zu den meisten anderen Holzgewächsen nackte Winterknospen ohne Knospenschuppen. Die deutlich erkennbaren Blättchen sind nur durch einen Haarfilz geschützt. Bauern verwendeten früher die jungen, sehr zähen Zweige zum Binden von Heuballen und Getreidegarben.

Vorkommen *Wild in Mittel- und Südeuropa in Gebüschen. Gepflanzt an Böschungen und in Gärten. Bildet bis 10 cm breite, gewölbte Blütenstände.*

- ***Blüten riechen unangenehm***
- ***erträgt Trockenheit***
- ***sehr anspruchslos***

Westlicher Erdbeerbaum

Arbutus unedo (Heidelbeergewächse)

H 1,50–6 m   Okt.–März   Strauch

Vorkommen *Küsten des Mittelmeers, Macchien, immergrüne Lorbeerwälder.*

- ***Blätter immergrün, lorbeerartig***
- ***Früchte erdbeerartig***
- ***Blüten rosa bis weiß***

Obwohl die Früchte an Erdbeeren erinnern, sind sie nur als Kompott genießbar. Der Erdbeerbaum ist mit dem Heidekraut verwandt. Die Blätter enthalten Arbutin, dessen Zerfallsprodukte antiseptisch wirken. Man nutzt sie bei Infektionen der Harnwege und gutartig vergrößerter Prostata. Außerdem gibt man einen Tee bei Durchfall und zum Gurgeln bei Wunden im Mund- und Rachenraum.

Blaubeere

Vaccinium myrtillus (Heidekrautgewächse)

H 15–50 cm   April–Aug.   Strauch

Vorkommen *Artenarme Wälder, moorige Heiden. Auf sauren, nährstoffarmen Böden. Europa, Nordwestasien.*

- ***Zweige scharfkantig bis geflügelt***
- ***Blätter wechselständig, sommergrün, spitz eiförmig***

Die Blaubeere heißt auch Heidelbeere. Die Beeren sind nicht nur leckere Wildfrüchte, die leider in größeren Mengen Durchfall hervorrufen können, sondern auch Medizin. Sie enthalten größere Mengen Gerbstoff und wirken in getrockneter Form gegen Durchfall.

;tiel-Eiche

uercus robur (Buchengewächse)
20–35 m April–Mai Baum

ie Eiche wurde schon früher hoch verehrt. Die Germanen reihten sie dem Gott Donar, bei den Kelten war sie der heiligste aum überhaupt. Auch im Christentum galt sie als heilig und vurde gern an Wallfahrtsstätten epflanzt. Der Baum symboliiert Kraft, Macht, Frieden ınd Wachstum.

Vorkommen *In Wäldern fast ganz Europas. Gehört in Mitteleuropa zu den wichtigsten Forstbäumen. Der äußere Holzbereich ist hell, der innere dunkler.*

> ***bekanntester Baum Deutschlands***
> ***kann bis 1000 Jahre alt werden***
> ***frisches Eichenholz riecht säuerlich***

Flaum-Eiche

Quercus pubescens (Buchengewächse)
H 5–10 m April–Mai Baum

Nach der letzten Eiszeit war die Flaum-Eiche auch in Mitteleuropa weit verbreitet und waldbildend. Im Lauf der Zeit wurde sie aber von anderen Bäumen, vor allem der Rot-Buche (S. 306), verdrängt. An einigen wenigen, sehr warmen Standorten wie etwa dem Kaiserstuhl, dem südlichen Baden oder dem Saaletal bei Jena konnten sich allerdings bis heute Restvorkommen halten.

Vorkommen *Besonders in Südeuropa in trockenen, warmen Wäldern. Blätter auf der Unterseite deutlich filzig.*

> ***wächst manchmal auch strauchartig***
> ***bildet besonders in Südfrankreich größere Wälder***
> ***braucht Wärme***

Silber-Pappel

Populus alba (Weidengewächse)

H 15–30 m März–April Baum

Vorkommen *Wild in Mittel- und Südeuropa in Auenwäldern. Gepflanzt in Kiesgruben, an Straßen. Borke weißlich, oft mit rautenförmigen Rissen.*

- > ***leuchtet von Ferne besonders bei Wind silberweiß***
- > ***erträgt auch Trockenheit***
- > ***widerstandsfähig gegen Industrieabgase***

Die Silber-Pappel wächst an Straßenböschungen oder auf Abraumhalden oft nur strauchförmig und eignet sich dort zum Befestigen der Böden, da sich ihr Wurzelwerk sehr weit und flach ausbreitet. Außerdem bilden sich um das ursprüngliche Gehölz häufig ganze Gruppen mit Jungwuchs.

Ahornblättrige Platane

Platanus x *hispanica* (Platanengewächse)

H 10–35 m Mai Baum

Vorkommen *Wild nicht bekannt, ist wohl eine in Europa entstandene Kreuzung aus der Amerikanischen und der Morgenländischen Platane. Häufig an Straßen und in Parks. Von der Borke lösen sich große dünne Platten ab.*

- > ***Blätter im Gegensatz zum Ahorn wechselständig***
- > ***widerstandsfähig gegenüber Luftverschmutzung***

Auf ausreichend feuchten Böden können die Bäume bis 400 Jahre alt werden. Platanen ertragen jedoch auch Trockenheit im Boden und Stadtklima. Viele Platanen in den Städten werden aus Sicherheitsgründen gefällt, wenn ihre dicken Äste brüchig werden.

·erg-Ahorn

·cer pseudoplatanus (Ahorngewächse)

·25–30 m Mai Baum

·as Holz zählt zu den wertvollsten heimischen Laubhölzern. Es ·t sehr hell, besitzt eine gleichmäßige Struktur und lässt sich ·icht polieren, beizen oder färben. Es ·ient für Möbel und Parkett oder für ·üchengeräte wie etwa Fleisch·lopfer und Holzlöffel. ·usikbauer schätzen es für ·löten und Fagotte sowie als ·esonanzholz für Streich·nstrumente.

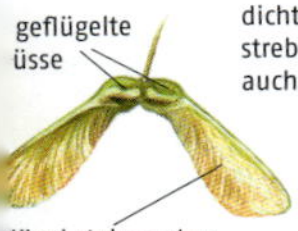

Vorkommen *Heimisch in Schlucht- und Gebirgswäldern Mittel- und Südosteuropas. In Parks und an Straßen häufig. Reife Früchte hängen oft lange am Baum.*

- ***Blätter gegenständig***
- ***Blüten erscheinen gleichzeitig mit den Blättern***
- ***braucht Feuchtigkeit und Halbschatten***

Spitz-Ahorn

Acer platanoides (Ahorngewächse)

·H 15–25 m April–Mai Baum

Die Blätter des Spitz-Ahorns standen wohl Pate, als er und seine Verwandten die Namen *Acer* bzw. „Ahorn" erhielten. Beides leitet sich vom indogermanischen *ak* ab, das „scharf, spitz" bedeutet.

Feld-Ahorn
Acer campestre

Vorkommen Besonders in Mitteleuropa wild in Wäldern und Feldgehölzen

Vorkommen *Wild in Wäldern Europas, Kleinasiens und im Kaukasus. Gepflanzt in Parks, Gärten und an Straßen. Blätter im Herbst goldgelb bis rot.*

- ***Blätter gegenständig***
- ***blüht vor dem Laubaustrieb, Bäume leuchten dann gelbgrün***
- ***für Gärten gibt es auch eine dunkelrote Sorte***

Eingriffliger Weißdorn

Crataegus monogyna (Rosengewächse)

H 2–6 m   Mai–Juni   Strauch oder Baum

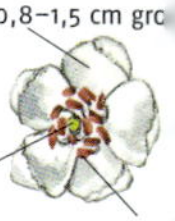

Vorkommen *Wild fast in ganz Europa in sonnigen Hecken, Wäldern, Gebüschen, an Felsen. Die Blüten erscheinen nach den Blättern.*

> ***Äste tragen Dornen***
> ***bekannte Heilpflanze***
> ***blüht meist etwas später als der Zweigrifflige Weißdorn***

Schon Dioskurides, einer der bedeutendsten Heilkundigen des Altertums, beschrieb den Weißdorn als Heilpflanze. Die noch heute bedeutsame herzstärkende Wirkung wurde erst später erkannt.

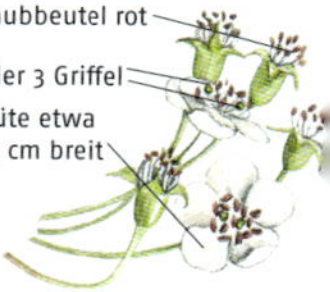

Gewöhnlicher Schneeball

Viburnum opulus (Geißblattgewächse)

H 150–300 cm   Mai–Juni   Strauch

Vorkommen *Auwälder, Waldränder, Hecken, Bachufer. Auf nährstoffreichen Böden. Europa, Asien.*

> ***Blätter gegenständig, ahornartig***
> ***große Randblüten unfruchtbar, innere fruchtbar***
> ***Vögel verschmähen die Beeren***

Bei den Schneeball-Arten und -Sorten, die unsere Gärten zieren, handelt es sich oft um Exoten. Die Rinde dieses heimischen Schneeballs enthält Gerbstoffe und kaum untersuchte Inhaltsstoffe. Sie wird nur in der Homöopathie und Schulmedizin bei schmerzhafter Menstruation und allgemeinen Funktionsstörungen der Fortpflanzungsorgane verwendet.

Echte Feige

Ficus carica (Maulbeergewächse)

H 200–1000 cm   Juni–Sept.   Strauch oder Baum

Feigenfrucht

Dass Adam und Eva ihre Blöße symbolisch mit einem Feigenblatt bedeckten, ist sicher kein Zufall, war die Feige doch bereits seit den Assyrern als Kulturpflanze bekannt. Frisch sind die Früchte als ein mildes Abführmittel und als Hausmittel gegen Hämorriden, Nieren- und Blasensteine in Gebrauch. Die Blätter werden bei Wunden, Verdauungsbeschwerden und Wurmbefall verordnet.

reifende Frucht

Vorkommen *Heimat Mittelmeergebiet, Kleinasien bis Nordwestindien, vielerorts als Fruchtbaum kultiviert.*

> ***Laub abwerfender Baum***
> ***Blüten in Becher verborgen***
> ***Pflanzenteile mit Milchsaft***

3–5-lappige Blätter

Ginkgo

Ginkgo biloba (Ginkgogewächse)

H 10–40 m   April   Baum

weibliche Blüten zu 2–3, unscheinbar

Der Ginkgo ist so robust, dass er mit Luftverschmutzungen in Innenstädten gut zurechtkommt. Ein Ginkgobaum überlebte sogar den Atombombenangriff auf Hiroshima. Die Japaner sehen in dem Baum seither ein Symbol der Hoffnung.

Krone sehr variabel, oft breit kegelförmig

meist wenige, jedoch kräftige Äste

Samen pflaumenartig, 2–3 cm groß

Blätter im Herbst goldgelb

männliche Blüten in Kätzchen

Vorkommen *Wild nur in der chinesischen Provinz Tschekiang. In Europa in Parks und als Straßenbaum. Die typischen Blätter sind unverwechselbar.*

> ***wirkt wie ein Laubbaum, ist aber mit den Nadelbäumen verwandt***
> ***es gibt männliche und weibliche Bäume***
> ***winterhart***

Blatt fächerförmig, 5–8 cm breit, ledrig

Blattnerven gabelig

vorn oft eingeschnitten

Gewöhnlicher Hopfen

Humulus lupulus (Hanfgewächse)

H 200–400 cm Juli–Aug. Kletterpflanze

Vorkommen
Auwälder, Waldränder. Selten, meist kultiviert. Süd- und Mitteleuropa, Südwestasien, Nordamerika.

> ***männliche und weibliche Blüten auf unterschiedlichen Pflanzen***
> ***Kletterpflanze***

Ausschließlich die unbefruchteten, weiblichen Pflanzen werden angebaut. Nur sie lagern in den Hopfenzapfen die begehrten Bitterstoffe für das Bier ab. In der Pflanzenmedizin wird Hopfen als beruhigendes und schlafförderndes Mittel eingesetzt. Vor allem in der Volksheilkunde regt der bittere Hopfentee Appetit und Verdauung an.

Gewöhnlicher Efeu

Hedera helix (Efeugewächse)

H 0,5–20 m Sept.–Okt. Kletterpflanze

Vorkommen *Wild fast in ganz Europa in Wäldern, an Felsen, Gemäuer. Gepflanzt an Mauern, in Gärten und Parks. Die Blüten entwickeln sich im Herbst.*

> ***eignet sich zum Begrünen von Mauern***
> ***in vielen Formen in Kultur***
> ***Früchte dienen im Frühling als Nahrung für Vögel***

Der Gewöhnliche Efeu wächst mithilfe von Haftwurzeln an Gestein und Stämmen empor. Im christlichen Glauben sieht man im immergrünen Efeu ein Zeichen der Unsterblichkeit. Deshalb pflanzt man ihn gern auf Gräber und meißelt seine Blattform auf Grabsteine.

Weinrebe

Vitis vinifera (Weinrebengewächse)

H 5–20 m   Juni–Juli   Kletterpflanze

Wissenschaftler datieren die ältesten Belege für Weinanbau auf 3500–2900 v. Chr. Damit gehört der Wein zu den ältesten Kulturpflanzen. Ein großer Teil der Trauben wird nicht frisch gegessen, sondern zu Wein gekeltert.

Vorkommen *Wild selten in Auenwäldern. Kultursorten häufig in warmen Gegenden gepflanzt, gelegentlich verwildert. Herbstfärbung gelb oder rot.*

- ***hält sich mithilfe von Ranken fest***
- ***Blüten duften***
- ***in vielen Sorten weltweit in Kultur***

Schwarze Johannisbeere

Ribes nigrum (Stachelbeerengewächse)

H 1–2 m   April–Mai   Strauch

Der Strauch riecht je nach Nase angenehm aromatisch oder wanzenartig stinkend. Die Früchte enthalten Fruchtsäuren, Mineralstoffe und Vitamin C und werden besonders für Saft oder Cassislikör verarbeitet. Die Blätter des Strauches lieferten, als schwarzer und grüner Tee im 18. und 19. Jahrhundert knapp oder sehr teuer waren, einen wichtigen Ersatz dafür.

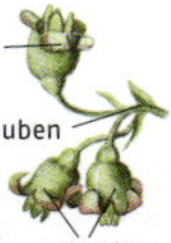

Vorkommen *Selten wild in Auenwäldern, besonders in Mittel- und Nordeuropa. Oft als Beerenstrauch kultiviert. Die Früchte reifen meist nicht gleichzeitig.*

- ***Blätter riechen besonders zerrieben stark aromatisch***
- ***Blattunterseite mit Drüsenpunkten***
- ***Zweige ohne Dornen***

Rote Johannisbeere

Ribes rubrum (Stachelbeerengewächse)

H 1–2 m   April–Mai   Strauch

***Vorkommen** Wild nur selten in Auenwäldern Mittel- und Westeuropas. Sorten in Gärten gepflanzt. Die Früchte hängen in langen Trauben.*

- ***Früchte reifen um Johanni (24. Juni)***
- ***Beeren fördern die Verdauung***
- ***in Österreich als „Ribiseln" bekannt***

Rote Johannisbeeren gehören zu den säurereichsten heimischen Früchten. Die Fruchtsäuren reinigen beim Abstreifen der Beeren von den Stängeln die Hände ähnlich gut wie eine Zitrone. Besonders gut schmecken die Früchte gemischt mit Himbeeren oder anderem Obst in Mischmarmeladen oder Sorbet. Sie sind auch wichtiger Bestandteil von „Cumberlandsoße".

Stachelbeere

Ribes uva-crispa (Stachelbeerengewächse)

H 0,5–1,5 m   April–Mai   Strauch

***Vorkommen** Fast in ganz Europa wild, im Süden in den Gebirgen. Oft als Beerenstrauch in Gärten. Früchte je nach Sorte gelb, grün oder rötlich.*

- ***beliebtes Obst für Frühjahrskuren***
- ***viele Sorten in Kultur***
- ***oft auch als Hochstamm gezogen***

Die meisten Stachelbeersorten entstanden nach dem Zweiten Weltkrieg, als Lebensmittel knapp waren und die heimischen Obststräucher im Ansehen wieder stiegen. Die Beeren schmecken je nach Sorte sauer-aromatisch oder süß. Es gibt auch robuste Kreuzungen aus Stachelbeeren und Schwarzen Johannisbeeren, die „Josta-" oder „Jochelbeeren".

Echte Brombeere

Rubus sect. *fruticosus Rubus* (Rosengewächse)
H 1–4 m Mai–Aug. Strauch

Die getrockneten Blätter helfen bei Durchfall, als Waschung bei Hautleiden und zum Gurgeln bei Entzündungen im Mund- und Rachenraum. Der Saft der vollreifen Früchte enthält Fruchtsäuren und Vitamine.

Vorkommen *Hecken, Gebüsche, Gärten, Waldränder und Waldlichtungen. Nordhalbkugel*

> ***klettert mit hakigen, unterschiedlichen Stacheln***
> ***Stängel 2-jährig, verholzend***
> ***formenreiche Sammelart***

Kratzbeere

Rubus caesius (Rosengewächse)
H 0,5–1 m Mai–Aug. Strauch

Die saftigen Kratzbeeren schmecken weit weniger aromatisch und meist wesentlich herber als Brombeeren. Sie eignen sich jedoch zusammen mit anderem Wildobst für Mischkonfitüren oder auch für einen sehr guten Likör („Kroatzbeerenlikör"). Wer Brombeeren sammelt, sollte also ruhig auch die Kratzbeeren mit abernten.

Vorkommen *Fast in ganz Europa in Auenwäldern, Hecken, an Ufern, Waldrändern, auf Schuttplätzen. Typisch sind die bereiften Früchte.*

> ***Frucht ist nach dem Abpflücken innen nicht hohl***
> ***zeigt verdichteten Boden an***
> ***kann sich mit der Brombeere kreuzen***

Himbeere

Rubus idaeus (Rosengewächse)

H 60–200 cm   Mai–Juni   Strauch

Vorkommen
Waldlichtungen und -wege, Schutthalten. Auf nährstoffreichen Böden. Nordhalbkugel.

> ***Stängel mit Stacheln***
> ***Blätter 3–7-zählig gefiedert, Nebenblätter***
> ***Kelchblätter grünlich weiß, Kronblätter abfallend***

Auch die Himbeere ist ein Gewächs der Volksheilkunde. Ein Tee aus den gerbstoffhaltigen Blättern wird bei Durchfall, Entzündungen im Mund- und Rachenraum, aber auch zur Blutreinigung getrunken. Die Blätter sind Bestandteil sogenannter Haustees. Saft oder Sirup aus den Früchten mildert den bitteren Geschmack von Arzneien, der Saft wird von Fieberkranken getrunken.

Hunds-Rose

Rosa canina (Rosengewächse)

H 1–3 m   Juni   Strauch

Vorkommen *Hecken, Waldränder, Ödland, Straßen- und Wegbepflanzungen. Europa bis Zentralasien.*

> ***Zweige mit Stacheln kletternd oder überhängend***
> ***Stacheln sichelförmig mit scheibenförmigem Grund***

Frisch zu Marmelade verarbeitete Hagebuttenschalen behalten ihren hohen Vitamin-C-Gehalt. Die getrockneten Schalen der Frucht sind in Tees zur Vorbeugung gegen Erkältung enthalten, in der Medizin dagegen werden die ganzen Hagebutten verwendet. Das Samenöl dient zur Behandlung von Narben und glättet Falten der Haut. In der Bachblütentherapie nimmt man Wild Rose gegen Resignation.

Kartoffel-Rose

Rosa rugosa (Rosengewächse)

H 1–2,5 m   Juni–Sept.   Strauch

Die großen Früchte liefern wesentlich mehr Fruchtfleisch als die der Hunds-Rose. Sie können auf gleiche Weise verarbeitet werden. Rosen-Züchter verwendeten die Kartoffel-Rose als Basis zur Züchtung von „Öfter-blühenden-Strauchrosen". Die Art hat ihre Hauptblüte zwar im Juni, bildet jedoch noch bis Mitte September weitere Blüten aus.

Vorkommen *Stammt aus Ostasien. In Europa als Hecke, an Straßenböschungen, auf Dünen, auch verwildert. Typische, kugelig abgeflachte Früchte.*

> ***blüht und fruchtet oft gleichzeitig***
> ***Blüten duften***
> ***erträgt salzhaltigen Boden***

Götterbaum

Ailanthus altissima (Bittereschengewächse)

H 20–25 m   Juni–Juli   Baum

Der Baum erträgt Trockenheit, Rauch und Abgase. Er eignet sich deshalb für Aufforstungen in Steppengebieten. In Deutschland erlangte er eine traurige Berühmtheit, als er sich nach dem Zweiten Weltkrieg in den Trümmern zerstörter Städte stark ausbreitete. Auch heute wachsen häufig wilde Exemplare auf Abbruchgeländen, Bahn- oder Hafenanlagen.

Vorkommen *Heimisch in China. In Mitteleuropa oft in Parks und Gärten, auch verwildert. Meist werden sehr viele Früchte ausgebildet.*

> ***Blätter riechen unangenehm scharf, etwas gummiartig***
> ***oft mehrstämmig oder mit Jungtrieben aus den Wurzeln***
> ***wird nur 50–60 Jahre alt***

Gewöhnliche Rosskastanie

Aesculus hippocastanum (Rosskastaniengewächse)
H 15–25 m April–Mai Baum

Vorkommen *Wild auf dem Balkan. In Mittel- und Westeuropa gepflanzt an Straßen, Plätzen, in Parks. Die Samen fallen im September und Oktober.*

> ***austreibende Blätter dicht wollig behaart***
> ***Knospen besonders am Ende des Winters stark klebrig***
> ***beliebter „Biergartenbaum"***

In Deutschland pflanzen Gärtner den Baum seit 1646. Anfangs wuchs er nur in höfischen Parks und Alleen. Heute ist er mit seiner Schatten spendenden Krone der typische „Biergartenbaum". In Notzeiten entbitterte man die Samen und gewann Bratöl und Mehl daraus.

Rotblühende Rosskastanie

Aesculus x *carnea* (Rosskastaniengewächse)
H 10–15 m Mai Baum

Vorkommen *Nur in Kultur bekannt. In Europa in Parks, an Straßen, in Anlagen. Die roten Blüten bilden auffallende Rispen.*

> ***blüht später als die Gewöhnliche Rosskastanie***
> ***bildet nur wenige Früchte aus***
> ***wird oft als Hochstamm veredelt***

Diese Kastanie ist eine Anfang des 19. Jahrhunderts entstandene Kreuzung zwischen der Gewöhnlichen Rosskastanie und der Roten Pavie. Einige Sorten sind kaum anfällig gegenüber der Kastanienminiermotte und stellen damit gute Alternativen dar. Der Schmetterling legt zwar seine Eier auf die Blätter, die jungen Larven sterben jedoch meist ab.

Echte Walnuss

Juglans regia (Walnussgewächse)

… bis 25 m Mai Baum

Die Samen der Walnuss werden als Nahrungs- und Genussmittel verzehrt, die Fruchtschalen dienten zum Färben, nur die Blätter und Früchte nutzte man als Medizin, sie dienten in Form von Umschlägen, Waschungen und Spülungen dazu, Hautunreinheiten, Ekzeme, Fußschweiß und Wunden zu heilen.

Vorkommen Heimat Balkanhalbinsel bis Südwestasien, als Fruchtbaum vielerorts kultiviert und eingebürgert.

> ***sommergrün***
> ***2–3 weibliche Blüten am Ende der Triebe***
> ***Blätter wechselständig, gefiedert***

Gemeine Esche

Fraxinus excelsior (Ölbaumgewächse)

H 15–35 m April–Mai Baum

Die Früchte lösen sich erst im Winter bei starkem Wind und fliegen drehend davon. Aufgrund der hochwachsenden Form des Baumes verglichen die alten Wikinger die Welt mit einer riesigen Esche – der Weltenesche „Yggdrasil". Eschenrinde ist eines der ältesten Ersatzmittel für Chinarinde und diente früher zur Behandlung von Malaria.

Vorkommen Wild in Auen- und Schluchtwäldern, an Bächen, Flüssen, Felsen. Mit auffallenden, schwarzen Winterknospen.

> ***Blätter gegenständig***
> ***blüht vor dem Laubaustrieb***
> ***wächst an sehr feuchten und an trockenen Standorten***

Eberesche

Sorbus aucuparia (Rosengewächse)

H 5–15 m   Mai–Juni   Strauch oder Baum

***Vorkommen** Wild fast in ganz Europa in Wäldern, auf Felsen. Oft gepflanzt in Parks und Gärten. Die auffallenden Früchte locken Vögel an.*

> ***besonders schöne Bäume stehen meist im Gebirge***
> ***Blüten riechen unangenehm***
> ***Früchte gekocht essbar***

Der Baum heißt auch „Vogelbeere“: Vögel fressen die Früchte im Winter, scheiden die unverdauten Samen wieder aus und sorgen so für ihre Verbreitung. Wegen des Reichtums an Vitamin C bezeichnete man die Eberesche im Zweiten Weltkrieg als die „Zitrone des Nordens“.

Schwarzer Holunder

Sambucus nigra (Geißblattgewächse)

H 3–7 m   Juni–Juli   Strauch oder Baum ☠

***Vorkommen** Wälder, Waldränder, Schuttplätze, Ödland. Europa, Kleinasien.*

> ***Nährstoffzeiger***
> ***Blüten stark duftend***
> ***Äste mit weißem Mark***

Aus den Blüten bereitet man einen schweißtreibenden Tee bei Erkältungskrankheiten, die Blätter werden ähnlich verwendet. Der Saft der Früchte wird bei Verstopfung, Kopfschmerz und als schweiß- und harntreibendes Mittel genutzt. Rinde und Wurzel sollen bei Rheuma helfen.

Roter Holunder

Sambucus racemosa (Geißblattgewächse)

H 2–4 m April–Mai Strauch ☠

Die rohen, herb sauer schmeckenden Früchte des Roten Holunders können zu Brechdurchfall führen. Früher dienten sie in der Heilkunde als Abführ- und Brechmittel. Wer gern mit Wildfrüchten experimentiert, kann jedoch die Beeren kräftig kochen, die Samen abtrennen und den Saft verwenden.

Vorkommen *In Mitteleuropa wild, in Skandinavien eingebürgert. In Wäldern, Gebüschen, an Felshängen. Die Blütenstände erscheinen mit den Blättern.*

- > ***Früchte locken Vögel an***
- > ***erträgt schattige Standorte***
- > ***wächst häufiger in den Bergen als im Flachland***

Gemeine Robinie

Robinia pseudoacacia (Schmetterlingsblütengewächse)

H 10–25 m Mai–Juni Baum ☠

An den Wurzeln der Robinie sitzen kleine Knöllchen mit Bakterien, die Stickstoff aus der Luft binden. Diese Nährstoffversorgung ermöglicht es ihr, sehr arme Böden zu besiedeln. Die Blüten enthalten sehr viel Nektar und locken Bienen an. Für ein Kilo „Akazienhonig" müssen diese rund 1600000 Blüten besuchen.

Vorkommen *Stammt aus Nordamerika. Häufig angepflanzt, an Straßen, in Parks, an Hängen. Blüten bilden auffallende weiße Trauben.*

- > ***sehr giftig!***
- > ***Blüten duften angenehm süßlich***
- > ***Blättchen nachts nach unten geneigt***

Gewöhnlicher Goldregen

Laburnum anagyroides (Schmetterlingsblütengewächse)

H bis 8 m Mai–Juni Strauch oder Baum ☠

***Vorkommen** Gebirge Süd- und Südosteuropas, als Zierpflanze nördlich der Alpen und auf sonnigen Hängen verwildert.*

- > ***Blütentrauben hängend, bis 25 cm lang***
- > ***Blattstiele und -unterseiten behaart***
- > ***sehr giftig***

Obwohl insbesondere die Samen sehr giftig sind (Alkaloide), wurde die Pflanze früher genutzt. Die Blätter dienten als schleimlösendes und Abführmittel. Die Samen nahm man in der Volksheilkunde bei Verstopfung, als Brechmittel, bei Asthma und zur Entwässerung ein. Geblieben sind nur homöopathische Anwendungen, die bei Erkrankungen des zentralen Nervensystems, Magen-Darm-Beschwerden und Schwindel verordnet werden.

Essigbaum

Rhus typhina (Sumachgewächse)

H 4–8 m Juni–Juli Strauch oder Baum ☠

***Vorkommen** Im östlichen Nordamerika beheimatet. In Europa in Parks und Gärten, verwildert auf Ödflächen. Blätter im Herbst orange bis rot.*

- > ***heißt auch „Kolben-Sumach"***
- > ***es gibt männliche und weibliche Sträucher***
- > ***Fruchtstände bleiben den Winter über erhalten***

Die Indianer Nordamerikas benutzten den Essigbaum zum Gerben von Leder und zum Färben. Aus den Zweigen, die sich leicht aushöhlen lassen, stellten sie Pfeifen her. Mit den Früchten lässt sich der saure Geschmack von Essig verstärken und ein limonadenartiges Getränk herstellen.

Gewöhnliche Mahonie

Mahonia aquifolium (Berberitzengewächse)

H 0,5–1,5 m   April–Mai   Strauch   ☠

Die Beeren dienen Amseln und anderen Singvögeln als Winterfutter. Diese verbreiten mit ihrem Kot die Samen und tragen so zur Verwilderung des Strauches bei. Bei Menschen können größere Mengen roher Früchte Übelkeit und Fieber auslösen. Gekocht und durch ein Sieb gestrichen eignen sie sich jedoch als Farb- und Säurezusatz für Marmeladen und Quarkspeisen.

Vorkommen *Aus dem westlichen Nordamerika stammender Zierstrauch, gelegentlich verwildert. Die Blüten bilden auffallende dichte Blütenstände.*

- ***Innenseite der Rinde sowie Holz gelb gefärbt***
- ***wächst an sonnigen und schattigen Standorten***
- ***gedeiht auch in Industriegebieten***

Winter-Jasmin

Jasminum nudiflorum (Ölbaumgewächse)

H 2–3 m   Dez.–April   Strauch

Im Gegensatz zum verwandten Echten Jasmin bildet der Winter-Jasmin keine Duftstoffe. Er ist jedoch als Zierstrauch beliebt, da er mit seinen langen Zweigen über Mauern und Garagendächer hängt und so manche Bausünde verhüllen kann. Die ersten Blüten im Winter erfrieren bei uns oft, später ist der Strauch dann mit Blüten übersät.

Vorkommen *In den Gebirgen Nordchinas beheimatet. Im Mittelmeerraum und Mitteleuropa als Ziergehölz. Blüht vor dem Laubaustrieb.*

- ***blüht oft bereits im Schnee***
- ***Blätter fallen kaum auf***
- ***bevorzugt milde Lagen, ist aber ziemlich winterhart***

Gewöhnliche Waldrebe

Clematis vitalba (Hahnenfußgewächse)

H 5–15 m   Juni–Sept.   Kletterpflanze ☠

Vorkommen *Wild in Mittel- und Südeuropa in Auenwäldern, an Waldrändern, auf Ödflächen. Die Früchte fallen besonders im Winter auf.*

- ***Saft reizt die Haut***
- ***zeigt stickstoffreiche Böden an***
- ***kann große Flächen überziehen***

Die Blüten locken mit ihrem unangenehmen Duft Bienen und Fliegen an. Die Früchte reifen erst im Winter und lösen sich nur durch starke Winde von der Mutterpflanze. Vom 16. bis 19. Jahrhundert pflanzte man die Gewöhnliche Waldrebe auch in Gärten, vor allem zum Begrünen von Lauben. Heute gibt es hierfür attraktivere Waldreben mit größeren und farbigen Blüten.

Gewöhnliche Jungfernrebe

Parthenocissus quinquefolia (Weinrebengewächse)

H 8–15 m   Juni–Aug.   Kletterpflanze ☠

Vorkommen *Stammt aus Nordamerika. In Europa an Zäunen, Pergolen und an Häusern, gelegentlich auch verwildert. Triebe häufig rot überlaufen.*

- ***wird auch „Wilder Wein" genannt***
- ***wächst sehr schnell***
- ***bevorzugt Sonne, erträgt aber auch Schatten***

Die anspruchslose Kletterpflanze kam etwa um 1610 nach Europa und wurde schon bald in Parks zum Begrünen von Bogengängen verwendet. An Hauswänden kann sie sich jedoch nicht so gut festhalten wie die Dreilappige Jungfernrebe. Man pflanzt sie deshalb besser an Gerüste, die sie mit ihren Ranken umwickeln kann.

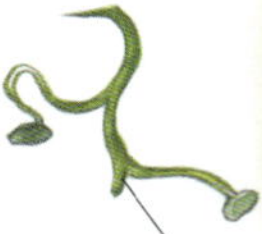

Chinesischer Blauregen

Wisteria sinensis (Schmetterlingsblütengewächse)

H 8–10 m Mai–Juni Kletterpflanze ☠

In China schlingen sich die Stämme wild wachsender Blauregen um Bäume und überwuchern Hecken. Dort pflanzten Gärtner die Art auch schon lange als dekorative Zierpflanze, bevor das erste lebende Exemplar im Jahr 1816 nach Europa kam.

Kletterstrauch mit links windenden Stämmen

bis 30 cm lange Blütentrauben erscheinen vor den Blättern

braucht an Mauern eine Kletterhilfe

Blüten um 2,5 cm groß

blauviolette Schmetterlingsblüten

Vorkommen *Stammt aus China. In warmen, sonnigen Lagen an Mauern, Pergolen und Balkonen kultiviert. Die Einzelblüten der Trauben öffnen sich gleichzeitig.*

> ***ganze Pflanze, besonders die Samen, giftig!***
> ***Blüten duften stark***
> ***im Winter kahl***

Blatt unpaarig gefiedert

7–13 eilängliche Blättchen

359

Zwergpalme

Chamaerops humulis (Palmengewächse)

H 1–10 m März–April Strauch

Früchte 1–3 cm lang, ziemlich fest

Diese Palme stellt eine Besonderheit dar, da sie in Europa nicht nur angepflanzt, sondern beheimatet ist. Die Blätter liefern Fasern, die sich als Stopfmaterial für Matratzen und Polstermöbel eignen. Bis vor zwei Millionen Jahren gab es in Europa einige Palmen, denen es jedoch während den Eiszeiten zu kalt wurde.

Blätter bilden an der Spitze des Stammes einen Schopf

Stamm von Fasern bedeckt, bei kleinen Palmen durch die Blätter verdeckt

Vorkommen *Wild auf Sizilien und in Südostspanien. Im Süden in Parks gepflanzt, in Mitteleuropa Kübelpflanze. Typisch ist der dornige Blattstiel.*

> ***Früchte nicht essbar***
> ***wächst auf stark beweideten Flächen nur strauchig***
> ***besiedelt offene, trockene Standorte***

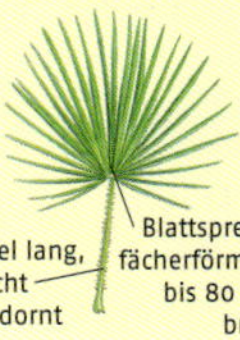

Stiel lang, dicht bedornt

Blattspreite fächerförmig, bis 80 cm breit

Blumen duften und heilen

Kräuter und Blumen locken mit verführerisch duftenden Blättern und Blüten – manche wirken beruhigend, andere anregend oder betörend und einige sogar aphrodisierend. In ihrem Inneren warten die zarten Schönheiten dann noch mit heilkräftigen Substanzen auf, unter denen etliche den Weg in unsere Apotheken fanden.

Verführerische Düfte...

Die Lust an schönen Düften ist uralt und hat ihren Ursprung wahrscheinlich bei den alten Ägyptern, die bereits um 5000 vor unserer Zeitrechnung Blumen und Kräuter ins Feuer warfen, um mit dem duftenden Rauch ihre Wünsche und Gebete gen Himmel zu ihren Göttern zu schicken. So leitet sich das Wort Parfum vom lateinischen per-fumum = „durch Rauch" ab. Heute dienen zur Herstellung von Parfum auch viele heimische Blumen wie Maiglöckchen, Veilchen, Alpenveilchen, Kamille, Narzisse, Rose und Thymian.

... und verborgene Heilkräfte

Aus Grabfunden wissen wir, dass Heilkräuter bereits vor über 60 000 Jahren von Menschen genutzt wurden. Zu den wichtigsten Heilstoffen der Pflanzen zählen ihre ätherischen Öle. Viele Pflanzen wirken krampflösend oder beruhigend, wie Kamille, Kümmel, Fenchel und Baldrian. Bitterstoffe, wie sie reichlich im Wermutkraut, der Enzianwurzel und dem Tausendgüldenkraut vorhanden sind, helfen den Verdauungsorganen und Gerbstoffe aus Frauenmantel, Rhabarberwurzeln, Blutwurz und Salbei wirken entzündungshemmend und antimikrobiell. Doch sind nicht alle Heilkräuter bedenkenlos verwendbar: Einige von Ihnen sollten nur mit entsprechender Fachkenntnis oder besser gar nicht angewandt werden. So enthalten Maiglöckchen und Fingerhut herzwirksame Glykoside, sie sind ebenso wie der gefürchtete Eisenhut und die Tollkirsche in entsprechender Dosierung tödlich giftig.

Großer Sauerampfer

Rumex acetosa (Knöterichgewächse)
H 30–100 cm Mai–Juli Staude

Vorkommen *Wiesen, Weiden, Wegränder, Fluss- und Bachufer. Ganz Europa.*

- **Blätter schmecken sauer**
- **fällt besonders im Mai und Juni auf**
- **zeigt Stickstoffreichtum an**

Für den sauren Geschmack der Pflanze sind die gleichen Inhaltsstoffe verantwortlich, die auch im Sauerklee vorkommen. Junge Blätter lassen sich als Salatbeigabe und in Suppen verwenden. Zu große Mengen führen jedoch zu Durchfall und Erbrechen und können Nierenschäden verursachen.

Schlaf-Mohn

Papaver somniferum (Mohngewächse)
H 40–150 cm Juni–Aug. einjährig ☠

Vorkommen *Ödland, Schutt. Auf nährstoffreichen Lehmböden. Heimat Westasien, legal und illegal angebaut.*

- **Blätter unregelmäßig tief gezähnt, am Grund stängelumfassend**
- **Blüten einzeln, bis 10 cm groß**
- **Pflanze mit weißem Milchsaft**

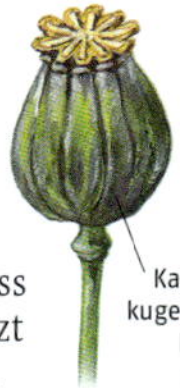

Der Schlaf-Mohn ist ein gutes Beispiel dafür, dass eine Droge Segen und Fluch bedeuten kann. Ritzt man die unreifen Kapseln des Schlaf-Mohns an, tritt ein weißer Milchsaft aus, der an der Luft trocknet. Er enthält Alkaloide, die zu medizinischen Produkten verarbeitet werden: Morphin, Codein, Noscapin und Papaverin sind die bekanntesten. Opium und seine Derivate (z. B. Heroin) sind aber auch Rauschgifte mit hohem Abhängigkeitspotenzial.

Klatsch-Mohn

Papaver rhoeas (Mohngewächse)

H 30–90 cm   Mai–Juli   einjährig

Jede Blüte produziert die außergewöhnlich große Menge von rund 2,5 Millionen Pollenkörnern, die sehr nahrhaft sind und von verschiedenen Insekten gesammelt werden. Besonders Hummeln warten am Morgen oft schon auf den Blüten, bis sich diese entfalten. Den meisten Blütenstaub geben die Blüten morgens bis etwa 10 Uhr ab.

Vorkommen *Getreidefelder, Wege, Bahnhofsgeländen, Ödflächen, an Straßenböschungen auch zur Begrünung angesät. Ganz Europa.*

- ***Blüten öffnen sich am frühen Morgen***
- ***wurzelt bis etwa 1 m tief***
- ***braucht im Sommer warme Standorte***

Meersenf

Cakile maritima (Kreuzblütengewächse)

H 15–30 cm   Juli–Okt.   einjährig

Der Meersenf gehörte zu den ersten Blütenpflanzen, die die Vulkaninsel Surtsey nach deren Entstehung besiedelten. Der obere Teil seiner zweigliedrigen Frucht enthält ein lufthaltiges Gewebe und kann mit Wasser weit weggespült werden; der untere verbleibt zunächst an der Pflanze, fällt später zu Boden und verankert sich dort.

Vorkommen *An sandigen oder kiesigen Meeresstränden im Spülsaum. Wächst oft in lockeren Gruppen. Küsten ganz Europas.*

- ***Blätter oft mit schmalen Abschnitten***
- ***verträgt Salz***
- ***schmeckt scharf***

Schmalblättriges Weidenröschen

Epilobium angustifolium (Nachtkerzengewächse)
H 60–120 cm Juli–Aug. Staude

Vorkommen *Waldlichtungen, Kahlschläge, Sturmwurfflächen, Waldwege, Ufer. Auf meist kalkarmen Böden. Fast ganz Europa.*

> ***Samen leben nicht lange***
> ***auffälligste Weidenröschen-Art***
> ***kann riesige Flächen bedecken***

Die Volksheilkunde empfiehlt Tee aus dem Schmalblättrigen Weidenröschen gegen Vergrößerungen der Prostata (Vorsteherdrüse). Ganz junge Blätter und Triebe eignen sich auch für Wildgemüse. Die Blüten sind nur anfangs strahlig-symmetrisch. Während der Blütezeit rücken die beiden unteren Kronblätter nach oben, die frei werdende Lücke wird vom unteren Kelchblatt eingenommen, sodass die Blüten zweiseitig-symmetrisch werden.

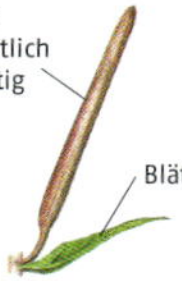

Wasser-Minze

Mentha aquatica (Lippenblütengewächse)
H 20–80 cm Juli–Okt. Staude

Vorkommen *An Ufern, in Gräben, im Schilf, auf nassen Wiesen und Moorwiesen. Ganz Europa.*

> ***riecht und schmeckt nach Pfeffer-Minze***
> ***erträgt Überschwemmung***
> ***duftende Blüten locken viele Insekten an***

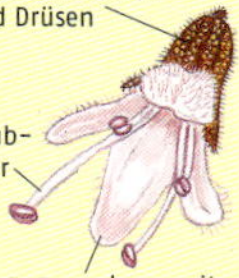

Die Wasser-Minze zählte neben dem Echten Mädesüß und dem Eisenkraut zu den heiligen Kräutern der Druiden. Man kann sie für Tee sammeln, allerdings ist ihr Aroma nicht so angenehm wie das der Pfeffer-Minze. Diese kommt wild nicht vor, sondern entstand erst Ende des 17. Jahrhunderts in England aus einer Kreuzung der Wasser-Minze mit der Grünen Minze.

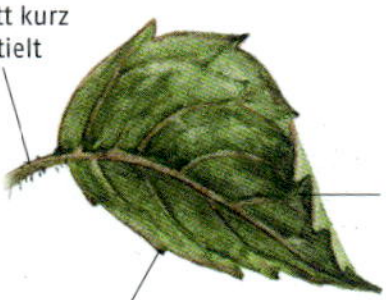

Kuckucks-Lichtnelke

Silene flos-cuculi (Nelkengewächse)

H 30–80 cm Mai–Juli Staude

Die Blütezeit im Frühling führte zur Namensgebung nach dem Kuckuck als Frühjahrskünder. Auch der häufig an der Pflanze zu findende Schaum von Schaumzikaden hat wohl mit dazu beigetragen. Diesen nennt man im Volksmund „Kuckucksspeichel". Früher glaubte man, dieser Vogel habe bei seiner Ankunft im Frühjahr auf die Pflanzen gespuckt.

Vorkommen *Wiesen, Sumpf- und Moorwiesen. Auf nassen oder feuchten nährstoffreichen Böden. Von der Ebene bis ins Gebirge in ganz Europa.*

> ***zeigt feuchten Boden an***
> ***Blüten wirken zerzaust***
> ***schön in Wildpflanzengärten***

Rote Lichtnelke

Silene dioica (Nelkengewächse)

H 30–90 cm April–Sept. Staude

Die männlichen und die weiblichen Blüten sitzen auf verschiedenen Pflanzen. Beide locken besonders Tagfalter und langrüsselige Hummeln als Bestäuber an. Wiesen an geeigneten Standorten sind im Mai durch die üppige Blütenpracht oft rotviolett gefärbt. Nur wenige Nachzügler blühen später.

Vorkommen *Feuchte Wiesen und lichte Wälder. Fast ganz Europa.*

> ***zeigt nährstoffreiche Böden an***
> ***Blüten duften nicht***
> ***die ähnliche Weiße Lichtnelke blüht weiß***

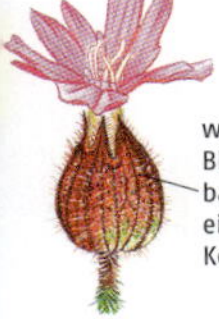

Grasnelke

Armeria maritima (Bleiwurzgewächse)
H 5–50 cm Mai–Nov. Staude

Vorkommen *Strand- und Salzwiesen der Meeresküsten, Trockenrasen. Auf sandigen oder steinigen, salzhaltigen Böden. Nord-, Mittel- und Westeuropa.*

- ***Blätter grasartig***
- ***bildet eine lange Pfahlwurzel aus***
- ***ist an Salzstandorte angepasst***

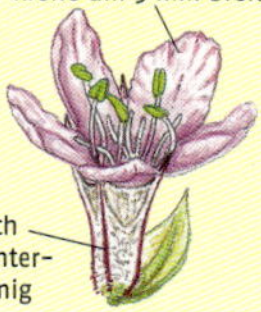

Die Grasnelke verträgt nicht nur Salz, einige Sippen können sogar Böden besiedeln, die mit giftigem Schwermetall verseucht sind. Die Pflanze lagert die aufgenommenen Metalle dann in die Blätter am Grund ein. Die Blütenköpfe behalten auch getrocknet in Trockensträußen ihre Farbe und Form. Man darf sie jedoch nicht von Wildpflanzen sammeln, da diese geschützt sind.

Schlangen-Wiesenknöterich

Bistorta officinalis (Knöterichgewächse)
H 30–100 cm Mai–Juli Staude

Vorkommen *Nasse Wiesen, Auenwälder, Ufer. Von der Ebene bis ins Gebirge. Mitteleuropa.*

- ***kann oft große Flächen bedecken***
- ***zeigt nasse Böden an***
- ***auch für das Ufer des Gartenteichs geeignet***

Die Pflanze ist nicht nur schön anzusehen, sondern auch nützlich: In den Blüten finden Insekten reichlich Nektar. Junge Stängel und Blätter werden gern vom Vieh gefressen und ergeben schmackhaftes Wildgemüse. In Sibirien und auf Island aß man früher den gerösteten, stärkereichen Wurzelstock.

Echte Tollkirsche

Atropa bella-donna (Nachtschattengewächse)

H 50–150 cm Juni–Aug. Staude ☠

Diese Giftpflanze enthält eine Reihe von Alkaloiden (Hyoscyamin), Gerbstoffe und Flavonoide. Der Wirkstoff Atropin bildet sich erst, wenn die Pflanze getrocknet wird. Wegen ihrer Giftigkeit spielte die Tollkirsche keine große Rolle in der Volksheilkunde, musste aber für allerlei Zauber herhalten.

Vorkommen *Waldlichtungen, Kahlschläge, Wegränder. Mitteleuropa, Südwestasien, Nordafrika.*

> ***Blätter breit lanzettlich, wechselständig***
> ***im Blütenbereich großes und kleines Blatt scheinbar gegenständig***

Wilde Malve

Malva sylvestris (Malvengewächse)

H 30–100 cm Juni–Okt. Staude

Blüten und Blätter der Wilden Malve enthalten vor allem Schleimstoffe, aber auch Gerbstoffe und Flavonoide. Der Schleim legt sich lindernd über entzündete Schleimhäute und macht einen Malventee zum wirkungsvollen Heilmittel bei Husten, Katarrhen und Entzündungen von Magen und Darm.

Vorkommen *Wegränder, Ödland, Schuttplätze. An sonnigen, trockenen Standorten. Europa, Asien, Nordafrika.*

> ***zeigt stickstoffreiche Böden an***
> ***Blüten zu 2–6 in den oberen Blattachseln***
> ***Stängel niederliegend bis aufsteigend***

Graubehaarte Zistrose

Cistus incanus (Zistrosengewächse)

H 30–100 cm April–Juni Strauch

Vorkommen
Lockere Wälder und Buschgebiete im Mittelmeerraum, außer in Frankreich und Spanien.

- > ***ist an Trockenheit angepasst***
- > ***erinnert aus der Ferne an eine Rose***
- > ***blüht nur vom Morgen bis zum frühen Nachmittag***

Aus den Blättern und Zweigen einer Unterart bereitet man „Cystus-Tee", der Herz- und Kreislauferkrankungen vorbeugen und die allgemeine Abwehrkraft verbessern soll. Extrakte wirken auch gegen Halsschmerzen und konnten zumindest in Laborversuchen die Vermehrung von Grippeviren hemmen – eine Fähigkeit, welche die Bedeutung der Pflanze in Zukunft steigern könnte.

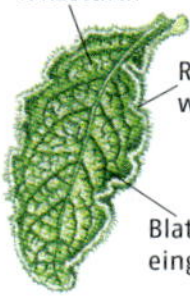

Alpenveilchen

Cyclamen purpurascens (Primelgewächse)

H 5–15 cm Juni–Sept. Staude ☠

Vorkommen *Wälder, Gebüsche, Gärten. Alpen.*

- > ***Blätter immergrün***
- > ***in viele Sorten als Gartenpflanzen***

Da die Knollen Erbrechen, Durchfälle bis hin zu Lähmungen und Krämpfen hervorrufen, wurden sie als starkes Abführmittel eingesetzt. In der Homöopathie ist die frische Knolle immer noch gegen Kopfschmerzen, Migräne und Verdauungsstörungen in Gebrauch. In der Antike war man offenbar weniger vorsichtig: Schlangenbisse, Augenkrankheiten, Gicht und Milzleiden sollten durch Alpenveilchen geheilt werden.

Mehl-Primel

Primula farinosa (Primelgewächse)

H 10–30 cm Mai–Juli Staude

Die Mehl-Primel kann nur an offenen Standorten gedeihen. Ist der Bewuchs dichter, verschwindet sie, da ihre dicht dem Boden anliegende Blattrosette dann nicht mehr genügend Licht bekommt. Der gelbe Ring am Eingang zur Röhre weist den blütenbesuchenden Insekten, besonders Tagfaltern, den Weg zum Nektar.

Vorkommen *Quellige Moore, moorige Wiesen, steinige Rasen. Alpenvorland, Alpen, Nordeuropa, Pyrenäen.*

> ***duftet nur schwach***
> ***kenntlich an den unten weißmehligen Blättern***
> ***braucht viel Feuchtigkeit***

Echter Baldrian

Valeriana officinalis (Baldriangewächse)

H 40–100 cm Mai–Aug. Staude

Die sprichwörtliche Anziehungskraft auf Katzen geht auf den spezifischen Duft der trocknenden Wurzeln zurück. Mit diesem Duft hofften die Menschen des Mittelalters bösen Zauber und sogar die Pest abwehren und Partner anlocken zu können. Die Verwendung als Beruhigungsmittel war damals unbekannt und ist eine Erkenntnis jüngerer Zeit.

Gesundheitstipp

Ein beruhigendes Vollbad bereitet man aus 100 g Wurzeln, die mit 2 l Wasser übergossen und aufgekocht werden. Nach 10 Minuten wird abgeseiht und die Flüssigkeit ins Badewasser gegeben.

Vorkommen *Feuchte Wiesen und Wälder, Flussufer, Gräben. Häufig. Europa, Asien.*

> ***Formenreiche Sammelart***
> ***verschiedene Blütenstände***
> ***Früchte mit fedrigen Borsten***

Sumpfblutauge

Potentilla palustris (Rosengewächse)

H 30–100 cm Juni–Juli Staude

Vorkommen *Sümpfe, Moore, Gräben. Auf nassen, oft überschwemmten, mäßig sauren Böden. Von der Ebene bis ins Gebirge. Mittel- und Nordeuropa.*

- ***braucht kühles Klima***
- ***vermehrt sich auch durch abgerissene Stängel***
- ***steht oft direkt im Wasser***

Die Früchte des Sumpfblutauges erinnern etwas an eine Erdbeere. In manchen Gegenden haben Kinder sie früher tatsächlich gesammelt und gegessen. Auch Tiere fressen sie beim Weiden. Dabei scheiden sie die unverdauten Kerne wieder aus und sorgen so für die Verbreitung der Pflanze. Außerdem können losgelöste Kerne mit Wasserströmungen davonschwimmen.

Bach-Nelkenwurz

Geum rivale (Rosengewächse)

H 30–70 cm April–Juli Staude

Vorkommen *Nasse Wiesen, Moorwiesen, Gräben, Bäche, Auwälder. Mitteleuropa, Asien, Nordamerika.*

- ***Kronblätter weiß bis rosa***
- ***Stängel aufrecht, dicht behaart***
- ***Nährstoffzeiger***

Die Wurzel enthält Gerbstoffe und ätherisches Öl. Sie setzt beim Trocknen Eugenol frei, das auch in Gewürznelken enthalten ist. Die Wurzel wird in der Volksheilkunde bei Durchfall, Verdauungsstörungen, Appetitlosigkeit, zum Gurgeln und Spülen bei Husten und Entzündungen im Mund- und Rachenraum genutzt. Die verwandte Echte Nelkenwurz (S. 451) enthält mehr Eugenol.

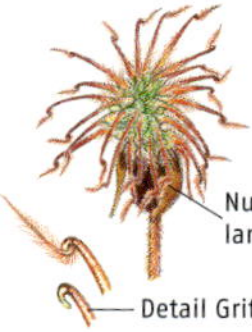

Blutroter Storchschnabel

Geranium sanguineum (Storchschnabelgewächse)

H 15–50 cm Juni–Aug. Staude

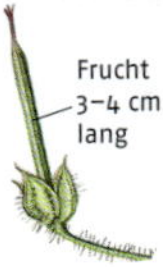

Der Name der Pflanze kann verschiedene Ursprünge haben: Blütenfarbe, Herbstfärbung oder die blutrote Farbe des aufgeschnittenen Wurzelstocks. Dieser enthält reichlich Gerbstoffe. Früher diente er zum Blutstillen, neuere Untersuchungen zeigen, dass Auszüge daraus auch die Vermehrung von Grippeviren hemmen.

Vorkommen *Rand von Trockengebüschen und trockenen Wäldern, Felsen, Magerrasen, Böschungen. Besonders Mittel- und Südeuropa.*

> ***wärmeliebend***
> ***lockt Bienen als Bestäuber an***
> ***auch üppig blühende Gartenzierpflanze***

Stink-Storchschnabel

Geranium robertianum (Storchschnabelgewächse)

H 20–40 cm Mai–Okt. einjährig

Durch einen Schleudermechanismus können die Samen mehr als 3 m weit und fast 2 m hoch fliegen. Gelegentlich wächst die Pflanze deshalb auch auf moosigen Bäumen oder in Astgabeln. Die wegen des für die meisten Nasen unangenehmen Geruchs auch „Stinkender Storchschnabel" oder „Stinkender Robert" genannte Pflanze verwendete man früher gegen Motten.

Vorkommen *Wälder, Schluchten, Auen, Mauern, Felsen, Hecken, steinige Plätze, Bahnareale, Ödflächen. Fast ganz Europa.*

> ***wächst häufig auch in Städten***
> ***an sonnigen Standorten oft ganze Pflanze rot***
> ***riecht bei Berührung sehr stark und typisch***

Echtes Tausendgüldenkraut

Centaurium erythraea (Enziangewächse)
H 10–50 cm Juli–Sept. einjährig

Vorkommen
Waldlichtungen, Halbtrockenrasen. Sonnige, trockene Standorte. Europa, Westasien, Nordafrika.

> ***Blüten in Scheindolde***
> ***Blätter in grundständiger Rosette***
> ***Stängel vierkantig***

Das hübsche Wiesenkraut ist geschützt und darf in Deutschland nicht gesammelt werden. Das verwendete Kraut stammt aus anderen Ländern. Der Tee regt den Fluss von Speichel und Magensaft an; er hilft bei Verdauungsproblemen und Völlegefühl. In der Volksheilkunde trank man ihn gegen Eingeweidewürmer, bei Bleichsucht und Blutarmut.

Arznei-Beinwell

Symphytum officinale ssp. *officinale* (Raublattgewächse)
H 30–100 cm Mai–Juli Staude ☠

Vorkommen *Ufer, Wegränder, Wiesen, Auwälder. Auf feuchten bis nassen, nährstoffreichen Böden. Europa, Asien.*

> ***Pflanze rau behaart***
> ***Blütenstände vor der Blüte eingerollt***
> ***Blütenfarben gelblich weiß, purpurn oder rotviolett***

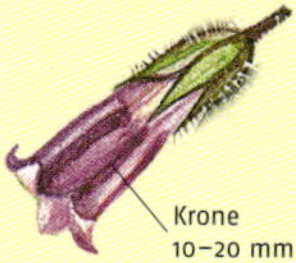

Der Glaube, dass Beinwell bei Knochenbrüchen hilft, scheint so alt wie die Pflanzenmedizin selbst. Er reicht von der Antike über Hildegard von Bingen bis zu den späteren Kräuterbüchern. Die Wurzel enthält unter anderem Saponine, Gerbstoffe und Schleime. Die giftigen Pyrrolizidinalkaloide stehen im Verdacht Krebs zu erregen, die Wurzel wird daher nur noch für begrenzte Zeit äußerlich in Form von Umschlägen angewandt.

Echte Pfingstrose

Paeonia officinalis (Pfingstrosengewächse)

H 30–60 cm Mai Staude ☠

Blüten bis 12 cm breit

Lange Zeit verwendete man die dicken Wurzeln gegen Gicht und nannte die Pflanze „Gichtrose". Der Blütenstaub jeder Blüte besteht aus rund 3,6 Millionen Körnern – ein Rekord im Pflanzenreich.

rote und schwarze Samen

Frucht öffnet sich mit Klappen

knollige Wurzeln

Vorkommen *Trockene Hänge, trockene Gebüsche auf kalkhaltigen Böden bis in Höhen um 1700 m. Südeuropa, südlicher Alpenraum.*

- ***blüht um Pfingsten***
- ***in Mitteleuropa teils aus Gärten verwildert***
- ***duftende Blüten***

5–10 rosa bis dunkelrote Kronblätter

zahlreiche Staubblätter

Blut-Weiderich

Lythrum salicaria (Weiderichgewächse)

H 50–100 cm Juli–Sept. Staude

Blüten in hoher Ähre

Das getrocknete, blühende Kraut enthält Gerbstoffe, Flavonoide und ätherisches Öl. Wie viele gerbstoffhaltige Heilkräuter diente es als Heilmittel gegen blutende Wunden – von starken Monatsblutungen bis hin zur äußerlichen Anwendung bei offenen Beinen und Ekzemen.

Vorkommen *Nasse Wiesen, Gräben, Teichufer. Auf feuchten bis nassen Böden. Europa, Asien, Nordafrika.*

- ***Blätter gegenständig oder in Quirlen***
- ***Stängel vierkantig***
- ***Griffel und Staubblätter in drei verschiedenen Anordnungen***

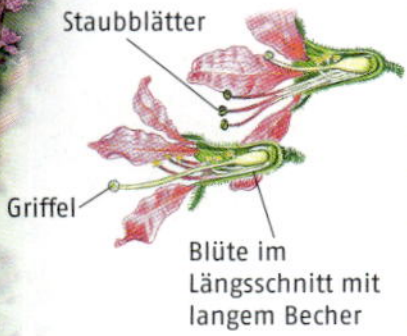

Einzelblüte etwa 1 cm lang

Spinnweben-Hauswurz

Sempervivum arachnoideum (Dickblattgewächse)

H 5–15 cm Juni–Sept. Staude

***Vorkommen** Felsspalten, offene, magere Bergrasen, Felsköpfe, Mauerkronen. Gebirge Mittel- und Südeuropas bis in Höhen um 3000 m.*

- > ***Pflanze an sonnigen Standorten oft rot überlaufen***
- > ***abgelöste Blattrosetten bewurzeln sich und sorgen für Vermehrung***
- > ***erträgt Trockenheit***

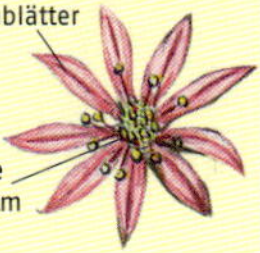

Die „Spinnweben", die sich zwischen den Blattspitzen spannen, stammen von der Pflanze selbst: Beieinanderliegende, junge Blattspitzen verkleben etwas miteinander, beim Wachsen „ziehen die Klebestellen Fäden". Die glänzenden Haarbildungen wirken als Strahlungsschutz an den trockenen, sonnigen Standorten.

Große Klette

Arctium lappa (Korbblütengewächse)

H 80–150 cm Juli–Aug. zweijährig

***Vorkommen** Unkrautbestände an Schuttplätzen, Bahnanlagen, Wegen, Zäunen, Ufer, gestörte Waldstellen. Mittel- und Südeuropa, südliches Skandinavien.*

- > ***Klettfrüchte oft noch im Winter an abgestorbenen Pflanzen***
- > ***Blätter bis 50 cm lang***
- > ***die ähnliche Filzige Klette hat spinnwebartig überzogene Körbchen***

Die Klettfrüchte bleiben an vorbeistreifenden Tieren oder an Kleidung hängen und können weit verschleppt werden. Die Widerhaken der Klettfrüchte waren Vorbild für den Klettverschluss. 1951 ließ der Belgier Mestral diesen Verschluss patentieren.

Gewöhnlicher Wasserdost

Eupatorium cannabinum (Korbblütengewächse)
H 50–150 cm Juli–Sept. Staude

Die Ärzte der Antike empfahlen den Wasserdost gegen Schlangenbisse, Ruhr und Leberkrankheiten, das Mittelalter sah in ihm ein Mittel zur Stärkung der Manneskraft. Die Inhaltsstoffe lassen eine immunstimulierende Wirkung vermuten, während die Volksheilkunde den Wasserdost als harntreibend, abführend und den Gallenfluss fördernd beschreibt. Heute spielt er in der Heilkunde keine Rolle mehr.

Vorkommen *Lichtungen und Säume von Wäldern, Ufern. Auf feuchten Böden. Europa, Westasien, Nordafrika.*

> ***Blätter gegenständig, tief handförmig geteilt***
> ***Kunigundenkraut; Wundkraut der hl. Kunigunde***

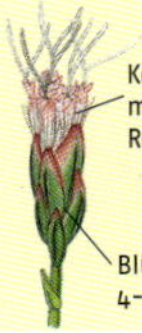

Grauer Alpendost

Adenostyles alliariae (Korbblütengewächse)
H 50–120 cm Juli–Aug. Staude ☠

Der Graue Alpendost kann an nährstoffreichen Stellen bis 2 m hoch werden. Die Grundblätter erreichen Größen von bis 50 cm. Früher verwendete man sie im Freien als Toilettenpapier – sicher sind sie hierfür auch heute noch bei manchem Bergwanderer im Einsatz. Wenn die Pflanze nicht blüht, ist sie leicht mit der Gewöhnlichen Pestwurz zu verwechseln.

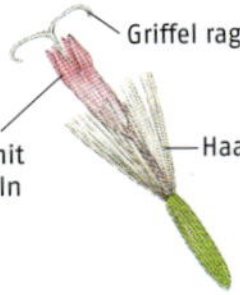

Vorkommen *Mischwälder, Staudenbereiche oberhalb der Waldgrenze bis um 2600 m, Bachufer. Auf nassen Böden. Alpen, Gebirge in Mittel- und Südeuropa.*

> ***Blätter unterseits graufilzig***
> ***untere Blätter erinnern an die der Pestwurz***
> ***trotz des Namens nicht mit dem Gewöhnlichen Dost verwandt***

Gewöhnliche Pestwurz

Petasites hybridus (Korbblütengewächse)

H 15–150 cm April–Mai Staude ☠

Vorkommen *Bach- und Flussufer, Gräben, nasse Wiesen. Auf nährstoffreichen Böden. Europa, Westasien.*

> ***Blütenstand erscheint lange vor den Blättern***
> ***Blätter bis 90 cm breit und mit Stiel 150 cm hoch***

Der deutsche Name stammt aus dem Mittelalter: die Wurzel sollte die Pest heilen – leider ein Irrtum. Die Wurzel enthält unterschiedliche Wirkstoffe, die Krämpfe lösen, Schmerz stillen, Entzündungen hemmen und auch gegen Spannungskopfschmerz und Migräne helfen.

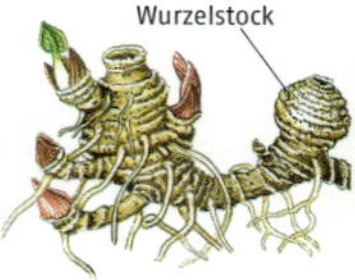

Acker-Kratzdistel

Cirsium arvense (Korbblütengewächse)

H 60–120 cm Juli–Sept. Staude

Vorkommen *Unkrautbestände, Äcker, Wege, Schuttplätze, Waldschläge, Ödflächen. Auf nährstoffreichen Böden. Ganz Europa.*

> ***blüht und fruchtet oft gleichzeitig***
> ***mit dem Getreideanbau weltweit verschleppt***
> ***verträgt Salz***

Die Acker-Kratzdistel gehört zu den problematischen Unkräutern der Landwirtschaft. Sie wurzelt bis etwa 3 m tief. Bodenbearbeitung fördert die Verbreitung ihrer Wurzelstücke. Wissenschaftler suchen seit längerer Zeit nach einem Weg, sie außer mit Unkrautvernichtungsmitteln auch auf biologische Weise mit einem nur auf ihr wachsenden Pilz zu bekämpfen.

Wiesen-Flockenblume

entaurea jacea (Korbblütengewächse)
20–150 cm Juni–Nov. Staude

)ie Wiesen-Flockenblume schmeckt dem Weidevieh nicht)esonders, da sie viele Gerbstoffe enthält. So bleibt sie auf Veiden manchmal noch stehen, wenn alle anderen Pflanzen bereits abgefressen sind. In einigen katholischen Gegenden bindet man die Pflanze traditionsgemäß in die Kräuterbüschel, die an Mariä Himmelfahrt geweiht werden.

Vorkommen *Wiesen, Weiden, magere Rasen, Wegböschungen. Auf nährstoffreichen Böden an hellen Standorten. Fast ganz Europa.*

- > ***Stängel zäh***
- > ***lockt Bienen und Schmetterlinge an***
- > ***die ähnliche Skabiosen-Flockenblume hat fiederspaltige Blätter***

Schwanenblume

Butomus umbellatus (Schwanenblumengewächse)
H 50–150 cm Juni–Aug. Staude

Der Name „Schwanenblume" bezieht sich auf den langen, dünnen, biegsamen Blütenstiel, den man mit einem Schwanenhals verglich. Wächst die Pflanze in tieferem Wasser, blüht sie nicht und bildet bandförmige Blätter. Früher stellte man aus diesen Körbe und Matten her. Als Zierpflanze für Gartenteiche bieten Gärtnereien Pflanzen aus Kulturen an.

Vorkommen *Ufer oder Ufernähe von flachen, stehenden oder langsam fließenden, nährstoffreichen Gewässern und Gräben. Fast ganz Europa.*

- > ***Blätter grasartig, bis über 1 m lang***
- > ***wärmeliebend***
- > ***an Teichen auch angepflanzt***

Türkenbund-Lilie

Lilium martagon (Liliengewächse)

H 40–100 cm   Juni–Juli   Staude

Vorkommen *Wälder mit krautigem Unterwuchs, Gebüsche, Bergwiesen bis etwa 2400 m. Auf Kalkböden im Halbschatten. Gebirge Europas.*

- ***Knospen oft von Rehen abgefressen***
- ***frühere Zauberpflanze***
- ***turbanähnliche, abends duftende Blüten***

Die Blüten locken Schwärmer an, die beim Saugen des Nektars vor den Blüten schweben. Andere Schmetterlinge können sich auf den ölig überzogenen Blütenblättern kaum festhalten.

Gewöhnliche Schachblume

Fritillaria meleagris (Liliengewächse)

H 15–30 cm   April–Mai   Staude   ☠

Vorkommen *Ungedüngte Überschwemmungs- oder Nasswiesen, die nicht vor Anfang Juni gemäht werden. Mittel- und Südeuropa.*

- ***Blätter grasartig***
- ***heißt auch „Kiebitzei"***
- ***blüht selten weiß mit gelblichen Nerven***

Die deutschen Namen beziehen sich auf die ungewöhnliche Musterung der Blüten. Jedes Blütenblatt besitzt auf der Innenseite eine lange Längsfurche mit reichlich Nektar, der Bienen und Hummeln anlockt. Die Gewöhnliche Schachblume ist bei uns äußerst gefährdet, da es heute kaum noch für sie geeignete Standorte an Flüssen gibt.

Schnitt-Lauch

llium schoenoprasum (Lauchgewächse)

10–40 cm Juni–Aug. Staude

Schnitt-Lauch wächst wild auch in Asien und Nordamerika, bis hinauf in die Arktis. In Mitteleuropa pflanzt man ihn seit dem späten Mittelalter als Gewürz. Er enthält aromatische Lauch- und Senföle sowie reichlich Vitamin C. Im Garten schneidet man die Büschel etwa dreimal jährlich. Ausgegrabene Zwiebeln lassen sich im Winter in Töpfen auf dem Fensterbrett antreiben.

Vorkommen *Wild auf feuchtem Steinschutt der Gebirge. Verwildert an Sandbänken und Schotter entlang von Flüssen. Ganz Europa.*

- ***bildet dichte Büschel mit grundständigen Blättern***
- ***auch als Gewürz angepflanzt und verwildert***
- ***typischer Lauchgeruch***

Herbst-Zeitlose

Colchicum autumnale (Zeitlosengewächse)

H 5–40 cm Aug.–Nov. Staude ☠

Die Herbstzeitlose enthält ein tödlich wirkendes Gift, daher trat sie nie als Hausmittel in Erscheinung. Immerhin kannten die antiken Ärzte Giftigkeit und Wirkung und setzten sie als Mittel bei starken Gichtanfällen ein. Noch heute wird Colchicin – so der Name des Giftes – bei dieser Indikation verwendet. Allerdings muss der Arzt stets Wirksamkeit und Gefahr gegeneinander abwägen.

Vorkommen *Feuchte Wiesen, Streuobstwiesen. Auf nährstoffreichen Böden. Mitteleuropa, Nordafrika.*

- ***Weidetiere meiden die giftige Pflanze***
- ***Fruchtknoten tief unter der Erde***
- ***Blätter erscheinen im Jahr nach der Blüte***

Hohler Lerchensporn

Corydalis cava (Erdrauchgewächse)

H 10–35 cm März–Mai Staude ☠

Vorkommen
Krautreiche Buchen- und andere Laubwälder, Auwälder, Gärten. Mitteleuropa.

> ***Blüten in aufrechter Traube***
> ***oberes Kronblatt in langen Sporn ausgezogen***
> ***nur 2 Stängelblätter, doppelt 3-zählig***

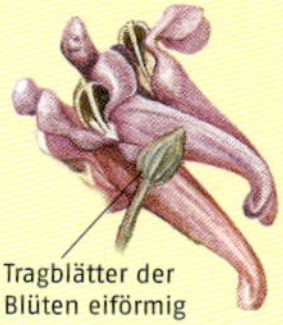

Die Knolle ist giftig, sie enthält verschiedene Alkaloide. Früher diente sie in der Volksheilkunde als Betäubungsmittel, zudem sollte sie Eingeweidewürmer vertreiben und die Menstruation erleichtern. Eine beruhigende Wirkung auf das zentrale Nervensystem ist heute nachgewiesen und Knollenextrakte sind in Fertigpräparaten gegen nervöse Erregung und Schlafstörungen enthalten.

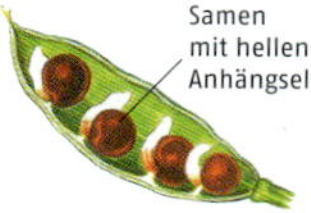

Dornige Hauhechel

Ononis spinosa (Schmetterlingsblütengewächse)

H 30–60 cm Juni–Juli Staude, Strauch

***Vorkommen** Nährstoffarme Wiesen und Weiden, Wegränder. Häufig auf Kalkböden. Mitteleuropa.*

> ***tief reichende Pfahlwurzel***
> ***Halbstrauch nur an der Basis verholzt***
> ***untere Blätter 3-zählig, obere einfach***

Die Wurzel der Hauhechel enthält unter anderem Flavonoide, ätherisches Öl, Onocol und Gerbstoffe. Der griechische Arzt Dioskurides erkannte ihre harntreibende Wirkung. Sowohl in der Schulmedizin als auch in der Volksheilkunde wird Hauhechel in diesem Sinne genutzt.

Wiesen-Klee

Trifolium pratense (Schmetterlingsblütengewächse)

H 15–40 cm   Juni–Sept.   Staude

Anstatt einen Acker brachliegen zu lassen, säen Bauern Wiesen-Klee aus. Dieser liefert nicht nur viel und wertvolles Futter für das Vieh, sondern verbessert gleichzeitig den Boden (s. Kasten).

1–4 kugelige bis eiförmige Köpfchen am Stängelende

Köpfchen von den obersten Blättern mehr oder weniger umhüllt

Blatt 3-zählig

Blättchen meist mit pfeilförmiger weißer Zeichnung

Die bis 2 m tief hinabreichenden Wurzeln tragen kleine Knöllchen, in denen Bakterien leben. Diese binden Stickstoff aus der Luft und machen diesen wichtigen Nährstoff der Pflanze verfügbar. Gleichzeitig düngen sie den Boden damit.

Vorkommen *Wiesen, Weiden, Wegränder, in verschiedenen Kulturformen auf Äckern angepflanzt. Ganz Europa.*

> ***sehr häufiger Klee***
> ***zeigt Nährstoffreichtum an***
> ***lockt Hummeln an***

hellkarmin- bis fleischrote, 1–2 cm lange Schmetterlingsblüte

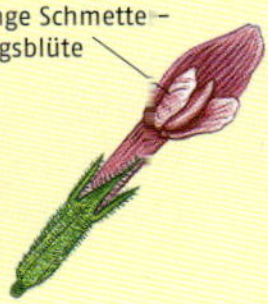

Frühlings-Platterbse

Lathyrus vernus (Schmetterlingsblütengewächse)

H 20–40 cm   April–Mai   Staude

Die Farbe der Blüten hängt von deren Säuregehalt ab und ändert sich mit dem Alter der Blüte sehr auffällig. In der Knospe ist der Zellsaft sauer und der Farbstoff deshalb rot, in der offenen Blüte ist er neutral, was eine rotviolette und blaue Farbe zur Folge hat. Beim Abblühen schließlich ist die Blüte basisch wie Seife und ihre Färbung wechselt zu Türkis.

3–7 Blüten bilden eine lang gestielte Traube

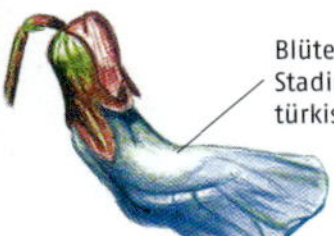

Blüte im späteren Stadium blau bis türkisfarben

Vorkommen *Wälder, besonders Buchenwälder mit reichlich krautigem Unterwuchs. Auf meist kalkhaltigen Böden. Fast ganz Europa.*

> ***paarig gefiederte Blätter ohne Ranke***
> ***fällt durch die frühe Blütezeit auf***
> ***schön im Wildpflanzengarten***

Schmetterlingsblüte 1–2 cm lang, jung rotviolett

Diptam

Dictamnus albus (Rautengewächse)

H 60–120 cm Mai–Juni Staude ☠

***Vorkommen** Waldränder, Felshänge, lichte Wälder. Auf trockenen, kalkreichen Böden. Mittel- und Südeuropa, Kleinasien.*

- > ***Blätter mit 3–5 Fiederpaaren***
- > ***stark duftend, schwarze Drüsenhaare***

Der Diptam zeichnet sich durch leicht flüchtige ätherische Öle in den Blütenblättern aus. An sehr heißen Tagen lassen sie sich direkt an der Pflanze entzünden, daher trägt sie auch den Namen „Brennender Busch". Wegen der Giftigkeit verbietet sich Selbstmedikation.

Drüsiges Springkraut

Impatiens glandulifera (Balsaminengewächse)

H 50–250 cm Juli–Aug. einjährig

***Vorkommen** Auenwälder, feuchte Wälder, Ufer. Bevorzugt eher schattige Standorte mit hoher Luftfeuchtigkeit. Fast ganz Europa.*

- > ***Blüten duften intensiv***
- > ***reife Früchte platzen bei Berührung auf***
- > ***wächst sehr rasch***

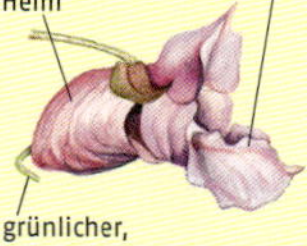

Das Drüsige Springkraut stammt aus dem Himalaja. Als hübsche Zierpflanze säte man es 1837 erstmals in Dresden, später in ganz Europa in vielen Gärten. Von dort verwilderte es rasch. Heute bildet die Pflanze an Ufern und in Auenwäldern teils dichte Gruppen und verdrängt immer mehr die heimischen Pflanzen von diesen Standorten. Naturschützer bekämpfen sie deshalb vielerorts.

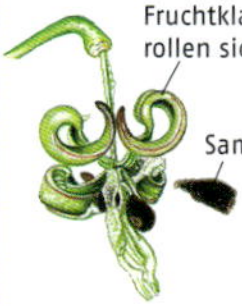

;efleckte Taubnessel

amium maculatum (Lippenblütengewächse)

15–60 cm April–Sept. Staude

;ief im Grund verborgen enthalten die Blüten reichlich Nektar.)ieser besteht zu rund 40 Prozent aus Zucker – kein Wunder, dass angrüsselige Hummeln die Blüten so gern besuchen. Kleinere Hummeln, deren Rüssel zu kurz ist, beißen die Röhre von der Seite an. Durch diese Löcher können dann auch Honigbienen ihren Rüssel bis in den Nektar trecken.

Vorkommen *Unkrautbestände, Auenwälder, Waldränder, Gräben, Hecken, Wegränder, Zäune. An halbschattigen Standorten. Mittel- und Südeuropa.*

- > ***erinnert ohne Blüten etwas an eine Brennnessel***
- > ***zeigt nährstoffreiche Böden an***
- > ***schön für Wildpflanzengärten***

Wald-Ziest

Stachys sylvatica (Lippenblütengewächse)

H 30–100 cm Juni–Sept. Staude

Als Eselsbrücke zu dem Namen und Standort dieser typischen Waldpflanze mag folgender Spruch dienen: „Wenn du in den Wald ziehst, siehst du den Wald-Ziest“: Die Art gehört zu den wenigen Blütenpflanzen, die auch im schattigen Wald noch blühen. Bleiben blütenbesuchende Insekten aus, bestäuben sich die Blüten selbst.

Vorkommen *Wälder, Gebüsche, Waldquellen, Waldwege. Auf feuchten bis nassen, nährstoffreichen Böden. Fast ganz Europa, im Süden in den Gebirgen.*

- > ***Blüten auffallend dunkel***
- > ***Blätter erinnern an Nesseln***
- > ***riecht beim Zerreiben unangenehm***

Gewöhnlicher Dost

Origanum vulgare ssp. *vulgaris* (Lippenblütengewächse)
H 20–60 cm Juli–Sept. Staude

***Vorkommen** Trocken- und Halbtrockenrasen. An sonnigen Standorten. Europa, Asien.*

> **rot überlaufener Stängel**
> **Blätter gegenständig, drüsig punktiert**

In seiner Würzkraft und dem Aroma ähnelt der heimische Dost dem Oregano. In seinem Kraut sind ätherisches Öl in unterschiedlicher Zusammensetzung, Gerbstoffe und Flavonoide enthalten. In der Volksheilkunde wurden daher die getrockneten, oberirdischen Teile bei Verdauungsstörungen, Erkrankungen der Atemwege, zum Gurgeln und als Appetitanreger verordnet.

Arznei-Thymian, Feld-Thymian

Thymus pulegioides ssp. *pulegioides* (Lippenblütengewächse)
H 5–40 cm Juni–Okt. Halbstrauch

***Vorkommen** Nährstoffarme, trockene Wiesen und Weiden, Kiefernwälder. Auf kalkarmen Böden. Europa.*

> **Pflanze am Grund verholzend**
> **Stängel 4-kantig, kriechend bis aufsteigend**

Die krautigen Teile werden zur Blütezeit gesammelt. Der Feldthymian enthält weniger ätherisches Öl als der Echte Thymian, wurde aber in der Volksheilkunde häufig benutzt. Die größte Bedeutung hatte er als Hustenmittel.

Roter Fingerhut

Digitalis purpurea ssp. *purpurea* (Braunwurzgewächse)

H 40–150 cm Juni–Aug. zweijährig bis Staude ☠

Die medizinisch sehr interessante Wirkung des Fingerhuts wurde erst in jüngster Zeit entdeckt. Die getrockneten Blätter des Roten Fingerhuts enthalten Digitalis-Glykoside, Saponine und andere Inhaltsstoffe. Das Digitoxin wird in der Schulmedizin bei Herzinsuffizienz eingesetzt.

Vorkommen *Kahlschläge, Wegränder und Lichtungen im Wald. Auf lockeren, sauren Böden. Westeuropa.*

- > ***Stängel aufrecht, unverzweigt, filzig behaart***
- > ***im 1. Jahr Blattrosette, im 2. Jahr Stängel mit Blüten***

Schuppenwurz

Lathraea squamaria (Braunwurzgewächse)

H 10–30 cm März–Mai Staude

Die Schuppenwurz lebt als Vollschmarotzer auf ausdauernden Pflanzen, hauptsächlich Erle, Hasel und Pappel. Sie senkt Saugwurzeln in deren Wurzeln und entnimmt ihnen alles, was sie zum Wachsen und Gedeihen benötigt: Wasser, Nährsalze und organische Substanzen. So braucht die Schuppenwurz kein Licht und kann an sehr dunklen Stellen im Wald wachsen.

Vorkommen *Auenwälder, Schluchtwälder. Meist in kleinen Gruppen von der Ebene bis in mittlere Gebirgslagen in fast ganz Europa.*

- > ***Pflanze fleischig, ohne Blattgrün***
- > ***wächst im Schatten oder Halbschatten***
- > ***braucht feuchten bis nassen Boden***

Sommerwurz

Orobanche sp. (Sommerwurzgewächse)

H 20–50 cm Juni–Juli ein- bis mehrjährig

Vorkommen *Pflanzen sitzen den Wurzeln verschiedener Kultur- und Wildpflanzen auf. Fast ganz Europa.*

> ***Pflanze vollständig ohne Blattgrün***
> ***das Aussehen erinnert etwas an eine Orchidee***
> ***stirbt nach der Blüte ab***

Die Sommerwurz lebt als Schmarotzer. Jede Art zapft die Wurzeln einer bestimmten Wirtspflanzengruppe an. Aus diesen entzieht die Pflanze mittels kräftigen Saugwurzeln Wasser sowie alle Nährstoffe. Einige Sommerwurz-Arten sind im Mittelmeerraum gefürchtete Kulturschädlinge.

Rote Spornblume

Centranthus ruber (Baldriangewächse)

H 30–80 cm Mai–Juli Staude

Vorkommen *An sonnigen Mauern, Felsen und auf Schutt in Südeuropa. In Mitteleuropa als Zierpflanze kultiviert und an warmen Stellen verwildert.*

> ***Blätter etwas blaugrün***
> ***kann auch weiß blühen***
> ***braucht ausreichend Wärme***

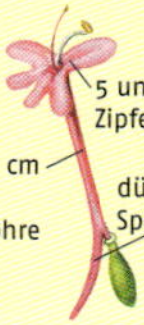

Nur Schmetterlinge haben einen Rüssel, der lang und dünn genug ist, um durch die Röhre der Krone an den Nektar im Sporn zu gelangen. Die Rote Spornblume ist eine dankbare Gartenstaude für sonnige Standorte. Ihre Wurzel wurde früher gelegentlich ähnlich wie Baldrianwurzel gegen Schlafstörungen verwendet.

Mücken-Händelwurz

Gymnadenia conopsea (Orchideengewächse)

H 25–60 cm Mai–Aug. Staude

Der lange dünne Blütensporn weist auf die Bestäuber dieser Orchidee hin: Tag- und Nachtfalter, die ihren dünnen Rüssel gut durch den weniger als 1 mm breiten Eingang in die Röhre einführen und den reichlichen, im Gegenlicht gut sichtbaren Nektar aufsaugen können. An manchen Standorten duften die Pflanzen besonders intensiv in der Abenddämmerung.

Vorkommen *Moorige Wiesen, Magerrasen, lichte Wälder. Sowohl auf trockenen wie auch feuchten, meist kalkhaltiger Böden. Fast ganz Europa.*

> ***Blüten duften stark***
> ***blüht selten auch weiß***
> ***wie alle Orchideen geschützt***

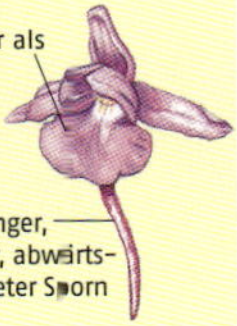

Geflecktes Knabenkraut

Dactylorhiza maculata (Orchideengewächse)

H 10–60 cm Mai–Aug. Staude

Wie die anderen Orchideen bildet auch das Gefleckte Knabenkraut staubfeine, mit einer losen Hülle versehene Samen aus. Diese sind so hervorragend an eine Verbreitung durch den Wind angepasst, dass sie bis 10 km weit fliegen können. Für das Wachstum des Keimes ist die Lebensgemeinschaft mit einem Pilz erforderlich.

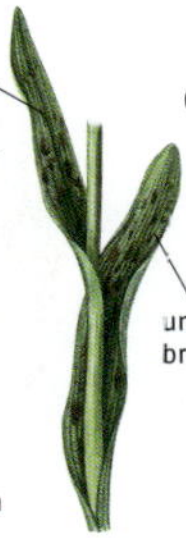

Vorkommen *Feuchte Magerrasen, Heidemoore, Heiden. Auf nassen oder feuchten, mageren oder humusreichen Böden. Fast ganz Europa.*

> ***sehr variabel in der Blüte und im Wuchs***
> ***duftet nicht***
> ***bietet den Bestäubern keiner Nektar als Belohnung***

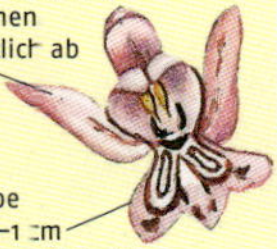

Knoblauchsrauke

Alliaria petiolata (Kreuzblütengewächse)

H 20–100 cm April–Juni einjährig

Vorkommen *Unkrautflächen, Waldränder, Hecken, Gärten, Parks. Auf nährstoffreichen Böden. Europa, Nordwestafrika, Südwestasien.*

> ***Blätter riechen beim Zerreiben nach Knoblauch***
> ***untere Blätter nierenförmig***

Kronblätter 5–7 mm lang

Die Knoblauchsrauke – verwendet wird das frische Kraut – nimmt eine Zwischenstellung zwischen Heil- und Gewürzkraut ein. Die frischen Blätter der Knoblauchsrauke können vom Frühling bis in den Herbst gesammelt werden und passen klein geschnitten in grüne und bunte Salate: Sie geben ihnen einen leichten Knoblauchgeschmack, ohne dass der Duft dem Esser anhaftet.

Blätter gestielt

Samen

Schote 4-kantig, abstehend

Brunnenkresse

Nasturtium officinale (Kreuzblütengewächse)

H 20–80 cm Mai–Okt. Staude

Vorkommen *Bäche, Quellen, Gräben. Nur in sauberem Wasser. Fast weltweit.*

> ***auch ganz untergetauchte Formen***
> ***teilweise wintergrün***
> ***schon im Mittelalter als Wintergemüse bekannt***

Blüten mit gelben Staubbeuteln

Die Blätter dieses Krauts enthalten Senföle, Vitamin C und Mineralien. Frisch zu einem Salat oder als Frühjahrskur gegessen, sind sie in der Volksheilkunde sehr beliebt. Früher wurden diese auch gegen Skorbut verwendet. Brunnenkresse regt Appetit und Verdauung an, ist harntreibend und antibiotisch. Das Kraut wird in den mittelalterlichen Kräuterbüchern regelmäßig erwähnt.

Seitenfieder kleiner

Endfieder größer

hohler, kantiger Stängel

Blüten 5–10 mm breit

Gewöhnliches Hirtentäschel

Capsella bursa-pastoris (Kreuzblütengewächse)

H 10–70 cm Jan.–Dez. ein- bis zweijährig

Das unscheinbare Kraut verrät sich, sobald die Früchte erscheinen. Die grünen Teile enthalten Flavonoide, verschiedene Pflanzensäuren und Salze sowie ein blutstillendes Peptid. Diese Wirkung wurde früh erkannt und Hirtentäschel diente als Heilmittel bei oberflächlichen Wunden, Nasenbluten und Gebärmutterblutungen. In der Volksheilkunde wird es für blutreinigende Tees verwendet.

Vorkommen *Ödland, Unkrautbestände, Gärten, Feldraine. Auf nährstoffreichen Böden. Fast weltweit.*

- ***Stickstoffzeiger***
- ***Pionierpflanze***
- ***bis 40 000 Samen pro Pflanze***

Schwedischer Hartriegel

Cornus suecica (Hartriegelgewächse)

H 5–25 cm Mai Staude

Die wenigen Vorkommen, an denen der Schwedische Hartriegel auch heute noch in Mitteleuropa zu finden ist, gelten als Eiszeitrelikte. Während der letzten Eiszeit war er weiter verbreitet. Die nächsten Verwandten dieser hübschen Staude wachsen strauch- oder baumförmig.

Vorkommen *Moore, Heiden mit niedrigen Sträuchern. Auf torfigen Böden. Nordeuropa, Norddeutschland*

- ***Blätter im Herbst rot gefärbt***
- ***unterirdischer, kriechender Wurzelstock***
- ***braucht kühle Sommer***

Waldmeister

Galium odoratum (Rötegewächse)

H 15–30 cm Mai–Juni Staude ☠

Vorkommen *Krautiger Unterwuchs von Laub- und Mischwäldern auf humusreichen Lockerböden. Europa, Asien.*

> **typischer Duft entsteht erst beim Trocknen**
> **Bowlenzusatz, erzeugt Kopfschmerz bei reichlichem Genuss**

Das kurz vor der Blüte gesammelte Kraut enthält eine Substanz, die sich beim Trocknen in das charakteristisch duftende Cumarin (Waldmeisteraroma) verwandelt. Das Kraut wird von der Schulmedizin bei Venenerkrankungen eingesetzt. In der Volksheilkunde sind die Anwendungen breiter: Unruhezustände, Schlaflosigkeit, Herzbeschwerden, Hämorriden.

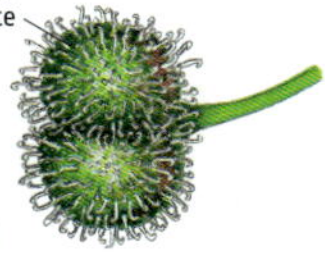

Wiesen-Labkraut

Galium mollugo (Rötegewächse)

H 25–100 cm Mai–Sept. Staude

Vorkommen *Wiesen, Wald- und Gebüschränder, Wegraine. Meist auf nährstoffreichen Böden. Ganz Europa.*

> **formenreiche Art**
> **fällt durch den Blütenreichtum auf**
> **stützt sich an anderen Pflanzen ab**

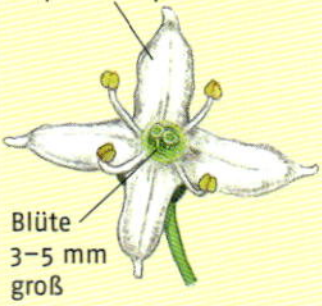

In manchen Gegenden nannte man das Wiesen-Labkraut früher auch „Wilde Röte". Seine Wurzeln enthalten einen roten Farbstoff. Mit dem Salz Alaun vorbehandelte Wolle lässt sich damit lichtecht in roten Farbtönen färben. Auch Ostereier färbte man früher mit Labkrautwurzeln.

Gewöhnliches Kletten-Labkraut

Galium aparine (Rötegewächse)
H 60–200 cm   Juni–Okt.   einjährig

Die dünnen Stängel der Pflanze sind zu schwach, als dass sie ohne Halt in die Höhe wachsen könnten. Mit ihren besonders ausgebildeten Haaren bleiben sie jedoch fast überall haften. So können sie problemlos an anderen Pflanzen hinaufklettern und niedere Vegetation oder Zäune überwuchern, um ans Licht zu gelangen.

Vorkommen *Unkrautbestände an Heckenrändern, Waldrändern, Ufern, auf Äckern und Schuttstellen, auch in Orten. Ganz Europa.*

> ***zeigt stickstoffreiche Standorte an***
> ***Früchte und ganze Triebe bleiben an den Kleidern „kleben"***
> ***heißt auch „Kleb-Labkraut"***

Gewöhnlicher Froschlöffel

Alisma plantago-aquatica (Froschlöffelgewächse)
H 30–100 cm   Juli–Aug.   Staude

Die Pflanze und besonders ihr brennend scharfer Saft reizen die Haut, es können sich Blasen bilden. Die Blüten öffnen sich nur nachmittags, die des ähnlichen Lanzettblättrigen Froschlöffels *(Alisma lanceolatum)* dagegen vormittags. Sie werden besonders von Schwebfliegen besucht.

Vorkommen *Flach überschwemmte Ufer von Seen, Teichen, langsam fließenden Gewässern, Gräben, im Röhricht. Ganz Europa.*

> ***Pflanze ragt meist aus dem Wasser***
> ***auch für Gartenteiche geeignet***
> ***blühende Stängel ohne Blätter***

Europäischer Froschbiss

Hydrocharis morsus-ranae (Froschbissgewächse)

H 15–30 cm   Juni–Aug.   Staude

***Vorkommen** Meist schwimmend zwischen Pflanzen in stehenden bis langsam fließenden Gewässern, Seen. Ganz Europa.*

- ***benötigt im Sommer ausreichend Wärme***
- ***braucht nährstoffreiches Wasser***
- ***erinnert von den Blättern her an eine kleine Seerose***

Die am Grund eingebuchteten Blätter erscheinen wie ausgebissen. Da sich häufig Frösche zwischen den Pflanzen aufhalten, meinte man früher, dass diese die Pflanzen anfressen, und gab der Pflanze den Namen „Froschbiss". Frösche schnappen aber höchstens auf den Blättern sitzende Kleintiere weg.

Krebsschere

Stratiotes aloides (Froschbissgewächse)

H 15–45 cm   Mai–Aug.   Staude

***Vorkommen** In meist stehendem, nährstoffreichem Wasser von Tümpeln und Altwässern, in geschützten Uferbuchten. Fast ganz Europa.*

- ***kann Massenbestände ausbilden***
- ***heißt auch „Wasseraloe"***
- ***es gibt männliche und weibliche Pflanzen***

Die Blätter unter den Blüten ähneln den Scheren eines Krebses und gaben der Pflanze ihren Namen. Ein weiterer ist „Wasseraloe". Er bezieht sich auf die Ähnlichkeit der Pflanze mit den zum Teil als Heilpflanzen eingesetzten Aloe-Arten. Stratiotes bedeutet „Schwertträger" und leitet sich von der Blattform ab. Die Pflanzen sinken im Spätherbst auf den Boden der Gewässer und überwintern dort.

Schlangenwurz

Calla palustris (Aronstabgewächse)

H 15–30 cm Mai–Sept. Staude ☠

Calla leitet sich von griechisch kallos = „Schönheit" ab und bezieht sich auf das auffällige, weiße Hochblatt, das direkt unter dem Blütenkolben sitzt. Der schlangenförmige Wurzelstock, der für den deutschen Namen der Pflanze verantwortlich ist, enthält Stärke. Früher verfütterte man ihn an Schweine.

Vorkommen *Ufer von Teichen, Waldtümpeln, Weihern, Mooren. An eher schattigen Standorten. Nord- und Mitteleuropa.*

- ***auch in Teiche ausgepflanzt***
- ***wächst oft in dichten Gruppen***
- ***Blüten riechen unangenehm, locken Aasfliegen und kleine Käfer an***

Gewöhnliches Pfeilkraut

Sagittaria sagittifolia (Froschlöffelgewächse)

H 30–100 cm Juni–Aug. Staude

Die Pflanze überwintert mit den Knollen, die im Herbst entstehen. Sie sind sehr nahrhaft und schmecken gekocht etwas nussartig. In China baut man Pfeilkraut deshalb als Nahrungspflanze an. Auch bei uns hat man es früher gegessen. In der Volksmedizin galten die Knollen als wundheilend, außerdem sollten sie gegen Wasserscheu wirken.

Vorkommen *In meist langsam fließenden, nährstoffreichen Flüssen und Gräben, an Teichufern. Fast ganz Europa.*

- ***Sumpf- und Wasserpflanze***
- ***kann auch ganz untergetaucht leben***
- ***nach der Blattform benannt***

Flutender Wasserhahnenfuß

Ranunculus fluitans (Hahnenfußgewächse)

H 50–600 cm Juni–Aug. Staude ☠

***Vorkommen** In strömenden bis schnell fließenden Bächen und Flüssen mit sauerstoffreichem Wasser. Besonders Mitteleuropa.*

> ***zaubert weiße Blütenteppiche auf Flüsse***
> ***braucht kühles Wasser***
> ***nur untergetauchte Blätter vorhanden***

Die ausgedehnten Bestände des Flutenden Wasserhahnenfuß werden von Fischen gern als Laichplätze genutzt. Die Pflanze ist mit ihren fein zerteilten, schlaffen Blättern ideal an fließendes Wasser angepasst. Die Blätter setzen der Strömung nur wenig Widerstand entgegen und werden so kaum zerstört, sondern umspült. Gleichzeitig nimmt die Pflanze so über die Oberfläche Nährsalze und Gase auf.

Christrose

Helleborus niger (Hahnenfußgewächse)

H 5–25 cm Dez.–März Staude ☠

***Vorkommen** Laubwälder, Kiefernwälder, Gebüsche. Auf kalkhaltigen Böden. Oft auch Zierpflanze in Gärten. Alpen, Gebirge in Südosteuropa.*

> ***heißt auch „Schwarze Nieswurz"***
> ***in Gärten auch ähnliche Arten und Kreuzungen***
> ***Blütenblätter bleiben nach der Blüte erhalten***

Früher trocknete man die schwarzbraunen Wurzelstöcke, pulverisierte sie und stellte daraus Niespulver her. Auch gegen Geisteskrankheiten und Schwermut sowie als Abführmittel sollten sie helfen. Allerdings wussten die Kräuterkundigen des 16. und 17. Jahrhunderts von der Giftigkeit der Pflanze und rieten, sie nur sehr vorsichtig zu verwenden.

Große Sternmiere

Stellaria holostea (Nelkengewächse)

H 15–30 cm April–Mai Staude

Die steifen, oft nach rückwärts gebogenen Blätter finden untereinander oder an anderen Pflanzen Halt, sodass die Große Sternmiere trotz den recht dünnen Stängeln in die Höhe wachsen kann. Der schöne Frühjahrsblüher mit den vielen weißen Blüten eignet sich auch für Gebüschränder in Wildstaudengärten.

Vorkommen *Lichte Wälder mit reichlich krautigen Pflanzen auf dem Waldboden, Hecken, Waldränder, Waldwege. Fast ganz Europa.*

> ***wächst oft in größeren Gruppen***
> ***benötigt ausreichend Licht***
> ***Stängel zerbrechlich***

Vogel-Sternmiere

Stellaria media (Nelkengewächse)

H 5–40 cm Jan.–Dez. einjährig

Vögel lieben dieses Kraut, daher der Name. Die oberirdischen Teile enthalten keine pharmazeutisch wirksamen Inhaltsstoffe, allerdings Mineralien und Vitamin C. In der Homöopathie wird es bei Rheuma und Leberschmerzen, in der Volksheilkunde und von Sebastian Kneipp bei Hämorriden verordnet. Weitere Indikationen waren Hautausschläge und Lungenkrankheiten.

Vorkommen *Unkrautbestände in Gärten und Äckern. Auf nährstoffreichen Böden. Europa, weltweit verschleppt.*

> ***typisches Unkraut des Hackfruchtfeldbaus***
> ***Stängel auf einer Längslinie behaart***

Taubenkropf-Leimkraut

Silene vulgaris (Nelkengewächse)

H 15–50 cm   Mai–Sept.   Staude

Vorkommen *Steinschutthalden, Steinbrüche, Wegränder, Böschungen, Bahnschotter, trockene Wiesen. Ganz Europa.*

> **heißt auch „Aufgeblasenes Leimkraut"**
> **Pionierpflanze**
> **Blüten meist in eine Richtung ausgerichtet**

Namensgebend für diese Art ist der auffällige Kelch. Dieser bleibt auch noch nach der Blüte erhalten. Der Wind kann sich dann in ihm verfangen und die Samen aus den Kapseln schütteln. Aus den Blättern und jungen Sprossen kann man Wildgemüse kochen.

Japanischer Flügelknöterich

Fallopia japonica (Knöterichgewächse)

H 100–200 cm   Juli–Sept.   Staude

Vorkommen *Gepflanzt, verwildert oder eingebürgert an Ufern und in Uferwäldern. Auf nassen, nährstoffreichen Böden.Fast ganz Europa.*

> **stammt aus Ostasien**
> **kann ausgedehnte, dichte Gruppen bilden**
> **verdrängt heimische Pflanzen**

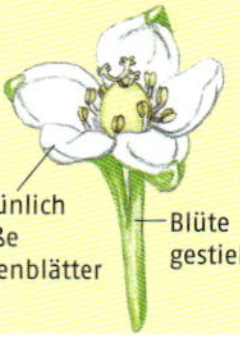

Der Japanische Flügelknöterich kam um 1825 erstmals als dekorative Blattpflanze in europäische Parks. Die Art verwilderte jedoch bald und wurde zu einem lästigen Unkraut. Sie wächst sehr rasch und duldet kaum andere Pflanzen in ihrer Nähe. So kann sie einheimische Pflanzen großflächig von Fluss- und Bachufern verdrängen.

Rundblättriger Sonnentau

Drosera rotundifolia (Sonnentaugewächse)

H 5–20 cm   Juli–Aug.   Staude

Die zahlreichen Tröpfchen auf den Tentakeln glitzern wie Morgentau und inspirierten zu dem schönen Namen. Es handelt sich um einen klebrigen Schleim mit Verdauungsenzymen. Landet ein kleines Insekt auf den Blättern, bleibt es kleben. Die Bewegung des Tieres reizen die Tentakel, die sich nach ein bis zwei Minuten über dem Insekt zusammenbiegen. Die Beute wird durch abgegebene Enzyme verdaut und von den Tentakeln aufgenommen. So erhält die Pflanze lebensnotwendigen Stickstoff.

Vorkommen *Hochmoore, saure Niedermoore, feuchte Heiden. Auf nassen, sehr nährstoffarmen, kalkfreien, sauren Torfböden. Fast ganz Europa.*

- **> *durch Zerstörung der Moore bedroht***
- **> *insektenfangende Pflanze***
- **> *Blätter klebrig***

Sumpf-Herzblatt

Parnassia palustris (Herzblattgewächse)

H 10–25 cm   Juli–Sept.   Staude

Die gelblichen Köpfchen in den Blüten glänzen, als ob sie von Nektar feucht wären und damit Insekten einen zuckerreichen Saft bieten könnten. In Wirklichkeit sind sie jedoch trocken. Die schalenförmigen Blüten wirken aber nicht nur wegen des vermeintlichen Nahrungsangebots attraktiv auf Fliegen: Wie in einem Parabolspiegel werden die Sonnenstrahlen in der Blüte gebündelt. So entsteht ein geheizter Rastplatz.

Vorkommen *Niedermoore, Quellmoore, Moorwiesen, nasse Magerrasen und Schutthänge. Bis auf über 2500 m. Fast ganz Europa, im Süden nur im Gebirge.*

- **> *Blüten überragen oft die umgebenden Pflanzen***
- **> *wächst meist in Gruppen***
- **> *braucht Feuchtigkeit***

Rotfrüchtige Zaunrübe

Bryonia cretica ssp. *dioica* (Kürbisgewächse)

H 2–4 m   Juni–Sept.   Staude ☠

Die Zaunrübe ist eine sehr giftige Pflanze! Im Mittelalter nahm man dieses Risiko in Kauf: Man verwendete sie, um starken Brechreiz und Durchfall zu erzeugen. Die Inhaltsstoffe der Wurzel wirken reizend auf die Schleimhäute des Verdauungstraktes, äußerlich wandte man die Wurzel bei Rheuma und Gicht an.

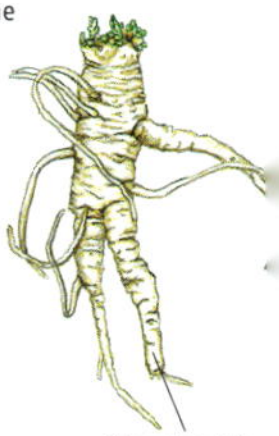

Vorkommen *Hecken, Gärten, Wegränder, Ödland auf nährstoffreichen Böden. Süd- und Mitteleuropa, Nordafrika.*

> ***Ranken mit Umkehrpunkt***
> ***männliche und weibliche Blüten auf getrennten Pflanzen***
> ***männliche Blüten in Trauben, weibliche zu 2–5 in Dolden***
> ***heißt auch Alraune***

Geißbart

Aruncus dioicus (Rosengewächse)

H 80–150 cm   Juni–Juli   Staude

Vorkommen *Schluchtwälder, schattige, feuchte Gebirgswälder, vor allem Bachtäler. Von der Ebene bis ins Gebirge. Gebirge Mitteleuropas.*

> ***es gibt männliche und weibliche Pflanzen***
> ***Zierpflanze in Gärten und Parks***
> ***Wildpflanzen in Deutschland geschützt***

Aus den jungen Trieben kann man Gemüse kochen. Die Samen des Geißbarts sind extrem leicht. So können sie an dem oft windarmen Standort der Pflanze bereits von kleinsten Luftbewegungen verweht werden. Als Zierpflanze eignet sich die Art für eher schattige Rabatten und Gehölzgärten und als Schnittblume.

Wald-Erdbeere

Fragaria vesca var. *vesca* (Rosengewächse)

H 5–20 cm Mai–Juni Staude

Blätter 3-zählig, gesägt

So lecker die Früchte der Walderdbeere auch sein mögen, für die Heilwirkung der Pflanze sind die Blätter verantwortlich. Sie enthalten reichlich Gerbstoffe, etwas ätherisches Öl und Flavonoide. In der Volksheilkunde wurden Blätter und Wurzel bei Durchfallerkrankungen, Halsentzündungen, aber auch bei Rheuma, Gicht und Lebererkrankungen empfohlen.

Früchte nickend

Früchte lösen sich vom Kelch

Vorkommen *Lichte Wälder, Waldränder. Auf nährstoffreichen Böden. Europa, Asien.*

- ***Blütenstiele angedrückt behaart***
- ***Ausläufer mit Tochterpflanzen bildend***

Krone 10–15 mm breit

Mädesüß

Filipendula ulmaria (Rosengewächse)

H 50–150 cm Juni–Aug. Staude

Früchte fest eingerollt

Die angenehm süßlich duftenden Blüten enthalten ätherische Öle, Flavonoide und Gerbstoffe. Das Salicylaldehyd des Öls war Vorbild für das weltbekannte Schmerzmittel Aspirin. Der Tee aus den getrockneten Blüten ist schweißtreibend und wird bei fiebrigen Erkältungen getrunken (Schwitzkuren).

Blütenstand außen höher als innen

Blätter mit ungleich großen Fiedern

Vorkommen *Gräben, Bäche, Ufer, Quellgebiete, Auwälder, feuchte Wiesen. Europa, Asien.*

- ***Blütenstängel innen im Blütenstand kürzer als außen***
- ***Blüten stark duftend***
- ***Inhaltsstoffe wie in Aspirin***

Kronblätter bis 5 mm lang

Wald-Sauerklee

Oxalis acetosella (Sauerkleegewächse)
H 5–15 cm April–Mai Staude

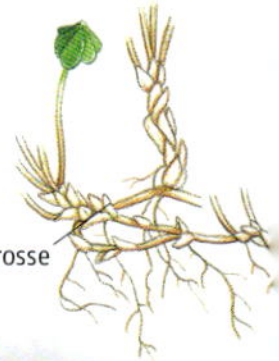

Vorkommen *Laub- und Nadelwälder auf feuchteren Böden. An schattigen Standorten in gemäßigten Breiten.*

- > ***kommt mit 1 % der Tageslichthelligkeit zurecht***
- > ***Ausbreitung über unterirdisch kriechende Sprosse (Rhizom)***
- > ***Blüten einzeln an blattlosem Stiel***

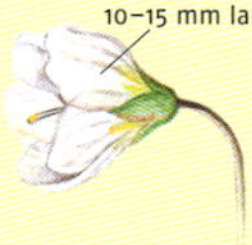

Die Teilblättchen des Wald-Sauerklees nehmen nachts eine senkrechte Ruhestellung ein. Sie richten sich morgens auf und gehen wieder in die Ruhestellung, wenn die Sonne zu heiß wird. Wirklich gesund sind die Blätter eigentlich nicht, denn sie enthalten Salze der Oxalsäure. Einige frische Blätter als säuerlich würzige Zutat zu Wildkräutersalaten sind aber sehr schmackhaft und unbedenklich.

Wiesen-Kerbel

Anthriscus sylvestris (Doldengewächse)
H 60–150 cm Mai–Aug. Staude

Vorkommen
Gedüngte Wiesen, Wegränder, grasige Haine. Von der Ebene bis ins Gebirge. Ganz Europa.

- > ***zeigt gedüngten Boden an***
- > ***blüht früher als ähnliche Arten mit weißen Dolden***
- > ***lockt viele Insekten an***

Stark gedüngte Wiesen verwandelt der Wiesen-Kerbel oft gemeinsam mit dem Scharfen Hahnenfuß (S. 446) im Frühjahr in weiß-gelbe Blütenmeere. Im Gegensatz zum Garten-Kerbel riecht die Pflanze zerrieben nicht besonders gut und eignet sich nicht als Gewürz. In Verbindung mit Sonnenlicht kann der Saft sonnenbrandähnliche Hautreaktionen auslösen.

Gefleckter Schierling

Conium maculatum (Doldengewächse)

H 80–180 cm   Juni–Sept.   zweijährig   ☠

Vergiftungen mit der etwas nach Mäuseharn riechenden Pflanze führen zu Brennen im Mund, Sehstörungen und Lähmungen. Der Tod tritt durch Atemlähmung, meist bei vollem Bewusstsein, ein. Im Altertum verabreichte man zum Tode Verurteilten einen Schierlingsbecher. Berühmtestes Opfer einer solchen Hinrichtung war der griechische Philosoph Sokrates.

Blüten in 2–5 cm großen Dolden

Vorkommen *Unkrautbestände an Gräben, Schuttplätzen, Wegrändern in Dörfern. An im Sommer warmen Standorten. Fast ganz Europa.*

> ***wächst oft in Gruppen***
> ***zeigt stickstoffreiche Böden an***
> ***typischer gefleckter Stängel***

Gewöhnlicher Giersch

Aegopodium podagraria (Doldengewächse)

H 50–90 cm   Juni–Juli   Staude

Gärtner kennen den Giersch als lästiges Unkraut, doch in der Volksheilkunde wurde er sehr geschätzt. Mit dem harntreibenden Tee heilte man Rheuma und Entzündungen, er hilft bei Durchfall und bei Hämorriden (Bäder). Frisch zerquetschte Blätter auf Mückenstichen und Hautverletzungen wirken lindernd.

Blätter doppelt 3-zählig

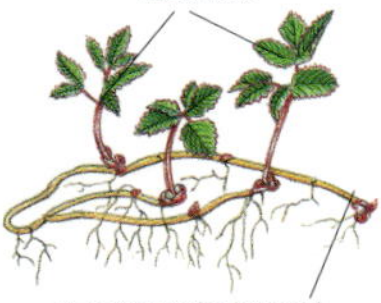

Vorkommen *Feuchte Wälder, Gärten, Parks, Ufer. Auf nährstoffreichen Böden. Europa, Westasien.*

> ***breitet sich massenhaft aus***
> ***Stängel hohl, gefurcht***
> ***junge Triebe als Salat***

Wilde Möhre

Daucus carota (Doldengewächse)
H 30–100 cm Juni–Sept. zweijährig

Vorkommen *Wiesen, Ödflächen, Wegränder, Steinbrüche, Bahnhofsareale. Auf eher trockenen, meist kalkreichen Böden. Fast ganz Europa.*

- > ***benötigt helle, sonnige Standorte***
- > ***vertrocknete Fruchtstände bleiben über den Winter stehen***
- > ***schön auch in Wildpflanzengärten***

Bereits die alten Germanen kannten die Möhre als Kulturpflanze. Während die Wurzel der Wildform dünn und wenig ergiebig ist, bilden die daraus gezüchteten Kulturformen kräftige Wurzeln. Sie enthalten reichlich Karotin, aus dem im Körper Vitamin A entsteht, außerdem die Vitamine B und C sowie Zucker.

Wald-Engelwurz

Angelica sylvestris (Doldengewächse)
H 80–150 cm Juli–Sept. mehrjährig

Vorkommen *Auenwälder, feuchte Wälder, Ufer, nasse Wiesen, Wegränder. Von der Ebene bis ins Gebirge. Ganz Europa.*

- > ***schmeckt und riecht nur schwach würzig***
- > ***benötigt Halbschatten***
- > ***abgestorbene Stängel oft den ganzen Winter sichtbar***

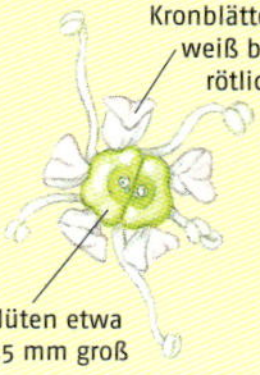

Der Namensbezug zu „Engeln“ leitet sich von den hochgelobten Heilkräften der verwandten Echten Engelwurz ab. Früher verwendete man die Wald-Engelwurz als Gemüse und stellte gelegentlich auch kandierte Stängel her. Als Heilpflanze diente sie gegen Husten und Magenleiden. Heute wird die Art nicht mehr verwendet.

Wiesen-Bärenklau

Heracleum sphondylium (Doldengewächse)

H 50–150 cm   Juni–Sept.   Staude

Die vergrößerten Kronblätter der Randblüten erhöhen den Schaueffekt der Dolden, sodass sie besonders attraktiv auf Insekten wirken. Nach Kontakt mit dem Wiesen-Bärenklau können ähnliche Hautreaktionen wie beim Riesen-Bärenklau auftreten. Diese sind jedoch in der Regel nicht so heftig.

Vorkommen *Wiesen, Ödflächen, Gräben, Waldränder. Auf frischen, nährstoffreichen Böden. Ganz Europa.*

> ***wächst auf gedüngten Wiesen oft massenhaft***
> ***Blattform vielgestaltig***
> ***Früchte werden vom Wind verbreitet***

Riesen-Bärenklau

Heracleum mantegazzianum (Doldengewächse)

H 200–350 cm   Juli–Sept.   Staude   ☠

Ursprünglich stammt der Riesen-Bärenklau aus dem Kaukasus, von wo er um 1900 als Gartenpflanze nach Mitteleuropa kam. Kommt bei Sonnenschein Pflanzensaft auf die Haut, entzündet sie sich, wird rot und bildet Blasen wie bei Verbrennungen. Diese heilen nur langsam ab. Zurück bleibt dann oft eine langanhaltende braune Pigmentierung.

Vorkommen *An Ufern, Straßen, Waldschlägen. Oft als Einzelpflanze. Eingebürgert in fast ganz Europa.*

> ***heißt auch „Herkulesstaude"***
> ***stattlichstes Doldengewächs Mitteleuropas***

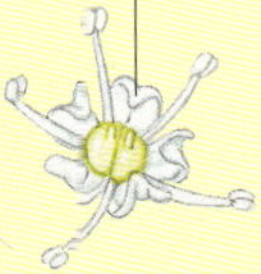

Weiße Schwalbenwurz

Vincetoxicum hirundinaria (Schwalbenwurzgewächse)

H 30–120 cm Mai–Aug. Staude ☠

Vorkommen *Waldränder, lichte Kiefernwälder, Steinschutthalden, Felsrasen. Meist auf kalkhaltigen Böden. Fast ganz Europa.*

> ***bildet dunkelgrüne Büschel***
> ***benötigt im Sommer viel Wärme und Sonne***
> ***kann Wasser noch tief im Boden erreichen***

Auf lockeren Schutthalden wirkt die Weiße Schwalbenwurz als Bodenfestiger, da sie sehr tief und stark wurzelt. Früher gewann man aus den Stängeln ziemlich lange, feste Fasern. Die Pflanze enthält Giftstoffe, die zu Krämpfen und Lähmungen führen können.

Stechapfel

Datura stramonium (Nachtschattengewächse)

H 30–120 cm Juni–Okt. einjährig ☠

Vorkommen *Schutt, Ödland, Wegränder. Heimat Mittelamerika, Zierpflanze, in Europa selten verwildert.*

> ***Blätter bis 20 cm lang***
> ***Kelch mit langer, kantiger Röhre***
> ***Nachtfalterblume***

Früher nutzte man die getrockneten Blätter in der Medizin, um Asthma, krampfartigen Husten und die parkinsonsche Krankheit zu behandeln. Bei Infektionen mit hohem Fieber, Augenentzündungen und psychischen Erkrankungen werden die frischen Pflanzen als homöopathisches Präparat eingesetzt.

Gewöhnliche Zaunwinde

Calystegia sepium (Windengewächse)

H 100–300 cm   Juni–Sept.   Staude

Die Triebspitzen führen gegen den Uhrzeigersinn kreisende Bewegungen aus, um Pflanzen, Zaunlatten u. Ä. zu umwinden. In etwa 2 Stunden findet eine Umdrehung statt. Mit der Pflanze lassen sich Gartenzäune oder Gitter begrünen. Sie kann sich jedoch stark ausbreiten, sodass sich für Gärten die als Zierpflanzen angebotenen bunten Prunkwinden meist besser eignen.

Vorkommen *Ufer, Auenwälder, Hecken, Zäune, Wegränder. Auf feuchten, nährstoffreichen Böden. Ganz Europa.*

> ***Blüten auch nachts geöffnet, nur bei schlechtem Wetter geschlossen***
> ***lockt besonders Nachtfalter an***

Acker-Winde

Convolvulus arvensis (Windengewächse)

H 20–80 cm   Juni–Sept.   Staude

Die Acker-Winde gilt als lästiges Unkraut. Sie umschlingt andere Pflanzen und kann diese ersticken. Selbst Unkrautvertilgungsmittel können sie nicht vollständig vernichten. Nach Unkrautjäten wächst sie fast immer wieder nach, da man ihre unterirdischen Teile praktisch nie vollständig entfernt. Kleinste Bruchstücke entwickeln sich wieder zu neuen Pflanzen.

Vorkommen *Äcker, Weinberge, Gärten, Schuttplätze, Wegränder, Ödflächen. Ganz Europa.*

> ***Blüten nur 1 Tag von etwa 7–14 Uhr geöffnet***
> ***Wurzeln und Ausläufer reichen bis über 2 m tief***
> ***braucht viel Licht***

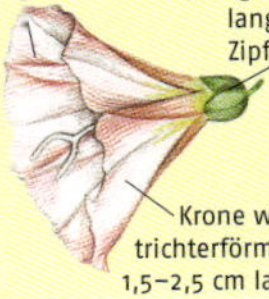

Fieberklee

Menyanthes trifoliata (Fieberkleegewächse)

H 15–100 cm Mai–Juli Staude

***Vorkommen** Verlandende Seeufer, Sümpfe, Flachmoose, nasse Wiesen. Europa, Asien, Nordamerika.*

> **dicker, verzweigter Wurzelstock**
> **dichte Blütentrauben auf blattlosem Stängel**

Der Name Fieberklee deutet auf eine altbekannte Nutzung: Die Blätter der blühenden Pflanze galten als fiebersenkend. Die moderne Medizin kann diese Wirkung allerdings nicht bestätigen. In der Volksheilkunde werden auch die Wurzeln verwendet: bei Magenverstimmung, Blähungen, Rheuma und Hautleiden.

Ährige Teufelskralle

Phyteuma spicatum (Glockenblumengewächse)

H 30–80 cm Mai–Juli Staude

***Vorkommen** Wälder mit krautreichem Unterwuchs, Bergwiesen. Auf nährstoffreichen Böden von der Ebene bis auf über 2000 m. Fast ganz Europa.*

> **blüht öfter auch blau**
> **in schattigeren Wäldern oft ohne Blüten**
> **Blätter am schwarzen Fleck zu erkennen**

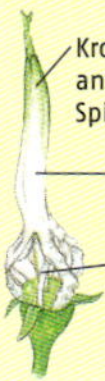

Blätter und Wurzeln nutzte man früher für Salat und Gemüse. In der Volksmedizin empfiehlt man einen Tee gegen Gallensteine. Bei der in vielen medizinischen Präparaten gegen Rheuma verwendeten Teufelskralle handelt es sich dagegen nicht um ein heimisches Glockenblumengewächs, sondern um eine mit dem Sesam verwandte Pflanze aus dem südlichen Afrika.

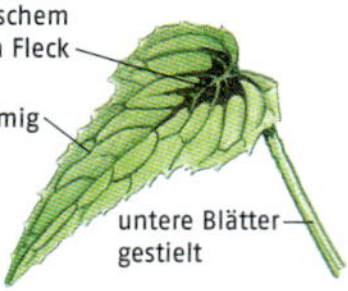

Weiße Seerose

Nymphaea alba (Seerosengewächse)

H 50–250 cm   Juni–Aug.   Staude   ☠

Die Weiße Seerose gehört in der heimischen Flora zu den Rekordhaltern für die längsten Blatt- und Blütenstiele (bis 3 m) und die größten Blüten. Lufthaltiges Gewebe in den Stielen sorgt für ausreichend Auftrieb der Blätter und Blüten im Wasser. Die Seerose trägt ihren Namen *Nymphaea* nach den Wassernymphen, Naturgöttinnen der griechischen Mythologie.

Vorkommen *Teiche, Altwässer, ruhige Seen. In stehendem oder sehr langsam fließendem Wasser mit 1–3 m Wassertiefe. Fast ganz Europa.*

> ***auch in Gärten***
> ***Blüten nur tags offen***
> ***Wasser abstoßende Wachsschicht auf der Blattoberseite***

Europäischer Siebenstern

Trientalis europaea (Primelgewächse)

H 5–20 cm   Mai–Juli   Staude

Der Siebenstern war in kälteren Klimazeiten weiter verbreitet. Seine heutigen Vorkommen sind Relikte der Eiszeit. Der Name nimmt auf die Siebenzahl der Blütenblätter Bezug, eine Anzahl, die bei den Blütenpflanzen selten vorkommt. In manchen Gegenden nennt man die Pflanze auch „Sternblümchen" oder „Sternkraut".

Vorkommen *Moosige Fichtenwälder, Birkenmoore, nasse Weiden. Auf nährstoffarmen, sauren Böden. Nord- und Mitteleuropa.*

> ***braucht Halbschatten***
> ***nicht blühende Pflanzen ähneln dem Wald-Bingelkraut***
> ***bildet lockere Gruppen***

Busch-Windröschen

Anemone nemorosa (Hahnenfußgewächse)

H 10–25 cm   März–Mai   Staude ☠

Das Busch-Windröschen nützt als Frühlingspflanze die guten Lichtverhältnisse im Wald, bevor das Laub der Bäume austreibt und einen Schatten wirft. Bereits im Mai oder Juni, nach der Fruchtreife, zieht es seine oberirdischen Teile zurück und überdauert unterirdisch bis zum nächsten Jahr.

Vorkommen *Laub- und Nadelwälder, Gebüsche, Bergwiesen. Auf frischen bis feuchten Böden. Fast ganz Europa.*

- > ***zeigt Nährstoffreichtum an***
- > ***kann im Frühjahr große Flächen bedecken***
- > ***abgepflückte Pflanzen welken rasch***

Weiße Silberwurz

Dryas octopetala (Rosengewächse)

H 5–15 cm   Mai–Aug.   Strauch

Am Ende der letzten Eiszeit war die Pflanze in ganz Deutschland verbreitet Ihre Reste blieben massenhaft in den Ablagerungen dieser Zeit – der Dryaszeit – erhalten. Die Blüten richten sich zur Sonne aus und wirken wie Parabolspiegel: Ihr Zentrum erwärmt sich um einige Grad über die Außentemperatur. Insekten finden so einen Platz zum Wärmen.

Vorkommen *Felsschutt, steinige Flächen, lichte Kiefernwälder. Nordeuropa, Gebirge in Mittel- und Südeuropa bis in Höhen um 2500 m.*

- > ***am Boden liegender Zwergstrauch***
- > ***kann bis 100 Jahre alt werden***
- > ***auch in Steingärten***

Gänseblümchen

ellis perennis (Korbblütengewächse)
5–15 cm Jan.–Nov. Staude

as unscheinbare Gänseblümchen ird in allen wichtigen Kräuterbüchern rwähnt und gilt darin als „fürtreffenlich“ ir allerlei Krankheiten. In der Volksheilkunde immt man die frischen Blätter gern für Frühlingssalate. Ihre Bitterstoffe, Flavonoide und ätherisches Öl regen den Stoffwechsel an.

Vorkommen *Rasen in Gärten und Parks, Wiesen, Weiden Auf nährstoffreichen Böden. Fast ganz Europa.*

- > ***verbreitet, zeigt Nährstoffe an***
- > ***widersteht dem Rasenmäher***
- > ***Blütenkörbchen auf blattlosem Stängel***

Wiesen-Margerite

Leucanthemum vulgare (Korbblütengewächse)
H 20–70 cm Juni–Okt. Staude

Noch heute zupft man von der „Orakelblume“ die weißen Zungenblüten, um die Zukunft zu erfahren. Schon Gretchen in Goethes „Faust“ befragte die Blume mit „Er liebt mich – er liebt mich nicht ...“. Margerite stammt vom französischen marguerite und bedeutet „Perle“. Auf den Kleidern der Gemahlin von Heinrich VI., die sich als „Perle unter Perlen“ fühlte, prangten deshalb drei gestickte Margeriten.

Vorkommen *Wiesen, Weiden, Halbtrockenrasen, Äcker, Ödflächen, Felsen. Von der Ebene bis ins Hochgebirge. Fast ganz Europa.*

- > ***heißt auch „Gewöhnliche Wucherblume“***
- > ***kann große Flächen bedecken***
- > ***gehört in Wiesenblumensträuße***

Geruchlose Kamille

Tripleurospermum perforatum (Korbblütengewächse)

H 10–45 cm   Juni–Okt.   ein- bis zweijährig

Vorkommen *Unkrautbestände auf Schuttplätzen, an Weg- und Straßenrändern, Mittelstreifen von Autobahnen, Äcker. Ganz Europa.*

> ***bildet oft große Bestände***
> ***auch zerrieben ohne Duft***
> ***heißt auch „Falsche Kamille"***

Echte und Geruchlose Kamille wachsen oft am gleichen Standort. Die beiden Arten werden öfter miteinander verwechselt. Anhand des fehlenden Dufts und des gefüllten Blütenkörbchens lässt sich die meist kräftigere Geruchlose jedoch gut von der Echten Kamille unterscheiden. Sie hat keine Heilwirkung, eignet sich aber für Wildblumensträuße.

Echte Kamille

Matricaria recutita (Korbblütengewächse)

H 15–50 cm   Mai–Aug.   einjährig

Vorkommen *Weg- und Straßenränder, Getreidefelder, Ödland. Heimat östliches Mittelmeergebiet, weltweit verbreitet.*

> ***Blüten duften beim Zerreiben***
> ***zeigt Lehmboden an***
> ***sehr alte Heilpflanze***

Schulmedizin, Homöopathie, Volksmedizin und die pharmazeutische Industrie sind sich bemerkenswert einig: Kamille hilft bei Entzündungen im Magen-Darm-Trakt, bei Menstruationsbeschwerden, Leber- und Gallenerkrankungen, Schleimhautentzündungen und äußerlich bei Hautkrankheiten. Kamille wird als Tee, Bad, Spülung oder zur Inhalation angewandt.

‹leinblütiges Knopfkraut

alinsoga parviflora (Korbblütengewächse)

10–60 cm Mai–Okt. einjährig

ie Pflanze kam ursprünglich aus Südamerika zu uns. Alle uropäischen Pflanzen sollen von Exemplaren abstammen, die nan 1794 im Botanischen Garten in Paris aussäte. Der Name „Franzosenkraut" bezieht sich darauf, dass sich die Pflanze Anfang des 19. Jahrhunderts, etwa zur gleichen Zeit wie der Vormarsch der französischen Armee, nach Osten ausbreitete.

***Vorkommen** Unkraut-bestände auf Äckern, Schuttplätzen, in Gärten, Weinbergen. Wächst in fast ganz Europa bis in Höhen von 700 m.*

- ***heißt auch „Franzosenkraut"***
- ***weltweit eines der wichtigsten Unkräuter***
- ***stark frostempfindlich, überdauert mit Samen***

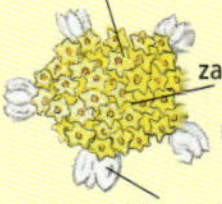

Gewöhnliche Schafgarbe

Achillea millefolium (Korbblütengewächse)

H 20–120 cm Juni–Okt. Staude

Der mythologische Achilles ist Namenspate dieser Pflanze – er soll mit dem Kraut seine Wunden geheilt haben. In den getrockneten, blühenden Sprossen sind über 100 unterschiedliche Wirkstoffe zu einem heilenden Cocktail vereinigt. Die Droge regt Appetit und Verdauung an, hemmt Entzündungen und löst Krämpfe im Verdauungstrakt.

***Vorkommen** Halbtrockenrasen, Wiesen, Weiden, Ackerraine. Auf nährstoffreichen Böden. Europa, Asien.*

- ***zahlreiche, zähe Stängel***
- ***Blätter wechselständig***
- ***Körbchen zu schirmartigem Blütenstand zusammengefasst***

Alpen-Edelweiß

Leontopodium alpinum (Korbblütengewächse)
H 5–20 cm Juli–Aug. Staude

Vorkommen *Felsabsätze, Felsköpfe, steinige Rasen in Höhen von 1700 bis 3400 m. Gebirge Mittel- und Südeuropas.*

> ***bekannteste Hochgebirgspflanze***
> ***nicht abpflücken***
> ***im Steingarten ähnliche Arten aus dem Himalaja***

Der wissenschaftliche Name Leontopodium bedeutet „Löwenfüßchen“, man verglich die wollig filzigen Blütenstände mit kleinen Löwenpranken. Die Behaarung dient der Pflanze im Hochgebirge als Schutz vor zu hoher UV-Strahlung und vor Verdunstung. Im Tiefland kultiviert ist das Alpen-Edelweiß weniger dicht behaart und wirkt deshalb schmutzig grünlich.

Gewöhnliches Maiglöckchen

Convallaria majalis (Maiglöckchengewächse)
H 10–20 cm Mai–Juni Staude ☠

Vorkommen
Laubwälder. Auf tiefgründigen, lockeren Böden. Europa, Asien.

> ***Blüten auf kantigem Stängel, zu einer Seite gerichtet***
> ***nur 2 Blätter, übereinanderstehend***

Die Pflanze ist sehr giftig und nicht für Selbstmedikation geeignet! Kraut und Blüten enthalten herzwirksame Glykoside wie der Fingerhut (S. 385). In der Schulmedizin setzt man die Pflanze in standardisierten Präparaten bei Herzmuskelschwäche ein; ähnlich auch in homöopathischen Verdünnungen. Trotz ihrer Giftigkeit waren Maiglöckchen in der Volksheilkunde sehr verbreitet.

Wohlriechende Weißwurz

Polygonatum odoratum (Maiglöckchengewächse)

15–45 cm Mai–Juni Staude ☠

Die auffälligen Narben, die die Stängel nach dem Abwelken am Wurzelstock hinterlassen, ähneln kleinen Siegeln. So benannte man die Pflanze nach dem Siegelring des Königs Salomo, der im Morgenland ein Talisman für Weisheit und Zauberei war.

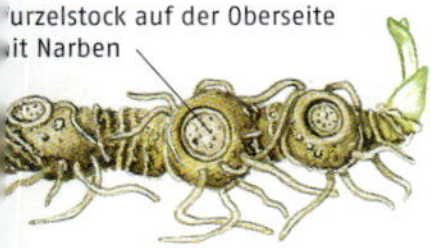

Vorkommen *Lichte Wälder, Felsen in Waldnähe, Waldränder. An hellen bis halbschattigen Standorten in ganz Europa.*

> ***wächst oft in Gruppen***
> ***Blüten duftend***
> ***blauschwarze, giftige Beeren***

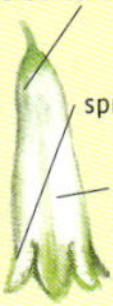

Weißer Affodill

Asphodelus albus (Affodillgewächse)

H 50–120 cm April–Juni Staude

Nach der griechischen Mythologie bildet Affodill in der Unterwelt ausgedehnte Wiesen, auf denen das Gericht über die Toten tagt. Früher pflanzte man die Staude auf Gräber, damit die Toten die stärkereichen Wurzeln als Wegzehrung hatten. Auch den Lebenden dienten die Wurzeln, geröstet oder zu Mehl vermahlen, in Notzeiten als Nahrung.

Vorkommen *Wiesen, übernutzte Weiden, lichte Wälder, Straßenränder. Mittelmeerraum, besonders in Küstennähe.*

> ***rübenförmige Speicherwurzeln***
> ***wächst oft in großen Gruppen***
> ***wird vom Vieh verschmäht***

Bär-Lauch

Allium ursinum (Lauchgewächse)

H 20–50 cm   Mai–Juni   Staude

Vorkommen *Feuchte Laub- und Auwälder. Auf humusreichen Böden. Europa, Asien.*

> ***bildet große Bestände***
> ***bereits von Weitem am Lauchduft zu erkennen***
> ***zeigt hohen Grundwasserstand an***

Die Inhaltsstoffe gleichen jenen des Knoblauchs, der Bär-Lauch duftet aber nicht so stark. Man verwendet die gesamte Pflanze kurz vor der Blüte. Die Pflanze senkt den Blutdruck und gilt als Hausmittel bei Magen- Darm-Störungen, Appetitlosigkeit und Schwäche (oft in Milch). Als Einreibung oder Packung benutzte man sie auch bei Wunden, Rheuma und Hautflechten.

Kleines Schneeglöckchen

Galanthus nivalis (Narzissengewächse)

H 8–20 cm   Febr.–März   Staude ☠

Vorkommen *Auenwälder, Schluchtwälder, feuchte Wälder. Im Halbschatten auf feuchten, nährstoffreichen Böden. Fast ganz Europa.*

> ***oft aus Gärten verwildert***
> ***Frühjahrspflanze mit unterirdischer Zwiebel***
> ***blüht oft bereits im Schnee***

Die Blüten ertragen Frost. Insekten können die weißen Blüten auch im Schnee gut erkennen, da sie UV-Licht stark reflektieren. Ein aus Schneeglöckchen isolierter Inhaltsstoff wird seit einigen Jahren in Arzneimitteln zur Behandlung der Alzheimerkrankheit eingesetzt. Bei Vergiftungen mit der Pflanze kommt es zu Magen-Darm-Beschwerden.

Frühlings-Knotenblume

Leucojum vernum (Narzissengewächse)
10–30 cm Febr.–März Staude ☠

Die früh blühende Zwiebelpflanze ist auch in Gärten sehr beliebt. Wer sie pflanzen will, darf sie jedoch nicht von den geschützten Wildvorkommen sammeln. „Knotenblume" bezieht sich auf den Fruchtknoten, der wie ein dicker Knoten am Stängel unterhalb der Blütenblätter sitzt. Vergiftungen mit der Pflanze können zu Herzrhythmusstörungen führen.

Vorkommen
Feuchte Auenwälder, Schluchtwälder, waldnahe Feuchtwiesen. Auf feuchten Böden. Besonders in Mitteleuropa, im Norden verwildert.

- ***wächst meist in großen Gruppen***
- ***auch als „Märzenbecher" bekannt***
- ***duftet veilchenartig***

Dichter-Narzisse

Narcissus poeticus (Narzissengewächse)
H 20–60 cm April–Juni Staude ☠

„Narzisse" leitet sich vom griechischen narkaein = betäubend ab und bezieht sich wohl auf den Duft der Blüten. Am Grund der langen, recht engen Röhre scheidet die Blüte Nektar ab. Nur Schmetterlinge mit einem genügend langen Rüssel können diesen erreichen. Schwebfliegen, die die Blüten ebenfalls besuchen, ernten nahrhaften Blütenstaub.

Vorkommen *Bergwiesen, lichte Bergwälder mit im Winter blattlosen Bäumen. Mittelmeerraum, Zentralfrankreich.*

- ***Ausgangsart für viele Gartenzüchtungen***
- ***duftet nelkenähnlich***
- ***Wildvorkommen schonen***

Weißer Germer

Veratrum album (Germergewächse)

H 50–150 cm Juni–Aug. Staude ☠

Vorkommen *Weiden in den Alpen, Moorwiesen, Auwälder der Voralpen. Gebirge Südeuropas, Asien.*

- > ***bildet dichte Bestände***
- > ***Blätter unten breit oval, oben schmaler, parallele Nerven***
- > ***Blütenblätter 10–20 mm lang***

Die kräftige Wurzel enthält hochgiftige Alkaloide (1–2 g sind tödlich!); Germer ist besonders gefährlich, da man ihn mit dem Gelben Enzian verwechseln kann. Trotzdem wandten Kräuterkundige ihn bei Herzrhythmusstörungen, zur Behandlung von Krämpfen, bei Cholera und Fieber, äußerlich auch bei Rheuma und Gicht an. Heute taucht der Weiße Germer nur noch in der Homöopathie auf.

Frühlings-Krokus

Crocus vernus (Schwertliliengewächse)

H 5–15 cm Febr.–Mai Staude

Vorkommen *Bergwiesen, Bergweiden bis auf 2800 m. Auf feuchtem Boden, erträgt auch Düngung mit Stallmist. Gebirge Mittel- und Südeuropas.*

- > ***oft in Gruppen***
- > ***blüht unmittelbar nach der Schneeschmelze***
- > ***im Mittelmeerraum viele weitere Krokus-Arten***

Die Blätter besitzen verdickte Spitzen, um die Schneedecke zu durchstoßen. Sobald die Sonne hinter Wolken verschwindet, schließen sich die Blüten, die auch hellviolett oder weiß-violett gestreift sein können. Die Pflanze bildet jedes Jahr eine neue Knolle über der alten. Besondere Zugwurzeln sorgen dafür, dass diese in die richtige Tiefe gelangt.

Weiß-Klee

Trifolium repens (Schmetterlingsblütengewächse)
H 15–45 cm   Mai–Sept.   Staude

Kleeblätter spielen eine Rolle in Wappen und als Nationalsymbol Irlands. Der Legende nach soll St. Patrick den Iren anhand eines Kleeblatts die Dreieinigkeit erklärt haben. Iren tragen deshalb am Tag dieses Heiligen (17. März) ein Kleesträußchen. Davor war Klee Symbol der drei keltischen Priestergrade (Druiden, Barden, Ovaten).

***Vorkommen** Weiden, Parks, Wege, Gärten, Äcker, Ödflächen. Auf nährstoffreichen Böden in ganz Europa.*

> ***Pflanze kriechend***
> ***erträgt Salz und Trittbelastung***
> ***Blätter bei Wildpflanzen nur selten mit 4 Blättchen***

Weiße Taubnessel

Lamium album (Lippenblütengewächse)
H 20–50 cm   April–Okt.   Staude

Die nicht blühende Pflanze erinnert an eine Brennnessel, hat aber keine Brennhaare. Taubnesseltee trank man bei Katarrhen in den Atemwegen, bei Magen-Darm-Beschwerden, Völlegefühl und Blähungen. Äußerlich diente er zu Umschlägen und Waschungen bei oberflächlichen Hautentzündungen und schmerzhafter Monatsblutung.

***Vorkommen** Wege, Hecken, Waldränder, Gräben, Gärten. Weit verbreitet, Europa und Asien.*

> ***zeigt Stickstoff an***
> ***Lippenblüten in einem Ring in den Blattachseln***
> ***Blätter gegenständig***

Ausdauerndes Silberblatt

Lunaria rediviva (Kreuzblütengewächse)

H 30–140 cm   Mai–Juli   Staude

***Vorkommen** Schattige Schlucht- und Bergwälder, Waldhänge. Auf feuchten, nährstoffreichen Böden und Steinschutt. Fast ganz Europa.*

> ***blüht selten auch weiß***
> ***benötigt ausreichend Luftfeuchtigkeit***
> ***heißt auch „Mondviole"***

Blüte 1–2 cm groß, mit 4 hellvioletten Kronblättern

Die Pflanze trägt ihren wissenschaftlichen Namen *Lunaria* von lat. luna = „Mond", da die silbrig schimmernden, durchscheinenden Fruchtwände an Silbermonde erinnern. In diesen verfängt sich der Wind, sodass sich die Früchte bewegen und die Samen ausstreuen.

Wiesen-Schaumkraut

Cardamine pratensis (Kreuzblütengewächse)

H 10–60 cm   April–Juni   Staude

***Vorkommen** Feuchte Wiesen und Mähwiesen, Auwälder, Ufer, Moorwiesen. Nordhalbkugel.*

> ***schaumige Anhängsel als Kinderstube der Schaumzikade***
> ***Blüten weiß, rosa oder violett***

Kronblätter bis 2 cm lang

Der Schaum, dem das Kraut seinen Namen verdankt, stammt von einer Zikade. Sie ermöglicht darin ihren Larven eine sichere Entwicklung. In der Homöopathie dient die Pflanze dazu, eine Diabetestherapie zu unterstützen. In der Volksheilkunde war der relativ hohe Vitamin-C-Gehalt der Blätter von Bedeutung. Sie wurden Salaten beigegeben und dienten als Blutreinigungsmittel.

Gamander-Ehrenpreis

Veronica chamaedrys (Braunwurzgewächse)

H 15–40 cm Mai–Juli Staude

Der Gamander-Ehrenpreis ist auch unter dem Namen „Männertreu" bekannt. Dieser bezieht sich ironisch auf die wenig haltbaren Blüten. Pflückt man die Stängel für einen Blumenstrauß, so hat man oft nicht viel Freude daran: Schon nach wenigen Minuten fallen sehr viele der kleinen violetten Blütenkronen ab.

Vorkommen *Hecken, Gebüsch- und Waldränder, Wiesen, Wegränder, lichte, trockene Eichenwälder. Ganz Europa.*

> ***typische Haarreihen am Stängel***
> ***wächst in der Sonne oder im Halbschatten***
> ***eignet sich für Wildrasen***

Wilde Karde

Dipsacus fullonum (Kardengewächse)

H 70–200 cm Juli–Aug. zweijährig

Das Blütenköpfchen der Wilden Karde zeigt eine Besonderheit: Die mittleren Blüten des Köpfchens blühen zuerst auf, anschließend gibt es 2 Ringzonen mit offenen Blüten.

Vorkommen *In Unkrautbeständen an Wegen, Dämmen, Ufern, auf Ödflächen. Auf nährstoffreichen Böden. Ziemlich häufig.*

> ***abgestorbene Pflanzen den ganzen Winter sichtbar***
> ***bildet oft große Gruppen***
> ***zeigt Lehmboden an***

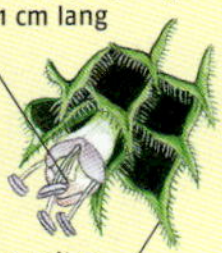

Gewöhnlicher Strandflieder

Limonium vulgare (Bleiwurzgewächse)
H 20–50 cm Aug.–Sept. Staude

***Vorkommen** Strandrasen und Schlickwatt der Nord- und Ostseeküste und des Atlantiks. Auf salzhaltigen Böden.*

- > ***alle Blätter am Grund***
- > ***kann in Gruppen oder flächendeckend wachsen***
- > ***Trockensträuße bestehen aus angebauten Sorten***

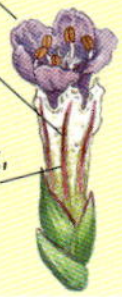

In Anpassung an seinen salzigen Standort scheidet der Gewöhnliche Strandflieder über spezielle Drüsen eine Salzlösung aus. Trocknet die Lösung auf den Blättern, bleibt ein Überzug aus kleinen Kristallen zurück, der beim nächsten Regen wieder abgewaschen wird. Der deutsche Name bezieht sich auf die Farbe der Blüten, die an Flieder erinnert.

Wiesen-Storchschnabel

Geranium pratense (Storchschnabelgewächse)
H 20–60 cm Juni–Aug. Staude

***Vorkommen** Fettwiesen, Grabenränder, Straßenböschungen. Auf nährstoffreichen, meist kalkhaltigen Böden. Fast ganz Europa.*

- > ***Blätter handförmig 7-teilig***
- > ***tritt oft in Gruppen auf***
- > ***der ähnliche Wald-Storchschnabel blüht rotviolett***

Im unteren Teil der Frucht sitzen 5 Samen. Der obere, lang gestreckte, samenlose Abschnitt („Schnabel") hilft bei der Verbreitung: Beim Austrocknen spannen sich seine Abschnitte und rollen sich plötzlich von unten her wie eine Uhrfeder auf. Die Samen werden dabei katapultartig bis über 2 m weit weggeschleudert.

Strand-Mannstreu

Eryngium maritimum (Doldengewächse)

H 20–60 cm Juni–Aug. zweijährig Staude

Vorkommen *Lückig bewachsene Dünen und Sandböden der Küsten ganz Europas.*

> ***sieht aus wie eine Distel, gehört aber zu den Doldengewächsen***
> ***gefährdet und deshalb geschützt***

Die aparten Blütenstängel waren bei Strandtouristen für Trockensträuße beliebt. Der deutsche Name geht vermutlich auf die frühere Verwendung von Mannstreu als Liebesmittel zurück. Andere, ironische Erklärungen vergleichen die abgerissenen, vom Wind unstet umhergeblasenen Pflanzen mit der Treue der Männer.

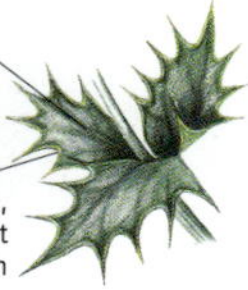

Schwalbenwurz-Enzian

Gentiana asclepiadea (Enziangewächse)

H 30–80 cm Juli–Sept. Staude

Vorkommen *Moorwiesen, Bergwälder, Waldränder. Auf feuchten Böden auch im Schatten. In den Gebirgen Mittel- und Südeuropas bis in Höhen um 2200 m.*

> ***bildet meist mehrere blühende Stängel***
> ***heißt auch „Dorant“***
> ***galt früher als Mittel gegen Verzauberung und Hexen***

Der Name „Schwalbenwurz-Enzian“ deutet auf die Ähnlichkeit nicht blühender Pflanzen mit der Weißen Schwalbenwurz (S. 404) hin. Im schattigen Wald stellen sich die Blätter in zwei Zeilen waagerecht zum Licht, um dieses optimal ausnutzen zu können, an hellen Standorten stehen die Blätter nach allen Seiten ab.

Frühlings-Enzian

Gentiana verna (Enziangewächse)

H 5–20 cm März–Aug. Staude

***Vorkommen** Magere Rasen, Schafweiden, Flachmoore. Auf meist kalkreichen Böden. Gebirge in Mittel- und Südeuropa.*

- > ***wächst oft in Gruppen***
- > ***blüht gelegentlich im Herbst ein 2. Mal***
- > ***heißt auch „Schusternagel"***

Blüten mit reinem Blau gibt es im Pflanzenreich nicht so häufig, wohl aber bei Enzianen. Da Blau für Treue steht, wurden diese, also auch der Frühlings-Enzian, zu Treuesymbolen. Die Blüten reagieren sensibel auf Temperatur und Erschütterungen durch Regen oder Wind: Bei schlechtem Wetter oder Temperaturen unter 10 °C schließen sie sich.

Kleines Immergrün

Vinca minor (Hundsgiftgewächse)

H 15–20 cm April–Mai Staude ☠

***Vorkommen** Laubwälder. Auf nährstoffreichen Böden. Europa, Westasien, auch aus Gärten verwildert.*

- > ***immergrün***
- > ***Stängel kriechend, bildet an den Knoten Wurzeln***

Die Droge enthält das Alkaloid Vincamin. Es wird in Form von Fertigpräparaten von der Schulmedizin gegen Durchblutungsstörungen in Gehirn und Innenohr verordnet. Die Volksheilkunde setzte das Kraut äußerlich gegen Blutergüsse, Ekzeme und zum Gurgeln ein. Auch bei Gedächtnisschwäche wurde es verwendet. Von einer Selbstmedikation wird abgeraten.

Bittersüßer Nachtschatten

Solanum dulcamara (Nachtschattengewächse)

H 30–200 cm Juni–Aug. Strauch ☠

Die ganze Pflanze enthält Giftstoffe, die zu Krämpfen und Atemlähmung führen können. Deshalb muss dringend davon abgeraten werden, selbst zu testen, ob die Früchte wirklich anfangs bitter und dann süß schmecken, wie es der Name verheißt. Medikamente aus den Stängeln helfen bei chronischen Ekzemen.

Blütenstände überhängend, rispenartig

rote, eiförmige, bis 1 cm lange Beeren

Blätter wechselständig

***Vorkommen** Feuchte Gebüsche, Grabenränder, Flussufer, Erlenwälder, Waldschläge. Meist auf nassen bis feuchten Böden. Fast ganz Europa.*

> ***hat oft Blüten und Früchte gleichzeitig***
> ***wächst etwas windend***
> ***Blätter sehr variabel, eiförmig oder fiederteilig***

auffallende Staubblätter

Blüte mit 5 ausgebreiteten bis zurückgeschlagenen violetten Zipfeln

Sodomsapfel

Solanum sodomaeum (Nachtschattengewächse)

H 50–300 cm Mai–Sept. Strauch ☠

„Sodomsäpfel" gelten in der Literatur als Symbol für Falschheit und Heuchelei. Sie täuschen nur von außen Essbarkeit vor. Außer dem Nachtschattengewächs trägt auch noch eine mit der Weißen Schwalbenwurz (S. 404) verwandte Pflanze diesen deutschen Namen. Der Bibel nach wurden die Städte Sodom und Gomorrha von Gott wegen ihrer Sünden vernichtet.

auf der Mittelrippe mit bis 1,5 cm langen Stacheln

Blätter fiederteilig

Kelch stachelig

Beere kugelig, 2–3 cm groß, reif gelb

***Vorkommen** Im Mittelmeerraum eingebürgert an Wegrändern, auf Schuttplätzen und an sandigen Stränden.*

> ***Blüten und Früchte oft gleichzeitig vorhanden***
> ***stammt aus S-Afrika***
> ***äußerst stacheliger, sparriger Strauch***

Blüte 2,5–3 cm breit, blauviolett

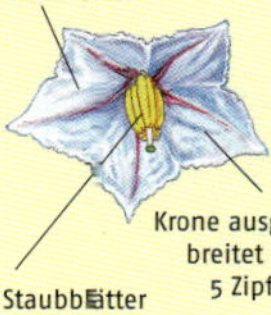

Krone ausgebreitet mit 5 Zipfeln

Staubblätter zusammengelagert

Rainfarnblättriges Büschelschön

Phacelia tanacetifolia (Wasserblattgewächse)

H 30–70 cm Juni–Okt. einjährig

Vorkommen *Stammt aus Kalifornien. In Europa angepflanzt und verwildert auf im Sommer warmen Ödflächen, an Wegrändern, in Weinbergen.*

- ***zaubert „blaue Felder"***
- ***Blätter erinnern an die des Rainfarns***
- ***hat bei uns keine Schädlinge***

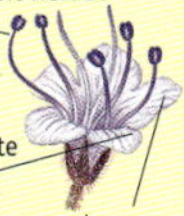

Felder mit Büschelschön bieten Bienen reichlich Nektar, eignen sich als schnell wachsende Gründüngung oder liefern Silagefutter für das Vieh. Seit mehreren Jahren säen Landwirte deshalb Brachäcker häufig mit der schönen Pflanze ein. Von dort aus verwildert sie immer wieder, kann sich jedoch meist nicht über längere Zeit an den neuen Standorten halten.

Sumpf-Vergissmeinnicht

Myosotis scorpioides (Raublattgewächse)

H 10–100 cm Mai–Sept. Staude

Vorkommen *Nasse Wiesen, Gräben, Ufer, Auenwälder. Auf nassen Böden von der Ebene bis ins Gebirge. Ganz Europa.*

- ***braucht Feuchtigkeit***
- ***der gelbe Blütenring wirkt attraktiv auf Insekten***
- ***Blüten ändern ihre Farbe von Rötlich nach Blau***

Vergissmeinnicht gilt in der Poesie und in Volkssagen als Blume der Liebenden. Es sollte als Liebesmittel wirken und beim Abschied die Erinnerung wachhalten. Vielleicht führten die vielen, über lange Zeit aufblühenden Blüten zu einem Vergleich mit immer wieder neu aufblühender Liebe und Freundschaft. In vielen Sprachen vergleicht man die Blüten auch mit einem Auge.

Gewöhnliche Ochsenzunge

Anchusa officinalis (Raublattgewächse)

H 30–80 cm Mai–Aug. zweijährig Staude ☠

Die rau behaarten Blätter erinnern wirklich etwas an die Zungen von Ochsen. Früher empfahl man die Pflanze ähnlich wie Beinwell äußerlich bei Prellungen, Knochen- und Gelenkerkrankungen sowie auch innerlich gegen Husten. Da sie jedoch Giftstoffe enthält, die die Leber schädigen und Krebs auslösen können, sollte man sie heute nicht mehr anwenden.

Vorkommen *Unkrautbestände an Wegrändern, auf Schuttplätzen, Ödflächen. Auf sandigen bis kiesigen Böden an sonnigen Standorten. Fast ganz Europa.*

> ***Blüten nach dem Öffnen anfangs karminrot***
> ***braucht viel Wärme***
> ***die Wurzeln dringen tief in den Boden ein***

Echtes Lungenkraut

Pulmonaria officinalis (Raublattgewächse)

H 10–30 cm März–Mai Staude

Die Blätter enthalten Schleime und einen relativ hohen Anteil an Kieselsäure. Das Lungenkraut spielt nur in der Homöopathie bei Bronchitis und in der Volksheilkunde bei Entzündungen im Mund- und Rachenraum noch eine Rolle.

Vorkommen *Laubwälder und Gebüsche. Ganz Europa.*

> ***Pflanze rau, aber locker behaart***
> ***Grundblätter lang gestielt***
> ***P. obscura ähnlich, aber Blätter ungefleckt***

Einjähriger Borretsch

Borago officinalis (Raublattgewächse)

H 20–80 cm   Mai–Sept.   einjährig

Vorkommen *Heimat Mittelmeergebiet, nördlich der Alpen als Gartenpflanze kultiviert und verwildert.*

> ***Pflanze mit Gurkengeruch***
> ***borstig behaart***
> ***obere Blätter am Stiel herablaufend***

Während das kalt gepresste Öl unbedenklich ist und in der Nahrungsmittelindustrie verarbeitet wird, enthält das Kraut Spuren der gefährlichen Pyrrolizidinalkaloide. Als Einlegegewürz für Gurken dürfte es ungefährlich sein. Als Hausmittel gegen Husten und Nieren- beziehungsweise Blasenentzündungen sollte man es allerdings nicht mehr verwenden.

Kelchblätter behaart

Staubbeutel zur Säule vereinigt

Blüten 2–3 cm breit

Blätter eiförmig, zugespitzt

Berg-Sandglöckchen

Jasione montana (Glockenblumengewächse)

H 10–45 cm   Juni–Aug.   ein- bis zweijährig

Vorkommen *Kalkarme, lückige Sandtrockenrasen, Dünen, Felsköpfe, lichte Böschungen, Raine. Auf offenen Böden. Fast ganz Europa.*

> ***Kronzipfel junger Blüten miteinander verbunden***
> ***wirkt sehr zart***
> ***eignet sich gut für Wildpflanzengärten***

Die Wurzeln des Berg-Sandglöckchens reichen bis 1 m tief in den Boden und können so auch an sandigen Standorten noch genügend Wasser aufnehmen. Entgegen des Namens wächst die Pflanze nicht nur in den Bergen.

Krone 0,5–1,5 cm lang, hellblau

5 schmale Zipfel

Blütenköpfe von einigen kurzen, 3-eckigen Blättern umgeben

Blütenköpfe am Ende der Stängel

Blüten bilden dichte, 1–2,5 cm große, kugelige Köpfe

Kugelige Teufelskralle

Phyteuma orbiculare (Glockenblumengewächse)

H 15–60 cm Juni–Sept. Staude

Der Name „Teufelskralle“ bezieht sich auf die krallenartig eingekrümmten Blütenknospen, eine Eigenheit, die bei der Kugeligen Teufelskralle besonders gut zu erkennen ist. Auf diese Form nehmen auch die meisten Dialektnamen Bezug, wie „Katzenkralle“ oder „Kuhhörner“.

Vorkommen *Magere Wiesen, steinige Rasen über Kalk, Moorwiesen. Von der Ebene bis auf über 2500 m. Mittel- und Südeuropa.*

> ***leuchtend blaue Blütenköpfe ragen weit empor***
> ***wächst oft zu vielen locker beieinander***
> ***braucht viel Licht***

Wiesen-Glockenblume

Campanula patula (Glockenblumengewächse)

H 30–60 cm Mai–Juli zweijährig

Nachts und bei trübem Wetter hängen die Blüten abwärts und schützen dadurch den Blütenstaub vor Regen und Tau. Bei schönem Wetter richten sie sich auf und drehen sich am Stängel in Richtung Sonne.

Vorkommen *Wiesen, Weiden, Wegränder, Brachflächen. Auf nährstoffreichen Böden an sonnigen Standorten. Fast ganz Europa.*

> ***eine der häufigsten Glockenblumen***
> ***wärmeliebend***
> ***für Wildpflanzengärten geeignet***

Gewöhnliche Kuhschelle

Pulsatilla vulgaris (Hahnenfußgewächse)

H 5–50 cm April–Mai Staude ☠

Vorkommen *Magerrasen, seltener Kalk-Kiefernwälder. Auf warmen, trockenen, meist kalkhaltigen, nährstoffarmen Böden in West- und Mitteleuropa.*

- > ***Blüten schließen sich über Nacht***
- > ***Wurzeln reichen bis über 1 m tief***
- > ***für Steingärten geeignet***

Die Blüten, die sich im Wind hin und her bewegen, erinnern etwas an Kuhglocken und gaben der Pflanze den Namen. Die Haare an den Früchtchen spreizen sich bei Trockenheit ab und sorgen dafür, dass der Wind sie gut wegblasen kann.

Gewöhnliche Akelei

Aquilegia vulgaris (Hahnenfußgewächse)

H 40–80 cm Mai–Juli Staude ☠

Vorkommen *Lichte Laubwälder, Gebüsche, Hecken, schattige Wiesen. Meist auf Kalkböden. Von der Ebene bis auf 2000 m. Fast ganz Europa.*

- > ***blüht selten rosa oder weiß***
- > ***wärmeliebend***
- > ***als Zierpflanze oft in Gärten***

Wenn langrüsselige Hummeln in die Blütentüten kriechen, können sie Nektar aus dem Spornende saugen. Kurzrüsselige Hummeln dagegen beißen oft das Ende des Sporns von außen auf und stehlen von dort Nektar, ohne die Blüten zu bestäuben. Durch diese Löcher holen sich auch Bienen den süßen Saft.

Gewöhnliches Leberblümchen

Hepatica nobilis var. nobilis (Hahnenfußgewächse)

H 5–15 cm März–April Staude ☠

Die Pflanze ist in frischem Zustand giftig und wird heute nur noch von der Homöopathie bei Bronchitis, Rachenkatarrh und Leberleiden verordnet. Da die Blattform an eine Leber erinnert, galt das Leberblümchen nach der Signaturenlehre als Heilmittel bei „verstopfter" Leber und allen Arten von Leber-, Blasen- und Nierenleiden.

Vorkommen *Buchen- und Eichenwälder. Auf lockeren Lehmböden. Europa, außer Westeuropa.*

> ***zeigt Kalk im Boden an***
>
> ***Blüten einzeln bis 3,5 cm breit***
>
> ***Blätter wintergrün, erscheinen nach der Blüte***

Gewöhnliches Alpenglöckchen

Soldanella alpina (Primelgewächse)

H 5–15 cm April–Juli Staude

Die Pflanzen blühen sofort nach der Schneeschmelze. Oft ragen die Blütenstängel noch direkt aus dem Schnee. Die dunklen Stängel erwärmen sich dann durch die Sonne und Eigenwärme und schmelzen rund um sich etwas von der weißen Pracht weg. So kann die Pflanze rasch wieder ihren Stoffwechsel ankurbeln und Kohlenhydrate bilden.

Vorkommen *Bergwiesen, Bergweiden in Gebirgen Mittel- und Südeuropas oberhalb der Waldgrenze bis in Höhen um 2000 m.*

> ***wächst auf vom Schnee feuchten Böden***
>
> ***überwintert mit grünen Blättern unter dem Schnee***
>
> ***heißt auch „Alpen-Troddelblume"***

Strand-Aster

Aster tripolium (Korbblütengewächse)

H 15–60 cm Juli–Sept. zweijährig

Vorkommen
Salzwiesen an den Meeresküsten, im Binnenland an Salzstellen. Küsten ganz Europas.

- > ***Blätter dicklich, fleischig***
- > ***kann große Flächen bedecken***
- > ***ist an salzhaltige Standorte angepasst***

Die Strand-Aster nimmt mit dem Wasser aus dem Boden auch das für ihren Stoffwechsel giftige Salz ihres Standorts auf. Dieses lagert sie jedoch ausschließlich in den unteren Stängelblättern ab. Ist in diesen Blättern eine tödliche Salzkonzentration erreicht, werden sie gelb und sterben ab. Durch ihr Abwerfen wird das Salz aus der Pflanze entfernt.

Kornblume

Centaurea cyanus (Korbblütengewächse)

H 30–60 cm Juni–Okt. einjährig

Vorkommen *Getreidefelder, Schuttplätze. Vorwiegend auf leichten Böden. Heimat westliches Mittelmeergebiet.*

- > ***mit dem Getreideanbau verbreitet***
- > ***Blütenkörbchen einzeln stehend***
- > ***Stängel weiß-filzig behaart***

Die hübschen tiefblauen Blüten der Kornblume dürfen heute allenfalls als schmückende Beigabe anderen Tees eine besondere Note verleihen. Als die Getreidefelder noch nicht so stark gespritzt wurden, nutzte man die verbreitete Pflanze als Hausmittel gegen Appetitlosigkeit, bei Verdauungsstörungen, um Schleim zu lösen und gegen Kopfschuppen.

Gewöhnliche Wegwarte

Cichorium intybus (Korbblütengewächse)

H 30–150 cm Juli–Okt. Staude

Wurzelstock mit Wurzeln

Die großen Zeiten des Zichorienkaffees aus der gerösteten Wurzel sind sicher vorbei. Früher diente er als koffeinfreier Ersatz für den teuren Bohnenkaffee. Die Wurzel hat immer noch eine gewisse Bedeutung als Appetitanreger, harntreibendes und die Verdauung förderndes Mittel. In der Bachblütentherapie soll Chicory Eltern dabei helfen, ihre Kinder „loszulassen".

Vorkommen *Weg- und Straßenränder, Ödland, Bahndämme. Auf nährstoffreichen Böden. Europa, Asien.*

> ***locker verzweigte Pflanze***
> ***bei Verletzung tritt Milchsaft aus***
> ***Blütenköpfchen nur vormittags geöffnet***

untere Blätter tief eingeschnitten

Pflanze sparrig, steif

Körbchen 3–5 cm breit

nur hellblaue Zungenblüten

Weinbergs-Traubenhyazinthe

Muscari neglectum (Hyazinthengewächse)

H 15–30 cm April–Mai Staude

Bis Anfang des 20. Jahrhunderts wuchs die Weinbergs-Traubenhyazinthe oft in Massen in den Weinbergen. Heute ist sie viel seltener. Verantwortlich für den Rückgang ist besonders die heute übliche tiefere Bodenbearbeitung, bei der die Zwiebeln zerstört werden. Unkrautbekämpfungsmittel dagegen schädigen die Pflanzen weniger.

Vorkommen *Weinberge, sonnige Böschungen, Halbtrockenrasen. Benötigt wärmere Standorte. Süd- und Mitteleuropa.*

> ***kam mit dem Weinbau nach Mitteleuropa***
> ***wächst meist in Gruppen***
> ***Blüten duften etwas nach Pflaumen***

Blüten in sehr dichten Trauben

Stängel ohne Blätter

Blätter grundständig, schlaff

Blätter 2–5 mm breit, fleischig

eiförmige, bis 3 cm dicke Zwiebel

Blüte krugförmig, 4–7 mm lang

dunkelblau, wachsig bereift

6 kleine weiße Zipfel

Zweiblättriger Blaustern

Scilla bifolia (Hyazinthengewächse)

H 10–20 cm März–April Staude ☠

An vielen Wildstandorten ist der hübsche Zweiblättrige Blaustern durch Pflücken gefährdet. Besonders stark schädigt es die Pflanzen, wenn nicht nur der Blütenstängel, sondern auch die beiden Blätter abgerissen werden. Auf Rasenflächen in Gärten wächst meist der ähnliche Sibirische Blaustern aus Russland und Vorderasien mit nickenden Blüten.

Vorkommen *Auenwälder, Auenwiesen, Laubwälder, Obstbaumwiesen in Waldnähe. Auf feuchten Böden im Halbschatten. Mittel- und Südeuropa.*

> ***wächst meist in Gruppen***
> ***blüht selten auch rosa oder weiß***
> ***2 Blätter erscheinen gleichzeitig mit den Blüten***

Deutsche Schwertlilie

Iris germanica (Schwertliliengewächse)

H 30–100 cm Mai–Juni Staude ☠

Wissenschaftlich heißt die Pflanze „Iris". In der griechischen Mythologie war Iris die Göttin des Regenbogens, die als Botin Nachrichten vom Götterhimmel zu den Menschen und in die Unterwelt brachte. Dass auch die Pflanze so heißt, bezieht sich auf die Farbenpracht vieler Arten.

Vorkommen *Stammt aus dem östlichen Mittelmeerraum. In Mittel- und ganz Südeuropa an Mauern, Felsen und Böschungen. In Weinbaugegenden verwildert.*

> ***Blüten duften***
> ***vermehrt sich nicht über Samen, sondern durch Teilung des Wurzelstocks***
> ***schöne Gartenpflanze***

Blauer Eisenhut

Aconitum napellus (Hahnenfußgewächse)

H 50–150 cm Juni–Aug. Staude ☠

Der Blaue Eisenhut ist eine tödlich giftige Pflanze. Besonders gefährlich ist, dass ihr Gift Aconitin durch Haut und Schleimhäute aufgenommen werden kann. Eine Vergiftung mit Eisenhut äußert sich rasch durch Brennen im Mund, Kribbeln und Schweißausbrüche im Wechsel mit Kälte. Es kommt zu Übelkeit und Erbrechen. Rufen Sie sofort einen Notarzt und versuchen Sie bis dahin, Erbrechen herbeizuführen.

Vorkommen
Auwälder, Hochstaudenfluren, Bäche, Quellen. Gebirge von Süd- und Mitteleuropa.

- ***Wurzel knollig verdickt***
- ***Blütenhelm etwa so hoch wie breit***
- ***zeigt Feuchte und Nährstoffe an***

Acker-Rittersporn

Consolida regalis (Hahnenfußgewächse)

H 20–40 cm Mai–Aug. einjährig ☠

Der Sporn birgt süßen Nektar, den nur Hummeln und andere Insekten mit einem mindestens 15 mm langen Rüssel erreichen können. Im 16. und 17. Jahrhundert verwendete man den Acker-Rittersporn als Wundheilmittel, zur Förderung der Geburt und für Augenwasser.

Vorkommen
Getreidefelder, seltener an Wegen und auf Schutt. Warme, nährstoff- und kalkreiche Lehmböden. Mittel- und Südeuropa, Südskandinavien.

- ***Pflanze wirkt sehr zart***
- ***durch intensiven Ackerbau stark im Rückgang begriffen***
- ***überwintert manchmal als Blattrosette***

März-Veilchen

Viola odorata (Veilchengewächse)

H 5–10 cm März–April Staude

***Vorkommen** Waldränder, Hecken, Wegraine, meist in Siedlungsnähe. Heimat Mittelmeergebiet, Südostasien.*

- ***Blüten einzeln auf 3–7 cm langen Stielen***
- ***alle Blätter grundständig***
- ***oberirdische Ausläufer***

Die Blüten enthalten ätherisches Öl, das Kraut und die Wurzel Schleimstoffe und Alkaloide. Wurzel und Kraut lösen Schleime und werden daher in der Volksheilkunde bei Husten verwendet. Sehr beliebt war der sogenannte blaue Veilchensirup aus den Blüten. Er wurde löffelweise als Hustenmittel eingenommen. Veilchen ist als schmückender Zusatz in anderen Tees enthalten.

434

Vielblättrige Lupine

Lupinus polyphyllus (Schmetterlingsblütengewächse)

H 100–150 cm Juni–Aug. Staude ☠

***Vorkommen** An Böschungen und Waldwegen ausgesät, zum Teil verwildert und eingebürgert. Auf kalkarmen Böden. Fast ganz Europa.*

- ***Blüten duften***
- ***stammt aus dem pazifischen Nordamerika***
- ***Samen bleiben über 50 Jahre lang keimfähig***

Für Gärten gibt es viele Lupinensorten mit Blütenfarben von Weiß bis Rot und Gelb oder auch zweifarbig. Sie bilden dichte Büschel und üppige Blütenstände.

Gewöhnliche Vogel-Wicke

Vicia cracca (Schmetterlingsblütengewächse)

H 30–120 cm Juni–Aug. Staude

Auf der Suche nach einem Halt führen die Ranken kreisende Bewegungen durch. Erhalten sie Kontakt, reagieren sie sofort, halten sich fest und wickeln sich spiralförmig auf. Früher war die Gewöhnliche Vogel-Wicke ein gefürchtetes Unkraut in Feldern. Ein alter Bauernspruch besagt: „Raden, Trespen und Vogel-Wicken bringen den Bauern auf den Rücken."

Vorkommen *Wiesen, Weiden, Äcker, Ödflächen, Waldränder, Gebüsche und Flussufer. Ganz Europa.*

> ***hält sich mit Ranken an anderen Pflanzen fest***
>
> ***Blüten können blau- oder rotviolett sein***
>
> ***Vögel fressen die Samen***

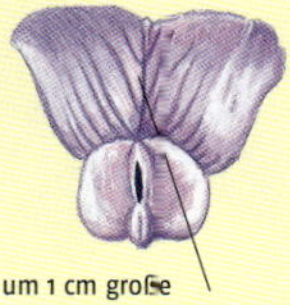

Gewöhnlicher Natternkopf

Echium vulgare (Raublattgewächse)

H 25–100 cm Mai–Juli zweijährig ☠

Die Blüten des Natternkopfes wurden von dem englischen Kräuterarzt W. Coles (1656) als Heilmittel gegen Schlangenbisse empfohlen, da die Blüten einem Schlangenkopf gleichen (Signaturenlehre). In der mitteleuropäischen Volksheilkunde verordnete man die getrockneten Wurzeln bei Epilepsie und schlecht heilenden Wunden.

Vorkommen *Unkrautbestände, Wege, Ödland, Schuttflächen. Auf steinig-sandigen Böden. Europa, Kleinasien, Nordwestafrika.*

> ***im 1. Jahr nur Blattrosette***
>
> ***Blütenstand bis 50 cm hoch***
>
> ***Staubblätter und Griffel weit herausragend***

Kriechender Günsel

Ajuga reptans (Lippenblütengewächse)

H 10–30 cm   Mai–Aug.   Staude

***Vorkommen** Wiesen, Rasen, Gebüsche, Wälder. Verbreitet. Nördliche Hemisphäre.*

- ***Stängel 4-kantig, auf 2 Seiten behaart***
- ***Blütenstand ährenartig***
- ***bildet beblätterte Ausläufer***

Der Günsel brachte es zwar nie zu großen Ehren in der Medizin, aber es sind einige Hausmittel überliefert. Angeblich half die Pflanze aber nur dann, wenn es bei Neumond vor Sonnenaufgang gepflückt wurde. Man nahm es bei Leber- und Gallenleiden, bei Mund- und Kehlkopfentzündungen und äußerlich zur Wundbehandlung.

436

Gewöhnlicher Gundermann

Glechoma hederacea (Lippenblütengewächse)

H 10–40 cm   April–Juni   Staude

***Vorkommen** Wiesen, Auwälder, Waldränder, Hecken. Auf nährstoffreichen Böden. Europa, Asien.*

- ***Pionierpflanze***
- ***wintergrün***
- ***Stängel niederliegend, an den Knoten bewurzelt***

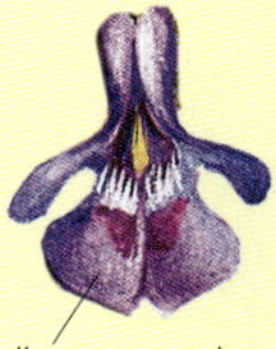

Der Gundermann war schon den Germanen als Heilpflanze (Atemwege, Verdauung, Wechselfieber) bekannt. Das Kraut wurde in der Volksheilkunde bei Magen-Darm-Katarrhen, bei Durchfall, Husten und Bronchialerkrankungen empfohlen.

Kleine Braunelle

Prunella vulgaris (Lippenblütengewächse)

H 5–30 cm Juni–Sept. Staude

Der Kelch, der die reifen Früchtchen umgibt, öffnet sich nur bei feuchtem Wetter. Fallen dann Regentropfen darauf, wird er nach unten gedrückt und schleudert beim Zurückschnellen die Früchtchen wie von einem Katapult heraus. Diese sind feucht klebrig und bleiben z. B. an Schuhsohlen hängen.

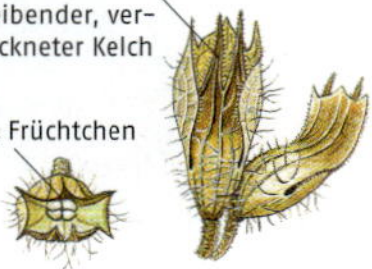

Vorkommen *Wiesen, Weiden, Ufer, Waldwege, Parks, Gartenrasen. Auf frischen oder feuchten Böden an hellen Standorten. Ganz Europa.*

- > ***zeigt Nährstoffreichtum an***
- > ***trockene Fruchtstände lange sichtbar***
- > ***die ähnliche Großblütige Braunelle hat bis 2,5 cm große Blüten***

Wiesen-Salbei

Salvia pratensis (Lippenblütengewächse)

H 30–60 cm Mai–Aug. Staude

Die beiden Staubblätter gleichen kleinen, parallel an Gelenken aufgehängten Eisenbahnschranken. Kriecht eine Biene oder Hummel in die Blüte, drückt sie dabei auf das kürzere Ende, und das lange Ende mit den Staubbeuteln klappt auf ihren Rücken. Das Insekt wird dadurch mit Blütenstaub regelrecht eingepudert.

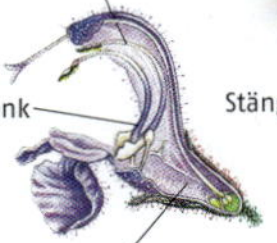

Vorkommen *Magerrasen, Halbtrockenrasen, Fettwiesen, Wege, Böschungen, Dämme. An wärmeren Standorten. Ganz Europa.*

- > ***blüht selten auch weiß***
- > ***nur 1–3 gegenständige Blattpaare am Stängel***
- > ***Pflanze duftet beim Zerreiben aromatisch***

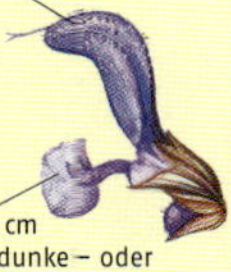

Echter Lavendel

Lavandula angustifolia ssp. *angustifolia* (Lippenblütengewächse)
H 50–100 cm Juli–Sept. Strauch

***Vorkommen** Felsen, Garigue. Heimat Südeuropa. Im Norden vielfach kultiviert als Nutz- und Zierpflanze.*

> **aromatisch duftender, kompakter Strauch**
> **Blütenstand auf langem Stiel, überragt den Strauch**

Wer in der Provence kurz vor der Erntezeit die langen Reihen der Lavendelsträucher – und die vielen Produkte in den Andenkenläden – gesehen hat, dürfte diese Droge wohl nie mehr vergessen. Der Blütentee gilt als entspannend, fördert den Appetit, soll Magen, Darm und Nerven beruhigen sowie das Einschlafen fördern.

Schopf-Lavendel

Lavandula stoechas (Lippenblütengewächse)
H 30–100 cm März–Juni Strauch

***Vorkommen** Trockene Buschsteppen, lichte Buschwälder und Kiefernwälder. Auf Silikatgestein. Mittelmeerraum.*

> **farbiger Blattschopf lockt Insekten an**
> **Blätter duften nach Kampfer**
> **für Balkon oder Terrasse geeignet**

Der Schopf-Lavendel trägt seinen wissenschaftlichen Namen „stoechas“ nach einer Inselgruppe vor Marseille, die von den Griechen die „Stoechaden“ genannt wurde. Auf den heute als „Iles des Hyères“ bezeichneten Inseln soll die Pflanze früher so häufig gewesen sein, dass der Duft den Schifffahrern als Wegweiser diente.

Gewöhnliches Fettkraut

Pinguicula vulgaris (Wasserschlauchgewächse)
H 5–15 cm   Mai–Juni   Staude

Fettkräuter fangen Kleintiere, die ihnen auf den nährstoffarmen Standorten als zusätzliche Stickstoffquelle dienen. Sie sondern hierzu auf der Blattoberseite einen klebrigen Schleim ab, an dem kleine Fliegen, Käfer und Spinnen hängen bleiben. Anschließend gibt die Pflanze Enzyme ab und verdaut den Fang.

Vorkommen *Flachmoore, Quellaustritte, wasserberieselte Rasen. An hellen Standorten. Nordeuropa, in Mitteleuropa im Gebirge bis über 1600 m.*

> ***fleischfressende Pflanze***
> ***das ähnliche Alpen-Fettkraut blüht weiß***
> ***verschwindet bei Düngung oder Entwässerung***

Wiesen-Witwenblume

Knautia arvensis (Kardengewächse)
H 30–80 cm   Juli–Aug.   Staude

„Witwenblume" würde bei uns eher für die Tauben-Skabiose mit den schwarzen Kelchborsten passen. Der Name leitet sich tatsächlich von einer Skabiosen-Art ab, der in Südeuropa heimischen Purpur-Skabiose. Er bezog sich auf deren an Trauerkleidung erinnernde schwarzrote Blüten. Früher unterschied man häufig nicht zwischen Skabiosen und Witwenblumen.

Vorkommen *Wiesen, Halbtrockenrasen, Wegränder, Waldränder, Äcker. Auf nährstoffreichen Böden an wärmeren Standorten. Fast ganz Europa.*

> ***Blüten duften***
> ***Blütenköpfchen locken viele Insekten an***
> ***selten auch mit weißen Blüten***

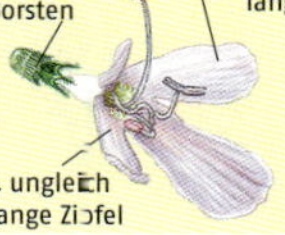

Gewöhnliches Schöllkraut

Chelidonium majus var. *majus* (Mohngewächse)
H 30–70 cm April–Okt. Staude ☠

***Vorkommen** Wege, Hecken, Waldränder, Gärten. Auf nährstoffreichen Lehmböden. Ganz Europa und Asien.*

- > ***Blätter gefiedert mit ovalen Abschnitten***
- > ***Kapselfrucht schotenartig***
- > ***zwei hellgelbe Kelchblätter***

In der Volksheilkunde benutzt man den frischen Milchsaft, um Warzen zu entfernen. Die Schulmedizin verordnet Medikamente auf Schöllkrautbasis bei Leber- und Gallenleiden.

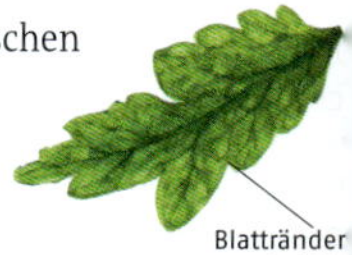

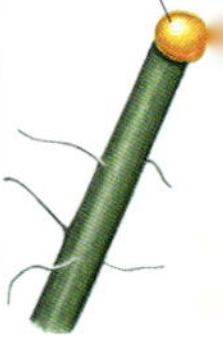

Gewöhnliches Barbarakraut

Barbarea vulgaris (Kreuzblütengewächse)
H 30–90 cm Mai–Juli zweijährig

***Vorkommen** Unkrautbestände an Wegen, Bach- und Flussauen, Ackerrändern, auf Waldschlägen, Erdaufschüttungen, Kiesgruben. Fast ganz Europa.*

- > ***Blätter auch im Winter grün***
- > ***heißt auch „Echte Winterkresse"***
- > ***schmeckt säuerlich herb, etwas kresseartig***

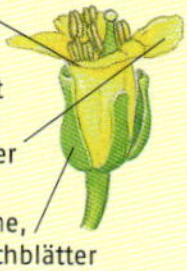

Das Barbarakraut erhielt seinen Namen nach der Heiligen Barbara, die zu den Nothelferinnen gehört. Vielleicht dachte man daran, dass die Blätter auch am Barbaratag (4. Dezember) geerntet werden können. Diese ungewöhnliche Erntezeit war wichtig, denn die Blätter halfen im Winter gegen den zu dieser Jahreszeit verbreiteten Vitamin-C-Mangel.

Acker-Senf

Sinapis arvensis (Kreuzblütengewächse)
H 30–60 cm   Juni–Okt.   einjährig

Die stechend riechenden, scharf schmeckenden Senföle schützen verwundete Pflanzen vor Pilzbefall und Pflanzenfressern. Acker-Senf war schon in der Bronzezeit ein häufiges Unkraut, wie Funde in Pfahlbausiedlungen beweisen.

Vorkommen *Unkrautbestände auf Äckern, Brachflächen, Schuttplätzen, Ödflächen, an Wegen, Straßenböschungen. Fast ganz Europa.*

> ***wächst oft in Gruppen***
> ***beim Zerreiben typischer Senfgeruch***
> ***Samen bleiben lange keimfähig***

Raps

Brassica napus napus (Kreuzblütengewächse)
H 70–150 cm   April–Juni   1–2-jährig

Meist wird bei uns Winterraps angebaut, der im Herbst gesät wird, den Winter als niedriges Pflänzchen mit blaugrünen Blättern überdauert und schließlich im Frühjahr als leuchtend gelbe Felder auffällt. Der Anbau dient hauptsächlich der Gewinnung von Rapsöl. Raps ist mit Kohlpflanzen verwandt.

Vorkommen *Auf Feldern angebaut mit Schwerpunkt in Norddeutschland, teilweise verwildert an Feldrainen und Wegrändern.*

> ***Blätter blaugrün bereift***
> ***Stängel im oberen Abschnitt verzweigt***
> ***mit ungestielten, aufwärtsweisenden Schoten***

Wechselblättriges Milzkraut

Chrysosplenium alternifolium (Steinbrechgewächse)

H 15–20 cm   März–Mai   Staude

__Vorkommen__ Auen- und Schluchtwälder, Bachufer. Auf nassen, kalkreichen Böden. Besonders Nord- und Mitteleuropa bis auf 2500 m.

- ***braucht luftfeuchte Standorte***
- ***wächst meist in Gruppen***
- ***trägt seinen Namen nach der Form der Blätter***

Die Fruchtkapseln öffnen sich zu flachen Schalen, aus denen die Samen von hineinfallenden Regentropfen hinausgeschleudert werden. Das Regenwasser schwemmt im günstigen Fall die Samen auch noch weiter weg.

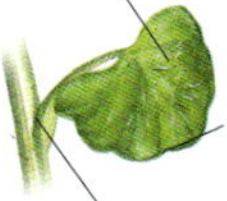

Gewöhnlicher Frauenmantel

Alchemilla vulgaris (Rosengewächse)

H 3–30 cm   Mai–Sept.   Staude

__Vorkommen__ Wiesen, Weiden, Gebüsche, Waldwege, Gräben. Auf nährstoffreichem Boden. Fast ganz Europa von der Ebene bis ins Gebirge.

- ***sehr vielgestaltige Art***
- ***Blätter auffälliger als die Blüten***
- ***in Gärten oft der stärker behaarte Weiche Frauenmantel***

An den Rändern der Blätter sitzen kleine Spalten, die aktiv Wasser abgeben können. Dieses Wasser sowie Regentropfen zerfließen nicht auf der Wasser abstoßenden Blattoberfläche, sondern bleiben als silberglänzende Tropfen liegen. Dies führte dazu, dass die Alchemisten des Mittelalters den Frauenmantel für ein Wunderkraut zur Goldmacherei hielten.

ufrechtes Fingerkraut

otentilla erecta (Rosengewächse)

o–30 cm Mai–Aug. Staude

ie Wurzel des Fingerkrauts zeichnet sich durch einen hohen ehalt an Gerbstoffen aus. Sie wird seit alters sowohl von der olksheilkunde als auch von der Schulmedizin und der Homöo- athie genutzt. Die Wurzel wirkt innerlich und äußerlich blut- illend und zusammenziehend, sie hilft auch bei Durchfällen.

Vorkommen *Heiden, Magerrasen, Flachmoore, lichte Wälder. Nord- und Mitteleuropa, Nordasien.*

> ***Stängel niederliegend bis aufsteigend***
> ***Blätter 3-zählig, aber mit 2 großen Nebenblättern***

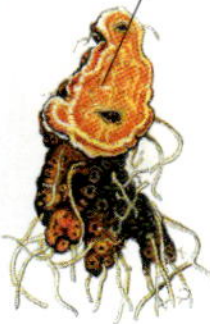

Gewöhnliche Nachtkerze

Oenothera biennis (Nachtkerzengewächse)

H 50–200 cm Juni–Aug. zweijährig

Vorkommen *Heimat Nordamerika, in Europa verwildert auf Schuttplätzen, Ödland, Bahndämmen.*

> ***im 1. Jahr nur Blattrosette***
> ***Blütenöffnung mit bloßem Auge sichtbar***

Die Samen der Nachtkerze enthalten ein sehr wertvolles Öl. Es enthält bis zu 14 % Gamma-Linolensäure – eine Fettsäure – und wird in Fertigprodukten gegen Neurodermitis verordnet. Vermutet wird außerdem eine Senkung der Cholesterinwerte (Arteriosklerose-Prophylaxe) und eine Linderung des prämenstruellen Syndroms (PMS). Die Blätter gelten als Mittel gegen Durchfall.

Zypressen-Wolfsmilch

Euphorbia cyparissias (Wolfsmilchgewächse)

H 10–30 cm April–Aug. Staude ☠

Vorkommen *Magere Weiden, Rasen, Wege und Wegraine, Ödland. Auf trockenen, kalkreichen Böden. Europa.*

> ***Pflanze mit weißem Milchsaft***
> ***4 halbmondförmige Nektardrüsen***
> ***unscheinbare Blüten***

Der giftige Milchsaft ist möglicherweise krebserregend und reiz Haut und Schleimhäute. Er darf auf keinen Fall mit den Augen in Kontakt kommen und ist nicht für eine Selbstmedikation geeignet! Früher legte man die Wurzel in Essig ein und nutzte sie als Hausmittel bei Verstopfung und Zahnschmerzen, den frischen Milchsaft gegen Warzen.

444

Echtes Labkraut

Galium verum (Rötegewächse)

H 30–60 cm Juni–Sept. Staude

Vorkommen *Magere Wiesen und Weiden, Böschungen, Wegraine, Gebüschränder, Moorwiesen. Ganz Europa, von der Ebene bis ins Gebirge.*

> ***Blüten duften honigartig***
> ***benötigt Wärme***
> ***blüht meist sehr reichlich***

Das Echte Labkraut ist an seine meist recht trockenen Standorte gut angepasst: Die durch die eingerollten Blattränder fast nadelartig erscheinenden Blätter verdunsten nur wenig Wasser.

;elbe Teichrose

uphar lutea (Seerosengewächse)

50–250 cm   Juni–Aug.   Staude   ☠

ı vielen Gegenden heißt die Gelbe Teichrose auch „Mummel". ›ieser Name leitet sich von „Muhme" ab, weiblichen Wasser- eistern, die dem Volksglauben nach die Pflanze beschützen. o heißt es, dass man die auf ·em Wasser schwim- ıenden Blüten nicht ›flücken dürfe, da onst die Muhmen ıen Störenfried ns Wasser iehen.

Vorkommen *Stehende und langsam fließende Gewässer mit bis 6 m Tiefe. Fast ganz Europa von der Ebene bis in mittlere Gebirgslagen.*

- > **Blüten ragen etwas über die Wasseroberfläche**
- > **Früchte reifen unter Wasser**
- > **wurzelt im Gewässergrund**

Gelbes Windröschen

Anemone ranunculoides (Hahnenfußgewächse)

H 10–20 cm   April–Mai   Staude   ☠

Der Saft der frischen Pflanze reizt Haut und Schleimhäute. Getrocknete Pflanzen verlieren diese Wirkung. Der Wurzelstock speichert reichlich Nährstoffe, sodass sich die Pflanze im Frühjahr rasch entwickeln kann. Sie kommt schon zur Blüte, bevor das Laub der Bäume austreibt und sie beschattet.

Vorkommen *Feuchte Laub- und Auenwälder, Hecken. Wächst oft in größeren Gruppen. Fast ganz Europa.*

- > **braucht nährstoffreiche Böden**
- > **Blüten meist zu zweit**
- > **ähnelt stark dem Busch-Windröschen (S. 408)**

Sumpfdotterblume

Caltha palustris (Hahnenfußgewächse)

H 15–30 cm April–Juni Staude ☠

Manchmal steht der Sumpfdotterblume das Wasser buchstäblich bis zum Hals. Sie erträgt dies jedoch ganz gut, da in ihren hohlen Stängeln Luft verbleibt.

Vorkommen *Sumpfwiesen, Quellen, an Bächen und Gräben, in Auenwäldern. Auf nassen, nährstoffreichen Böden. Ganz Europa.*

> ***verschwindet nach Entwässerungsmaßnahmen***
> ***kann später im Jahr ein zweites Mal blühen***
> ***Stängel lassen sich zusammendrücken***

Scharfer Hahnenfuß

Ranunculus acris (Hahnenfußgewächse)

H 30–100 cm Mai–Sept. Staude ☠

Weidevieh meidet die scharf schmeckende, in frischem Zustand giftige Pflanze. Getrocknet ist sie jedoch auch in großen Mengen unschädlich. Dies ist einer der Gründe, warum Flächen mit Massenbeständen meist nicht als Weiden, sondern eher als Wiesen zur Heugewinnung genutzt werden. In den betroffenen Gegenden halten die Bauern das Vieh häufig in den Ställen.

Vorkommen *Wiesen und Weiden aller Art von der Ebene bis ins Hochgebirge. Auf etwas feuchten, nährstoffreichen Böden. Ganz Europa.*

> ***unser häufigster Hahnenfuß***
> ***wächst oft in großen Mengen auf den Wiesen***
> ***kann Hautrötungen und Blasen hervorrufen***

Tüpfel-Hartheu, Johanniskraut

Hypericum perforatum (Johanniskrautgewächse)

H 30–60 cm Juli–Aug. Staude

Lange Zeit galt das Kraut als Mittel gegen Zauberer und Hexen. Heute gilt als gesichert, dass das Öl bei depressiven Zuständen hilft. In der Volksheilkunde nutzte man das Öl bei Hautverletzungen und Verbrennungen und das Kraut gegen Durchfall.

Vorkommen *Magere Weiden, Heiden, Brachflächen Schuttplätze, Ödland. Europa, Asien.*

> ***Stängel mit 2 Längsleisten***
> ***zerquetschte Blüten bluten rot***
> ***wird kommerziell angebaut***

Gewöhnliches Sonnenröschen

Helianthemum nummularium (Zistrosengewächse)

H 10–20 cm Juni–Okt. Strauch

Die Blüten öffnen sich nur bei Sonnenschein während eines Vormittags. Nachmittags schließen sie sich wieder und die Blütenblätter fallen ab. Da jedoch über einen langen Zeitraum immer wieder neue Blüten entstehen, eignen sich die Pflanzen auch für Steingärten. Gärtnereien bieten hierzu Züchtungen mit Blütenfarben von Weiß bis leuchtend Rot an.

Vorkommen *Sonnige Halbtrocken- und Trockenrasen, Böschungen, Raine, trockene Kiefernwälder. Auf kalkreichen Böden. Fast ganz Europa.*

> ***typisch durch die zerknitterten Blütenblätter***
> ***Staubblätter bewegen sich nach Berühren auswärts***
> ***Blätter im Winter grün***

Pfennig-Gilbweiderich

Lysimachia nummularia (Primelgewächse)
H 10–50 cm   Mai–Juli   Staude

Vorkommen *Feuchtwiesen, Auwälder, Ufer, Gräben, Wegränder. Auf feuchten Böden. Fast ganz Europa.*

> ***Stängel niederliegend***
> ***Blätter wintergrün***
> ***Kelchblattzipfel rot punktiert***

Der Namensgeber dieser Pflanze soll Lysimachos sein, ein griechischer Feldherr von Alexander dem Großen. Im Mittelalter hieß sie centimorbia, sollte also 100 Krankheiten heilen. Heute wird das Kraut allenfalls von der Volksheilkunde bei Husten, Durchfall, Rheuma, Ekzemen und zur Wundbehandlung verordnet.

448

Echter Gilbweiderich

Lysimachia vulgaris (Primelgewächse)
H 50–150 cm   Juni–Aug.   Staude

Vorkommen *Gräben, Quellhorizonte, Auwälder, Moorwiesen. Auf nassen Böden. Fast ganz Europa, Asien, Nordafrika.*

> ***Stängel aufrecht, behaart***
> ***Blüten endständig oder in den oberen Blattachseln***
> ***Kelchzipfel rötlich***

Diese Art des Gilbweiderichs stand nie in ähnlich gutem Ansehen wie ihr „kleiner Bruder", der Pfennig-Gilbweiderich (s. o.). Immerhin wurde er in der Antike als Räuchermittel gegen Schlangen und Fliegen genutzt – so Dioskurides. Wegen der Gerbstoffe diente er in der Volksheilkunde als Durchfallmittel und sollte Skorbut verhindern.

Hohe Schlüsselblume

Primula elatior (Primelgewächse)

H 10–30 cm März–Mai Staude

Bei den Schlüsselblumen gibt es Pflanzen, deren Blüten lange Griffel und tief in der Blütenröhre sitzende Staubblätter haben. Andere Exemplare haben kurze Griffel und hoch sitzende Staubblätter. Beide Formen sind etwa gleich häufig und treten meist gemeinsam am gleichen Standort auf.

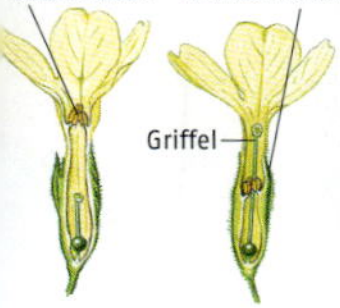

***Vorkommen** Wälder mit krautigem Unterwuchs, Schluchtwälder, Bergwiesen. Auf feuchten Böden. Mittel- und Südeuropa.*

- ***wächst und blüht auch an schattigen Standorten***
- ***heißt auch „Wald-Primel"***
- ***Blüten duften schwach***

Echte Schlüsselblume

Primula veris ssp. *veris* (Primelgewächse)

H 10–30 cm April–Juni Staude

Die früh im Jahr aufblühende Primel hatte in der nordischen Mythologie eine große Bedeutung – Nixen, Elfen und andere Wesen galten als ihre Beschützer. Die Wurzeln lindern die Beschwerden bei Katarrhen der Atemwege und sind harntreibend. Aus den Blüten bereitet man Tee gegen Husten und zur Beruhigung.

***Vorkommen** Magerrasen und -wiesen, Waldränder, lichte Wälder. Meist auf kalkreichen Böden. Weite Teile Europas, Asien.*

- ***Blüten duftend auf blattlosem Stängel***
- ***Blüten meist nach einer Seite gerichtet***

Scharfer Mauerpfeffer

Sedum acre (Dickblattgewächse)

H 5–15 cm   Juni–Aug.   Staude

***Vorkommen** Felsen, Mauern, Pflasterfugen, Kiesflächen. Auf trockenen, warmen Standorten. Europa, Westasien.*

- ***Pionierpflanze***
- ***Blätter im Querschnitt unten gewölbt und oben flach***

Heute wird der Mauerpfeffer allenfalls in Volksheilkunde und Homöopathie bei Gefäßkrankheiten verordnet. Die saftigen Blätter rufen in größeren Mengen Erbrechen und Durchfall hervor. Sie wurden früher bei Herz- und Kreislaufschwäche, Bluthochdruck, Fieber und äußerlich zur Wundbehandlung sowie gegen Warzen und Flechten benutzt.

Fetthennen-Steinbrech

Saxifraga aizoides (Steinbrechgewächse)

H 5–20 cm   Juni–Okt.   Staude

***Vorkommen** Überrieselte Felsen und Schutt, Kiesbänke, feuchte Hänge. In Höhen von 600 bis über 3000 m. Nordeuropa, Alpen, Pyrenäen.*

- ***kann flächig wachsen***
- ***Blätter immergrün***
- ***blüht seltener auch orange oder dunkelrot***

Allein über 85 Fliegenarten locken die Blüten dieser Steinbrech-Art an. Außerdem auch Hummeln, Wespen, Bienen, Schmetterlinge und Käfer. Die oft ausgedehnten Rasen der Pflanze stellen im Gebirge somit eine wichtige Nahrungsquelle für Insekten dar.

Kleiner Odermennig

Agrimonia eupatoria (Rosengewächse)
H 30–100 cm   Juni–Sept.   Staude

Die Früchte bleiben mit ihren Haken wie Kletten im Tierfell hängen und werden so über weite Strecken verbreitet. Die Pflanze enthält Gerbstoffe und kann deshalb leichte Durchfälle, Entzündungen im Mund- und Rachenraum und leichte Hautentzündungen lindern.

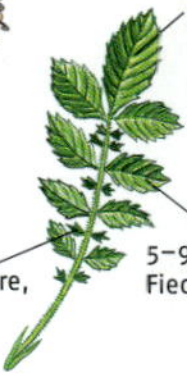

Vorkommen *Hecken, Böschungen Magerrasen. Bevorzugt sonnige Standorte. Von der Ebene bis in mittlere Gebirgslagen. Fast ganz Europa.*

> ***Früchte hängen oft an Strümpfen und Hosen***
> ***Stängel sehr zäh***
> ***hieß früher auch „Heil aller Welt"***

Echte Nelkenwurz

Geum urbanum (Rosengewächse)
H 30–120 cm   Mai–Okt.   Staude

Die getrockneten Wurzeln der Gewöhnlichen Nelkenwurz duften nach Gewürznelken. Sie enthalten auch tatsächlich dasselbe ätherische Öl wie das tropische Gewürz, allerdings nur rund 1/100 seiner Menge. Früher verwendete man sie als Gewürznelkenersatz und gegen Zahnfleischentzündungen. Wurzelauszüge eignen sich als Zusatz für Zahnpasta oder Likör.

Vorkommen *Wälder, Zäune, Mauern, Waldwege, Ödflächen. Auch an schattigen Standorten. Fast ganz Europa.*

> ***wächst oft im Bereich von Siedlungen***
> ***zeigt Nährstoffreichtum an***
> ***Früchtchen verhaken sich wie Kletten***

Gänse-Fingerkraut

Potentilla anserina (Rosengewächse)

H 15–80 cm   Mai–Aug.   Staude

Vorkommen *Weg- und Straßenränder, Äcker, Ödland. Gesamte nördliche Hemisphäre.*

> **zeigt nährstoffreichen, verdichteten Boden an**
> **Ausläufer bis 1 m lang**

Die getrockneten, oberirdischen Teile enthalten vor allem Gerbstoffe. Entsprechend werden sie in Medizin und Volksheilkunde bei Durchfall und Entzündungen im Mund- und Rachenraum verordnet. Umschläge sollen bei schlecht heilenden Wunden helfen.

Echter Pastinak

Pastinaca sativa (Doldengewächse)

H 30–100 cm   Juli–Sept.   zweijährig

Vorkommen *Wiesen- und Wegränder, Unkrautbestände, Ödland. Meist auf kalkhaltigen Böden. Westasien, Europa.*

> **zeigt Lehmboden an**
> **Wildform des Kulturpastinaks**
> **Blätter unpaarig gefiedert**

Der Pastinak, beziehungsweise seine rübenartig verdickte Wurzel, liefert ein nahrhaftes Gemüse. Er besitzt aber auch Heilkraft. Die Wurzel wurde in der Volksheilkunde bei Zahnschmerzen, Magen-, Lungen- und Nierenleiden sowie zur Förderung der Verdauung genutzt. Die Samen dienten als Gewürz und sollten bei Blasenleiden helfen.

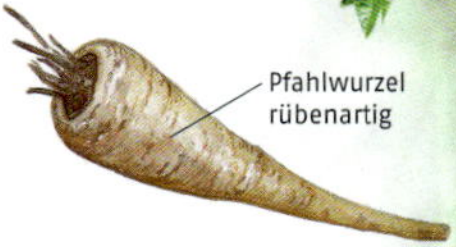

Gemeines Rutenkraut

Ferula communis (Doldengewächse)
H 100–300 cm April–Juli zweijährig ☠

Die Stängel dienten im Altertum als Spazierstöcke, aber auch zum Prügeln von Sklaven. *Ferula* leitet sich vielleicht von lat. ferire = schlagen, geißeln ab. Das lockere Mark der Stängel lieferte Zunder zum Feuer machen. Prometheus, der in der griechischen Mythologie das Feuer der Götter raubte, soll dieses in einem solchen Stängel zur Erde gebracht haben.

Vorkommen *Strauchgebiete, offene, trockene Weideflächen, Straßenränder, oft in der Nähe von Siedlungen. Mittelmeergebiet.*

- ***auffallend durch seine Größe***
- ***Stängel abgestorbener Pflanzen bleiben oft lange stehen***
- ***wächst einzeln oder in Gruppen***

Fenchel

Foeniculum vulgare (Doldengewächse)
H 50–200 cm Juli–Okt. einjährig oder Staude

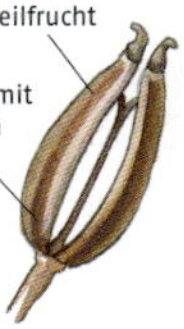

Das ätherische Öl der Früchte löst den Schleim bei Husten und Erkältungskrankheiten und lindert Verdauungsbeschwerden. Fencheltee ist ein mildes Mittel, um Säuglingen mit Blähungen Linderung zu verschaffen. In der Volksheilkunde nahm man Fenchel auch, um den Milchfluss stillender Mütter anzuregen.

Vorkommen *Wildform im Mittelmeergebiet heimisch, weltweit kultiviert.*

- ***Blätter mit sehr schmalen Fiedern***
- ***Blütendolde flach ausgebreitet***

Gelber Enzian

Gentiana lutea (Enziangewächse)

H 50–140 cm Juni–Aug. Staude

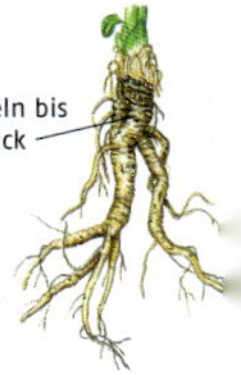

Die Wurzel des Gelben Enzians liefert die bitterste Droge der heimischen Pflanzenwelt. Medizin und Volksheilkunde nutzen die Bitterkeit, um die Bildung von Verdauungssäften anzuregen (in Aufgüssen und Bitterschnäpsen). Enzian behebt Appetitlosigkeit, fördert die Verdauung, lindert Völlegefühl und Übelkeit.

Vorkommen *Magerrasen, Weiden, Flachmoore. Nur im Gebirge auf basischen Böden. Mittel- und Südeuropa.*

> ***Blütenkelch einseitig aufgeschlitzt***
> ***gegenständige Blätter***
> ***Stängel rund, hohl***

Gewöhnliche Seekanne

Nymphoides peltata (Fieberkleegewächse)

H 80–150 cm Mai–Juni Staude

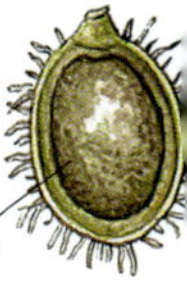

Die Fransen an den Kronblättern sorgen dafür, dass die Blüten auf die bestäubenden Insekten besonders attraktiv wirken. Die Samen sind schwimmfähig und können mit Wasserströmungen verbreitet werden. Sie bleiben auch an Wasservögeln haften und können so in weit entfernte Gewässer gelangen.

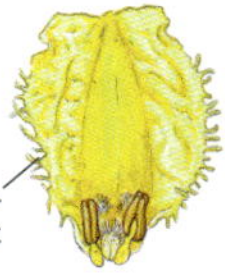

Vorkommen *In stehenden oder langsam fließenden, nährstoffreichen Gewässern mit bis 1,5 m Tiefe. Mittel- und Südeuropa.*

> ***Blätter ähneln denen von Seerosen***
> ***benötigt Wärme im Sommer***
> ***meist zwischen anderen Schwimmpflanzen***

Schwarzes Bilsenkraut

Hyoscyamus niger (Nachtschattengewächse)
H 20–80 cm   Juni–Okt.   ein- bis zweijährig ☠

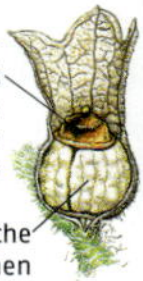

Das Bilsenkraut gehört zu den ältesten bekannten Giftpflanzen. Im Mittelalter verwendete man es zur Herstellung von Hexensalben, da es Sinnestäuschungen auslösen kann. Bei Vergiftungen kommt es jedoch auch zu tiefem Schlaf und tödlicher Lähmung des Atemzentrums. In Shakespeares „Hamlet“ wurde der König mit Bilsenkraut vergiftet. In der Medizin benutzte man Bilsenkraut früher gemeinsam mit Schlafmohn und anderen Pflanzen als Narkosemittel.

Vorkommen *Schuttplätze, Ödflächen, gelegentlich als Unkraut auf Äckern. Auf meist stickstoffreichem Boden. Fast ganz Europa.*

> ***benötigt viel Sonne und Wärme***
> ***blüht erst, wenn es täglich über 10 Stunden lang hell ist***

Schwarze Königskerze

Verbascum nigrum (Braunwurzgewächse)
H 50–120 cm   Juni–Sept.   zweijährig

Die violetten Haare auf den Staubblättern bilden einen starken Kontrast zum Gelb der Blütenkrone. Die Blüten wirken deshalb besonders attraktiv auf Insekten. Wie bei den meisten Pflanzen mit langen Blütenständen öffnen sich auch bei der Königskerze zuerst die unteren Blüten. Bienen und Hummeln besuchen solche Blütenstände deshalb regelmäßig von unten nach oben.

Vorkommen *Unkrautbestände auf Waldschlägen, Schuttplätzen, an Wegrändern, Böschungen. Fast ganz Europa.*

> ***im ersten Jahr nur Blattrosette***
> ***auffällige Farbkombination der Blüten***
> ***Samen sehr lange keimfähig***

Frühlings-Adonisröschen

Adonis vernalis (Hahnenfußgewächse)

H 10–40 cm April–Mai Staude ☠

***Vorkommen** Trockenrasen, Wiesensteppen, trockenwarme, buschige Hügel. An im Sommer warmen Standorten. Mittel-, Süd- und Osteuropa.*

> ***bei uns stark gefährdet und geschützt***
> ***in Osteuropa häufiger***
> ***Stängel verlängern sich nach der Blüte***

Die Blüten öffnen sich nur bei Sonnenschein und folgen ähnlich wie eine Sonnenblume dem Sonnenstand. In der Heilkunde verwendet man Adoniskraut bei leichter Herzschwäche und nervösen Herzbeschwerden. Die Giftpflanze eignet sich jedoch nicht zur Selbstbehandlung. Bei Vergiftungen wird der Puls langsam und es kommt zum Herzstillstand.

Südeuropäischer Winterling

Eranthis hyemalis (Hahnenfußgewächse)

H 5–15 cm Febr.–April Staude ☠

***Vorkommen** Wälder, Gebüsche, Weinberge, Obstgärten, Parkanlagen, Gebüsche. Südeuropa, in Mitteleuropa verwildert.*

> ***blüht bereits im Schnee***
> ***beliebter Frühblüher in Gärten***
> ***erinnert an einen Hahnenfuß***

Während der bis zu einer Woche dauernden Blütezeit verlängern sich die Blütenblätter durch Wachstum beim Öffnen und Schließen um gut das Doppelte. Die Früchtchen öffnen sich zu kleinen Schaufeln, aus denen die Samen durch Regentropfen bis über 40 cm weit hinausgeschleudert werden.

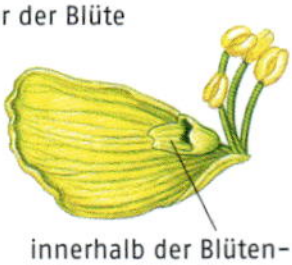

Europäische Trollblume

Trollius europaeus (Hahnenfußgewächse)

H 30–60 cm Mai–Juni Staude ☠

Auch wenn es eine Sage gibt, in der Kobolde Trollblumen als Fackeln tragen, hängt der Name wohl nicht mit den als Trolle bezeichneten Berggeistern zusammen. „Trollen" bedeutet eher so viel wie „rollen, wälzen" oder „Knolle" und bezieht sich damit auf die ungewöhnliche Blütenform. Während früher Trollblumenwiesen auch im Hügelland noch recht häufig waren, ist die Pflanze heute vielerorts verschwunden, da zahlreiche Feuchtwiesen entwässert wurden.

Vorkommen *Feuchte bis nasse Wiesen, Niedermoore, Bachränder. Vor allem im Gebirge bis in Höhen über 2000 m. Fast ganz Europa.*

- > ***gefährdet und bei uns geschützt***
- > ***blüht manchmal nochmals im Herbst***
- > ***wächst meist zu vielen locker beieinander***

Gewöhnliches Scharbockskraut

Ranunculus ficaria (Hahnenfußgewächse)

H 5–20 cm März–Mai Staude

Die jungen Blätter enthalten relativ viel Vitamin C und wurden als Frühlingssalat gegen Skorbut, der frische Presssaft zur Blutreinigung eingenommen. Dagegen reichert sich vor allem in Blüten und Sprossen das hautreizende, giftige Protanemonin an. Eine Waschung sollte Hautunreinheiten beseitigen.

Vorkommen *Auwälder, Laubmischwälder, feuchte Wiesen, Parks. Europa, Asien, Nordafrika.*

- > ***meist in Massen auftretend***
- > ***Stängel liegend bis aufsteigend***
- > ***Blätter herzförmig***

Echte Arnika

Arnica montana (Korbblütengewächse)
H 20–50 cm   Juni–Juli   Staude

Vorkommen *Feuchte Wiesen, Rasen, Weiden, Heiden und Moore. Verträgt keine kalkhaltigen Böden. Mitteleuropa, fast nur in den Gebirgen.*

> ***verträgt keine Düngung***
> ***riecht zerrieben stark aromatisch***
> ***bekannte Heilpflanze***

Auszüge aus Arnikablüten hemmen Entzündungen und lindern Schmerzen. Äußerlich helfen die Präparate deshalb bei Prellungen, Quetschungen, Muskel- und Gelenkrheuma und Insektenstichen.

Jakobs-Greiskraut

Senecio jacobaea (Korbblütengewächse)
H 30–100 cm   Juli–Sept.   zweijährig   Staude   ☠

Vorkommen *Weiden, Wiesen, Halbtrockenrasen, Böschungen, Waldränder. Fast ganz Europa.*

> ***eine von vielen ähnlichen Greiskraut-Arten***
> ***enthält krebsauslösende Inhaltsstoffe***
> ***heißt auch „Jakobs-Kreuzkraut"***

Der Name „Greiskraut" bezieht sich auf die Fruchtstände, die an die weiße Haarpracht alter Leute erinnert. „Jakobs-Greiskraut" heißt die Art nach dem Apostel Jakob, möglicherweise weil sich ihre ersten Blüten etwa um den St. Jakobstag (25. Juli) öffnen.

Huflattich

Tussilago farfara (Korbblütengewächse)

H 10–30 cm März–April Staude

Die Blüten und jungen Blätter des Huflattichs enthalten reichlich Schleimstoffe und werden daher seit der Antike als Heilmittel bei Husten und Heiserkeit empfohlen (lateinisch *tussis* = Husten). Leider enthalten sie auch Pyrrolizidinalkaloide und sind damit für den uneingeschränkten Gebrauch nicht geeignet.

Vorkommen *Wege, Straßenränder, Ufer, Kiesgruben. Europa, Westasien, Nordafrika.*

> ***Blütenkörbchen nur bei Sonne geöffnet***
> ***bis 300 Zungen- und 40 Röhrenblüten***
> ***Laubblätter erscheinen erst nach der Blüte***

Erdbirne, Topinambur

Helianthus tuberosus (Korbblütengewächse)

H 100–250 cm Okt.–Nov. Staude

Die Erdbirne ist zwar keine Heilpflanze im strengen Sinn, aber ein interessantes Nahrungsmittel für Diabetiker. Im Unterschied zur Kartoffel lagert die Erdbirne keine Stärke, sondern den Vielfachzucker Inulin ein. Inulin enthält keine Glukose und erhöht daher nicht den Blutzuckergehalt. In der Volksheilkunde wird Erdbirne bei Verstopfung empfohlen.

Vorkommen *Heimat Nordamerika, als Futterpflanze nach Europa eingeführt, in Mittel- und Osteuropa verwildert.*

> ***Blütenkörbchen mit Zungen- und Röhrenblüten***
> ***Blätter zu 2–3 je Knoten***

Gewöhnliche Sonnenblume

Helianthus annuus (Korbblütengewächse)

H 100–300 cm Juli–Okt. einjährig

Vorkommen *Heimat Nordamerika, als Zier- und Kulturpflanze nach Europa eingeführt, teilweise verwildert.*

- > ***viele kleinere Kultursorten***
- > ***Blätter herzförmig***
- > ***Blütenkörbchen mit flachem Blütenboden***

Das bekannteste Produkt der Sonnenblume ist sicher das Samenöl, das aber nicht nur in der Küche, sondern auch zum Einmassieren in schmerzende Glieder genutzt wird. Die gelben Blütenblätter dienen wie Arnika oder Ringelblume äußerlich zur Wundbehandlung und innerlich als Kur bei fiebrigen Erkrankungen, Gallen- und Leberleiden.

Gewöhnliche Goldrute

Solidago virgaurea ssp. *virgaurea* (Korbblütengewächse)

H 10–100 cm Juli–Okt. Staude

Vorkommen *Lichte Wälder, Waldschläge, Heiden, magere Weiden. Europa, Nordafrika, Westasien.*

- > ***10–30 Röhren- und 6–12 Zungenblüten je Blütenkörbchen***
- > ***untere Blätter gestielt, eiförmig, obere sitzend***

Angeblich war die Goldrute bereits den Germanen als „Wundkraut" bekannt. Sie enthält nachweislich entzündungshemmende Phenolglykoside (Leiocarposid). Als Hausmittel wird sie bei Entzündungen im Hals- und Rachenraum, aber auch gegen Rheuma, Gicht und Hautkrankheiten empfohlen.

Kanadische Goldrute

Solidago canadensis (Korbblütengewächse)
H 50–250 cm   Aug.–Okt.   Staude

Die aus Nordamerika stammende Kanadische Goldrute breitet sich seit dem 19. Jahrhundert bei uns aus. Sie vermehrt sich sowohl über unzählige Samen wie auch unterirdisch über Ausläufer des zähen Wurzelstocks. Da sie durch Massenentwicklung die heimische Flora verdrängt, versuchen Naturschützer vielerorts, ihre Bestände einzudämmen.

Vorkommen *Unkrautbestände auf Schutt, Eisenbahnböschungen, Ödflächen in Städten, auch in Auenwäldern oder an Ufern. Fast ganz Europa*

> ***kann riesige dichte Bestände bilden***
> ***lockt viele Insekten an***
> ***wächst auch als Zierpflanze in vielen Gärten***

Rainfarn

Tanacetum vulgare (Korbblütengewächse)
H 60–120 cm   Juli–Sept.   Staude   ☠

Hildegard von Bingen empfiehlt das Kraut gegen Eingeweidewürmer – diese Anwendung hat sich in der Volksheilkunde lange gehalten. Wegen des Gifts ist von Selbstversuchen aber dringend abzuraten. Die Blüten fanden auch bei Magenkrämpfen, Verdauungs- und Menstruationsbeschwerden Verwendung.

Vorkommen
Wegränder, Ufer, Schuttplätze, Ödland. Fast ganz Europa und Asien

> ***Blütenkörbchen nur mit Röhrenblüten***
> ***Pflanze duftet beim Zerreiben aromatisch***

Echter Wermut

Artemisia absinthium (Korbblütengewächse)

H 60–120 cm Juli–Sept. Staude

Vorkommen
Wegränder, Mauern, Schuttplätze, Ödland. Auf nährstoffreichen Böden. Europa und Asien.

> ***untere Teile verholzt***
> ***aromatisch duftend***
> ***ganze Pflanze graufilzig behaart***

Wermut hat einen extrem bitteren Geschmack, enthält aber auch ätherisches Öl. Es war früher im Absinth enthalten und führte wegen des hohen Thujongehalts zu Bewusstseinsstörungen. Heute verwendet man nur noch die Bitterstoffe. Das Kraut regt den Appetit an, fördert die Verdauung und löst Krämpfe im Magen-Darm-Bereich: Das Öl soll krebserregend sein und darf nicht mehr verwendet werden.

Gewöhnlicher Beifuß

Artemisia vulgaris (Korbblütengewächse)

H 60–250 cm Juli–Nov. Staude

Vorkommen *Wegränder, Schuttplätze, Ödland, Ufer. Verbreitet in Europa und Asien.*

> ***zahlreiche Blütenkörbchen***
> ***nur Röhrenblüten, gelb bis rötlich***
> ***schwacher Geruch beim Zerreiben***

Der Beifuß hat zahlreiche sagenhafte Wirkungen: So legten angeblich römische Soldaten ihre Sandalen zum Schutz vor Müdigkeit damit aus, und ein walisisches Kräuterbuch empfiehlt schwangeren Frauen, es zur Geburtshilfe an den Oberschenkel zu binden. Das Kraut regt den Appetit an und fördert die Verdauung, es war Wurmmittel und Bratgewürz.

Kronen-Wucherblume

Chrysanthemum coronarium (Korbblütengewächse)

H 30–80 cm März–Sept. einjährig

Besonders die zweifarbige Form wächst oft als Zierpflanze in Gärten. Ostasiaten kochen Blätter und Stängel der Kronen-Wucherblume als Gemüse. Auch die alten Griechen kannten diese Verwendung. Sie hielten die Pflanze auch für ein Zauberkraut, das vor bösen Geistern und Hexen schützen sollte. Bei ihnen hieß die Pflanze *Dios ofrya* = „Zeusbrauen".

Vorkommen
Kulturland, Öd- und Brachflächen, Straßenränder. Auch Zierpflanze. Mittelmeerraum.

> ***oft in großen, auffallenden Gruppen***
> ***Blütenköpfe einfarbig oder weiß und gelb***
> ***duftet zerrieben intensiv***

Kohl-Kratzdistel

Cirsium oleraceum (Korbblütengewächse)

H 50–150 cm Juni–Sept. Staude

Der Name Kohl-Kratzdistel weist darauf hin, dass man die jungen Blätter und Sprosse wie Kohl zubereiten kann. Während diese Nutzung bekannt war, haben sich nur wenige Kräuterkundige mit der Heilwirkung befasst. Angeblich helfen Wurzel und Kraut bei Krämpfen, Zahnschmerzen und äußerlich bei Hauterkrankungen und Rheuma.

Vorkommen *Nasswiesen, Auwälder, Ufer, Quellen. Auf nährstoffreichen Böden. Zentraleuropa bis Sibirien.*

> ***zeigt gedüngte Böden an***
> ***nur blassgelbe Röhrenblüten***
> ***2–6 Blütenkörbchen von Hochblättern umgeben***

Rainkohl

Lapsana communis (Korbblütengewächse)
H 30–100 cm Juni–Sept. einjährig Staude

***Vorkommen** Unkrautbestände an Hecken, Zäunen, Straßenrändern, in Wäldern, Gärten, auf Schuttplätzen, Äckern. Fast ganz Europa.*

> ***zeigt nährstoffreiche Böden an***
> ***wächst gern im Halbschatten oder Schatten***
> ***weißer Milchsaft***

Die Blütenkörbchen des Rainkohls öffnen sich nur bei schönem Wetter morgens von etwa 6 bis 11 Uhr. Bei schlechtem Wetter bestäuben sie sich selbst, indem sich die äußeren Blüten über die inneren krümmen und so die Staubbeutel mit den Narben in Kontakt kommen. Die Pflanze eignet sich trotz des Namens nicht als Gemüse.

Gewöhnlicher Löwenzahn

Taraxacum Sect. Ruderale (Korbblütengewächse)
H 5–40 cm April–Juli Staude

***Vorkommen** Wiesen, Weiden, Parks, Unkrautflächen, Gärten. Weltweit verbreitet.*

> ***Pflanze enthält weißen Milchsaft***
> ***einzelnes Blütenkörbchen auf hohlem Stängel***
> ***Blätter in Rosette***

Löwenzahn war sehr beliebt für die früher üblichen Frühjahrskuren. Presssaft und Salate aus den Blättern enthalten viel Kalium und Bitterstoffe, die Appetit und Verdauung anregen. In der Volksheilkunde dient er als harntreibendes Mittel und wird bei Leber- und Gallenleiden empfohlen. Ähnlich nutzt ihn auch die Homöopathie. Nicht verwenden bei Gallensteinen.

Wiesen-Bocksbart

Tragopogon pratensis (Korbblütengewächse)

H 20–70 cm Mai–Juli zweijährig Staude

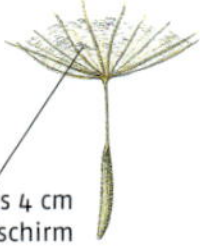

Noch geschlossen erinnert der Fruchtstand an den Bart eines Ziegenbocks (siehe wissenschaftlicher Name: griechisch tragos = Bock, pogon = Bart). Bei Trockenheit öffnet er sich und die fein und dicht gewobenen Fallschirme der Früchte entfalten sich. Sie sorgen für besonders gute Flugeigenschaften und damit eine gute Ausbreitung der Pflanze.

Vorkommen *Oft große Bestände auf Wiesen, Halbtrockenrasen, an Wegrändern, Bahnhöfen. An im Sommer warmen Standorten. Fast ganz Europa.*

> ***Blüten nur vormittags bei gutem Wetter geöffnet***
> ***weißer Milchsaft***
> ***erinnert etwas an einen großen Löwenzahn***

Kohl-Gänsedistel

Sonchus oleraceus (Korbblütengewächse)

H 30–100 cm Juni–Okt. einjährig

Anders als es der Name erwarten lässt, ist die Pflanze nicht wehrhaft wie eine echte Distel. Sie enthält reichlich Nährstoffe. Bauern schätzten sie als Viehfutter, was zum deutschen Namen „Gänsedistel“ führte. Junge Stängel, Blätter und Wurzeln kochte man früher auch zu Gemüse oder als Suppeneinlage (lateinisch *oleraceus* = als Gemüse gebraucht).

Vorkommen *Lockere Unkrautbestände an Wegen, Mauern, auf Schuttplätzen, Äckern, Gärten, Ödflächen. Auf nährstoffreichen Böden. Ganz Europa.*

> ***zeigt Stickstoff im Boden an***
> ***an ihren Standorten sehr konkurrenzstark***
> ***Pflanze mit Milchsaft***

Kleines Habichtskraut

Hieracium pilosella (Korbblütengewächse)

H 5–30 cm   Mai–Okt.   Staude

Vorkommen *Magere Wiesen, Trockenrasen, trockene Wälder, Felsen. Fast ganz Europa, Westasien.*

> ***Pflanze mit Milchsaft***
> ***Blütenkörbchen nur mit Zungenblüten***
> ***Blätter in Rosette***

Laut Hildegard von Bingen stärkt Habichtskraut das Herz und verringert die schlechten Säfte. Nach einem alten Volksglauben machte es sogar unverwundbar, sofern man das Kraut bei Vollmond ausgrub und in ein weißes Tüchlein einschlug. Heute wird das Habichtskraut allenfalls bei Durchfall und Rachenentzündungen verwendet.

Blütenkörbchen 2–3 cm breit

Blätter bei Trockenheit eingerollt

Zungenblüten außen rötlich gestreift

Hundertjährige Agave

Agave americana (Agavengewächse)

H 300–800 cm   Juni–Aug.   Staude

Vorkommen *Heimat Mexiko. Als Zierpflanze im Mittelmeergebiet kultiviert und dort verwildert.*

> ***Blütenstand erst im 10. Jahr***
> ***Blätter in grundständiger Rosette***
> ***Blätter bis 2 m lang, stachelig***

Mayas und Azteken trugen den frischen Presssaft auf Wunden auf und heilten mit ihm Durchfälle. Der Saft liefert den Rohstoff für alkoholische Getränke (Tequila). In der Volksheilkunde des Mittelmeerraums konnte sich die Agave nicht durchsetzen, wird aber in der Homöopathie bei Mundfäule und Blutarmut verwendet.

bis 2 m lange Blätter

Blüten 7–9 cm lang

Gelbe Narzisse

Narcissus pseudonarcissus (Narzissengewächse)

H 20–40 cm März–Mai Staude ☠

Die griechische Sage berichtet, dass der schöne Jüngling Narziss die Liebe der Nymphen nicht erwiderte und nur sich selbst liebte. Deshalb bestraften ihn die Götter: Als er in einem See sein Spiegelbild umarmen wollte, stürzte er ins Wasser und ertrank. Die Götter verwandelten ihn in eine Narzisse. Die Blüte mit ihrem Kranz soll sein Abbild sein, wie er sich übers Wasser beugt.

***Vorkommen** Bergwiesen, Wälder mit im Winter blattlosen Bäumen, verwildert auf Baumwiesen. Mittelgebirge, besonders in Westeuropa.*

- > ***auch als „Osterglocke" bekannt***
- > ***Wildstandorte gefährdet***
- > ***in vielen Sorten in Kultur***

Wald-Gelbstern

Gagea lutea (Liliengewächse)

H 10–30 cm April–Mai Staude

Der am Grund der Blütenblätter frei zugängliche süße Nektar kann auch von kleinen Fliegen und Käfern aufgesaugt werden. Nach dem Blühen liegen die Stängel schlaff auf dem Boden. Die aus den reifen Kapseln herausfallenden Samen tragen ein nahrhaftes Anhängsel und werden von Ameisen verbreitet.

***Vorkommen** Auenwälder, Waldränder, Obstbaumwiesen in Waldnähe, Hecken. Auf kalk- und nährstoffreichen Böden. Fast ganz Europa.*

- > ***braucht ausreichend Feuchtigkeit im Boden***
- > ***wächst meist im Schatten von Bäumen***
- > ***Blüten duften nicht***

Wilde Tulpe

Tulipa sylvestris (Liliengewächse)
H 20–45 cm April–Mai Staude ☠

***Vorkommen** Weinberge, Waldwiesen, Gebüsche, Baumgärten. Südeuropa, in Mitteleuropa im 16. Jahrhundert als Zierpflanze eingeführt und teilweise verwildert.*

- > ***Blüten duften***
- > ***braucht viel Sonne***
- > ***im Mittelmeerraum gibt es weitere Wildtulpen-Arten***

Tulpenblüten öffnen sich nur tagsüber an schönen Tagen, nachts schließen sie sich. Die Bewegung entsteht, indem die Außen- und Innenseiten der Blütenblätter unterschiedlich stark wachsen. So werden die Blüten größer. Gleichzeitig verlängern sich auch die Stängel. Sind die Blüten voll ausgewachsen, hören die Bewegungen auf.

Sumpf-Schwertlilie

Iris pseudacorus (Schwertliliengewächse)
H 50–100 cm Mai–Juni Staude ☠

***Vorkommen** Ufer von Teichen, verschmutzten Bächen, Gräben. Wald- und Wiesensümpfe. Fast ganz Europa.*

- > ***braucht nassen Boden***
- > ***heißt auch „Gelbe Iris"***
- > ***ist eine Giftpflanze und führt zu Erbrechen und Durchfall***

In der Irisblüte bilden jeweils 1 Blütenblatt, 1 Staubblatt und 1 Griffelblatt eine Einheit. Bestäuber reagieren auf die 3 Teile wie auf getrennte Blüten, die sie nacheinander besuchen müssen.

Gewöhnliche Osterluzei

Aristolochia clematitis (Seitwächse)

H 30–70 cm   Mai–Juni   Staude   ☠

Osterluzei wird wegen der Giftigkeit heute in der Schulmedizin und Volksheilkunde nicht mehr verwendet. Dabei war sie seit altägyptischer Zeit eine begehrte Heilpflanze. Sie wirkt immunstimulierend und diente vor allem als Wundheilmittel. Daneben galt sie stets auch als Zauberpflanze und ist noch heute Bestandteil der geweihten Mariä-Himmelfahrts-Sträuße.

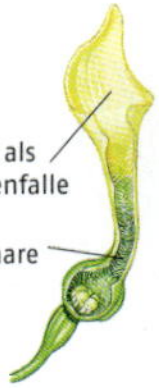

Vorkommen *Heimat Südosteuropa bis Südostasien in Mitteleuropa auf trockenen, sonnigen Standorten selten verwildert.*

> ***zeigt ehemalige Weinberge an***
> ***Stängel hin und her gebogen***

Gelber Eisenhut

Aconitum lycoctonum (Hahnenfußgewächse)

H 50–150 cm   Juni–Aug.   Staude   ☠

Beim Eisenhut kommen die Bestäuber nur sehr schwer an den Nektar. Der Blüteneingang ist schwer zugänglich, sodass nur langrüsselige Hummeln die Blüten bestäuben können. Kurzrüsselige Hummeln beißen oft den Helm am oberen Ende an. Früher stellte man aus der Pflanze Giftköder für Wölfe und Füchse her.

Vorkommen *Schlucht- und Auenwälder, feuchte, staudenreiche Standorte. Alpen, Gebirge in Mittel- und Südeuropa bis auf 2300 m.*

> ***braucht ausreichend Feuchtigkeit***
> ***heißt auch „Wolfs-Eisenhut"***
> ***tödlich giftig***

Wildes Stiefmütterchen

Viola tricolor (Veilchengewächse)

H 10–40 cm April–Sept. einjährig Staude

Vorkommen *Böschungen, Wald-, Wiesen- und Wegränder, grasige Hänge, Brachflächen, Ödflächen. Fast ganz Europa.*

> ***Blüten können auch ganz gelb oder gelbweiß sein***
> ***das ähnliche Acker-Stiefmütterchen hat kleinere Blüten mit größerem Kelch***

Für den deutschen Namen „Stiefmütterchen" gibt es ein Märchen, nach dem das große Kronblatt die Stiefmutter ist, die auf zwei Stühlen (zwei der Kelchblätter) sitzt. Ihre eigenen Töchter sitzen ihr zur Seite auf je einem Stuhl, die beiden Stieftöchter teilen sich den kleinsten Stuhl. Sie trauern deshalb in Violett.

Gewöhnlicher Wundklee

Anthyllis vulneraria (Schmetterlingsblütengewächse)

H 15–30 cm Mai–Aug. Staude

Vorkommen *Magerrasen, magere Weiden, Straßenränder, Ödland. Häufig auf Kalk. Fast ganz Europa bis Vorderasien, Nordafrika.*

> ***Pflanze seidig behaart***
> ***gelbe neben verblühten braunen Blüten im Köpfchen***

Wie der deutsche Name andeutet, galt diese Art früher als heilend bei offenen Wunden. Man legte die zerquetschten Blüten auf oder wusch die Wunde mit dem Aufguss. Die Blüten wurden ausschließlich in der Volksmedizin geschätzt. Der Wundklee half angeblich bei Geschwüren, offenen Beinen und Frostbeulen, wurde aber auch als Tee bei Entzündungen im Mund- und Rachenraum getrunken.

Echter Steinklee

Melilotus officinalis (Schmetterlingsblütengewächse)
H 30–100 cm   Juni–Sept.   zweijährig

Der seit der Antike bekannte Steinklee wird noch immer zu Arzneimitteln verarbeitet, die bei Venenerkrankungen, zur Nachbehandlung von Thrombosen, bei Hämorriden und Krampfadern verordnet werden. In der Volksheilkunde trank man den Tee gegen Krampfadern, Hämorriden, Husten und legte getränkte Umschläge auf geschwollene Beine und Gelenke. Die Homöopathie nutzt ihn bei Migräne und Nasenbluten.

Vorkommen
Unkrautbestände, Wege, Bahndämme, Steinbrüche, Ödland. Europa, Asien.

> ***bis zu 70 Blüten in einem Blütenstand***
> ***Flügel der Blüten länger als das Schiffchen***
> ***rundlich eiförmige Hülsenfrucht***

Gewöhnlicher Hornklee

Lotus corniculatus (Schmetterlingsblütengewächse)
H 5–40 cm   Juni–Aug.   Staude

Wissenschaftlich heißt der Hornklee Lotus, so hießen im Altertum viele Pflanzen, die essbare Früchte lieferten. Auch die Früchte eines Hornklees aus Südeuropa wurden verzehrt. Der Gewöhnliche Hornklee eignet sich jedoch nur als Viehfutter. Die bei Wandfarben als „Lotuseffekt" bezeichnete Fähigkeit, Schmutz abzustoßen, bezieht sich nicht auf Hornklee, sondern auf ein Seerosengewächs.

Vorkommen *Wiesen, Weiden, Halbtrockenrasen, Gebüsch- und Wegränder, Böschungen. Von der Ebene bis auf über 3000 m. Ganz Europa.*

> ***Wurzeln reichen bis 1 m tief***
> ***liefert gutes Viehfutter***
> ***dient vielen Wildbienen als Nahrungspflanze***

Wiesen-Platterbse

Lathyrus pratensis (Schmetterlingsblütengewächse)
H 30–100 cm Juni–Aug. Staude

Vorkommen *Nährstoffreiche und nasse Wiesen, Hecken, Wälder, Fluss- und Bachufer. Vor allem in Lehmgebieten in ganz Europa.*

- > ***hält sich mit den Ranken an anderen Pflanzen fest***
- > ***lockt Hummeln, Bienen und Wespen an***
- > ***typische Wiesenpflanze***

Die schwarzen Früchte heizen sich an warmen Sonnentagen stark auf und trocknen aus. Dabei entstehen Spannungen, bis die Frucht an Nahtstellen aufreißt, sich blitzschnell einrollt und die Samen dabei fortschleudert.

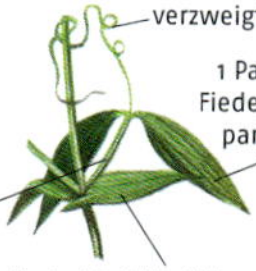

Kleinblütiges Springkraut

Impatiens parviflora (Balsaminengewächse)
H 30–60 cm Juni–Sept. einjährig

Vorkommen *Stammt aus Ostasien und Sibirien. In Europa eingebürgert in Wäldern mit krautigem Unterwuchs, an Waldrändern, in Parks und Gärten.*

- > ***braucht hohe Luftfeuchtigkeit***
- > ***Pflanzen welken, sobald sie in der Sonne stehen***
- > ***Samen können über 3 m weit fliegen***

1837 säten Gärtner das Kleinblütige Springkraut in Dresden aus, Ende des 19. Jahrhunderts hatte es sich bereits über ganz Deutschland ausgebreitet. Nur mit seinem Schleudermechanismus (s. folgende Art) hätte es dies wohl nicht geschafft. Der Mensch half unfreiwillig mit, da die nassen Samen klebrig sind und in Reifenprofilen hängen blieben.

Großblütiges Springkraut

Impatiens noli-tangere (Balsaminengewächse)

H 30–100 cm Juli–Aug. einjährig

Springkräuter haben speziell aufgebaute Fruchtkapseln. Während der Reife baut sich in ihnen eine Spannung auf. Ist diese ausreichend hoch, platzen die Früchte bei der leichtesten Berührung von selbst auf und schleudern die Samen dabei bis über 3 m weit weg.

Vorkommen *Auenwälder, Schluchtwälder, Waldquellen, Waldbäche, feuchte Waldränder. Fast ganz Europa.*

> **einzige heimische Springkraut-Art**
> **braucht Schatten und Feuchtigkeit**
> **wächst oft in Gruppen**

Bunter Hohlzahn

Galeopsis speciosa (Lippenblütengewächse)

H 50–100 cm Juni–Okt. einjährig

Die hohlen Zähne auf der Unterlippe der Blüte dienen als Führungsschiene für Insekten, besonders langrüsselige Hummeln: Diese müssen ihren Kopf zwischen den Zähnen hindurch in den Schlund stecken, um an den Nektar im Grund der Röhre zu gelangen. Auf diese Weise berühren sie sowohl die Narbe wie auch die Staubblätter und bestäuben so die Blüte.

Vorkommen *Unkrautbestände auf Waldlichtungen und Äckern, an Wegen, Ufern. Fast ganz Europa.*

> **zeigt Stickstoff im Boden an**
> **braucht viel Feuchtigkeit**
> **blüht auch im Schatten**

Klebriger Salbei

Salvia glutinosa (Lippenblütengewächse)

H 40–80 cm Juli–Okt. Staude

Vorkommen *Bergwälder mit krautreichem Unterwuchs, Schluchtwälder, Waldränder. Auf feuchten, meist steinigen Böden. Europa, außer Skandinavien.*

> ***Pflanze besonders im oberen Bereich klebrig***
> ***duftet zerrieben aromatisch***
> ***lockt besonders Hummeln an***

Die Staubblätter liegen in der Oberlippe der Blüte verborgen. Erst wenn man z. B. einen Grashalm in die Blüte einführt und ein Gelenk berührt, bewegen sie sich heraus. Die klebrigen Haare der Pflanze hindern vor allem kleine flügellose Insekten wie Ameisen, die diesen Mechanismus nicht auslösen können, daran, den Stängel hinaufzuklettern und von dem Nektar der Blüten zu naschen.

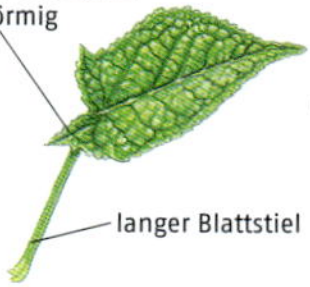

Gewöhnliche Goldnessel

Lamium galeobdolon (Lippenblütengewächse)

H 15–80 cm Mai–Juli Staude

Vorkommen *In Wäldern mit krautigem Unterwuchs. Auf nährstoffreichen Böden an schattigen oder halbschattigen Standorten. Ganz Europa.*

> ***bildet lange, oberirdische Ausläufer***
> ***kann als spinatartiges Gemüse gekocht werden***
> ***bleibt im Winter oft grün***

In Gärten wächst meist die Form mit silberweißen Flecken auf den Blättern, die „Silberblättrige Goldnessel“. Diese verwildert oft in der Nähe der Siedlungen. Die Flecken erscheinen dadurch, dass die Blattoberhaut dem Blattgewebe nicht direkt anliegt. Es befindet sich Luft dazwischen, die das Licht reflektiert. Die Goldnessel eignet sich auch als Zimmerpflanze.

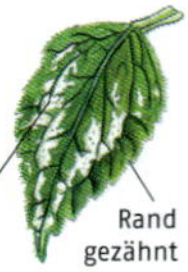

Strauchiges Brandkraut

Phlomis fruticosa (Lippenblütengewächse)

H 50–130 cm April–Juli Strauch

Nur sehr schwere Insekten wie große Hummeln oder Holzbienen können die Unterlippe der Blüte hinunterdrücken, um den Nektar am Blütengrund zu erreichen. „Brandkraut" weist darauf hin, dass sich die Pflanze auf Brandflächen in Massen entwickeln kann. Die Früchte besitzen eine sehr feste Wand, wodurch sie widerstandsfähig gegen Feuer sind.

Vorkommen *Buschgebiete, felsige Flächen, offene Standorte, Kahlschläge. Auch als Zierstrauch in Gärten und von dort verwildert. Mittelmeerraum.*

- ***immergrüner Blütenstrauch***
- ***wird vom Vieh gemieden***
- ***weitere ähnliche Arten im Mittelmeergebiet***

Gewöhnliches Leinkraut

Linaria vulgaris (Braunwurzgewächse)

H 20–70 cm Juni–Okt. Staude

Im Mittelalter und der frühen Neuzeit diente das Leinkraut als Abwehrzauber: Es wurde in die Wiege gelegt und sollte Kinder vor „angezauberten" Krankheiten schützen. Die Volksheilkunde verwendete das Leinkraut als harntreibendes und Abführmittel und als Salbe auch gegen Hämorriden und Hautunreinheiten. Alte Kräuterbücher nennen es als Heilmittel gegen Leber- und Milzleiden.

Vorkommen *Unkrautbestände, Äcker, Eisenbahndämme, Straßenränder, Ödland. Europa, Westasien.*

- ***Stängel aufrecht, kaum verzweigt***
- ***Blüten mit gewölbtem Buckel, der den Schlund verschließt***

Wald-Wachtelweizen

Melampyrum sylvaticum (Braunwurzgewächse)
H 10–35 cm Juni–Sept. einjährig

Vorkommen *Lichte Wälder, Heiden, Waldränder, Hochmoore. Auf sauren, oft modrigen Böden. Ganz Europa.*

> ***wächst meist in Gruppen***
> ***sitzt mit den Wurzeln auf Fichten oder Heidelbeeren und entnimmt diesen Nährstoffe***

Die Samen sind für Ameisen sehr interessant: Zum einen tragen sie einen nährstoffreichen Ölkörper, zum anderen ähneln sie in Größe und Form den Ameisenpuppen. Kein Wunder also, dass Ameisen sie in ihre Nester schleppen und so für die Ausbreitung sorgen. Oft keimen die Samen sogar direkt in den Ameisennestern.

Junkerlilie

Asphodeline lutea (Affodillgewächse)
H 40–100 cm April–Juni Staude

Vorkommen *Im Mittelmeerraum auf felsigen Flächen und im Buschland. In Mitteleuropa auch als Zierpflanze kultiviert.*

> ***Blüten duften***
> ***erträgt Trockenheit***
> ***heißt auch „Große Affodeline"***

Der Teil „*lutea*" des wissenschaftlichen Namens bedeutet „gelb" und bezieht sich sowohl auf die Farbe der Blüten wie auch auf die der Wurzeln. Als die Pflanze in der Renaissance als Zierpflanze aus dem Mittelmeergebiet nach Deutschland kam, nannte man sie zuerst *Hastula regia*, was so viel wie „Königsspießchen" heißt. Der Name „Junkerlilie" bürgerte sich erst ab dem 19. Jahrhundert ein.

;ewöhnlicher Wasserschlauch

'tricularia vulgaris (Wasserschlauchgewächse)

15–35 cm   Juni–Aug.   Staude

)ie Fangblasen haben eine Klappe mit .bstehenden Borsten. Berührt ein :leines Wassertier, etwa ein Wasserfloh, lie Borsten, öffnet sich die Klappe. Ein Vassersog zieht das Tier in die Blase ıinein. Dann schließt sich die Klappe vieder und das Tier wird im Innern /erdaut. Über diesen Mechanismus /ersorgt sich die Pflanze mit :usätzlichen Nährstoffen.

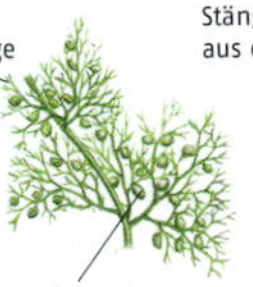

Vorkommen *zwischen Seerosen oder im lichten Schilf in stehenden oder höchstens langsam fließenden, meist kalkarmen Gewässern. Ganz Europa.*

> ***fleischfressende Pflanze***
> ***fällt nur zur Blütezeit auf***
> ***schwimmt meist frei im Wasser***

Gelber Frauenschuh

Cypripedium calceolus (Orchideengewächse)

H 15–50 cm   Mai–Juni   Staude

Die Unterlippe der Blüte wirkt wie eine Fallgrube. Insekten, die nach Nektar suchen, purzeln hinein. Um aus dem rutschigen Inneren hinauszukommen, müssen sie sich durch enge Öffnungen hinauszwängen. Dabei laden sie mitgebrachten Blütenstaub ab oder nehmen neuen mit.

Vorkommen *Wälder mit grasigem oder krautigem Unterwuchs, Gebüsch. Im Halbschatten. Selten. Mittel- und Nordeuropa.*

> ***heimische Orchidee mit den größten Blüten***
> ***erst mindestens 16 Jahre alte Pflanzen blühen***
> ***stark gefährdet***

Kleine Wasserlinse

Lemna minor (Wasserlinsengewächse)

H 2–4 mm Mai–Juni Staude

Vorkommen *Überall häufige Art in nährstoffreichen Tümpeln, Teichen und Gräben sowie in windgeschützten Seebuchten.*

- > ***auch „Entenflott" oder „Entengrütze" genannt***
- > ***pro Glied nur 1 Wurzel***
- > ***Überwinterung auf dem Gewässergrund***

2 männliche und 1 weibliche Blüte von Hüllblatt umgeben

Wasserlinsen vermehren sich fast ausschließlich ungeschlechtlich durch Sprossung, die Tochterglieder bilden dann selbst neue Glieder. Infolge dieser Vermehrung können Wasserlinsen in kurzer Zeit einen dichten grünen Teppich auf dem Wasser bilden, der ein beliebtes Futter für Gänse und Enten ist. Wasservögel verbreiten die Pflanzen von einem Gewässer zum nächsten, wenn diese im Gefieder hängen bleiben.

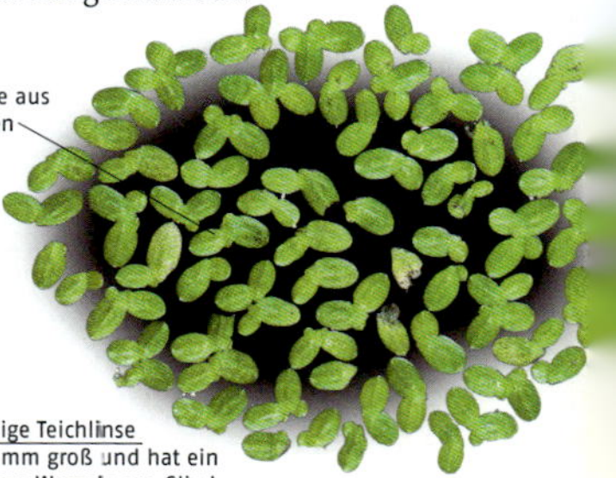

frei schwimmende Pflanze aus hellgrünen, blattähnlichen Sprossgliedern

die weitverbreitete Vielwurzelige Teichlinse *(Spirodela polyrhiza)* ist 5–10 mm groß und hat ein Büschel von 5–15 fadenförmigen Wurzeln pro Glied

Wasserstern

Callitriche spec. (Wassersterngewächse)

H 5–40 cm Mai–Okt. Staude

Vorkommen *In flachen, nährstoffreichen stehenden oder träge fließenden Kleingewässern. Als Land- oder Uferformen auch am Gewässerrand, auf feuchten Waldwegen und -pfützen.*

- > ***bildet schwimmende Polster***
- > ***Schwimmblätter rosettig gehäuft***
- > ***mehrere einander sehr ähnliche Arten***

winzige, unscheinbare Blüten in den Blattachseln

Wassersterne werden gern zur Gartenteich-Bepflanzung verwendet: Die Pflanze wird direkt in den Gewässerboden eingepflanzt. Die Pflanze breitet sich schnell aus und muss daher regelmäßig ausgedünnt werden. Wassersterne produzieren selbst unter einer Eisdecke noch Sauerstoff und verbessern somit die Wasserqualität. Durch Teilung lässt sich die Pflanze problemlos vermehren.

Blätter gegenständig

Stängel fadenförmig dünn

sternförmige Blattrosetten

Kanadische Wasserpest

Elodea canadensis (Froschbissgewächse)

H 30–60 cm   Juni–Aug.   Staude

Vor etwa 150 Jahren wurde die Wasserpest aus Nordamerika nach Europa eingeschleppt, wo sie sich schnell und in so ungeheuren Massen ausgebreitet hat, dass sie anfänglich Schifffahrt und Fischfang behinderte, Wasserabflüsse und Schleusen verstopfte und so zur Plage wurde (daher der Name „Wasserpest"). Die Vermehrung der Wasserpest erfolgt in unseren Gewässern ausschließlich ungeschlechtlich, jedes Bruchstück eines Zweiges vermag einen neuen Bestand zu gründen.

Vorkommen *Häufig in ganz Europa in nährstoffreichen stehenden und fließenden Gewässern auf schlammigem oder sandigem Grund.*

- > ***untergetauchte Wasserpflanze***
- > ***blüht sehr selten***
- > ***Blüte ragt über Wasserspiegel heraus***

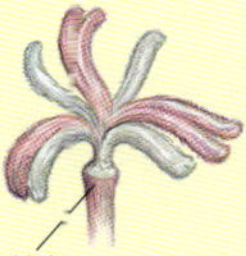

Tannenwedel

Hippuris vulgaris (Tannenwedelgewächse)

H 10–50 cm   Mai–Aug.   Staude

Der Tannenwedel ist gegen Wasserverschmutzung empfindlich und verschwindet in belasteten Gewässern. Der Name bezieht sich auf den Wuchs, der einem kleinen Tannenbäumchen ähnelt. Alte Namen weisen auch auf eine Ähnlichkeit mit dem Schachtelhalm hin, mit dem der Tannenwedel aber genauso wenig verwandt ist wie mit der Tanne.

Vorkommen *Wasserpflanze in stehenden oder langsam fließenden Gewässern mit max. 2 m Tiefe. Auch an Ufern. Ganz Europa.*

- > ***blüht sehr unscheinbar***
- > ***wächst meist in größeren Gruppen***
- > ***benötigt saubere, kühle, nährstoffreiche Gewässer***

Quirlblättriges Tausendblatt

Myriophyllum verticillatum (Tausendblattgewächse)
H 50–200 cm Juni–Sept. Staude

Vorkommen *Unter Wasser wachsend, zwischen anderen Wasserpflanzen in stehenden und langsam fließenden Gewässern in bis zu 3 m Wassertiefe.*

> ***frei flutend oder im Boden wurzelnd***
> ***beliebt bei Gartenteichbesitzern, weil ausgesprochen gute Sauerstofflieferanten***

unscheinbare, kleine Blüten in den Blattachseln

Der deutsche und der wissenschaftliche Gattungsname beziehen sich auf die unzähligen Blattfiedern. Im Herbst beginnt die Pflanze zu zerfallen und sich aufzulösen, die verdickten Endknospen der Stängel sinken ab und überwintern als sogenannte „Winterknospen“ am Grund der Gewässer. Im Frühjahr wachsen sie wieder zu ganzen Pflanzen heran.

Blütenähre ragt aus dem Wasser

ähnlich ist das Ährige Tausendblatt *(M. spicatum)*; die kammförmig gefiederten Blätter stehen hier in 4-zähligen Quirlen

5-zählige Quirle aus 2–5 cm langen, kammartig gefiederten Blättern

Raues Hornblatt

Ceratophyllum demersum (Hornblattgewächse)
H 50–200 cm Juni–Sept. Staude

Vorkommen *Unter Wasser wachsende, häufige Wasserpflanze in stehenden oder langsam fließenden, nährstoffreichen Gewässern.*

> ***blüht unter Wasser***
> ***fühlt sich rau an***
> ***beliebt für Gartenteiche und Aquarien***

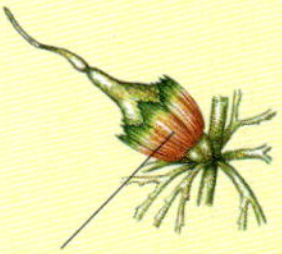

unscheinbare, weibliche Blüte mit Narbe

Das Hornblatt bildet unter Wasser kleine unscheinbare Blüten aus, deren Pollen durch die Wasserbewegungen übertragen werden. Dies geschieht jedoch nur selten, hauptsächlich findet die Vermehrung ungeschlechtlich durch Ableger statt, bei der selbst kleinste Bruchstücke zu neuen Pflanzen heranwachsen.

7–12 Blätter in Quirlen stehend

Blätter starr und leicht zerbrechlich

Blüten in den Blattachseln

Blätter 1–2-mal gabelig gespalten

Krauses Laichkraut

Potamogeton crispus (Laichkrautgewächse)
H 40–200 cm   Mai–Sept.   Staude

Neben der Vermehrung durch Samen findet noch eine ausgiebige ungeschlechtliche (vegetative) Vermehrung der Pflanze statt – aus jedem abgebrochenen Zweig kann eine neue Pflanze entstehen. Im Herbst reifen Winterknospen mit dicken, kräftig bedornten Blättern heran. Diese sinken zu Boden und bilden im Frühjahr neue Pflanzen, während der Rest der Pflanze abstirbt.

Vorkommen *Weit verbreitet und meist häufig in nährstoffreichen, schlammigen stehenden oder langsam fließenden Gewässern in bis zu 4 m Wassertiefe.*

> ***bildet an seinen Standorten dichte Bestände***
> ***alle Blätter unter Wasser***
> ***bietet Jungfischen Schutz***

Schwimmendes Laichkraut

Potamogeton natans (Laichkrautgewächse)
H 60–150 cm   Juni–Aug.   Staude

Die Oberfläche der schwimmenden Blätter weist durch einen Ölfilm das Wasser ab. Früher sammelten Bauern die verdickten, stärkereichen Wurzelstöcke und nutzten sie besonders zur Schweinemast. In Gartenteichen wächst die Pflanze zu dichten Beständen, die meist schon bald ausgelichtet werden müssen, da sonst kaum noch Licht ins Wasser gelangen kann.

Vorkommen *Weiher, Tümpel, Seebuchten, Altwässer. Oft zwischen anderen Schwimmblattpflanzen wie Seerosen. Ganz Europa.*

> ***wächst ziemlich rasch***
> ***Blätter schwimmen auf der Wasseroberfläche***
> ***kann größere Wasserflächen bedecken***

Ästiger Igelkolben

Sparganium erectum (Igelkolbengewächse)

H 30–50 cm   Juni–Aug.   Staude

Vorkommen *Im Röhricht stehender oder fließender, nährstoffreicher Gewässer, auf humusreichen Schlammböden. Ganz Europa.*

- > ***nach der Form der Fruchtstände benannt***
- > ***besiedelt auch stärker verschmutzte Gewässer***
- > ***braucht viel Licht***

Die reifen Früchte in den morgensternartigen Fruchtköpfchen können bis zu 12 Monate im Wasser schwimmen und so auch weit entfernte Standorte erreichen. Die Blätter enthalten reichlich spitze, nadelförmige Kristalle, die als wirksamer Fraßschutz dienen.

Breitblättriger Rohrkolben

Typha latifolia (Rohrkolbengewächse)

H 100–200 cm   Juli–Aug.   Staude

Vorkommen *Im Röhricht stehender bis schwach fließender, nährstoffreicher Gewässer. Kann große, dichte Gruppen bilden. Fast ganz Europa.*

- > ***in gemäßigten Zonen fast weltweit verschleppt***
- > ***früher besonders von Küfern kultiviert***
- > ***reife Kolben zerfallen***

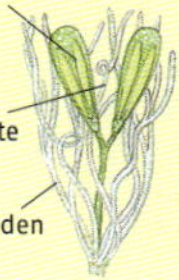

Heute verwendet man nur noch die als „Schilfzigarren" bezeichneten Fruchtstände für Trockengestecke. Früher jedoch verfütterten Bauern die stärkereichen Wurzelstöcke an Schweine oder verwendeten sie gemahlen in Notzeiten zum Strecken von Brotmehl.

Europäische Haselwurz

Asarum europaeum (Osterluzeigewächse)

H 5–10 cm März–Mai Staude ☠

Früher verwendete man die Europäische Haselwurz für Niespulver und gegen Bronchitis. Die Blüten locken Pilzmücken an. Diese kleinen Insekten legen ihre Eier normalerweise in Pilze. Sie lassen sich jedoch vom Duft der Haselwurz irreführen und platzieren ihr Gelege stattdessen in deren Blüten. Dabei bestäuben sie diese.

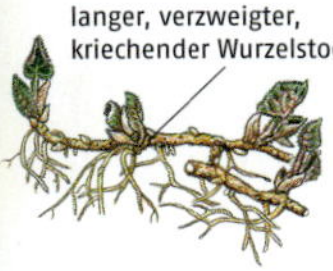

***Vorkommen** Laub- und Nadelmischwälder mit krautigem Unterwuchs. Auf feuchten, meist kalkhaltigen Böden. Hauptsächlich Mittel- und Osteuropa.*

- > ***Blätter im Winter grün***
- > ***riecht zerrieben pfefferartig***
- > ***Blüten meist unter Laub verborgen***

Gefleckter Aronstab

Arum maculatum (Aronstabgewächse)

H 15–40 cm April–Juni Staude ☠

Das Hüllblatt bildet eine Kesselfalle. Es entfaltet sich am Abend, der Kolben verströmt einen harnartigen Geruch und lockt kleine Schmetterlingsmücken an. Diese rutschen in den Kessel und bestäuben die weiblichen Blüten. Die Staubbeutel der männlichen Blüten öffnen sich erst später. Die Reusenblüten halten die Mücken im Kolben gefangen und entlassen sie, mit Blütenstaub bepudert, erst am nächsten Abend – rechtzeitig, um in den nächsten Kessel zu fallen.

***Vorkommen** Krautreiche Laubwälder, Auenwälder, Hecken. Auf nährstoffreichen Böden an schattigen Standorten. Mittel- und Südeuropa.*

- > ***jeder Blütenstand blüht nur 1 Tag***
- > ***riecht aasähnlich***
- > ***Blätter nur im Frühjahr vorhanden***

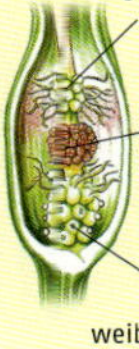

Große Brennnessel

Urtica dioica (Brennnesselgewächse)

H 30–15 cm Juli–Okt. Staude

Vorkommen *Wegränder, Schuttplätze, Gräben, Waldränder. Nördliche Hemisphäre.*

> ***zeigt Stickstoff im Boden an***
> ***Stängel 4-kantig***
> ***männliche und weibliche Blüten auf unterschiedlichen Pflanzen***

In der Volksheilkunde taucht sie als Mittel gegen Rheuma, Gicht, Lähmungen und Hautkrankheiten auf. In der Tat regen die Wirkstoffe in den Blättern die Harnausscheidung an. Daher wird Brennnesseltee auch von der modernen Pflanzenmedizin zur Durchspülung bei entzündeten ableitenden Harnwegen empfohlen.

484

Kurzähren-Queller

Salicornia europaea (Gänsefußgewächse)

H 5–30 cm Aug.–Okt. einjährig

Vorkommen *Erstbesiedler von offenen Salzschlickböden der Meeresküsten ganz Europas. Selten im Binnenland.*

> ***wagt sich unter den Blütenpflanzen am weitesten ins Watt hinaus***
> ***oft stehen viele Pflanzen beieinander***
> ***um die Pflanzen sammelt sich Schlick***

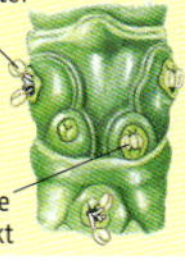

Der Kurzähren-Queller gehört zu den wenigen Pflanzen, die zum Keimen und für ein optimales Wachstum Salz benötigen. Sein fleischiges Aussehen erhält er durch Salz- und Wassereinlagerung. Gelegentlich verwendet man heute die Pflanze als salzig-würzige Salatbeigabe.

Wald-Bingelkraut

Mercurialis perennis (Wolfsmilchgewächse)

H 15–30 cm April–Mai Staude ☠

Das Kraut wird bereits im 4./5. Jahrhundert v. Chr. als abführend und harntreibend erwähnt. Der wissenschaftliche Gattungsname Mercurialis verweist auf den römischen Gott Merkur, der die Heilkraft des Bingelkrauts erkannte. Bei den Germanen war es Wotan geweiht. Für einen Zauber musste das Kraut am Wotanstag (Mittwoch) ausgegraben werden.

Vorkommen
Krautreiche Wälder. Auf feuchten Böden. Europa, Südwest-asien.

- > **zeigt Grundwasser im Boden an**
- > **männliche und weibliche Blüten auf unterschiedlichen Pflanzen**

Spitz-Wegerich

Plantago lanceolata (Wegerichgewächse)

H 10–50 cm Mai–Sept. Staude

Die Blätter des Spitzwegerichs sind vielerorts als Hausmittel gegen Insektenstiche und kleine Wunden bekannt: Der frische Presssaft wirkt antibakteriell und verhindert Entzündungen. Die getrockneten Blätter werden als Tee bei Katarrhen der Atemwege und Entzündungen im Mund- und Rachenraum getrunken, sie gibt es auch als Fertigpräparat.

Vorkommen
Fettwiesen, Weiden, Parks, Ödland, Äcker, Wegränder. Europa, Asien

- > **Blütenähre auf fünffurchigem Stängel**
- > **Blätter in grundständiger Rosette**

Breit-Wegerich

Plantago major (Wegerichgewächse)
H 5–40 cm   Juni–Okt.   Staude

Vorkommen *Wege, Plätze und Pflasterfugen, Rasen, Ödland. Weltweit.*

- ***Pionierpflanze, die sogar Trittbelastung verträgt***
- ***Rosettenblätter oft aufgerichtet***

Der Breit-Wegerich wird in der Volksheilkunde seltener verwendet als sein schmalblättriger Verwandter (s. S. 485). Eingesetzt werden die Samen als Abführmittel und die Blätter bei Husten und als Wundmittel. Dafür verordnet ihn die Homöopathie bei unterschiedlichen Indikationen, unter anderem Hautausschlägen, Bettnässen, Wundschmerzen, Mittelohrentzündung.

Strand-Wegerich

Plantago maritima (Wegerichgewächse)
H 15–40 cm   Juli–Okt.   Staude

Vorkommen *Häufig in Küstennähe auf Salzwiesen, am Strand und an Felsküsten, außerdem an salzbeeinflussten Standorten im Binnenland.*

- ***Blätter in Grundrosette***
- ***erträgt hohe Salzkonzentrationen***
- ***Keimlinge sind im Frühjahr wichtige Nahrung für Ringelgänse***

Die jungen Blätter und Sprosse der Pflanze schmecken salzig und können sowohl roh als auch gekocht als Wildgemüse oder im Salat verzehrt werden. Im Friesischen nennt man diese Pflanze auch Sudden und ein daraus zubereitetes traditionelles Gericht wird entsprechend Suddenkohl genannt.

Stinkende Nieswurz

Helleborus foetidus (Hahnenfußgewächse)

H 30–80 cm   März–Mai   Staude   ☠

Die Blütenknospen entwickeln sich bereits im Herbst, öffnen sich aber erst im Frühjahr. Bei der Stinkenden Nieswurz gehen die Laubblätter stufenweise in Blütenblätter über. Sie dient deshalb als Paradebeispiel, um zu zeigen, dass Blütenblätter entwicklungsgeschichtlich aus Laubblättern entstanden sind. In manchen Weingegenden hofften die Winzer nach einer reichlichen Blüte der Pflanze auf ein gutes Weinjahr.

Vorkommen *Trockene Abhänge, lichte, krautreiche Buchen- und Eichenwälder und Waldsäume auf Kalk. Von Südwesteuropa bis Deutschland.*

- ***Blätter über den Winter grün***
- ***wächst oft in Gruppen***
- ***Pflanze riecht unangenehm***

Weißer Gänsefuß

Chenopodium album (Gänsefußgewächse)

H 20–150 cm   Juli–Okt.   einjährig

Heute gilt der Weiße Gänsefuß als Unkraut. Seine Samen bleiben bis zu mehreren Jahrhunderten keimfähig. Da jede Pflanze bis zu 100 000 davon bilden kann, können sich diese im Boden stark anreichern und für Massenbestände sorgen.

Vorkommen *Unkrautbestände auf Schuttplätzen, Äckern, in Gärten, an Wegen, Straßenrändern. Auf nährstoffreichen Böden. Ganz Europa.*

- ***wirkt oft wie mit Mehl bestäubt***
- ***Blattform sehr variabel***
- ***Erstbesiedler auf Ödflächen***

Beifußblättriges Traubenkraut

Ambrosia artemisiifolia (Korbblütengewächse)

H 50–150 cm Aug.–Okt. einjährig

Vorkommen *Unkrautbestände auf Schutt, in Häfen und Gärten. Auf warmen, nährstoffreichen Böden. Mittel- und Südeuropa.*

- > ***stammt ursprünglich aus Nordamerika und Mexiko***
- > ***breitet sich bei uns aus***
- > ***problematischer Heuschnupfenauslöser***

Die Früchte waren mehrere Jahrzehnte in Winter-Vogelfutter-Mischungen enthalten. Die Art ist eines der wenigen Korbblütengewächse, das vom Wind bestäubt wird. Auf den reichlich gebildeten Blütenstaub reagieren in den Ursprungsländern rund 10 Prozent der Bevölkerung mit Heuschnupfen oder Asthma. Wissenschaftler empfehlen deshalb, die Pflanze auszureißen.

Vierblättrige Einbeere

Paris quadrifolia (Dreiblattgewächse)

H 10–30 cm Mai–Juni Staude ☠

Vorkommen
Krautreiche, feuchte Mischwälder, Auwälder. Europa, Westasien.

- > ***zeigt Grund- oder Sickerwasser an***
- > ***meist 4 Blätter kreuzförmig angeordnet***

Der wissenschaftliche Gattungsname *Paris* entstammt der griechischen Mythologie, und zwar setzte man die Einbeere mit dem berühmten Erisapfel gleich (Urteil des Paris). Wie die Erklärung des Namens ist auch der Gebrauch dieser heute vergessenen Heilpflanze sagenhaft: Wer die Beeren bei sich trug, glaubte sicher vor der Pest zu sein. Verwendet wird das Kraut nur noch in der Homöopathie bei Kopfschmerz und Atemwegsentzündungen.

Knotige Braunwurz

Scrophularia nodosa (Braunwurzgewächse)

H 40–120 cm   Juni–Sept.   Staude

Die Blüte der Knotigen Braunwurz ist eine typische Rachenblume: Man meint geradezu, in den Rachen eines gähnenden Tiers zu schauen. Die Pflanze lockt bei uns besonders Wespen als Bestäuber an.

Vorkommen *Wälder mit krautigem Unterwuchs, Wegränder. Auf wasserdurchsickerten oder feuchten Böden. Ganz Europa.*

- ***meist nur wenige Blüten gleichzeitig geöffnet***
- ***riecht zerrieben unangenehm***
- ***blüht meist im Schatten oder Halbschatten***

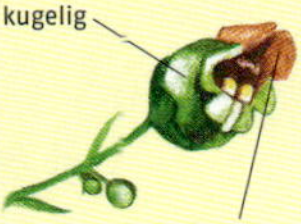

Vogel-Nestwurz

Neottia nidus-avis (Orchideengewächse)

H 20–50 cm   Mai–Juni   Staude

Die Vogel-Nestwurz verzichtet darauf, wie grüne Pflanzen Kohlenhydrate mit der Energie der Sonne aus Kohlendioxid und Wasser zu gewinnen (Fotosynthese). So kann sie auch an ausgesprochen dunklen Standorten im Waldesinneren gedeihen. Sie ernährt sich ausschließlich von Pilzfäden, die in ihre wie ein Vogelnest verflochtenen Wurzeln eindringen.

Vorkommen *Wälder. An schattigen Standorten im Humus oder auf Moderholz. Fast ganz Europa.*

- ***Blüten duften nach Honig***
- ***nach der Form der Wurzeln benannt***
- ***enthält kein Blattgrün***

Schilf, Schilfrohr

Phragmites australis (Süßgräser)

H 100–400 cm   Juli–Sept.   Staude

Vorkommen *Häufig und über ganz Europa verbreitet am Ufer stehender und langsam fließender Gewässer, auch in Auwäldern und auf Sumpfwiesen.*

> ***mit weit kriechenden, ober- und unterirdischen Wurzelausläufern***
> ***dringt bis in 2 m tiefes Wasser vor***
> ***dient in Norddeutschland zum Decken von Reetdächern***

Schilfgürtel umgeben oftmals ganze Gewässer und bilden hier einen eigenen, ökologisch sehr wertvollen Lebensraum. Allein in der Vogelwelt sind viele Enten-, Gänse-, Rallen-, Taucher-, Reiher- und Singvogelarten auf das Schilfröhricht als Nistplatz angewiesen und Namen wie Rohrsänger, Rohrammer und Rohrdommel weisen auf die überragende Bedeutung dieser Gräserart hin.

Rohr-Glanzgras

Phalaris arundinacea (Süßgräser)

H 50–200 cm   Juni–Aug.   Staude

Vorkommen *Weit verbreitet und häufig am Ufer stehender und fließender Gewässer, in Auwäldern und auf Sumpfwiesen, oft bestandsbildend.*

> ***schilfartiges Gras***
> ***mit langen Ausläufern***
> ***Zuchtformen mit unterschiedlichen Blattzeichnungen an Gartenteichen***

Rohr-Glanzgras verträgt stark schwankende Wasserstände, schneller fließendes Wasser und heftigen Wellenschlag deutlich besser als das ansonsten konkurrenzstärkere Schilf und bildet an derartigen Standorten mitunter ausgedehnte Röhrichtzonen.

Wiesen-Rispengras

Poa pratensis (Süßgräser)

H 10–80 cm   Mai–Juli   Staude

Das Wiesen-Rispengras ist eines der am weitesten verbreiteten und am häufigsten für Rasen und Weiden gesäten Gräser Europas. In nahezu jeder Rasenmischung ist es zu einem hohen Prozentsatz enthalten. Es gilt als hervorragendes Viehfutter auf Weiden und als Heu, zudem ist es ausgesprochen trittfest und robust gegen Trockenheit, Kälte und Schnee.

reichblütige, bis zu 15 cm lange Rispe

Blätter bis 5 mm breit

Basis der Blattspreite mit etwa 2 mm langem Blatthäutchen

Vorkommen *In ganz Europa weit verbreitet und häufig von der Ebene bis in die Berge auf Wiesen, Weiden, Wegrändern und Rasenflächen.*

> ***bildet zahlreiche Ausläufer***
> ***auch auf Zierrasen und Sportplätzen angepflanzt***
> ***bekannt unter dem Namen „Kentucky Blue Grass"***

4–6 mm lange, seitlich zusammengedrückte, 2–5-blütige Ährchen

Wiesen-Knäuelgras

Dactylis glomerata (Süßgräser)

H 40–120 cm   Mai–Sept.   Staude

Das Wiesen-Knäuelgras oder auch Knaulgras ist ein wichtiges Weide- und Heugras, das bereits früh im Jahr austreibt und als recht ertragsreich gilt. Zur Heugewinnung sollte es allerdings früh im Jahr gemäht werden, da es im Alter ansonsten relativ hart und spröde wird und dann vom Vieh gemieden wird.

annähernd dreieckiger Blütenstand mit dicht zusammengeknäulten Ährchen (Name!)

Blütenrispe 5–25 cm lang

untere Rispenästchen waagerecht abstehend

Basis der Blattspreite mit etwa 3–5 mm langem, zugespitztem Blatthäutchen

Vorkommen *In ganz Europa häufig auf Wiesen und Weiden, an Straßen- und Wegrändern, in Gebüschen und auf Waldlichtungen.*

> ***Pflanze gräulich grün***
> ***kräftige, aufrechte Halme***
> ***Blätter fühlen sich rau an***

5–9 mm lange, seitlich zusammengedrückte, 3–5-blütige Ährchen

Wiesen-Fuchsschwanz

Alopecurus pratensis (Süßgräser)
H 30–100 cm April–Aug. Staude

Vorkommen *In ganz Europa von den Ebenen bis ins Gebirge häufiges Gras auf feuchten Wiesen, an Wegen und Ufern, wird auf Weiden auch regelmäßig ausgesät.*

> ***fühlt sich weich an***
> ***Stängel meist aufrecht***
> ***blüht als eines der ersten Gräser im Jahr***

Für die Weidewirtschaft ist der Wiesen-Fuchsschwanz eines der besten und ertragreichsten Gräser überhaupt und liefert ein wertvolles Futter. Der Name des Grases leitet sich von der Form des Blütenstandes ab, der entfernt an den Schwanz eines Fuchses erinnert.

Gewöhnliche Quecke

Elymus repens (Süßgräser)
H 30–150 cm Juni–Aug. Staude

Vorkommen *Unkrautfluren, Gärten, Äcker, Flussufer. Europa, Asien.*

> ***Ausläufer treibendes Gras***
> ***Ährchen in einem zweizeiligen Blütenstand***

Der englische Kräuterarzt John Gerard (1545–1612) nannte die Quecke einen „unwillkommenen Gast“ auf den Feldern, dessen „medizinische Tugenden“ das aber wettmachen. Sie ist harntreibend bei Entzündungen der Harnwege und wird von der Volksheilkunde unter anderem auch als Abführmittel, bei Bronchialleiden, Rheuma und Gicht empfohlen.

Strand-Hafer

Ammophila arenaria (Süßgräser)

H 60–110 cm Juni–Aug. Staude

Mit seinem reich verzweigten, tief reichenden Wurzelwerk hält der Strand-Hafer den losen Sand von angewehten Dünen fest und nimmt selbst Übersandungen nicht krumm: Dann wächst er einfach nach oben weiter. Er wird aus Küstenschutzgründen häufig an der Windseite zur Dünenbefestigung angepflanzt.

Basis der Blattspreite mit auffallend großem, 25–33 mm langem, tief gespaltenem Blatthäutchen

Vorkommen *An allen europäischen Meeresküsten in oft dichten Beständen auf Dünen und am Sandstrand, auch angepflanzt.*

> ***Blätter meist eingerollt***
> ***Pionierpflanze auf Sanddünen***
> ***zum Küstenschutz in Nordamerika und Australien eingeführt***

Ährchen 1-blütig, 10–16 mm lang

Mais

Zea mays (Süßgräser)

H 100–300 cm Juni–Aug. einjährig

Mais wurde erstmals durch die Indios vor ca. 5000 Jahren in Mexiko als Kulturpflanze angebaut und gezüchtet. Mit Kolumbus kam der Mais nach Spanien, wo er etwa ab dem Jahr 1525 feldmäßig angebaut wurde. Heute ist Mais weltweit eine der wichtigsten Getreidesorten und bildet einen bedeutenden Anteil der Nahrungsgrundlage für die Weltbevölkerung. Aus dem in unseren Breiten angebaute Mais wird im Wesentlichen Tierfutter gewonnen.

Maiskörner in Längsreihen an fleischigen Achse eines Kolbens angeordnet

Vorkommen *Weltweit in verschiedenen Züchtungen auf Feldern angebaut.*

> ***männliche und weibliche Blüten in getrennten Blütenständer***
> ***relativ frostempfindlich***
> ***Grundlage vom Popcorn***

Die Griffel der weiblichen Blüte

Saat-Roggen

Secale cereale (Süßgräser)

H 100–180 cm   Mai–Juli   einjährig

***Vorkommen** In den gemäßigten Breiten als Getreide angebaut.*

> - ***Blätter bläulich bereift***
> - ***seit über 6000 Jahren kultiviert***
> - ***anspruchsloser als andere Getreidesorten***

Roggen wird fast ausschließlich als Wintergetreide angebaut. Im Herbst ausgesät überwintert er als niedrige Pflanze und reift im kommenden Frühjahr und Sommer heran. Roggen wird vor allem zum Brotbacken genutzt. Roggenmehl ist im Vergleich zum Weizenmehl dunkler und dichter, es liefert das bekannte Schwarzbrot. Auch für die Herstellung von Knäckebrot wird Roggen verwendet.

Saat-Weizen

Triticum aestivum (Süßgräser)

H 50–160 cm   Juni   einjährig

***Vorkommen** Weltweit als Getreide angebaut, Heimat unbekannt.*

> - ***bis 1 m tiefe Wurzeln***
> - ***Ährchen mit sehr kurzen oder fehlenden Grannen***

Das aus den Weizenkörnern gewonnene Stärkemehl wird bei der Zubereitung von Fertigarzneien als Hilfsstoff verwendet (Puder, Pasten, Tabletten). Das wertvolle Weizenkeimöl enthält mehrfach ungesättigte Fettsäuren und Vitamin E. Weizenkleie lindert als Badezusatz juckende und nässende Hautkrankheiten, gegessen liefert es Ballaststoffe.

Mehrzeilige Gerste

Hordeum vulgare (Süßgräser)

H 50–150 cm   Mai–Juni   einjährig

Der weitaus größte Teil der Gerstenernte fließt natürlich in die Brauereien. Das dabei hergestellte Gerstenmalz wird aber auch zu Malzbonbons verarbeitet, die den rauen Hals bei Katarrhen beruhigen. Aus den Körnern stellte man als altes Hausmittel gegen Durchfall und Magen-Darm-Beschwerden einen Schleim her.

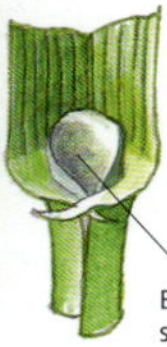

Vorkommen *Nur als Kulturpflanze bekannt.*

- > ***Malz aus den Samen Grundstoff der Bierbrauer***
- > ***Pflanze blaugrün bereift***

Saat-Hafer

Avena sativa (Süßgräser)

H 60–150 cm   Juni–Aug.   einjährig

Hafer ist vor allem ein Nahrungsmittel, das hohe Cholesterinwerte absenken soll. Haferschleim aus den Flocken hilft bei Durchfallerkrankungen, als Hausmittel in Form von „Grünem Hafer" aber auch gegen Erschöpfung, Gicht und Rheuma. Haferstroh als Bad wird in der Volksheilkunde gegen Hautentzündungen und -leiden, Juckreiz, Gicht und Rheuma empfohlen.

Vorkommen *Heimat Mittelmeergebiet, feldmäßiger Anbau und verwildert an Wegrändern und auf Schuttplätzen.*

- > ***am Grund büscheliges Gras***
- > ***Ährchen mit 2 Blüten und langer Granne***
- > ***Blütenstand 15–30 cm hoch***

Flatter-Binse

Juncus effusus (Binsengewächse)
H 30–100 cm Juni–Aug. Staude

Vorkommen *Häufig in ganz Europa von der Ebene bis ins Gebirge auf feuchten Wiesen und Weiden, in lichten Wäldern und in Gräben.*

> ***zeigt Nässe an***
> ***weitverzweigter Wurzelstock***
> ***Blätter sehen aus wie Stängel***

Einzelblüte mit 6 Blüten- und 3 Staubblättern

Als Binsenweisheit bezeichnet man eine interessant vorgetragene Information, die im Grunde genommen allgemein bekannt und ohne größeren Erkenntniswert ist. Der Begriff leitet sich von der Häufigkeit sowie der einfachen, knotenlosen Form der Binsen ab.

Scheiden-Wollgras

Eriophorum vaginatum (Sauergräser)
H 20–70 cm März–Juli Staude

Vorkommen *In weiten Teilen der Nordhalbkugel in Hochmooren, Dünenmooren und lichten Waldsümpfen.*

> ***wächst in dichten Horsten***
> ***auffällige weiße Wollschöpfe***
> ***Charakterart in Mooren***

fruchtendes Ährchen mit wattebauschartigen Härchen

In Mooren sind abgestorbene Wollgräser nach den Torfmoosen ganz wesentlich an der Bildung von Torf beteiligt. Die wollähnlichen Blütenhüllfäden der Wollgräser dienen der Frucht als Flug- und Schwimmhilfe. In der Volksmedizin wurde diese „Wolle“ als Wundwatte verwendet. Ferner nutzte man die weichen Wollschöpfe früher zum Füllen von Kissen.

Sand-Segge

Carex arenaria (Sauergräser)

H 10–50 cm Mai–Juni Staude

Die Sand-Segge wurde erst Mitte des 18. Jahrhunderts als Heilpflanze entdeckt. Die Wurzel galt als Heilmittel gegen die Syphilis, als nördlicher Ersatz für die teure Smilaxwurzel (Sarsaparille). Sie ist harn- und schweißtreibend und wurde in der Volksheilkunde als Blutreinigungsmittel, zur Gicht- und Rheumaprophylaxe und bei Hautleiden verwendet.

***Vorkommen** Heiden, Dünen auf Sandböden. West-, Nord- und Mitteleuropa.*

> ***Wurzelstock bildet lange Ausläufer***
> ***Stängel 3-kantig***
> ***Pflanze duftet beim Zerreiben aromatisch***

Scheinzypergras-Segge

Carex pseudocyperus (Sauergräser)

H 40–100 cm Mai–Juli Staude

Die hübsche, immergrüne Segge wird gern zur Bepflanzung von Gartenteichen und Sumpfbeeten verwendet und eignet sich hier besonders zum Befestigen ufernaher Flächen. Da sie sich schnell ausbreitet, indem sie viele Samen bildet und aussät, wird man ihr Wachstum allerdings bald eindämmen müssen.

***Vorkommen** In weiten Teilen Europas an Gewässerufern, in Gräben, Sümpfen, Schilfzonen und Erlenbruchwäldern.*

> ***auch im Winter grün***
> ***bildet Horste***
> ***männliche und weibliche Blüten in getrennten Blütenständen***

Riesen-Schachtelhalm

Equisetum telmateia (Schachtelhalmgewächse)

H 20–150 cm Staude

Vorkommen *In Mittel- und Südeuropa in lichten Wäldern, in Gebüschen, an Wegrändern und in Flussauen.*

- **größter einheimischer Schachtelhalm**
- **Sprosse unterscheiden sich: unfruchtbare und fruchtbare**
- **Sporenreife März–Mai**

unfruchtbarer Sprossabschnitt

Die unfruchtbaren (sterilen), grünen Sprossen werden bis 1,5 m hoch.

Die in Quirlen angeordneten Seitenäste sind unverzweigt.

bis 7 cm lange, sporentragende Ähre

fruchtbarer (fertiler) Spross

Schachtelhalme und Bärlappe sind eine Art lebender Fossilien, die letzten Zeugen der vor rund 300 Millionen Jahren versunkenen Sumpfwälder. Sie haben seither ihr Aussehen kaum verändert und geben uns heute noch eine Vorstellung davon, wie unsere ersten Wälder beschaffen waren: Damals wuchsen Schachtelhalme zu bis zu 30 m hohen Riesen heran.

Acker-Schachtelhalm

Equisetum arvense (Schachtelhalmgewächse)

H 20–50 cm Staude

Vorkommen *Nördliche Hemisphäre. Auf nährstoffreichen, feuchten Böden. Äcker, Wegränder, Unkrautfluren, Wälder.*

- **braune sporentragende Sprosse im Frühling**
- **grüne sterile Sprosse im Sommer**
- **beim giftigen Sumpf-Schachtelhalm sind sterile und sporentragende Sprosse gleichförmig grün**

unfruchtbarer Spross

Ähre mit Sporangien

Stängelscheide mit schmalen Zähnen

In die Zellwände des Acker-Schachtelhalms ist Kieselsäure eingelagert, die das Kraut sehr widerstandsfähig gegen mechanische Belastung machen. Früher benutzte man es daher gern, um Zinn zu polieren („Zinnkraut“). Heute wird Schachtelhalmtee häufig verordnet, um bei Entzündungen die ableitenden Harnwege durchzuspülen oder zum Gurgeln bei Rachenentzündungen.

Keulen-Bärlapp

Lycopodium clavatum (Bärlappgewächse)
H 5–30 cm Staude ☠

Die staubfeinen Sporen des Bärlapps wurden früher auf Pillen gestreut, damit diese nicht aneinanderklebten – auch als Wund- und Gleitmittel waren die Sporen nützlich. Die Volksheilkunde benutzte das ganze Kraut als harntreibendes Mittel, wobei wegen der giftigen Alkaloide davon heute abgeraten wird.

***Vorkommen** Nördliche Hemisphäre. Auf sauren Böden. Zwergstrauchheiden, Moore, Nadelwälder.*

- **Spross weit kriechend, kaum verzweigt**
- **Blätter spiralig angeordnet**

Braunstieliger Streifenfarn

Asplenium trichomanes (Streifenfarngewächse)
H 10–25 cm Staude

Seinen auf der Blattunterseite streifig angeordneten Sporenbehältern verdankt er den Namen „Streifenfarn". Der hübsche Farn ist wintergrün und eignet sich gut für die Bepflanzung von Steinmauern und Steingärten, er gedeiht auch an sonnigen Standorten.

Ähnlich ist der Grünstielige Streifenfarn (*A. viride*) mit grünem Blattstiel.

Als Sorus (plural Sori) werden die Sporenbehälter bei Farnen bezeichnet, die bei vielen Farnarten auf der Blattunterseite liegen. Ihre Form, Größe und Anordnung zueinander sind wichtige Artmerkmale.

***Vorkommen** In ganz Europa weit verbreitet und häufig in Felsnischen und in den Ritzen älterer Mauern.*

- **Blätter in Rosetten**
- **wintergrün**
- **Sporenreife August–November**

Milzfarn

Asplenium ceterach (Streifenfarngewächse)

H 5–20 cm Staude

rundliche, am Stängel gegeneinander versetzte Fiederblättchen

Der Milzfarn gehört zu den sogenannten Auferstehungspflanzen: Bei längerer Trockenheit rollen sich die Blätter ein und sehen dann völlig vertrocknet und welk aus. Die Schüppchen auf der Blattunterseite wirken dabei als Verdunstungsschutz. Sobald es wieder regnet, entrollen sich die Blätter und ergrünen wieder. Dies ist eine überlebenswichtige Anpassung an trocken-heiße Standorte.

bei Trockenheit eingerollt

Blattunterseite mit Schuppen bedeckt

Vorkommen *In Mitteleuropa auf „Wärmeinseln" wie Weinanbaugebiete beschränkt, im Mittelmeerraum häufig; wächst in Fels- und Mauerspalten.*

- **auch Schriftfarn oder Apothekerfarn genannt**
- **in Deutschland gefährdete und geschützte Art**
- **Sporenreife Juni–August**

strichförmige Sori (S. 499) auf der Blattunterseite von Schuppen überdeckt

Gewöhnlicher Tüpfelfarn

Polypodium vulgare (Tüpfelfarngewächse)

H 10–40 cm Staude ☠

Der alte Name Engelsüß weist auf das süße Osladin hin, das 3000-mal süßer als Zucker ist, und auf den Glauben, dass Engel die Menschen auf den Wurzelstock hingewiesen haben sollen. Die Droge wird nur in der Volksheilkunde als schleimlösendes und mildes Abführmittel eingenommen. Früher wurde die Wurzel auch bei Milz- und Lungenleiden angewendet.

Fiedern glatt oder gezähnt

kriechender Wurzelstock

Vorkommen *Europa, Asien, Amerika. Meist auf kalkarmen Böden. Baumrinde, schattige Mauern und Felsen.*

- **Wedel sommergrün, einzeln stehend**
- **gelbliche Sporenbehälter**

Wedel einfach gefiedert

Gewöhnlicher Wurmfarn

Dryopteris filix-mas (Schildfarngewächse)

H 30–120 cm Staude ☠

Schon in der Antike wussten die Kräuterkundigen, dass man mit dem Wurzelstock Eingeweidewürmer lähmen und mit einem Abführmittel endgültig aus dem Darm entfernen kann. Diese Verwendung hielt sich bis in die Zeit von Friedrich dem Großen. Problematisch an dieser Behandlung war nur, dass Patienten an Überdosen erblindeten oder gar starben.

Vorkommen *Europa, Asien, Amerika. Auf feuchten Böden. Schattige Wälder.*

- ***Wedel wintergrün, in Rosetten***
- ***Fiederblätter mit rundlich eingeschnittenem Rand***
- ***Sporangien durch nierenförmige Hülle verdeckt***

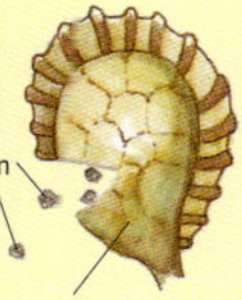

Adlerfarn

Pteridium aquilinum (Adlerfarngewächse)

H 60–200 cm Staude ☠

Der Adlerfarn breitet sich nach Waldbränden und Kahlschlägen oft massenhaft auf den neu entstandenen Lichtungen aus und verhindert durch die Schattenwirkung seiner großen Wedel das Wachsen von Bäumen. Die ältesten Adlerfarne hat man in Finnland gefunden: Ihre Wurzelsprosse messen 60 m Länge und mehr, ihr Alter beträgt rund 1500 Jahre!

Vorkommen *Weltweit verbreiteter, häufiger und anspruchsloser Farn in allen Waldtypen, an Waldrändern oder in Gebüschen.*

- ***größter heimischer Farn***
- ***bildet oft dichte Bestände***
- ***ist giftig und wirkt krebserregend***

Brunnen-Lebermoos

Marchantia polymorpha (Lebermoose)

H 1–10 cm   Thallus

***Vorkommen** Weltweit an feuchten Standorten wie in Mooren, auf nassen Wiesen, an Bachufern, an Wegrändern oder auch in Gewächshäusern.*

> ***bildet „Schirmchen" aus***
> ***mit tassenförmigen Brutbechern***
> ***„Unkraut" in Blumentöpfen und auf Gartenwegen***

Auf der Unterseite der scheibenförmigen Schirmchen befinden sich die männlichen Geschlechtszellen.

Beim Brunnen-Lebermoos werden insbesondere durch Regentropfen die männlichen zu den weiblichen Geschlechtszellen geschleudert, wo es zur Verschmelzung mit der Eizelle kommt. Hieraus entwickeln sich Sporen, die sich ausbreiten und neue Pflanzen bilden.

Auf der Unterseite der 2–8 cm hohen sternförmigen Schirmchen befinden sich die weiblichen Geschlechtszellen.

Thallus mit gewelltem Rand

Auf der Pflanze finden sich oftmals rundliche Brutbecher, in denen kleine Brutkörperchen schwimmen. Wenn diese herausgeschwemmt werden, keimen sie am neuen Ort und ermöglichen so eine ungeschlechtliche (vegetative) Vermehrung.

Torfmoos

Sphagnum spec. (Laubmoose)

H 5–20 cm   Thallus

***Vorkommen** Weltweit verbreitet, bilden große Bestände insbesondere in Hochmooren, auch in Flachmooren, auf sumpfigen Wiesen, in feuchten Wäldern und nährstoffarmen Tümpeln und Bächen.*

> ***Hauptbestandteil von Torf***
> ***können mehr als das 30-Fache ihres Trockengewichts an Wasser speichern***
> ***geschützte Art***

Die Sporenkapseln sitzen auf einem kurzen Stiel.

Blätter je nach Art grünlich, bräunlich oder auch kräftig rötlich gefärbt

Die wurzellosen Torfmoos-Arten wachsen nach oben hin immer weiter, während die unteren Teile absterben und vertorfen. Durch diese Torfbildung und ihre immensen, schwammartigen Wasserspeichermöglichkeiten tragen sie vor allem zur Bildung eines Hochmoors bei. Die Torfnutzung zu Brenn- und Düngezwecken hat zur Zerstörung weiter Moorgebiete geführt.

büschelig verzweigte Stängel, Stängelende mit palmenartiger Krone

Gewöhnliches Widertonmoos

Polytrichum commune (Laubmoose)

H 10–40 cm   Thallus

In der Magie wurde das Moos gegen bösen Zauber verwendet – der Name Widertonmoos leitet sich von „Wider das Antun“ ab. Außerdem wurde das Moos als Matratzenfüllung genutzt und zum Abdichten von Fugen beim Hausbau und im Bootsbau verwendet, da sich die Blätter in der Feuchtigkeit ausdehnen.

***Vorkommen** Nahezu weltweit verbreitet von der Ebene bis in 2000 m Höhe in feuchten Wäldern, Mooren und Sümpfen.*

- ***auch Goldenes Frauenhaarmoos genannt***
- ***bildet auffällige dunkelgrüne Polster***
- ***das größte Moos Mitteleuropas***

Zypressen-Schlafmoos

Hypnum cupressiforme (Laubmoose)

H 3–10 cm   Thallus

Das „Allerweltsmoos“ wurde früher in rauen Mengen gesammelt, getrocknet und als Füllung für Matratzen, Kissen und Zudecken verwendet. Auch der wissenschaftliche Name leitet sich vom griechischen „hypnos“ ab und bedeutet „Schlaf“.

***Vorkommen** Nahezu weltweit verbreitet in unterschiedlichsten Lebensräumen auf Steinen, Erde, Baumstümpfen, Rinde und Ästen.*

- ***eines unserer häufigsten Moose***
- ***bedeckt häufig als dicker weicher Teppich die Stammbasis älterer Bäume***

Meersalat

Ulva lactuca (Grünalgen)
H 10–80 cm Thallus

***Vorkommen** Häufige Alge in Ost- und Nordsee, am Atlantik und am Mittelmeer. Wächst auf größeren Steinen und auf Felsen in der Gezeitenzone bis in etwa 15 m Wassertiefe.*

> ***erinnert an Blattsalat***
> ***essbar***
> ***häutige, folienähnliche Blätter***

Blattquerschnitt: Das hautartige Blatt besteht aus 2 Zellschichten.

Der Meersalat erhielt seinen Namen zunächst wegen seiner salatblattartigen Erscheinung, erst später stellte sich heraus, dass er tatsächlich essbar ist. Er ist vitamin- und mineralienreich, in einigen Küstenländern, z. B. in Schottland, wird er gern als Salat, Gemüse oder in Eintöpfen gegessen.

Losgerissene Blätter finden sich häufig im Spülsaum.

Blasentang

Fucus vesiculosus (Braunalgen)
H 10–80 cm Thallus

***Vorkommen** Felsen der Gezeitenzone. Atlantikküste, Nord- und Ostsee.*

> ***wird oft angespült***
> ***Thallus oliv bis gelbbraun, gabelig verzweigt***

An manchen Stellen der Meeresküste wird der Blasentang in derart großen Mengen angespült, dass er gesammelt und in der Landwirtschaft als Viehfutter und Dünger genutzt wird. Der wichtigste Inhaltsstoff dieser Alge ist das Jod aus dem Meerwasser. Es regt die Funktion der Schilddrüse an und wurde daher von Ärzten bei Unterfunktion der Schilddrüse verordnet.

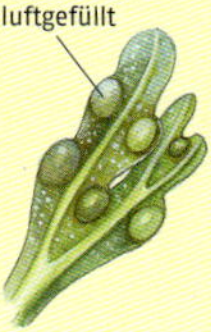

Zuckertang

Laminaria saccharinum (Braunalgen)

H 50–500 cm Thallus

Der Zuckertang hat von alters her eine große wirtschaftliche Bedeutung. Entweder wurden angespülte Tange gesammelt oder gezielt bei Niedrigwasser an ihren Wuchsorten geerntet. Die Einsatzmöglichkeiten reichen vom Dünger für die Landwirtschaft über Emulgatoren und Geliermittel in der Nahrungsmittelindustrie (Speiseeis, Fleischsülzen) bis hin zur Herstellung von Schaumgummi und Papier.

Vorkommen *Auf felsigem Untergrund in Ost- und Nordsee sowie an den Atlantikküsten von der Gezeitenzone abwärts bis in etwa 40 m Wassertiefe.*

> ***riesige, mehrjährige Braunalge***
> ***bildet gemeinsam mit anderen Großalgen unter Wasser ganze Tangwälder***

Irländisches Moos

Chondrus crispus (Rotalgen)

H 5–20 cm Thallus

Bei diesem „Moos" handelt es sich um Tang, also eine Rotalge. Sie wird getrocknet und die Carrageen genannten Schleimstoffe isoliert. Früher nutzte man die ganze getrocknete Alge bei Husten, Schleimhautentzündung oder Durchfall, heute nur noch das Carrageen. Es wird nicht verdaut und dient als Dickungsmittel in der Lebensmittel-, Kosmetik- und pharmazeutischen Industrie.

Vorkommen *Felsküsten des Atlantiks, wächst knapp unterhalb der Wasserlinie.*

> ***Thallus violettrot bis grünlich***
> ***sitzt mit einer Haftscheibe den Felsen auf***

Goldgelbe Wandflechte

Xanthoria parietina (Blattflechten)

H 3–10 cm Thallus

Vorkommen *Mit Ausnahme der Arktis und der Hochgebirge in ganz Europa verbreitet als Aufwuchs auf Rinde, Mauern, Steinen und Dachziegeln.*

- ***auch Gelbflechte genannt***
- ***häufig auf Ästen frei stehender Bäume***
- ***wurde früher zum Färben genutzt***

Fruchtkörper (Apothecium) etwa 4 mm im Durchmesser, mit hellem, aufgewölbtem Rand

Eine Flechte ist ein Doppelwesen, das nur existiert, weil zwei Partner in einer festen Beziehung leben: eine Alge und ein Pilz. Die grüne Alge produziert selbst Nährstoffe und gibt dem Pilz davon ab; im Gegenzug umwächst er sie mit seinem derben Körper und schützt sie vor dem Austrocknen. So erobern die zwei, als unzertrennliches Paar, Lebensräume wie Steine und Rinde.

Auf Felsen, Kunststein, Dachziegeln und Grabsteinen wächst die leuchtend orange gefärbte Zierliche Gelbflechte *(X. elegans)*.

Echte Lungenflechte

Lobaria pulmonaria (Blattflechten)

H 5–20 cm Thallus

Vorkommen *In niederschlagsreichen Gebieten über ganz Europa verbreitet, wächst meist an Bäumen, seltener an Felsen.*

- ***große, bei Feuchtigkeit sattgrüne Blattflechte***
- ***bei Trockenheit bräunlich oliv***

rötlich braune Fruchtkörper (Apothecien) auf der Oberseite

Aufgrund ihres lungenartigen Aussehens wurde die Flechte früher als Heilmittel gegen Lungenleiden, Bronchitis und dergleichen verwendet. Noch heute spielt sie in der Homöopathie bei der Behandlung von Erkältungskrankheiten eine Rolle.

Unterseite hell mit Vorwölbungen, die an das Aussehen einer Lunge erinnern

Bartflechte

Usnea spec. (Strauchflechten)

H 10–30 cm Thallus

Das Vorkommen von Bartflechten ist ein zuverlässiges Zeichen für gute Luft. Durch die Luftverschmutzung und auch durch die intensive Forstwirtschaft ist die Art bei uns leider stark zurückgegangen, in deutschen Wäldern ist sie daher nur noch selten zu finden.

Vorkommen *lebt auf Bäumen in europäischen, niederschlagsreichen Wäldern, insbesondere in Bergwäldern und skandinavischen Nadelwäldern.*

> ***hängt wie lange Bärte von Baumästen hinunter***
> ***steht bei uns als stark gefährdete Art unter Naturschutz***

Typisch für Usnea-Arten ist ein zäher weißlicher Markstrang, der beim vorsichtigen Zerreißen eines Ästchens sichtbar wird.

Eichenmoos

Evernia prunastri (Strauchflechten)

H 3–10 cm Thallus

Besonders in Alleen überzieht das Eichenmoos die Stämme oft wie ein weicher Mantel. In Frankreich wird es kommerziell in großen Mengen gesammelt und zur Herstellung von Parfums („mousse de chêne" oder „mousse odorante") benutzt.

Vorkommen *Mit Ausnahme arktischer Gebiete über ganz Europa verbreitet und häufig; wächst an Baumstämmen, insbesondere an Eichen.*

> ***moosartiger Wuchs an Stämmen***
> ***mit heller Unterseite***
> ***häufigste Strauchflechte an Bäumen***

die körnig mehligen, sogenannten Soralen dienen der ungeschlechtlichen (vegetativen) Vermehrung

Sternförmige Rentierflechte

Cladonia stellaris (Strauchflechten)

H 5–10 cm Thallus

Vorkommen *In Mittel- und Nordeuropa insbesondere in montanen, alpinen und arktischen niederschlagsreichen Lagen mit nährstoffarmen Böden.*

> ***wächst wie ein kleiner Baum***
> ***bildet dichte Polster***
> ***in Deutschland vom Aussterben bedroht***

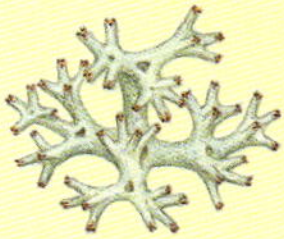

Ästchen 1–2 mm dick

In der Tundra und den Nadelwäldern Skandinaviens wächst die Sternförmige Rentierflechte häufig, mitunter bestandsbildend, und ist dort eine wichtige Nahrungsgrundlage für Rentiere. Außerdem wird sie ausgeführt und wirtschaftlich genutzt, unter anderem im Modelleisenbahnbau als Dekoration sowie bei der Grabpflege, in Blumengestecken und auf Friedhofskränzen.

Die dekorative Flechte wird gern auf Friedhofsgestecken verwendet.

Rotfrüchtige Becherflechte

Cladonia coccifera (Strauchflechten)

H 1–2 cm Thallus

Vorkommen *In weiten Teilen Europas direkt auf dem Erdboden oder auf bemoosten Felsen.*

> ***säulenförmige Stämmchen***
> ***Fruchtkörper leuchtend rot***
> ***stehen unter Naturschutz***

Stämmchen bis oben hin beschuppt

Typisch für viele der etwa 70 europäischen Becherflechten-Arten sind ihre aufgerichteten Stämmchen, die in einem trompeten-, stiel- oder becherförmigen Abschnitt enden, an dem sich die Fruchtkörper (Apothecien) befinden.

Die etwa 2 cm hohe Trompetenflechte *(C. fimbriata)* hat am Rand des Bechers kleine braune Fruchtkörper.

Landkartenflechte

Rhizocarpon geographicum (Krustenflechten)

H 1–10 cm Thallus

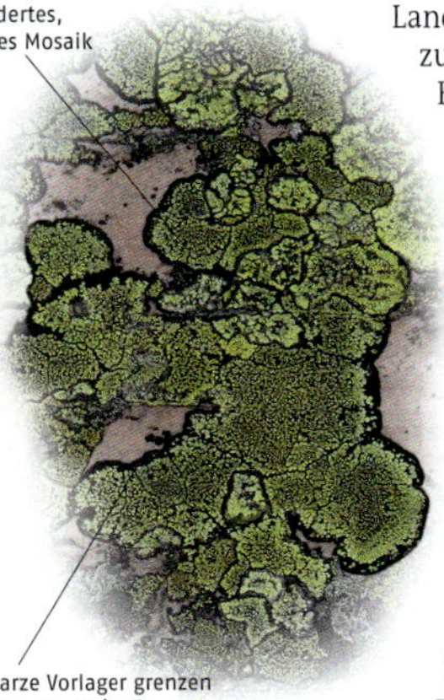

gefeldertes, rissiges Mosaik

Schwarze Vorlager grenzen einzelne Thalli („Körper" der Flechte) voneinander ab.

Landkartenflechten können zur Altersbestimmung des Bewuchses ihres Standorts eingesetzt werden: Wie viele andere Flechten hat sie ein extrem langsames Wachstum und wächst je nach Standort pro Jahr nur 0,1–0,6 mm radial nach außen. Ist die Wachstumsrate an einem Standort bekannt, kann anhand der größten Exemplare die letzte Eisbedeckung berechnet werden und dieses zum Beispiel zur Datierung des Rückgangs von Gletschern genutzt werden.

***Vorkommen** Weltweit verbreitet auf Granit und Gneis (Silikatfelsblöcken), an licht- und regenreichen Standorten von der Küste bis weit über 4000 m Höhe im Gebirge.*

> ***linienartige, vernetzte Strukturen erinnern an eine Landkarte***
> ***glänzender, gelblich grüner Krustenüberzug auf Felsen***
> ***kann über 1000 Jahre alt werden***

schwarze, etwa 1–1,5 mm große Fruchtkörper

Mauerflechte

Lecanora muralis (Krustenflechten)

H 1–10 cm Thallus

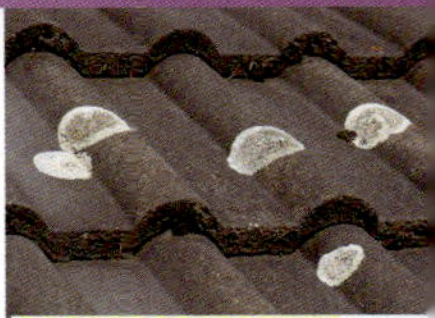

Die Mauerflechte liebt Standorte mit ausreichend Nährstoffen. Sie ist jedoch relativ unempfindlich gegenüber Luftverschmutzung und sonstige Umweltgifte sowie resistent gegen Trockenheit und Überschwemmungen. All diese letztgenannten Eigenschaften ermöglichen ihr ein Überleben an ansonsten eher lebensfeindlichen Standorten.

***Vorkommen** In ganz Europa verbreitet und häufig auf Felsen und Steinen sowie auf Mauern, Waschbetonplatten, Bordsteinkanten, Asphalt, Dachziegeln, Grabsteinen und dergleichen.*

> ***rundlich rosettig auf Steinen***
> ***auch mitten in Großstädten***
> ***Fruchtkörper im Zentrum der Flechte dicht gedrängt***

am Rand mit blättchenförmigen, strahlig ausgerichteten Lappen

bräunliche Fruchtkörper (Apothecien)

scheibenförmige Fruchtkörper, etwa 1–1,5 mm im Durchmesser

Pilze geheimnisvoll und unterirdisch

Wohl kaum eine andere Gruppe von Lebewesen gibt uns so derart viele Rätsel auf wie die Pilze. Es fängt ja schon damit an, dass sich kaum sagen lässt, ob es sich bei ihnen um Pflanzen oder um Tiere handelt. Eine Pflanze ohne Blätter? Ein Tier ohne Maul?

Was isst der Pilz?

Da Pilzen grüne Blätter fehlen, können sie nicht wie Pflanzen Fotosynthese betreiben und eigene Zucker und Stärke aufbauen. Andere Tiere erbeuten geht auch nicht, dazu fehlt ihnen die Mundöffnung und das passende Verdauungssystem. Pilze haben daher ihre ganz eigene Art des Speisens: Mit hauchdünnen, manchmal kilometerlangen Fäden, den Mycelen, dringen sie in ihre Beute ein, das kann ein geschwächter Baum sein oder auch ein totes Tier. Hier, im Inneren des anderen Organismus, gibt der Pilz Verdauungssäfte ab. Ist die Beute feucht genug, lösen die Säfte kleine Nahrungspartikel ab, die der Pilz aufnehmen kann.

Stock und Hut

Was wir oberirdisch als „Pilz" bezeichnen, das ist streng genommen nur ein verschwindend kleiner Teil des Pilzes, wenn auch ein sehr wichtiger: Stiel und Hut sind nämlich zur Vermehrung da. An der Unterseite des „Hutes" sitzen entweder Lamellen oder ein Porengewebe – in jedem Fall wachsen darin mikroskopisch kleine, staubähnliche Pilzsporen heran. Sind sie reif, fallen sie zu Boden und wachsen zu neuen Pilzfäden im Erdreich heran.

Fichten-Steinpilz, Herrenpilz

Boletus edulis (Röhrlinge)

Hut 10–20 cm Juli–Nov.

*Vorkommen **in Fichtenwäldern und unter Buchen auf sauren Böden, kalkmeidend.***

- ***Poren jung weiß, dann gelbgrün***
- ***Sporenpulver olivbraun***
- ***in ganz Europa häufig***
- ***Doppelgänger Gallen-Röhrling***

Gute Steinpilzstellen verraten sich oft durch die Anwesenheit von Fliegenpilzen und Pfeffer-Röhrlingen, denn diese drei Arten treten in Fichtenwäldern auffallend häufig als Standortgemeinschaft auf. Der Name „Herrenpilz" steht sprichwörtlich für die Hochwertigkeit des Pilzes: Die Bauern mussten früher die gesammelten Leckerbissen an ihren Herren abliefern.

Vorsicht, giftig!

Gallenbitter, wenn auch nicht giftig, ist der Gallen-Röhrling, der oft an denselben Standorten wie der Steinpilz wächst. Ein Stück vom Hutfleisch probiert und der Fall ist klar!

Satans-Röhrling

Boletus satanas (Röhrlinge)

Hut 10–25 cm Juli–Okt.

***Vorkommen** in Laubwäldern, Parks und an Böschungen, nur auf Kalkböden.*

- ***Röhren und Poren rot***
- ***Geruch jung nach Windeln, alt aasartig***
- ***Sporenpulver olivbraun***
- ***im Süden zerstreut, nördlich des Mains selten***

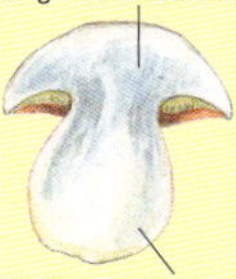

„Es war eine bange, grausenvolle Nacht." So resümiert Dr. Harald Othmar Lenz die Schilderung seiner Vergiftung mit einem bis 1830 noch unbekannten Pilz. Er gab ihm den Namen Satanspilz. Über die Gefährlichkeit des Satans-Röhrlings wird viel diskutiert. Auch wenn manche Menschen ihn mehr oder weniger beschwerdefrei vertragen, löst er meist heftige Magen-Darm-Vergiftungen aus. Daher muss er als Giftpilz eingestuft werden.

Gemeiner Birkenpilz 🍴

Leccinum scabrum (Röhrlinge)

Hut 8–15 cm Juli–Okt.

Alle Röhrlinge mit schuppigem Stiel sind essbar! Diese einfache Regel gilt für alle Raufüße (Birkenpilze und Rotkappen). Vor allem Arten, die an feuchten Standorten wachsen, werden schnell weich. So kann es passieren, dass die Pilze, trotz sachgemäßem Sammeln, matschig zu Hause ankommen. Der Gemeine Birkenpilz dagegen ist im jungen Zustand schön festfleischig.

Schwärzend und mit glatter, unebener Hutoberfläche ist der Hainbuchen-Raufuß (*L. carpini*). Er wächst ausschließlich unter Hainbuchen.

Vorkommen *in Wäldern, Parks und Gärten, stets unter Birken, auf eher trockenen Böden.*

- ***Röhren und Poren schmutziggrau***
- ***Fraßstellen am Stiel ockergelb verfärbend***
- ***Sporenpulver olivbraun***
- ***in ganz Europa häufig***

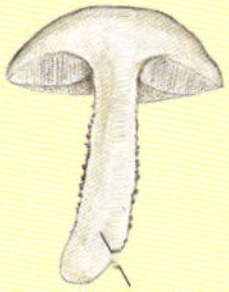

Birken-Rotkappe 🍴

Leccinum versipelle (Röhrlinge)

Hut 8–15 cm Juli–Nov.

Alle Rotkappen sind gut gegart schmackhafte Speisepilze, roh sind sie jedoch sehr giftig! Das Schwärzen des Fleisches lässt sich verhindern, wenn die Pilze in Essig oder Zitronensaft geschnitten werden.

Schon gewusst?

Es gibt etwa 5 Rotkappenarten, die jeweils an bestimmte Baumarten gebunden sind: (li.) Espen-Rotkappe: Stielschuppen jung weiß; (Mi.) Eichen-Rotkappe: Stielschuppen fuchsig braun; (re.) Kiefern-Rotkappe: Stielschuppen rauchgrau

Vorkommen *unter Birken auf sandigen, sauren Böden, gern in Heidelandschaften.*

- ***Poren jung weiß, dann gelblich grau***
- ***Stielbasis oft mit blaugrünen Flecken***
- ***Verbreitung in ganz Europa, im Norden und Osten häufiger***

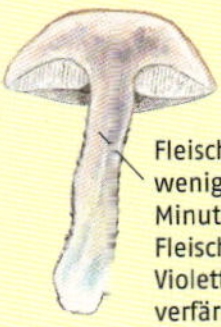

Grüner Knollenblätterpilz ☠

Amanita phalloides (Knollenblätterpilze)
Hut 8–15 cm Juli–Okt.

***Vorkommen** in wärmebegünstigten Laubwäldern auf sauren bis neutralen Böden, besonders bei Eichen.*

- ***Lamellen frei, stets weiß***
- ***Sporenpulver weiß***
- ***Geruch jung nach Kunsthonig, alt widerlich***
- ***Huthaut abziehbar***
- ***Mittel- und Südeuropa häufig, nach Osten zu seltener***

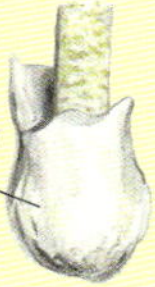

Der Grüne Knollenblätterpilz ist aufgrund der langen Zeit bis zum Auftreten erster Symptome („Latenzzeit" 6–48 Stunden) einer der gefährlichsten Giftpilze. Schon beim Genuss von nur 50 Gramm des Pilzes verlaufen etwa die Hälfte aller Vergiftungen ohne Behandlung tödlich!

Roter Fliegenpilz ☠

Amanita muscaria (Wulstlinge)
Hut 10–20 cm Juli–Nov.

***Vorkommen** unter Fichten und Birken, selten unter anderen Bäumen, auf sauren Böden.*

- ***Lamellen weiß, frei***
- ***Fleisch weiß***
- ***in ganz Europa häufig***

Die im Fliegenpilz enthaltenen Giftstoffe wie Ibotensäure können auch psychedelisch wirken. Er wurde daher bei einigen Völkern zu religiös-kultischen Zwecken verwendet, zum Beispiel in Sibirien und Südamerika. In Mitteleuropa dagegen nutzte man ihn, indem man eine Schüssel Milch mit Pilzstücken auf die Fensterbank stellte, wodurch davon trinkende Fliegen getötet wurden. Daher kommt wohl auch der deutsche Name.

Gemeiner Riesenschirmling, Parasol

Macrolepiota procera (Schirmlinge) Hut 15–25 cm August–Okt.

Der Parasol ist zu Recht einer der beliebtesten Speisepilze. Zum einen ist er nahezu unverwechselbar, zum anderen kann er vielfältig zubereitet werden. Große Hüte brät man im Ganzen paniert wie Schnitzel.

Vorsicht, giftig!
Riesenschirmlinge mit rötendem Fleisch und nicht genattertem Stiel können giftig sein. Der Parasol hat immer unveränderliches Fleisch und einen auffällig genatterten Stiel!

Vorkommen in Laub- und Nadelwäldern, weitgehend bodenunabhängig, auf sehr sauren Böden fehlend.

- > ***Lamellen frei, stets weiß***
- > ***Fleisch unveränderlich***
- > ***Sporenpulver weiß***
- > ***in ganz Europa verbreitet***
- > ***Doppelgänger Grünspornschirmlinge***

Wiesen-Egerling, Wiesen-Champignon

Agaricus campestris (Champignonartige) Hut 4–10 cm Juni–Okt.

An seinen typischen Standorten in Wiesen und Weiden fernab von Bäumen hat der Wiesen-Egerling keine giftigen Doppelgänger. Wächst er aber in der Nähe des Waldes, also weniger als 30 m von Bäumen entfernt, muss man mit dem Auftreten von Knollenblätterpilzen rechnen. Eine sorgfältige Prüfung der Lamellenfarbe und der Stielmerkmale ist unverzichtbar!

Vorkommen auf mäßig gedüngten Wiesen und Weiden, empfindlich gegen Gülle und Kunstdünger.

- > ***Geruch pilzartig***
- > ***Sporen dunkelbraun***
- > ***in ganz Europa verbreitet, insgesamt rückläufig***
- > ***Doppelgänger Karbol-Egerlinge, Knollenblätterpilze***

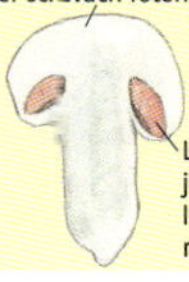

Schopf-Tintling

Coprinus comatus (Champignonartige)
Hut 4–10 cm hoch Juli–Okt.

***Vorkommen** an stark gedüngten Stellen an Weg- und Wiesenrändern, auch auf vermodernden pflanzlichen Abfällen an Waldrändern.*

> ***Sporen schwärzlich***
> ***Fleisch sehr brüchig***
> ***in ganz Europa häufig***
> ***Doppelgänger Falten-Tintling***

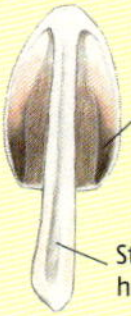

Fängt man die Tinte eines zerfließenden Schopf-Tintlings in einem Becher auf und versetzt sie mit einigen Tropfen Gummiarabicum, dann erhält man eine schreibfähige Tinte, die früher tatsächlich auch benutzt wurde.

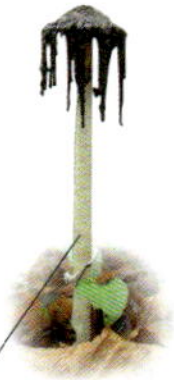

In manchen Ländern wird aus zu Tinte zerflossenen Schopf-Tintlingen eine Suppe zubereitet. Der Genuss von zerfließenden Exemplaren soll aber auch zu Lebensmittelvergiftungen führen können!

Grünblättriger Schwefelkopf

Hypholoma fasciculare (Träuschlingsartige)
Hut 2–6 cm April–Dez.

***Vorkommen** in Wäldern aller Art, an morschem Laub- oder Nadelholz, an Holzstümpfen, Wurzeln oder auf vergrabenem Holz.*

> ***Sporenpulver violettschwarz***
> ***Geschmack bitter***
> ***in Europa sehr häufig***

Viele Pilzsucher sind sich unsicher im Erkennen dieser Art gegenüber dem Rauchblättrigen Schwefelkopf. In solchen Zweifelsfällen hilft ganz einfach eine Geschmacksprobe: mild = Rauchblättriger, bitter = Grünblättriger Schwefelkopf. Doch Vorsicht: Das gilt nur für diese beiden Arten und lässt sich nicht für alle Pilze verallgemeinern!

Stockschwämmchen

Pholiota mutabilis (Träuschlingsartige)

Hut 2–5 cm Mai–Okt.

Nur die Stielmerkmale bieten Sicherheit beim Unterscheiden von Gift-Häubling (li., silbrig längsfaserig und faserige Ringzone) und Stockschwämmchen (re., braunschuppig und häutiger Ring).

Das Stockschwämmchen ist wegen seines angenehmen Geschmacks ein hochgeschätzter Speisepilz, der sich besonders für Pilzsuppen eignet. Da die Stiele aber zäh sind, sammelt man zum Essen nur die Hüte. Will man allerdings seinen Stockschwämmchenfund vom Pilzberater überprüfen lassen, dann müssen die Pilze mit Stiel gesammelt werden, denn nur so ist eine sichere Bestimmung gewährleistet!

Vorsicht, giftig!

Der tödlich wirkende Gift-Häubling kann in bestimmten Durchwässerungsstadien ausgesprochen ähnlich aussehen. Jeder Stockschwämmchen-Sammler muss die Art kennen!

***Vorkommen** auf totem, vermodertem Laub-, seltener Nadelholz, meist auf Holzstümpfen.*

- ***Geschmack** angenehm nussartig*
- ***Sporenpulver** erdbraun*
- ***in Europa** häufig*
- ***Doppelgänger** Gift-Häubling*

Echter Pfifferling

Cantharellus cibarius (Leistlinge)

Größe 3–10 cm Juli–Nov.

Dieser wohl bekannteste aller Speisepilze hat eine Vielzahl von regionalen Eigennamen, die auf Vorkommen oder Färbung verweisen, beispielsweise Rehling (wächst entlang der Rehfährten) oder Eierschwamm (Farbe). Der Name Pfifferling dagegen kommt von seinem pfeffrigen Geschmack.

Vorsicht, giftig!

In Südeuropa beheimatet und in Mitteleuropa selten ist der giftige Ölbaumtrichterling, der stets mit Verbindung zu Holz wächst. Da dieser Pilz auch im Boden stecken kann, ist beim Pfifferlingsammeln in Südeuropa besondere Vorsicht geboten!

***Vorkommen** in Nadelwäldern, selten unter Laubbäumen (Rot-Eiche), vorwiegend auf sauren Böden.*

- ***Geschmack** roh pfeffrig*
- ***Sporenpulver** gelb*
- ***in ganz Europa** häufig*
- ***Doppelgänger** Ölbaumtrichterling*

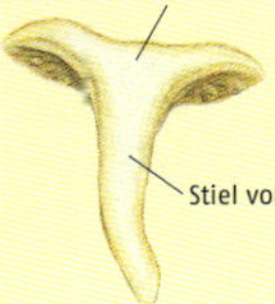

Schwefel-Porling (🍴)

Laetiporus sulphureus (Porlinge)
Größe 15–30 cm April–Sep.

***Vorkommen** in Auwäldern, Alleen und an einzeln stehenden Laubbäumen oder liegenden Stämmen, selten auch an Nadelbäumen (Eibe).*

> **Fleisch gelb, saftig**
> **Poren nur mit Lupe erkennbar**
> ***in ganz Europa häufig***
> **Doppelgänger Zimtfarbener Weichporling**

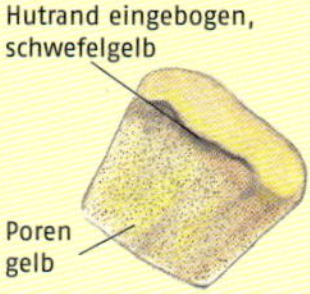

Der Schwefel-Porling bildet oft meterlange Teppiche an den Bäumen, die er parasitisch befällt. Aber nur in jungem Zustand ist er je nach Zubereitung recht schmackhaft. Ein beliebtes Rezept ist es, den Schwefel-Porling wie Hühnerfrikassee zuzubereiten. Sein etwas säuerlicher Geschmack sagt jedoch nicht jedem zu.

Echter Zunderschwamm

Fomes fomentarius (Porlinge)
Größe 10–50 cm mehrjährig

***Vorkommen** in Wäldern und Forsten, an toten, dicken Laubholz-Stämmen, vor allem von Buchen und Birken.*

> **Geruch stark säuerlich**
> **Fruchtkörper sehr hart**
> ***in ganz Europa sehr häufig***

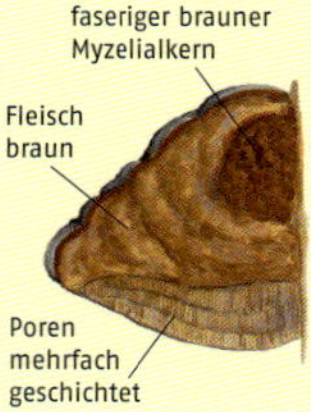

Seit alters her wird der Echte Zunderschwamm vom Menschen genutzt. Zum einen wurde er zur Erhaltung und zum Transport der lebensnotwendigen Glut verwendet, da der ausgehöhlte Fruchtkörper zwar nicht brannte, aber stunden- bis tagelang vor sich hin glomm. Zum anderen wurde aus dem wergartigen Inneren, dem Myzelialkern, ein lederartiges Material gewonnen.

Gemeines Judasohr ✗

Auricularia auricularia-judae (Gallertpilze)

Größe 2–10 cm ganzjährig

Aufgrund ihrer etwas knorpeligen Konsistenz sind diese und ähnliche asiatische Arten ein wichtiger Bestandteil der chinesischen Küche. In China wird die Art Muh-Err genannt, was „Wolkenohr" bedeutet, bei uns kommen die Pilze meist unter der (irreführenden) Bezeichnung Chinesische Morchel in den Handel.

***Vorkommen** in Wäldern, Gebüschen und an Waldrändern, vor allem an toten Holunderästen, seltener an Buchen und anderen Laubbäumen.*

> ***Fleisch gallertartig***
> ***Fruchtkörper trocken hornartig hart***
> ***in ganz Europa sehr häufig***

Goldgelber Zitterling ✗

Tremella mesenterica (Gallertpilze)

Größe 2–5 cm ganzjährig

Der Name Zitterling für diese Pilze kommt nicht von ungefähr, denn ihre Konsistenz erinnert an Gelee oder Wackelpudding. Allerdings trifft dies nur bei entsprechend feuchter Witterung zu, bei Trockenheit werden solche Arten hornartig hart und schrumpfen fast unsichtbar zusammen.

Der Rotbraune Zitterling (*T. foliacea*) sieht auf den ersten Blick wie brauner Tang aus.

***Vorkommen** in diversen Biotopen mit hoher Luftfeuchtigkeit, stets an totem, meist noch in der Luft hängendem Laubholz.*

> ***Fleisch gallertartig***
> ***Fruchtkörper trocken hornartig hart***
> ***in ganz Europa häufig***

Gemeine Stinkmorchel (🍴)

Phallus impudicus (Rutenpilze)
Höhe 12–20 cm Juni–Nov.

Vorkommen *in Wäldern und Gebüschen, biotopunabhängig, etwas häufiger auf sauren Böden.*

- > ***Fruchtkörper aus einem Hexenei wachsend***
- > ***Basis mit weißen Myzelsträngen***
- > ***in ganz Europa bis Südfinnland häufig***

Der reife Fruchtkörper mit seiner bemerkenswerten Gestalt und dem widerlich stinkenden, olivfarbenen Kopfteil ist unverwechselbar. Ausgewachsen ist dieser Pilz ungenießbar, aber im Hexenei-Zustand ist er durchaus essbar.

Schon gewusst?

Die Sporenverbreitung dieser Art wird von Fliegen, Mistkäfern und anderen Insekten übernommen, die durch den aasartigen Geruch der Sporenmasse angelockt werden und diese abfressen. Nach ein bis zwei Tagen bleibt nur noch der weiße gekammerte Hut übrig.

Dickschaliger Kartoffelbovist ☠

Scleroderma citrinum (Bauchpilze)
Größe 5–15 cm Juli–Dez.

Vorkommen *in Nadelwäldern, seltener im Laubwald, stets auf sauren, eher nährstoffarmen Böden.*

- > ***Fruchtkörper unregelmäßig aufplatzend***
- > ***Sporenpulver olivbraun***
- > ***in Europa sehr häufig***

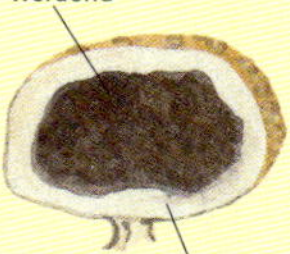

Kartoffelboviste sind die einzigen Bauchpilze, die, herkömmlich zubereitet, giftig sind. Getrocknet darf er aber in kleiner Menge zum Würzen verwendet werden. Da diese Arten bereits jung innen violett gefärbt sind, kann man sie gut von den essbaren Stäublingen unterscheiden.

Zinnoberroter Pustelpilz

Nectria cinnabarina (Kernpilze)
Größe 0,2–0,3 cm ganzjährig

Der Zinnoberrote Pustelpilz beginnt bereits auf der Rinde noch stehender Bäume zu wachsen und kann diesen schädigen. Er ist daher auch der erste Pilz an frisch gefälltem Holz. Dabei besiedelt er alles, von dünnem Reisig bis hin zu meterdicken Stämmen.

***Vorkommen** auf frisch gefälltem Laubholz, bisweilen an noch stehenden Laubbäumen.*

> ***Fruchtkörper mit spröder Außenschale***
> ***in ganz Europa sehr häufig***

Der Polster-Pustelpilz (*Hypocrea gelatinosa*) hat grüne Sporen, ein nahezu einzigartiges Merkmal in der Pilzwelt!

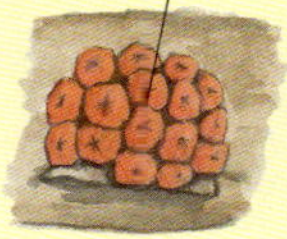

Geweihförmige Holzkeule

Xylaria hypoxylon (Kernpilze)
Größe 2–5 cm ganzjährig

Die Geweihförmige Holzkeule ist vielleicht der häufigste Großpilz Mitteleuropas und in kaum einem Gehölz dürfte diese Art fehlen. Ihre Hauptwuchszeit ist Frühjahr bis Herbst, doch kann man die langlebigen Fruchtkörper auch im Winter finden.

***Vorkommen** auf nicht zu morschem Holz jeglicher Art, unabhängig von bestimmten Biotopen.*

> ***Fleisch weiß, zäh-korkig***
> ***in ganz Europa sehr häufig***

Weniger verzweigt und fädig dünn ist die häufige Bucheckern-Holzkeule (*X. carpophila*), die in der Laubstreu auf den Fruchthüllen von Buchen wächst.

Register

[*bei diesen Arten können Sie sich die Stimme mit dem TING-Stift anhören]

A

B

G

H

I

K

L

M

N

Q

R

S

T

X

Bildnachweis

Zeichnungen
Böhning/Kosmos (21), **Dougalis/Kosmos** (335), **Gminder/Kosmos** (1), **Golte-Bechtle/Kosmos** (546), **Haag/Kosmos** (47), **von Hacht** (1), **Hofmann/Kosmos** (39), **Kohnle/Kosmos** (12), **Söllner/Kosmos** (4), **Spohn/Kosmos** (289), **Walentowitz** (4), **Weigl** (2), **Willbarth** (1), alle Verbreitungskarten, Silhouetten und die Schemazeichnung des Pilzes von **Wolfgang Lang**

Fotografien
Mit 1435 Fotos von **Frank Hecker**, alle übrigen **Adam** 43uH, 46uH, 54oH, 59oH, 63uH, 63uZ, 68uH, 70uH, 72oR, 74uH, 77oH, uH, 78oH, 79oH, 82uH, 84oH, 88uH, 106uR, oZ, 107oR, 110oR, oZ, 111oH, 112oR, 118oH, 120oH, 121oH, 124oH, 129uH, 132uZ, 137uH, **Albers/Hecker** 372oR, 373uR, 422uR, 475uH, **Angelmayer** 57oR, 58uH, 90uR, 136uR, **Bärtels** 322oH, 328uH, **Bauer** 187uH, **Bellmann** 172uZ, 173oR, 174uH, 184uZ1, 186oZ2, 195uZ2, 204uZ1, 205uZ, 210oZ2, 220oH, 225uZ1, 227uR, 228uH, 230uZ, 232uZ1, 234oZ, 238uR 240uR, uZ2, 246oH, 247oR, 249oZ1, 260oR, 269uZ, 491oH, 496oH, **blickwinkel/Bala** 480oR, **blickwinkel/Dirscherl** 37uH, 168uH, 289uH, 289uR, **blickwinkel/Menz** 35uZ2, **blickwinkel/Frischknecht** 27uZ, 156oR, **blickwinkel/Gerth** 19oH, **blickwinkel/Hartl** 30oH, 34uH, 154oZ, 168uR, 199uR, 268oR, 268uR, 288oR, 498oR **blickwinkel/Hicken** 55oR, **blickwinkel/Höfer** 55uH, **blickwinkel/Jagel** 35oR, **blickwinkel/Jagl** 478uR, **blickwinkel/König** 281oZ, **blickwinkel/Layer** 21uH, uR, 30oR, **blickwinkel/Lenz** 22oH, 131oZ, **blickwinkel/Liedtke** 125oR, **blickwinkel/Linke** 29oH, 285uR, **blickwinkel/McPhoto** 86uR, **blickwinkel/Meyer** 34uZ, **blickwinkel/Meyers** 27uR, **blickwinkel/Ott** 490oR, **blickwinkel/Schmidbauer** 169uH, **blickwinkel/Schulz** 35oZ, **blickwinkel/Trapp** 147oR, **blickwinkel/Volz** 27uH, **blickwinkel/Walch** 95oR, **blickwinkel/Woicke** 84uH, **blickwinkel/Wothe** 131uR, **Böhning** 512oH, oR, uR, 513uH, uR, uZ3, 518uH, 521uH, oZ, uZ, **Bollmann** 512oZ, 513oR, oZ, uZ1, uZ2, 514oH, uH, 515oH, uH, 516uH, 517uH, oZ, 519oH, uH, uZ, 520oH, uH, 521oH, **Buchhorn/Hecker** 26oR, 51uH, **Buchner/Limbrunner** 117uH, **Danegger** 40uH, 51oZ1, 64oH, 68oH, 73uR, 84oR, 89uH, 101uZ2, 103oZ, 106oH, 108uH, 126uR, 131uH, 133uH, **Delpho** 94uZ, 97oZ, **Diedrich** 41uR, 99uH, oR, 102oH, 114uH, 123oH, 130oR, **Diemer** 102uZ, **Dierschke** 94oR, 104oZ, 130oZ, **Frei** 154oR, 156uH, uR, 157oH, uH, oR, uR, 158oH, uH, oR, uR, 159oR, uR, 160oH, oR, uR, uZ, 161oH, uH, oR, uR, 162oH, uH, uR, oZ, 163uH, uR, 164oR, 165oH, uH, oR, uR, 166oH, oR, uR, 168oR, 169oR, **Fünfstück** 41uZ, 54oR, 68oR, 89oH, 113uR, 128oZ 133oH, 134uZ, 136uH, **Fürst** 42oH, 59uH, 62uH, 65oH, 67oR, 73oH, 80uR, 89uR, 106uH, 108uR, 116oR, **Gminder** 512uH, 513oH, 514oR, uR, oZ, 515oR, uR, 516oH, oR, uR, 517oH, oR, uR, 518oH, oR, uR, 519oR, uR, 520oR, uR, oZ, 521oR, uR, **Gottschling** 119oZ, **Groß** 45oR, 49uR, 51oZ2, 52uR, 56uR, 57uH, 58oH, 59uR, 60oR, 64oR, 67uR, 69uZ, 70uR,

Erklärungen: o = oben, u = unten, H = Hauptmotiv, R = Randmotiv (Spalte rechts/links), Z = Zusatz

Impressum

Mit Texten von Dr. Volker Dierschke, Andreas Gminder, Frank Hecker, Dr. Wolfgang Hensel und Margot Spohn

Gesamtbearbeitung: Frank Hecker

Mit 2666 Farbfotos und 1302 Zeichnungen (siehe Bildnachweis Seite 539f.) sowie 362 Verbreitungskarten und 19 Silhouetten von Wolfgang Lang.
Die 251 Aufnahmen der Tierstimmen, die für den TING-Stift hinterlegt sind, stammen von Jean C. Roché.

Umschlaggestaltung von eStudio Calamar unter Verwendung von 6 Farbfotos. Die Bilder auf der Vorderseite zeigen Fuchs (Danegger), Tagpfauenauge und Früchte der Hunds-Rose (beide Hecker), die drei Bilder auf der Rückseite zeigen Gewöhnliches Gänseblümchen, Laubfrosch und Blaukehlchen (alle Hecker).
Das Foto auf Seite 1 zeigt eine Stiel-Eiche und das Foto auf 3–4 zeigt einen Eisvogel (beide Frank Hecker).

FSC
www.fsc.org
MIX
Papier aus verantwortungsvollen Quellen
FSC® C004592

ISBN: 978-3-440-13119-0
Projektleitung und Lektorat: Carsten Vetter
Produktion: Markus Schärtlein
Printed in Germany / Imprimé en Allemagne

NABU

Symbole und Abkürzungen

	Nadel oder schuppenförmige Blätter
	Ungeteilte Blätter mit glattem Blattrand
	Ungeteilte Blätter mit gezähntem oder gesägtem Blattrand
	Gelappte Blätter
	Aus mehreren Blättchen zusammengesetzte Blätter
	Blüten mit höchstens 4 Blütenblätter
	Blüten mit 5 Blütenblättern
	Blüten mit mehr als 5 Blütenblätter oder Blüten in Körbchen
	Blüten zweiseitig-symmetrisch
	giftige Arten
	essbare Pilze
	eingeschränkt essbarer Pilz, siehe den dazugehörigen Text zur Art
	kein Speisepilz, ungenießbar
♀	Weibchen
♂	Männchen
	Stimmen hörbar mithilfe des TING-Stiftes, siehe auch letzte Seite
H	Höhe
L	Länge
SpW	Spannweite